高等职业教育（本科）机电类专业系列教材
工业产品质量检测技术专业教学资源库建设项目系列教材

工业产品几何量检测

主　编　王晓伟　辛金栋
副主编　李建芳　郑海娟　王振环
参　编　韩士伟　宋　杭　王　姝　韩　燕
主　审　郭连湘

机械工业出版社

本书按照工业产品质量检验员岗位的职业能力要求，依据工业产品常见几何量检测的工作过程，以真实零件检测典型工作任务为教学载体，按照学生认知规律和职业成长规律，开发了零件长度误差检测、零件角度误差检测、零件几何误差检测、零件表面粗糙度检测、螺纹误差检测、齿轮误差检测、零件的综合检测 7 个学习项目，共 12 个工作任务，由简单测量到复杂测量，根据生产实际情况，构建了基于工作过程的课程教学内容。同时，详细介绍了计量仪器的使用方法、几何量基本测量项目和重要参数的测量方法、测量误差和数据处理方法。

本书可作为高等职业院校、职业本科院校工业产品质量检测技术、现代测控工程技术等专业的教学用书，也可供从事工业产品几何量检测的工程技术人员参考。

本书配有电子课件，凡使用本书作为授课教材的教师可登录机械工业出版社教育服务网 www.cmpedu.com，注册后免费下载。咨询电话：010-88379375。

图书在版编目（CIP）数据

工业产品几何量检测 / 王晓伟，辛金栋主编. 北京：机械工业出版社，2025. 2. --（高等职业教育（本科）机电类专业系列教材）. -- ISBN 978 - 7 - 111 - 77164 - 7

Ⅰ. TG801

中国国家版本馆 CIP 数据核字第 2024ZA0634 号

机械工业出版社（北京市百万庄大街 22 号　邮政编码 100037）

策划编辑：刘良超　　　　责任编辑：刘良超

责任校对：李小宝　薄萌钰　　封面设计：严娅萍

责任印制：常天培

北京机工印刷厂有限公司印刷

2025 年 5 月第 1 版第 1 次印刷

184mm×260mm · 19.25 印张 · 474 千字

标准书号：ISBN 978-7-111-77164-7

定价：59.80 元

电话服务　　　　　　　　网络服务

客服电话：010-88361066　机 工 官 网：www.cmpbook.com

　　　　　010-88379833　机 工 官 博：weibo.com/cmp1952

　　　　　010-68326294　金 书 网：www.golden-book.com

机工教育服务网：www.cmpedu.com

前 言

制造业是国家经济命脉所系，是立国之本、强国之基，要加快建设制造强国，把制造业高质量发展作为主攻方向，促进我国产业迈向全球价值链中高端。《质量强国建设纲要》指出：必须把推动发展的立足点转到提高质量和效益上来，培育以技术、标准、品牌、质量、服务等为核心的经济发展新优势，推动中国制造向中国创造转变、中国速度向中国质量转变、中国产品向中国品牌转变，坚定不移推进质量强国建设。

计量是“工业的眼睛”，产品质量决定着企业市场竞争的成败。产品质量的管理离不开计量检测技术，特别是企业生产第一线，急需一批既具有一定理论知识又具有实际操作能力的计量检测人员。

本书按照工业产品质量检验员岗位的职业能力要求，依据工业产品常见几何量检测的工作过程，以真实零件检测典型工作任务为教学载体，按照学生认知规律和职业成长规律，开发了零件长度误差检测、零件角度误差检测、零件几何误差检测、零件表面粗糙度检测、螺纹误差检测、齿轮误差检测、零件的综合检测7个学习项目，共12个工作任务，由简单测量到复杂测量，根据生产实际情况，构建了基于工作过程的课程教学内容。同时，详细介绍了计量仪器的使用方法、几何量基本测量项目和重要参数的测量方法、测量误差和数据处理方法。

为适应新形势下国家对职业教育人才的培养要求，满足生产过程检验、产品质量检测、产品质量分析与管理等领域高质量发展对高素质技术技能型人才的需求，本书力求突出职业本科教育特色，本着强调基础、注重能力培养、突出应用、力求创新的总体思路，优化整合课程内容，加强了对生产、科研中常用几何量计量仪器和检测技术的论述，并辅以实际应用及工程实例的介绍，做到理论联系实际。本书可作为职业本科院校、高等职业院校工业产品质量检测技术、现代测控工程技术等专业的教学用书，也可供从事工业产品几何量检测的工程技术人员参考。

本书由江西职业技术大学王晓伟和辛金栋担任主编，由江西职业技术大学李建芳、郑海娟，海克斯康制造智能技术（青岛）有限公司王振环担任副主编，海克斯康制造智能技术（青岛）有限公司韩士伟、宋杭、王姝，江西职业技术大学韩燕参与了编写。具体分工为：项目一、二由王晓伟编写，项目三由李建芳编写，项目四由郑海娟编写，项目五、六由辛金栋编写，项目七由王振环编写；韩士伟、宋杭、王姝、韩燕参与了本书二维码资源的制作。郭连湘教授审阅了本书并提出了宝贵意见，在此表示衷心感谢！

由于编者的水平有限，书中疏漏之处在所难免，恳请广大读者批评指正。

编 者

目　录

项目一　零件长度误差检测

任务一　量块长度及长度变动量的检测

❖ 教学目标

1）了解长度测量基本规范。
2）掌握量块的基本概念及其检测方法。
3）掌握接触式干涉仪的原理、结构及操作方法。
4）掌握接触式干涉仪检测量块的步骤。
5）掌握量块检测结果的处理方法。
6）坚定文化自信，发扬与传承传统文化。

一、知识准备

（一）长度测量的基本知识

1. 有关测量的基本概念

零件几何量需要通过测量或检验，才能判断其是否合格。

测量就是把被测量与具有计量单位的标准量进行比较，从而确定被测量的量值的过程，公式为

$$L = qE$$

式中　L——被测量；
　　q——比值；
　　E——计量单位。

一个完整的几何量测量过程包括被测对象、计量单位、测量方法和测量精度四个要素。

1）被测对象。在几何量测量中，被测对象是指长度、角度、表面粗糙度、几何误差等。

2）计量单位。用以度量同类量值的标准量。

3）测量方法。指测量原理、测量器具和测量条件的总和。

4）测量精度。指测量结果与真值一致的程度。

2. 长度单位、基准和尺寸传递

（1）长度单位和基准　在我国法定计量单位中，长度单位是米（m），与国际单位制一致。机械制造中常用的单位是毫米（mm）；测量技术中常用的单位是微米（μm）。1m = 1000mm，1mm = 1000μm。

（2）量值传递系统　在生产实践中，不便于直接利用光波波长进行长度尺寸的测量，通常要经过中间基准将长度基准逐级传递到生产中使用的各种计量器具上，这就是量值的传递系统。我国长度量值传递系统如图 1-1 所示，从最高基准谱线开始，通过两个平行的系统向下传递。

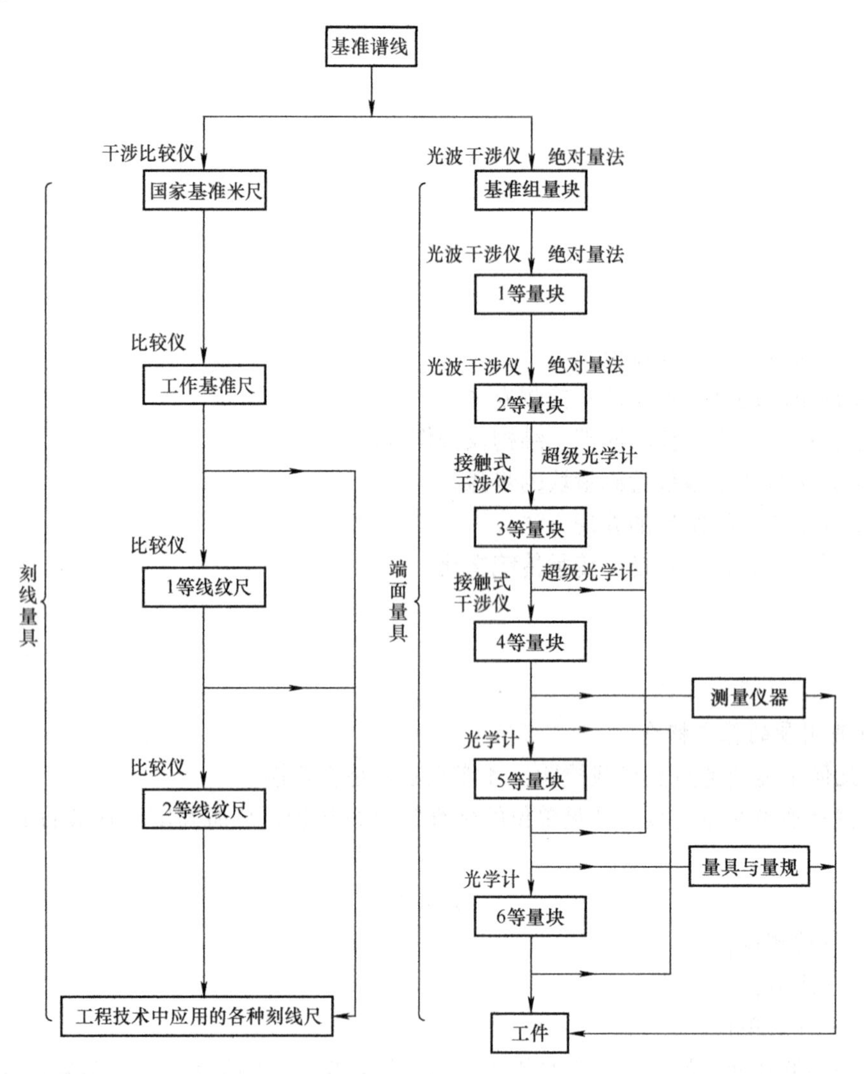

图 1-1　我国长度量值传递系统

（二）常用的计量器具和测量方法

1. 计量器具的分类

计量器具（或测量器具）共分为四类，包括用于测量的量具、量规、量仪（测量仪器）和计量装置。

（1）量具　量具通常指结构比较简单的测量工具，包括单值量具、多值量具和标准量具等。

1）单值量具是用来复现单一量值的量具，如量块、角度块等，通常是成套使用。

2）多值量具是能复现一定范围的一系列不同量值的量具，如线纹尺等。

3）标准量具是用作计量标准，供量值传递的量具，如量块、基准米尺等。

（2）量规　量规是一种没有刻度的，用以检验零件尺寸或形状、相互位置的专用检验工具。它只能判断零件是否合格，而不能测出具体尺寸，如光滑极限量规、螺纹量规等。

（3）量仪　量仪即计量仪器，是指能将被测的量值转换成可直接观察的指示值或等效信息的计量器具。按工作原理和结构特征，量仪可分为机械式量仪、电动式量仪、光学式量仪和气动式量仪，以及它们的组合形式——一体化量仪。

（4）计量装置　计量装置是一种专用检验工具，可以高效地检验更多或更复杂的参数，从而实现自动测量和自动控制，如自动分选机、检验夹具、主动测量装置等。

2. 计量器具的基本技术指标

（1）标尺间距　标尺间距是计量器具刻度标尺或度盘上两相邻刻线中心线间的距离。为了便于读数，标尺间距不宜太小，一般为 1 ~2. 5mm。

（2）分度值　分度值是计量器具标尺上每刻度间距所代表的被测量的量值。一般长度计量器具的分度值有 0. 1mm、0. 01mm、0. 001mm、0. 0005mm 等。图 1-2 所示表盘上分度值为 1μm。

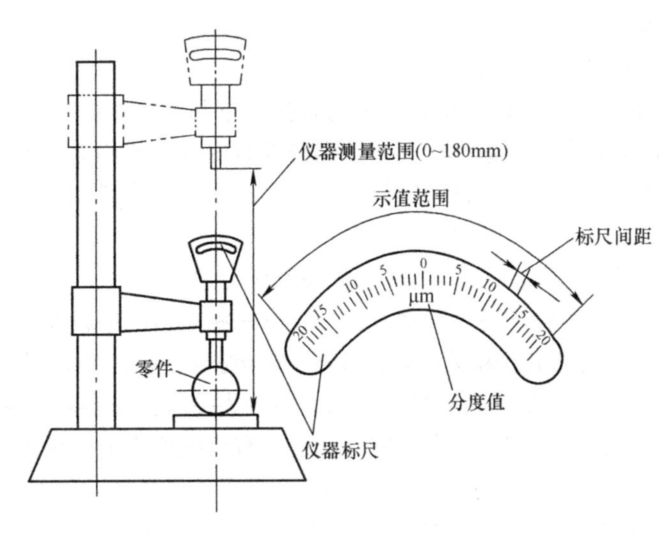

图 1-2　测量器具参数示意图

（3）测量范围　测量范围是计量器具所能测量的最大值与最小值范围。图 1-2 所示仪器测量范围为 0 ~180mm。

（4）示值范围　示值范围是计量器具标尺或度盘内全部刻度所代表的最大值与最小值的范围。图 1-2 所示的示值范围为 −20 ~20μm。

（5）测量不确定度　测量不确定度是表征合理地赋予被测量之值的分散性，与测量结果相联系的参数。

（6）回程误差　回程误差是在相同条件下，仪器正反行程在同一点被测量示值之差的绝对值。产生回程误差的主要原因是仪器内零件之间存在间隙和摩擦。

（7）修正值　为消除系统误差而用代数法加到测量结果上的值，称为修正值。修正值的大小等于未修正测量结果的绝对误差，但正负号相反。

（8）灵敏度　灵敏度是指仪器对被测量变化的反应能力，即被观测到的变量增量与相

应的被测量增量之比。在分子分母是同一类量的情况下，灵敏度也称为放大比或放大倍数，即

$$S=\frac{\Delta l}{\Delta x}$$

式中　S——灵敏度；

Δl——被观测到的变量增量；

Δx——被测量增量。

（9）测量力　在接触测量过程中，仪器测头和被测工件表面间产生的接触力称为测量力。测量力过大时，会引起被测件或测头的弹性变形，造成测量误差；但测量力过小，测量时不能可靠接触，会造成示值不稳定。

（10）仪器误差和测量误差　仪器误差是指仪器本身固有的误差，通常是用仪器精度分析的方法求得其理论值，或通过实测检定取得其实际值。测量误差是指测量结果和被测量值之间的差异，它包括仪器误差、测量方法误差、外界环境条件偏离标准状态和测量人员主客观因素等原因造成的误差。

3. 测量方法的分类

测量方法可从不同的角度进行分类。

1）按是否直接测量出所需的量值，可分为直接测量和间接测量。

直接测量。从计量器具的读数装置上直接测得参数的量值或相对于基准量的偏差。

间接测量。测量有关量，并通过一定的函数关系，求得被测量的量值。例如，用正弦规测量工件的角度。

2）按零件被测参数的多少，可分为单项测量和综合测量。

单项测量。分别测量零件的各个参数。例如，分别测量齿轮的齿厚、齿距。

综合测量。同时测量零件几个相关参数的综合效应或综合参数。例如，齿轮的综合测量。

3）按被测零件表面与测头是否有机械接触，可分为接触测量和非接触测量。

接触测量。被测零件表面与测头有机械接触，并有机械作用的测量力存在。

非接触测量。被零件表面与测头没有机械接触。如光学投影测量、激光测量、气动测量等。

4）按测量技术在机械制造工艺过程中所起的作用，可分为主动测量和被动测量。

主动测量。零件在加工过程中进行的测量。这种测量方法可直接控制零件的加工过程，能及时防止废品的产生。

被动测量。零件加工完毕后所进行的测量。这种测量方法仅能发现和剔除废品。

（三）长度测量的原则

在长度测量中，为了实现正确可靠的测量，必须遵守阿贝原则、最小变形原则、最短测量链原则、封闭原则和基准统一原则。

1. 阿贝原则

设计测量仪器时，为了简化结构，有时采用近似设计，因而存在着测量仪器的原理误差。例如，机械式比较仪中，百分表的标尺刻度常常用内标尺的等分刻度代替，实际上应为不等分的刻度。一般量仪设计时应符合阿贝原则，否则，会造成量仪的原理误差。

阿贝原则：被测件与基准件在测量方向上应处在同一直线上，即测量的基准件应安置在被测长度的延长线上。这是量仪设计的一条基本原则。因为在测量过程中，测量装置由于制

造及装配不良（如导轨不直、导轨不平、滚珠不圆及滚道精度差等）而产生倾斜，如果量仪设计时是符合阿贝原则的，那么由倾斜引起的测量误差是以二次方的误差形式出现的，因而可以忽略不计。图 1-3 所示为阿贝比长仪结构原理图。由图可得

$$\Delta = L - L\cos\Delta\varphi = L(1-\cos\Delta\varphi)$$

把 $\cos\Delta\varphi$ 展开成多项式，即

$$\cos\Delta\varphi = 1 - \frac{\Delta\varphi^2}{2!} + \frac{\Delta\varphi^4}{4!} - \cdots$$

由于 $\Delta\varphi$ 角很小，略去高阶微量得

$$\cos\Delta\varphi = 1 - \frac{\Delta\varphi^2}{2!}$$

代入前式得

$$\Delta = L(1-\cos\Delta\varphi) = L\left[1-\left(1-\frac{\Delta\varphi^2}{2!}\right)\right] = \frac{1}{2}L\Delta\varphi^2$$

式中　Δ——导轨倾斜引起的误差；

L——两读数显微镜间的中心距；

$\Delta\varphi$——显微镜座与导轨间相对倾斜角。

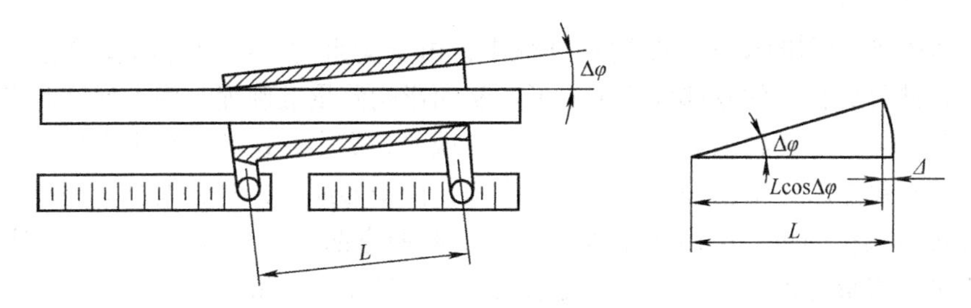

图 1-3　阿贝比长仪结构原理图

由于 $\Delta\varphi$ 很小，$\Delta\varphi^2$ 更小，因此可以忽略不计。所以，由于导轨倾斜而引起的误差 Δ 可以忽略不计。但是如果量仪设计时不符合阿贝原则，那么由于倾斜而引起的测量误差是以一次方的形式出现，误差比较大，就不能忽略了。

如游标卡尺测量工件，由于尺框和尺身间的间隙而引起尺框倾斜，如图 1-4 所示，游标卡尺不符合阿贝原则，则产生阿贝误差。测量误差为

$$\Delta = a\tan\Delta\varphi \approx a\Delta\varphi$$

式中　Δ——尺框引起的测量误差；

a——标尺到工件的间距；

$\Delta\varphi$——尺框与工件间的相对倾斜角。

由此可看出，当被测轴线与标准线不在同一直线上时，由于导向误差引起的测量误差 Δ 与倾斜角 $\Delta\varphi$ 的一次方成正比，称为一次误差。为了得到准确的测量结果，测量时必须使被测轴线与标准线重合或在其延长线上，即应符合阿贝原则，不符合该原则而产生的误差称为阿贝误差。

减小阿贝误差的方法：在使用不符合阿贝原则的仪器进行测量时，应尽量使被测轴线与

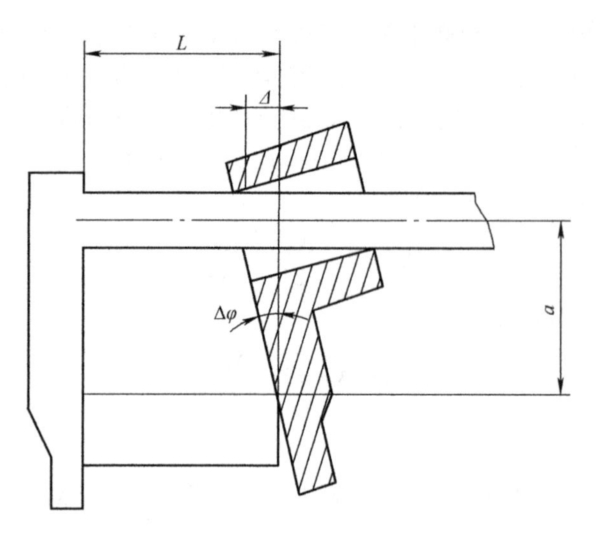

图 1-4　游标卡尺测量工件时倾斜

标准线接近。例如，使用顶尖测量时，应在靠近立臂一侧压线读数。

2. 最小变形原则

（1）最小变形原则的概念　在测量过程中，由于受重力、内应力以及热膨胀等因素的影响，会使被测件和仪器的零部件产生变形，从而影响测量准确度。为了保证测量结果的准确可靠，应尽量使由于各种因素的影响而产生的误差为最小，这就是最小变形原则。

计量仪器在制造时，都已采取了相应的措施，使变形最小，测量人员只需按照计量仪器的操作规程进行操作即可。但由于工件自重而引起的弯曲、变形等将直接影响测量的准确度，计量人员应着重考虑，选择合适的支承点，使工件变形为最小。

（2）白塞尔点与艾利点　图 1-5 所示为长度为 L 的工件支承情况。由弹性力学理论知：当 $a=0.2203L$（可简化为 $a=(2/9)L$ 时，工件中心轴线上的长度变形最小，该支承点称为白塞尔点。一般在线纹尺的测量时，采用此种支承。当 $a=0.2113L$（可简化为 $a=0.2L$）时，工件两端面平行度变形最小，该支承点称为艾利点，一般大量块测量时采取此种支承。$a=0.2232L$ 时，全长挠曲量最小；$a=0.2386L$ 时，两支承点挠度为零。

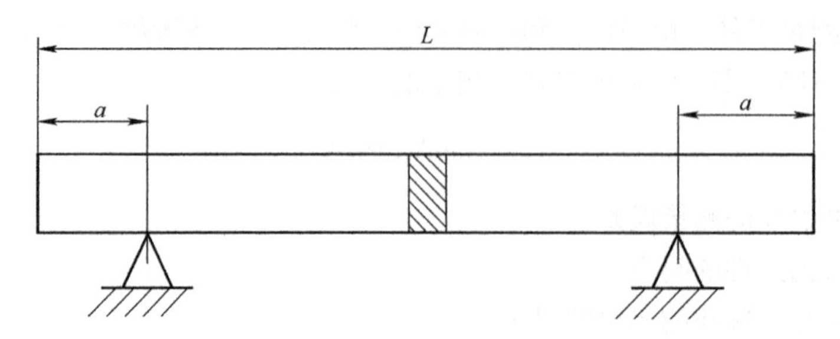

图 1-5　长度为 L 的工件支承情况

3. 最短测量链原则

（1）测量系统的测量变换器和测量链　测量过程中，被测参数的微量变化需借助计量仪器变换为可观测的测量信号，才能实现测量。测量系统中提供与输入量有给定关系的输出量的部件，称为测量变换器（或计量仪器的变换单元）。测量信号从输入到输出量值通道的一系列单元所组成的完整部分，称为测量链。测量信号的每一变换称为测量链的环节。

例如，在立式光较仪上测量工件，如图 1-6 所示，工件尺寸变化了 ΔL，引起测量杆的移动，测量杆的上下移动转换成反射镜的转动，反射镜转角 $\Delta\alpha$ 转换成光线的偏转角 $2\Delta\alpha$，最后转换成刻度尺自准像的移动量 S，即可观测到的信号。

（2）最短测量链原则的概念　由于测量链的各环节不可避免地会引入误差，而且环节越多，误差因素就越多，这不利于提高测量精度。因此，为保证一定的测量精度，测量链的各环节应减少到最少，即测量链应最短，这就是最短测量链原则。

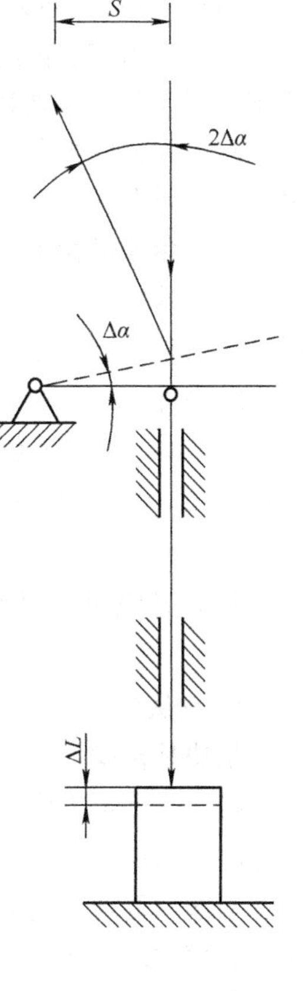

图 1-6　立式光较仪测量系统原理图

4. 封闭原则

（1）圆分度的封闭特性　在圆分度中，起始刻线（0°）与最末刻线（360°）总是重合的，即圆分度是封闭的，这就是圆分度的封闭特性。图 1-7 所示为将圆周 12 等分，在无分度误差的情况下，刻线每等分的间隔应为 30°，但在实际中分度误差总是存在的。

（2）封闭原则的概念　在测量中，如能满足封闭条件，则其间隔误差的总和为零，此称为封闭原则。封闭原则为许多测量特别是角度测量带来了方便。例如，在检定多面棱体时，利用封闭原则，不需要更高等级的标准，就能实现自我检定；在万能测齿仪上测量齿轮齿距累积误差时，利用封闭原则，比绝对测量方便简单。

在图 1-7 中，设分度间隔实际值为 α_1，α_2，…，α_{12}；各分度间隔的分度偏差为 $\Delta\alpha_1$，$\Delta\alpha_2$，…，$\Delta\alpha_{12}$，则有

$$\alpha_1+\Delta\alpha_1=30^\circ$$
$$\alpha_2+\Delta\alpha_2=30^\circ$$
$$\cdots$$
$$\alpha_{12}+\Delta\alpha_{12}=30^\circ$$

各式两边相加，得

$$(\alpha_1+\alpha_2+\cdots+\alpha_{12})+(\Delta\alpha_1+\Delta\alpha_2+\cdots+\Delta\alpha_{12})=30^\circ\times12=360^\circ$$

由圆分度的封闭性可知

$$\alpha_1+\alpha_2+\cdots+\alpha_{12}=360^\circ$$

所以

$$\Delta\alpha_1+\Delta\alpha_2+\cdots+\Delta\alpha_{12}=0^\circ$$

写成一般式为

$$\sum_{i=1}^{n}\Delta\alpha_i=0^\circ \tag{1-1}$$

式中　n——圆分度的间隔数。

由式（1-1）可知：在圆分度中，各分度间隔偏差的总和一定为零。由此可得出封闭原则：在测量中，如能满足封闭条件，则其间隔偏差的总和一定为零。

在圆周分度器件（如刻度盘、圆柱齿轮等）的测量中，利用在同一圆周上所有分度夹角之和等于360°，即所有夹角误差之和等于0°的这一自然封闭特性，在没有更高精度的圆分度基准器件的情况下，采用“自检法”也能达到高精度测量的目的。

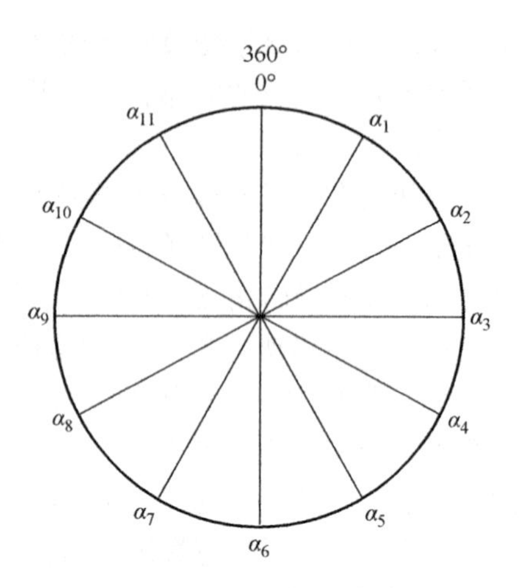

图 1-7　圆分度的封闭特性

5. 基准统一原则

基准统一原则是指产品设计基准、工艺基准、检测基准、装配基准的统一。产品设计基准、工艺基准、检测基准、装配基准的统一是保证产品质量的先决条件，做不到四基准的统一，产品质量控制就无从谈起。所以，在产品设计制造过程中必须做到四基准统一。

（四）量块的基本知识

1. 量块的用途及构造

量块是长度计量中应用最广泛的一种实物计量标准具，它是由两个相互平行的测量面之间的距离来确定工作长度的一种高准确度单值量具。量块的这一长度常被用作计量器具的长度标准。通过它对长度仪器、量具、量规等示值误差进行检定，对精密机械零件尺寸进行测量，与国际复现米定义的基准器的长度联系起来，以达到长度量值在国内和国际的统一，并使零、部件都具备良好的互换性。

量块的形状有矩形截面的长方体量块、圆形截面的圆柱体量块、带有圆孔方形截面的长方管体量块和圆环形截面的圆管体量块。我国采用如图 1-8 所示的长方体量块。

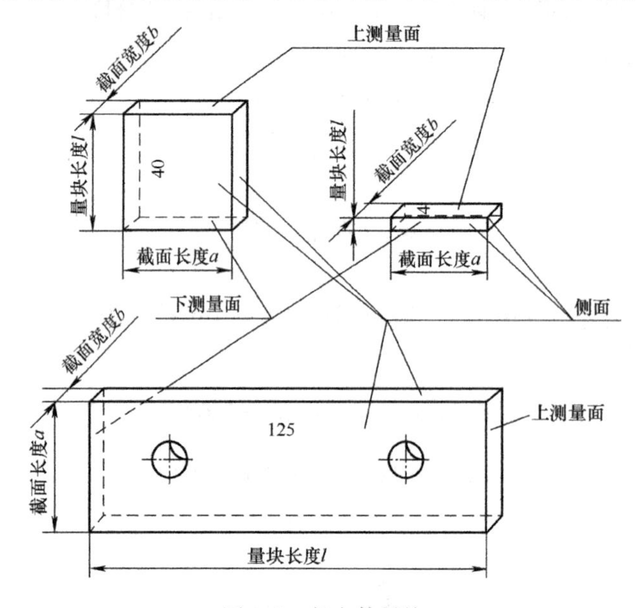

图 1-8　长方体量块

每个量块有2个测量面和4个侧面，对标称长度≤5.5mm的量块，代表其标称长度的数码字和制造者商标，刻印在一个测量面上，称此面为上测量面。与此相对的面为下测量面。5.5mm＜标称长度≤1000mm的量块，其标称长度的数码字和制造者商标，刻印在面积较大的一个侧面上。当此面顺向面对观测者放置时，它右边的那一个面为上测量面，左边的那一个面为下测量面。标称长度＞100mm的量块，还有两个连接孔，量块连接孔和支承定位线如图1-9所示。量块的截面尺寸列于表1-1。

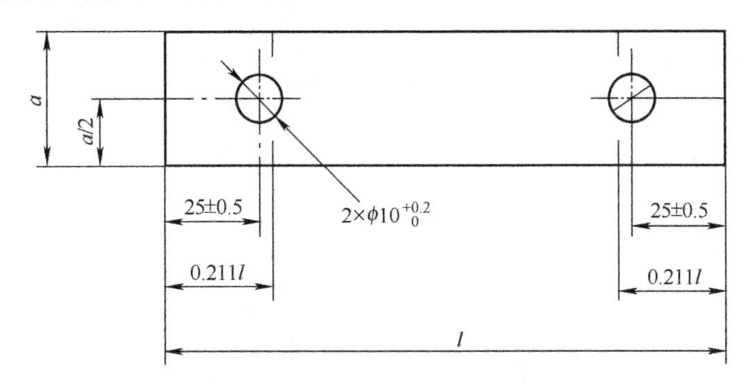

图1-9　量块连接孔和支承定位线

表1-1　量块的截面尺寸　　（单位：mm）

矩形截面	标称长度 l_n	截面长度 a	截面宽度 b
b a	$0.5 \leqslant l_n \leqslant 10$	$30_{-0.3}^{0}$	$9_{-0.2}^{-0.05}$
	$10 \leqslant l_n \leqslant 1000$	$35_{-0.3}^{0}$	$9_{-0.2}^{-0.05}$

量块是用刚性良好、表面耐磨、长度稳定、组织均匀、结构紧密和容易加工出高表面质量的材料制造的。一般采用经淬火、回火和低温处理的GCr15轴承钢、铬钢（Cr）、铬锰钢（CrMn）、优质高碳工具钢（T12A）等材料制造量块。除能够满足上述要求以外，还要求材料的温度膨胀系数与被检测的对象（钢、铁零件）相近，这有利于减少使用量块测量时，由于温度偏离20℃而引起的误差。

量块的生产和供应成套进行。在量块国家标准中，根据不同使用的需要，设置了17套不同组合尺寸的成套量块，供使用者选择，成套量块尺寸系列见表1-2。

2. 量块的基本特性

根据国家计量检定规程JJG 146—2011《量块》规定，量块具有以下基本特性：

（1）研合性　量块在使用过程中，往往需要将几块量块组合起来使用。因此，量块的工作面应具有研合性。量块工作面的表面粗糙度及平面度有严格要求。若表面上存有一层不显著的油膜（厚度约0.02μm），当两块量块表面相互研合时，由于分子间的吸引力，可使两者牢牢地研合在一起。

（2）稳定性　量块作为计量标准用于量值传递，作为标准尺寸广泛用于微差比较测量。因此要求量块的尺寸及工作面形状具有稳定性。量块的稳定性是指量块的长度随时间变化而保持不变的能力，一般以每年的长度变化量来表示，要求不超过表1-3的规定。

表1-2 成套量块尺寸系列表

套别	量块数	级别	尺寸系列/mm	间隔/mm	块数
1	83	K，0，1，2，(3)	0.5	–	1
			1	–	1
			1.005	–	1
			1.01，1.02，…，1.49	0.01	49
			1.5，1.6，…，1.9	0.1	5
			2.0，2.5，…，9.5	0.5	16
			10，20，…，100	10	10
2	38	0，1，2，(3)	1	–	1
			1.005	–	1
			1.01，1.02，…，1.09	0.01	9
			1.1，1.2，…，1.9	0.1	9
			2，3，…，9	1	8
			10，20，…，100	10	10
3	8	K，0，1，2，(3)	125，150，175，200，250，300，400，500		8
4	5	K，0，1，2，(3)	600，700，800，900，1000		5
5	12	3	41.2，81.5，121.8，51.2，100.25，191.8，101.2，201.5，291.8，10，20（两块）		12
6	6	3	101.2，200，291.5，375，451.8，490		6

表1-3 量块的稳定性

等	级	量块长度的最大允许年变化量
1，2	K，0	$\pm(0.02\mu m+0.25\times10^{-6}l_n)$
3，4	1，2	$\pm(0.05\mu m+0.5\times10^{-6}l_n)$
5	3	$\pm(0.05\mu m+1.0\times10^{-6}l_n)$

（3）耐磨性 量块工作面一般在接触情况下使用，因而很容易产生磨损。量块的磨损会使其尺寸减小，影响研合性，缩短使用寿命。因此量块应具有良好的耐磨性。量块的耐磨性主要与量块的材料及材料的热处理有关。材料组织细密、硬度高，耐磨性就好。量块工作面的硬度值，按我国量块标准规定，应不低于800HV或63HRC。

（4）量块的热膨胀系数 量块作为标准尺寸进行比较测量时，被测量对象多为钢件。为减小由于测量时的温度与标准温度（20℃）的差别而引起的测量误差，要求量块的热膨胀系数接近钢的热膨胀系数。我国量块标准规定：钢质量块，在温度10～30℃之内时，其温度线膨胀系数应为

$$\alpha=11.5\times10^{-6}℃^{-1}$$

$$\Delta\alpha = \pm 1 \times 10^{-6} ℃^{-1}$$

3. 量块的名词定义

（1）量块中心长度　量块一个测量面的中心点，到与其相对的另一测量面之间的垂直距离，定义为量块的中心长度，如图 1-10 所示的 l_c。

（2）量块（测量面上任意点）的长度　量块一个测量面的任意点（不包括距离测量面边缘 0.8mm 范围），到此量块另一测量面之间的垂直距离，定义为量块（测量面上任意点）的长度，如图 1-10 所示的 l。

（3）量块的标称值　按一定比值复现长度单位 m 的量块长度称为量块的标称值 l_n。如标称值为 40 mm，其比值是 1:25，复现长度单位 1m 的长度值。量块的标称值一般都刻印在量块上，量块的标称值又称为量块长度的示值，如图 1-11 所示。

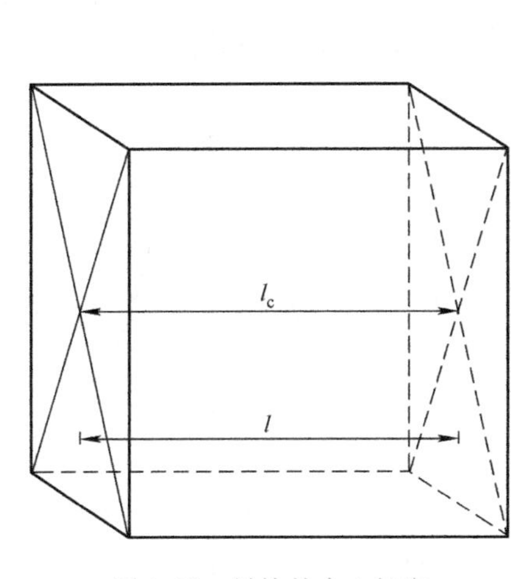

图 1-10　量块的中心长度

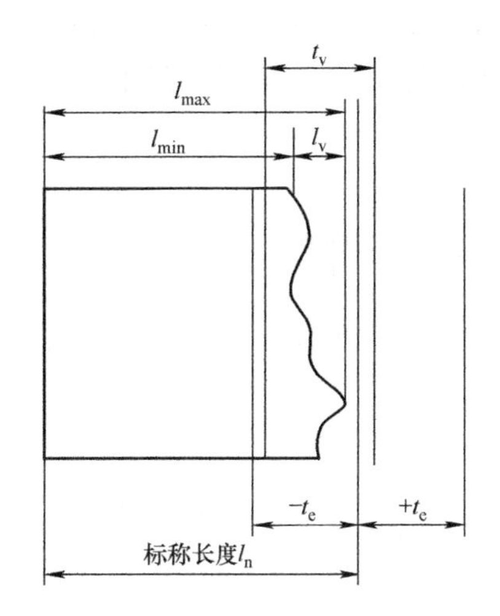

图 1-11　量块长度的示值图

（4）量块长度的实测值　用一定的方法，对量块长度进行测量所得到的值，称为量块长度的实测值 l。因为任何测量都存在测量不确定度，因此，量块长度的实测值只能在一定的程度上接近该量块长度的真值。

（5）量块的长度变动量　量块测量面上任意点位置（不包括距离测量面边缘 0.8mm 范围）测得的最大长度 l_{max}与最小长度 l_{min}之差的绝对值（图 1-11 中的 l_v），定义为量块的长度变动量。

（6）量块测量面的研合性　两个量块的测量面，或一个量块的测量面与一个玻璃（或石英）平晶的测量面之间相互研合的能力。

（7）量块测量面的平面度　包容量块测量面且距离为最小的两个平行面之间的距离，即为量块测量面的平面度，如图 1-12 所示。

（8）量块的长度偏差　量块长度的实测值与其标称长度之差，称为量块长度的偏差或简称偏差。图 1-11 所示的 $-t_e$和 $+t_e$（或写成 $\pm t_e$）即这一偏差的允许值。

（9）量块的长度示值误差　刻印在量块上的标称长度 l_n与该量块长度的实测值 l 之差 Δ 称为该量块的长度示值误差，即

$$\Delta = l_n - l$$

（10）量块长度的修正值　在量块长度使用中和长度测量结果处理中，为消除量块长度的示值误差或消除长度测量过程中其他系统误差而引入了修正值 C，即

$$C = l - l_n = -\Delta$$

（11）量块的长度稳定度　用量块长度每年的变化量 L_A 来表示量块的长度稳定度，即

$$L_A = \frac{L_2 - L_1}{Y}$$

式中　L_1——被测量块考察期间首次测得的长度；

L_2——被测量块考察期间末次测得的长度；

Y——以年单位考察稳定度的期限。

（12）量块长度的测量不确定度　如图 1-13 所示，如果所有的实测尺寸，有 99% 的概率是在给定的测量误差 δ 以内，这个给定的测量误差即测量不确定度。在量块测量中，如果未加以特殊说明，一般都用测量不确定度来描述量块长度的测量准确度。

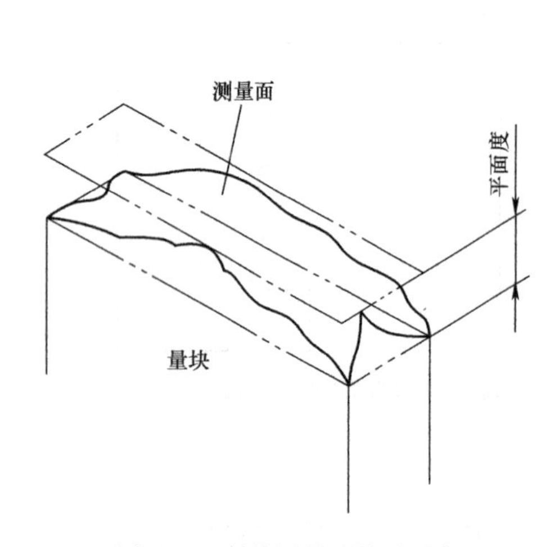

图 1-12　量块测量面的平面度

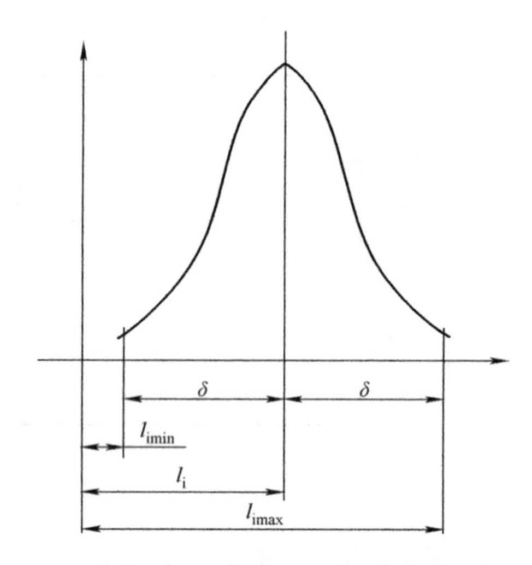

图 1-13　量块测量误差分布图

4. 量块的等和级

在我国，量块的准确度分级又分等，这在计量器具中是比较特殊的。

从符合经济原则考虑，为了适应不同行业不同准确度的测量，生产厂家根据量块的平面度、研合性、长度变动量和量块长度制造偏差的大小来划分级别。偏差小的选配成高级别，偏差大的选配成低级别。出厂量块只注明整套量块的级别，不给出每套量块的偏差值，用户按级使用量块时，只需按标称尺寸使用，很方便。

但为什么还要分等呢？其原因是：

量块按级使用时，应以量块的标称长度作为工作尺寸，该尺寸包括了量块的制造误差。量块按等使用时，应以检定后所给出的量块中心长度的实际尺寸作为工作尺寸，该尺寸排除了量块制造误差的影响，仅包含较小的测量误差。因此按“等”使用比按“级”使用时的测量精度高。

例如，标称长度为 30mm 的 0 级量块，其长度的极限偏差为 ±0.00020mm，若按“级”使用，不管该量块的实际尺寸如何，均按 30mm 计，则引起的测量极限误差为 ±0.00020mm。但是，若

该量块经检定后，确定为三等，其实际尺寸为30.00012mm，测量极限误差为±0.00015mm。显然，按“等”使用，即按尺寸为30.00012mm使用的测量极限误差为±0.00015mm，比按“级”使用测量精度高。

另外，量块经多次使用后，工作面会受到损坏，如划痕、磨损、平面研合性变差、表面粗糙度参数值增大等，一定时间后要进行修理。经修理后的量块，其长度必然减小，可能超出允许偏差，量块需降级甚至报废，影响了它的使用价值。但按等使用，只需要量块的平面度、研合性、长度变动量等指标，经修理后满足原来要求。即使量块长度偏差增大而降级，但只要按原等别的检定方法检定后，其中心长度不超过规程规定的报废限，仍可保留原等别要求而不降等。这就延长了量块的使用寿命，具有使用的合理性和经济性。因此，量块分等是从保证满足使用时的准确度要求出发。

（1）量块“级”的划分　量块分级是根据量块长度的制造偏差、长度变动量、平面度和研合性等确定的。“级”表示量块长度的实测值与其标称值之间的接近程度。国家计量检定规程JJG146—2011标准规定，量块分为K、0、1、2和3级，各“级”量块对其标称长度的极限偏差 t_e 和长度变动量最大允许值 t_v 见表1-4的规定。

表1-4　量块级的要求（JJG146—2011规程）

标称长度 l_n/mm	K级		0级		1级		2级		3级	
	$\pm t_e$	$\pm t_v$	$\pm t_e$	$\pm t_v$	$\pm t_e$	$\pm t_v$	$\pm t_e$	$\pm t_v$	$\pm t_e$	$\pm t_v$
	最大允许值/μm									
$l_n \leqslant 10$	0.20	0.05	0.12	0.10	0.20	0.16	0.45	0.30	1.0	0.50
$10 < l_n \leqslant 25$	0.30	0.05	0.14	0.10	0.30	0.16	0.60	0.30	1.2	0.50
$25 < l_n \leqslant 50$	0.40	0.06	0.20	0.10	0.40	0.18	0.80	0.30	1.60	0.55
$50 < l_n \leqslant 75$	0.50	0.06	0.25	0.12	0.50	0.18	1.00	0.35	2.0	0.55
$75 < l_n \leqslant 100$	0.60	0.07	0.30	0.12	0.60	0.20	1.20	0.35	2.5	0.60
$100 < l_n \leqslant 150$	0.80	0.08	0.40	0.14	0.80	0.20	1.6	0.40	3.0	0.65
$150 < l_n \leqslant 200$	1.00	0.09	0.50	0.16	1.00	0.25	2.0	0.40	4.0	0.70
$200 < l_n \leqslant 250$	1.20	0.10	0.60	0.16	1.20	0.25	2.4	0.45	5.0	0.75
$250 < l_n \leqslant 300$	1.40	0.10	0.70	0.18	1.40	0.25	2.8	0.50	6.0	0.80
$300 < l_n \leqslant 400$	1.80	0.12	0.90	0.20	1.80	0.35	3.6	0.50	7.0	0.90
$400 < l_n \leqslant 500$	2.20	0.14	1.10	0.25	2.20	0.35	4.4	0.60	9.0	1.00
$500 < l_n \leqslant 600$	2.60	0.16	1.30	0.25	2.6	0.40	5.0	0.70	11.0	1.10
$600 < l_n \leqslant 700$	3.00	0.18	1.50	0.30	3.0	0.45	6.0	0.70	12.0	1.20
$700 < l_n \leqslant 800$	3.40	0.20	1 -70	0.30	3.4	0.50	6.5	0.80	14.0	1.30
$800 < l_n \leqslant 900$	3.80	0.20	1.90	0.35	3.8	0.50	7.5	0.90	15.0	1.40
$900 < l_n \leqslant 1000$	4.20	0.25	2.00	0.45	4.2	0.60	8.0	1.00	17.0	1.50

注：距离测量面边缘0.8mm范围内不计。

（2）量块“等”的划分　量块“等”是按量块实测长度的测量不确定度、长度变动量、平面度和研合性来确定的。量块分为1、2、3、4和5等。“等”表示量块的长度的实测值与其真值的接近程度。各“等”量块长度测量不确定度和长度变动量，应不超过表1-5的规定。

表 1-5　量块等的要求（JJG146—2011 规程）

标称长度 l_n/mm	1 等		2 等		3 等		4 等		5 等	
	测量不确定度	长度变动量	测量不确定度	长度变动量	测量不确定度	长度变动量	测量不确定度	长度变动量	测量不确定度	长度变动量
	最大允许值/μm									
$l_n \leqslant 10$	0.022	0.05	0.06	0.10	0.11	0.16	0.22	0.30	0.6	0.50
$10 < l_n \leqslant 25$	0.025	0.05	0.07	0.10	0.12	0.16	0.25	0.30	0.6	0.50
$25 < l_n \leqslant 50$	0.030	0.06	0.08	0.10	0.15	0.18	0.30	0.30	0.8	0.55
$50 < l_n \leqslant 75$	0.035	0.06	0.09	0.12	0.18	0.18	0.35	0.35	0.9	0.55
$75 < l_n \leqslant 100$	0.040	0.07	0.10	0.12	0.20	0.20	0.40	0.35	1.0	0.60
$100 < l_n \leqslant 150$	0.05	0.08	0.12	0.14	0.25	0.20	0.5	0.40	1.2	0.65
$150 < l_n \leqslant 200$	0.06	0.09	0.15	0.16	0.30	0.25	0.6	0.40	1.5	0.70
$200 < l_n \leqslant 250$	0.07	0.10	0.18	0.16	0.35	0.25	0.7	0.45	1.8	0.75
$250 < l_n \leqslant 300$	0.08	0.10	0.20	0.18	0.40	0.25	0.8	0.50	2.0	0.80
$300 < l_n \leqslant 400$	0.10	0.12	0.25	0.20	0.50	0.30	1.0	0.50	2.5	0.90
$400 < l_n \leqslant 500$	0.12	0.14	0.30	0.25	0.60	0.35	1.2	0.60	3.0	1.00
$500 < l_n \leqslant 600$	0.14	0.16	0.35	0.25	0.7	0.40	1.4	0.70	3.5	1.10
$600 < l_n \leqslant 700$	0.16	0.18	0.40	0.30	0.8	0.45	1.6	0.70	4.0	1.20
$700 < l_n \leqslant 800$	0.18	0.20	0.45	0.30	0.9	0.50	1.8	0.80	4.5	1.30
$800 < l_n \leqslant 900$	0.20	0.20	0.50	0.35	1.0	0.50	2.0	0.90	5.0	1.40
$900 < l_n \leqslant 1000$	0.22	0.25	0.55	0.40	1.1	0.60	2.2	1.00	5.5	1.50

注：1. 距离测量面边缘 0.8mm 范围内不计。

2. 表面测量不确定度置信概率为 0.99。

（3）量块等和级的关系　从量块定等和分级的要求中，可以发现相应等与级的量块，其长度变动量、平面度、研合性和年稳定性等指标的要求是相同的。它们相对应的关系如下。

1）量块等和级的关系。

K 级—1 等

0 级、K 级—2 等

1 级—3 等

2 级—4 等

3 级—5 等

因此，要建立量块标准，各等标准量块须用以上与等相对应级别的量块来建标。如建立 3 等标准量块，必须用 1 级以上的量块；建立 5 等标准量块，必须用 3 级以上量块。K 级为校准级，其长度偏差允许值与 1 级相同，而其余各项技术指标则都高于 0 级，这是为了使高等量块既容易制造，又不妨碍作高等量块使用。

2）修理后量块的高等低级现象。量块经长期使用修理后，中心长度减小而超过原级规定的中心长度允许偏差，如研合性、平面度、长度变动量、量块中心长度的测量总不确定度都没有降低，或修后仍保持不变，则只降低级而不降低等，从而出现了高等低级的现象。如 2 等 1 级、2 等 2 级、3 等 3 级等情况，使用时可按等使用。

3）量块使用时等与级的替代。K、0、1、2、3 级量块的中心长度允许偏差至少不超过相应的 1、2、3、4、5 等量块的中心长度测量的不确定度，而研合性、平面度及长度变动量的要求分别高于或等于对应等别量块的要求。因此，0、1、2、3 级量块可分别替代 2、3、4、5 等量块使用。反过来 3 等量块不能代替 1 级量块使用，5 等量块不能替代 3 级量块使用。因为 3、5 等量块的研合性、平面度、长度变动量要求比 0 级量块、2 级量块要低。

量块等和级使用时，能否替代，必须从量块的中心长度允许偏差、长度测量总不确定度、研合性、平面度及长度变动量几个方面加以比较而定。

5. 量块的量值传递系统

我国现行的量块量值传递系统的框图如图 1-14 所示。

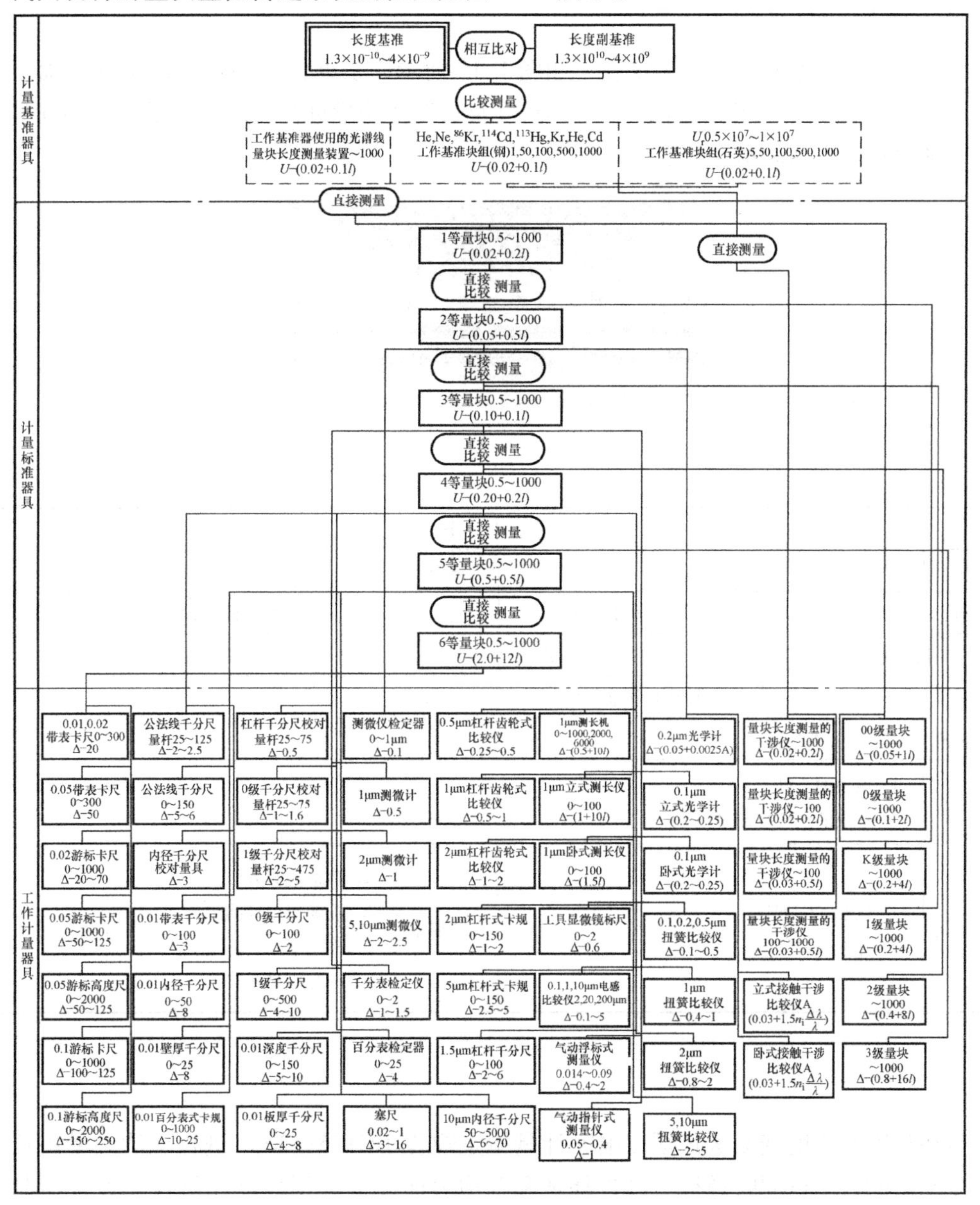

图 1-14　量块量值传递系统框图

建立量值传递系统的意义，在于正确、合理地进行量值传递，以保证量值的准确和统一。量块是长度量值传递的实物标准，担负着量值传递的任务。在传递过程中，不同等级的量块，测量不确定度有不同的要求。必须采取不同等级的量块作为标准，并选取相应准确度的计量仪器及测量方法来测量，这就形成了量块本身的量值传递系统。量块计量检定工作基准波长，目前实际使用的有稳定的氦－氖激光波长和氪－86 辐射光波波长，配以相应的量块激光干涉仪或柯氏干涉仪作为工作基准仪器，用来检定最高等级标准量块。图 1-14 中符号 U_r为测量结果相对扩展不确定度；U 为测量结果的扩展不确定度；l 为所考虑的长度（m），不确定度的置信水平均为 0.99。框图内其他量值的单位均为 mm。

二、任务导入

某研究所质检处有一组 4 等量块，如图 1-15 所示，长期使用使测量面出现磨损，经研磨修复后，在重新投入使用之前需要对其长度及长度变动量进行检测，根据工作任务单完成任务并确定其是否满足精度要求。

图 1-15　被检量块

<table>
<tr><th colspan="8">工　作　任　务　单</th></tr>
<tr><td>姓名</td><td></td><td>学号</td><td></td><td>班级</td><td></td><td>指导老师</td><td></td></tr>
<tr><td>组别</td><td></td><td colspan="2">所属学习项目</td><td colspan="4">零件长度误差检测</td></tr>
<tr><td colspan="2">任务编号</td><td>1</td><td>工作任务</td><td colspan="4">量块的检测</td></tr>
<tr><td colspan="2">工作地点</td><td colspan="2">精密检测实训室</td><td colspan="2">工作时间</td><td colspan="2"></td></tr>
<tr><td>待检对象</td><td colspan="7">量块（图 1-15）</td></tr>
<tr><td>检测项目</td><td colspan="7">1. 量块的长度
2. 量块的长度变动量</td></tr>
<tr><td>使用工具</td><td colspan="3">1. 接触式干涉仪
2. 标准量块</td><td>任务要求</td><td colspan="3">1. 熟悉检测方法
2. 正确使用检测工具
3. 检测结果处理
4. 提交检测报告</td></tr>
</table>

三、任务分析

量块长度及长度变动量必须按国家计量检定规程 JJG146—2011 进行检测。量块长度及长度变动量的检测可同时进行。经过外观和各项表面质量（平面度、研合性等）检测合格的量块，根据被测量块的等、级选择标准量块的等、级。当各项都达到规定要求时，即可开始量块的长度及长度变动量的检测。

3 等以下量块的长度检测主要采用比较法进行。对于 3 等或 4 等的量块，可以用接触式干涉仪检测，对于 5 等或 3 级以下的量块，可用立式光学计用比较法检测，对于 150mm 以上的 4 等、5 等量块，可用测长机用比较法检测，也可用 0.2μm 立式光学计检测。

四、任务实施

（一）仪器简介

1. 仪器组成

接触式干涉仪是由干涉管、支架及可换的测量工作台等组成，如图 1-16 所示。干涉管是仪器的主要部分，它是由测量柱 1、干涉箱 2 和观察镜管 3 组成的“厂”形的部件。在测量柱端部的测杆上可以安装测帽 4 以及测杆提升器 5。通过转动小手轮 6，可以使分划尺做横向移动。扳动扳手 7 可以使观察目镜 8 绕一轴线摆动，以便观察。隔热屏 9 的作用是减少人体温度及潮气对被测零件的影响。

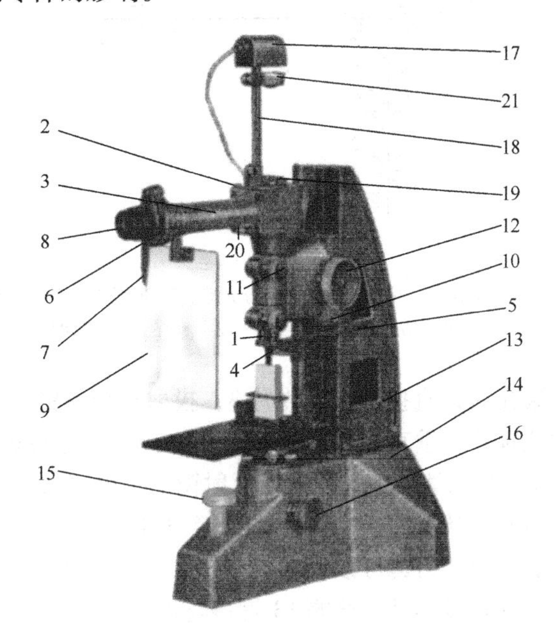

图 1-16　接触式干涉仪

1—测量柱　2—干涉箱　3—观察镜管　4—测帽　5—测杆提升器　6—小手轮　7—扳手
8—目镜　9—隔热屏　10—悬臂　11、12、15、16、20—手轮　13—弯臂　14—底座　17—光源座
18—杆　19—干涉滤光片　21—聚光镜座

支架部分由稳固的底座 14、弯臂 13 及悬臂 10 组成。干涉管安装在其相应的孔中，并能以手轮 11 加以固紧，转动手轮 12 可以使悬臂连同干涉管做较迅速的上下移动，在底座的前端，可以安装适合于各种测量条件的工作台，转动手轮 15 可使工作台做极缓慢的上下运动，手轮 16 能将工作台固定在任何位置上。

聚光镜座 21 及带有一个 6V、5W 灯泡的光源座 17 固定在杆 18 上。

通过专用调节扳手来转动干涉箱 2 上带十字形槽的螺钉时，可以改变干涉条纹的宽度及方向。

松开手轮20可以将干涉仪的物镜沿其轴线移动，以达到物镜调焦的目的，并能用它将物镜牢靠地固紧在已定的位置上。

根据需要，可以取下或放上干涉滤光片19来获得白光干涉带或单色光干涉带。

接触式干涉仪共有三个工作台：玛瑙工作台、带筋工作台、平面工作台。

2. 接触式干涉仪的光学系统

接触式干涉仪的光学系统如图1-17所示。

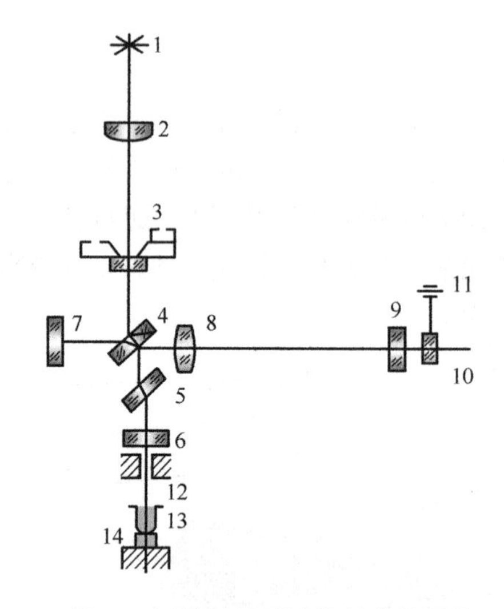

图1-17 接触式干涉仪的光学系统

1—光源 2—聚光镜 3—滤光片 4—分光镜 5—补偿镜 6、7—反射镜
8—物镜 9—分划板 10—目镜 11—轴 12—测杆 13—测帽 14—被测件

光源1经聚光镜2聚光后，直接经过滤光片3，投射至分光镜4上。分光镜把入射光线分成两束后分别投射到位置互相垂直的反射镜6和7上，由分光镜表面至反射镜6的光线，通过补偿镜5，使其路程上的光学条件与投射至反射镜7上的光线完全相同，当上述两束光线稍有光程差而发生干涉时，就可通过物镜8和目镜10进行观察，在视场中可以同时见到干涉条纹和分划板9上的分划。目镜可以绕轴11转动，以便观察。反射镜6固定在测杆12上，并与测杆一起可沿测杆轴线移动。测帽13直接与被测件14接触。

仪器应放置在振动极微小的室内使用，仪器的底座下最好垫一块适当厚度的橡胶垫或其他能减振的物品，以减少振动对测量结果的影响。

3. 仪器调整

（1）使用前的检查　使用前，必须擦净仪器上的涂油，并检查活动部分的平滑性、止动螺钉的牢靠性、测量面的质量、工作台的调平或定中心情况、视场的照度及干涉带的清晰度等。测杆在自由状态时，白光的黑色干涉带应该在负向刻度尺之外约10个分划的地方。该调节工作用专用调节扳手调节螺母进行。

如果视场中没有干涉带，则可以在使用干涉滤光片的情况下，用专用调节扳手调节螺母（与调节自由状态的情况一样）。如果还是看不到干涉带，则可以用一放大5倍左右的放大镜装置于目镜前，这时可以看到两个出射瞳孔，调节干涉箱上带十字形槽的两个螺钉，使两个出射瞳孔重合，这时再调节螺母，干涉带很快就会在视场中出现。

（2）定刻度值　用单色光任意取一定数量的干涉带，并使其与刻度尺适当的分划数重合，以此来定刻度值，其关系式为

$$n=\frac{\lambda K}{2i} \tag{1-2}$$

式中　n——观察目镜中所见到的刻度尺上与 K 个干涉带相重合的分划数；

λ——所用单色光的波长；

i——仪器的刻度值。

例：$K=16$ 条，$i=0.1\mu m$，$\lambda=0.55\mu m$，则

$$n=\frac{0.55\times16}{2\times0.1}格=44格$$

接触式干涉仪推荐使用的 i 及 K 值见表 1-6。

在一定分划数内的干涉带数的调节，可用专用调节扳手调整干涉箱上带十字形槽的螺钉实现，并要调整干涉带使其与刻线平行。

当多次校对后，干涉带 K 之间隔与刻度尺分划数 n 之间隔重合误差不超过 $0.1i$ 时，则认为此刻度值调整到位。

表 1-6　推荐值

刻度值 i/μm	0.05	0.1	0.2
干涉带数 K	8	16	32
量块的等别	2、3	4、5	5

（二）检测步骤

测量时，应使用白色光源，以获得一根黑色干涉带并以它作为活动的指标来进行比较测量。检定方法如下：

在接触式干涉仪上，先以标准量块的中心长度 L_s 把仪器的示值调整到“零”，拨动拨叉数次，再将被测量块放在工作台上，用比较仪将被测量块与标准量块相比较，测量出它们之间的长度微小差值，被测量块长度 L 可表示为

$$L = L_s + r \tag{1-3}$$

式中　L_s——标准量块的长度；

r——由比较仪测出被测量块与标准量块长度的差值。

量块长度变动量的检定一般在每块量块中心长度检定完之后进行。将仪器测帽的顶点对准标准量块测量面中心 O，如图 1-18 所示，调整仪器的示值为零，拨动拨叉数次，读数稳定时读取示值为 O_1；然后移动量块，顺序对准被测量块 Q、a、b、c、d 各点，读取各点的读数 Q_1、a_1、b_1、c_1、d_1；再顺序对准被测量块 d、c、b、a 及 Q 各点，同样读取各点读数 d_2、c_2、b_2、a_2 及 Q_2；最后将仪器测帽的顶点对准标准量块测量面中心 O，读取示值为 O_2，分别记入记录表中。

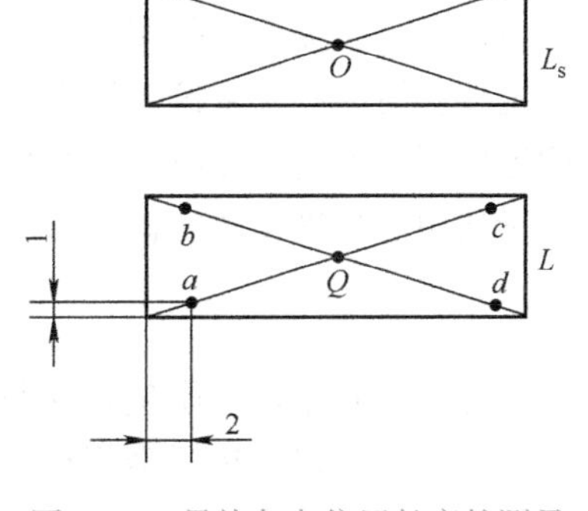

图 1-18　量块各点位置长度的测量

则被测量块中心长度为

$$L = L_s + \frac{1}{2}(Q_1 + Q_2) - \frac{1}{2}(O_1 + O_2) \tag{1-4}$$

设被测量块 a、b、c、d 四点与中心长度之差分别为 h_a、h_b、h_c、h_d，则有：

$$h_a = \frac{1}{2}(a_1 + a_2) - \frac{1}{2}(Q_1 + Q_2) \tag{1-5}$$

$$h_b = \frac{1}{2}(b_1 + b_2) - \frac{1}{2}(Q_1 + Q_2) \tag{1-6}$$

$$h_c = \frac{1}{2}(c_1 + c_2) - \frac{1}{2}(Q_1 + Q_2) \tag{1-7}$$

$$h_d = \frac{1}{2}(d_1 + d_2) - \frac{1}{2}(Q_1 + Q_2) \tag{1-8}$$

根据量块长度变动量的定义，取 h_a、h_b、h_c、h_d 四者中最大值与最小值之差的绝对值作为该量块实测的长度变动量。

五、检测结果的处理

（一）量块等的确定

前面已经叙述过关于量块等的划分规定，即量块的等是根据量块的研合性、测量面平面度、长度变动量和中心长度测量的不确定度来确定的。各项检定结果与受检各项技术指标相比较都应合格，所采用的测量方法对量块长度测量的总不确定度应不超过表 1-5 的规定，以此来确定被检的单个量块属于哪一等。

量块长度对其标称长度的偏差超过 D_w(μm）时不能再作量块使用，应予以报废。

$$D_w = (4\mu m + 4 \times 10^{-6} l_n) \tag{1-9}$$

在实际工作中，按等使用量块的企业，在检定和修理量块工作中，一般先确定被检量块的等别，并按该等量块的有关要求选择检定标准量块、比较仪器及环境温度要求，以保证测量时的测量不确定度符合要求，并按相应等别的要求，修复研合性、平面度及长度变动量等。

（二）量块级的确定

量块的级是根据量块的研合性、测量面的平面度、长度变动量和中心长度偏差来确定的。量块中心长度偏差的实测值与中心长度测量的总不确定度有着密切的关系。较大的测量不确定度会使中心长度偏差失真。为此在确定单块量块级别时，所确定级别的量块长度测量不确定度至少不超过相应等的量块长度的测量不确定度。

量块中心长度实测的偏差 Δ_i 是实测尺寸 L_i 与标称长度 l_n 之差，即

$$\Delta_i = L_i - l_n \tag{1-10}$$

为保证全套量块的质量，在每块量块级别确定之后，可按下列原则确定整套量块的级别：新制造的量块，按标准规格必须完整齐全，可按其中最低的级别来确定整套量块的级别。修理后和使用中的量块，除了确已无法修复的不合格量块按作废处理外（并在检定证书上加以注明），可按合格部分中最低的级别来确定整套量块的级别。

（三）检测报告

<table>
<tr><td colspan="12">检 测 报 告</td></tr>
<tr><td colspan="3">课程名称</td><td colspan="3">工业产品几何量检测</td><td colspan="3">项目名称</td><td colspan="3">零件长度误差检测</td></tr>
<tr><td colspan="3">班级/组别</td><td colspan="3"></td><td colspan="3">任务名称</td><td colspan="3">量块长度及长度变动量的检测</td></tr>
<tr><td colspan="12">仪器分度值的确定 μm</td></tr>
<tr><td colspan="12">标准量块</td></tr>
<tr><td colspan="2">等别</td><td colspan="2">公称尺寸</td><td colspan="2">标准量块偏差值</td><td colspan="2">实际中心长度</td><td colspan="2">标准量块</td><td colspan="2">标准量块</td></tr>
<tr><td colspan="2"></td><td colspan="2">mm</td><td colspan="2">μm</td><td colspan="2">mm</td><td colspan="2">O_1 = μm</td><td colspan="2">O_2 = μm</td></tr>
<tr><td colspan="12">测量记录和检定结果</td></tr>
<tr><td colspan="2" rowspan="7">测量部位示意图</td><td colspan="10">检 测 记 录</td></tr>
<tr><td colspan="2">测量部位</td><td colspan="2">Q</td><td colspan="2">a</td><td colspan="2">b</td><td>c</td><td>d</td></tr>
<tr><td colspan="2">第一次读数</td><td colspan="2"></td><td colspan="2"></td><td colspan="2"></td><td></td><td></td></tr>
<tr><td colspan="2">第二次读数</td><td colspan="2"></td><td colspan="2"></td><td colspan="2"></td><td></td><td></td></tr>
<tr><td colspan="2">算术平均值</td><td colspan="2"></td><td colspan="2"></td><td colspan="2"></td><td></td><td></td></tr>
<tr><td colspan="10">长度变动量 =</td></tr>
<tr><td colspan="10">中心长度偏差 =</td></tr>
<tr><td colspan="12">中心长度实际尺寸：L =</td></tr>
<tr><td colspan="12">结论：被检量块可作 等或 级使用</td></tr>
</table>

姓 名	班 级	学 号	审 核	成 绩

六、任务检查与评价

（一）小组互评表

<table>
<tr><td>课程名称</td><td>工业产品几何量检测</td><td>项目</td><td colspan="5">零件长度误差检测</td></tr>
<tr><td>班级/组别</td><td></td><td>工作任务</td><td colspan="5">量块长度及长度变动量的检测</td></tr>
<tr><td colspan="2">评价人签名（组长）：</td><td colspan="6">评价时间：</td></tr>
<tr><td rowspan="2">评价项目</td><td rowspan="2">评价指标</td><td rowspan="2">分值</td><td colspan="5">组员成绩评价</td></tr>
<tr><td></td><td></td><td></td><td></td><td></td></tr>
<tr><td rowspan="3">敬业精神
（20 分）</td><td>不迟到、不早退、不旷课</td><td>5</td><td></td><td></td><td></td><td></td><td></td></tr>
<tr><td>工作认真，责任心强</td><td>8</td><td></td><td></td><td></td><td></td><td></td></tr>
<tr><td>积极参与任务的完成</td><td>7</td><td></td><td></td><td></td><td></td><td></td></tr>
</table>

（续）

评价项目	评价指标	分值	组员成绩评价				
专业能力（50分）	基础知识储备	10					
	对检测步骤的理解	7					
	检测工具的使用熟练程度	8					
	检测步骤的规范性	10					
	检测数据处理	6					
	检测报告的撰写	9					
方法能力（15分）	语言表达能力	4					
	资料的收集整理能力	3					
	提出有效工作方法的能力	4					
	组织实施能力	4					
社会能力（15分）	团队沟通	5					
	团队协作	6					
	安全、环保意识	4					
总分		100					

（二）教师对学生评价表

班　级		课程名称	工业产品几何量检测				
评价人签字：		学习项目	零件长度误差检测				
工作任务	量块长度及长度变动量的检测		组别				
评价项目	评价指标	分数	成　员				
目标认知程度	工作目标明确，工作计划具体、结合实际，具有可操作性	10					
思想态度	工作态度端正，注意力集中，能使用各种资源进行相关资料收集	10					
团队协作	积极与团队成员合作，共同完成小组任务	10					
专业能力	正确理解量块长度及长度变动量的检测原理 检测工具使用方法正确，检测过程规范	40					
	检测报告完成情况	30					
总分		100					

（三）教师对小组评价表

班级/组别		课程名称	工业产品几何量检测
学习项目	零件长度误差检测	工作任务	量块长度及长度变动量的检测
评价项目	评价指标	评分	教师评语
资讯（15分）	工作任务分析 查阅相关仪器结构图和检定规程		
计划（10分）	小组讨论，达成共识，制订初步检测计划		
决策（15分）	检测工具的选择 确定检测方案，分工协作		
实施（25分）	对量块长度及变动量检测，提交检测报告		
检查（15分）	对检测过程进行检查，分析可能存在的问题		
评价（20分）	小组成员轮流发言，提出优点和值得改进的地方		

课后练习

一、思考题

1. 什么是测量？测量过程的四要素是什么？

2. 测量和检验有何不同特点？

3. 什么是绝对测量和相对测量，举例说明。

4. 试从83块一套的2级量块中组合出尺寸为75.695mm的量块组，并确定该量块组按“级”使用时尺寸的测量极限误差。

5. 简述测量范围与示值范围有何不同。

6. 简述接触式干涉仪检测量块长度变动量的操作过程。

7. 试用83块一套的量块组合尺寸51.987mm和27.354mm。

二、填空题

1. 长度基本单位的名称是______；单位符号是______。

2. 1m = ______μm；10μm = ______mm。

3. 常用的长度计量器具中，符合阿贝原理的有________、________、________、________。

4. 所谓测量，就是把被测之量与______________进行比较，从而确定被测量的______的过程。

5. 测量方法按是否直接测量出所需的量值，分为________、________测量。

6. 测量方法按零件被测参数的多少，分为________、________测量。

7. 实际偏差是指________________，极限偏差是指________________。

8. 量块共分为____等，分别为__________________等。

9. 量块共分为____级，分别为__________________级。

10. 量块的基本特性有______、______、______、______。

11. 量块修理检定后，按其中______的级别来确定整套量块的级别。

共筑质量诚信　建设质量强国

质量强，则国家强，质量兴，则民族兴。质量问题是经济社会发展的战略问题。我国历来高度重视质量工作，习近平总书记提出，“推动中国制造向中国创造转变、中国速度向中国质量转变、中国产品向中国品牌转变”。

随着质量战略性地位的日渐显现，我国关于质量发展的政策体系不断完善。“实施质量强国战略”列入国家“十三五”规划纲要，“建设质量强国”写入国务院政府工作报告。“质量为先”作为基本方针写入《中国制造 2025》，“质量至上”作为基本原则写入《服务业创新发展大纲》。继出台《质量发展纲要（2011—2020 年）》之后，国务院于 2013 年印发《计量发展规划（2013—2020 年）》，2015 年发布《深化标准化工作改革方案》《国家标准化体系建设发展规划》。2016 年，国务院关于质量发展的决策部署更加密集。2016 年 1 月 30 日，印发《强制性标准整合精简工作方案》；2016 年 4 月 6 日，决定实施《装备制造业标准化和质量提升规划》；2016 年 9 月 12 日，印发《消费品标准和质量提升规划（2016—2020 年）》；2016 年 11 月 22 日，印发《关于建立统一的绿色产品标准、认证、标识体系的意见》。2018 年 1 月 1 日，《中华人民共和国标准化法》正式实施。

行棋当善弈，落子谋全局。目前，我国对质量方面的阐述越来越多，要求越来越具体，关于高质量发展的思想脉络越来越明晰，给了质检人强大的自信与力量。

任务二　零件轴径检测

❖ 教学目标

1）掌握千分尺、立式光学计、万能测长仪、工具显微镜的工作原理、结构、操作方法。

2）掌握轴径的测量方法。

3）掌握正确调整和使用仪器设备的技能。

4）掌握轴类零件的测量、数据处理等方面的技能。

5）坚定文化自信，发扬与传承传统文化。

一、知识准备

（一）计量器具选择原则

选择计量器具主要考虑技术指标和经济指标，通常按以下五点要求进行选择。

1）根据被测工件的批量选择计量器具。对于大批量的测量，应选用专用计量器具；对于单件或少量的测量，可选用万能计量器具。

2）根据被测工件尺寸的大小确定计量器具的规格（测量范围、示值范围）。使计量器具的测量范围能容纳工件或测头能伸入被测部位。

3）根据被测对象的精度要求选择计量器具的精度。根据被测对象的精度要求：公差值越大，对测量的精度要求越低；公差值越小，对测量的精度要求就越高。所选计量器具的精度指标必须满足被测对象的精度要求，才能保证测量的准确。

由于测量误差不可避免，要估计测量极限误差。通常计量器具的最大允许误差为工件公差的1/10～1/3。若被测工件属于测量设备，则必须选用其公差的1/10；若被测工件为一般产品，则选用其公差的1/5～1/3；若计量器具条件不允许，也可为其公差的1/2，但此时测量结果的置信水平就相应下降了。

4）在满足测量精度的情况下，考虑经济性原则。在保证测量精度的前提下，应考虑计量器具的经济性指标，应选用成本较低、操作方便、维护保养容易、对操作者技术水平和熟练程度要求不高的计量器具。

5）根据被测件的具体情况进行选择。根据被测件的结构形状、材料、表面粗糙度等选择。

对于很粗糙的表面，不允许用高精度的计量器具去测量；对于薄壁的或材料较软的被测件，不能用测力较大的计量器具去测量。

（二）验收极限

验收极限是检验工件尺寸是否合格的尺寸界限。

1. 验收极限尺寸的确定

验收极限尺寸可按下列方式之一确定：

（1）内缩方式　验收极限是从规定的最大实体极限（MML）和最小实体极限（LML）分别向工件公差内移动一个安全裕度（A）来确定的，如图1-19所示。

$$上验收极限=上极限尺寸(D_{max},d_{max})-安全裕度(A) \tag{1-11}$$

$$下验收极限=下极限尺寸(D_{min},d_{min})+安全裕度(A) \tag{1-12}$$

A值按工件公差的1/10确定。安全裕度A相当于测量中总的不确定度，它表征了各种误差的综合影响。

（2）不内缩方式　规定验收极限等于工件的最大实体极限（MML）和最小实体极限（LML），即A值等于零。

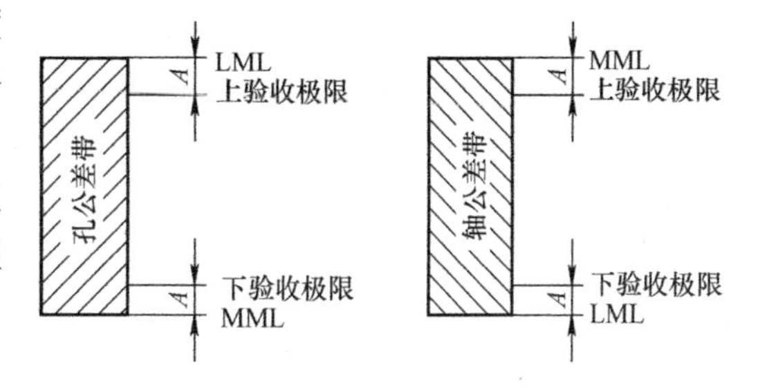

图1-19　验收极限与公差尺寸的关系

2. 验收极限方式的选择

验收极限方式的选择要结合尺寸功能要求及其重要程度、尺寸公差等级、测量不确定度和工艺能力等因素综合考虑。

1）对遵守包容要求的尺寸、公差等级高的尺寸，其验收极限要选内缩方式。

2）对非配合和一般公差的尺寸，其验收极限则选不内缩方式。

（三）计量器具的选择

按照计量器具的测量不确定度允许值u_1选择计量器具。选择时，应使所选用的计量器具的测量不确定度数值等于或小于选定的u_1值。

u_1按测量不确定度u与工件公差的比值分档：对IT6～IT11分为Ⅰ、Ⅱ、Ⅲ三档；对IT12～IT18分为Ⅰ、Ⅱ两档。测量不确定度u的Ⅰ、Ⅱ、Ⅲ三档值，分别为工件公差的1/10、1/3、1/4。

计量器具的测量不确定度允许值 u_1 约为测量不确定度 u 的0.9倍，即

$$u_1 = 0.9u$$

$$u = A$$

安全裕度及计量器具不确定度的允许值见表1-7。选择计量器具时，应保证其不确定度不大于其允许值 u_1，常用计量器具的不确定度见表1-8～表1-10。

表1-7　安全裕度及计量器具不确定度的允许值　（单位：mm）

<table>
<tr><th colspan="2">零件公差值 T</th><th rowspan="2">安全裕度 A</th><th rowspan="2">计量器具不确度的允许值 u_1</th></tr>
<tr><th>大于</th><th>至</th></tr>
<tr><td>0.009</td><td>0.018</td><td>0.001</td><td>0.0009</td></tr>
<tr><td>0.018</td><td>0.032</td><td>0.002</td><td>0.0018</td></tr>
<tr><td>0.032</td><td>0.058</td><td>0.003</td><td>0.0027</td></tr>
<tr><td>0.058</td><td>0.100</td><td>0.006</td><td>0.0054</td></tr>
<tr><td>0.100</td><td>0.180</td><td>0.010</td><td>0.0090</td></tr>
<tr><td>0.180</td><td>0.320</td><td>0.018</td><td>0.0160</td></tr>
<tr><td>0.320</td><td>0.580</td><td>0.032</td><td>0.0290</td></tr>
<tr><td>0.580</td><td>1.000</td><td>0.060</td><td>0.0540</td></tr>
<tr><td>1.000</td><td>1.800</td><td>0.100</td><td>0.0900</td></tr>
<tr><td>1.800</td><td>3.200</td><td>0.180</td><td>0.1600</td></tr>
</table>

表1-8　千分尺和游标卡尺的不确定度　（单位：mm）

<table>
<tr><th rowspan="3">尺寸范围</th><th colspan="4">计　量　器　具　类　型</th></tr>
<tr><th>千分尺
分度值0.01mm</th><th>内径千分尺
分度值0.01mm</th><th>游标卡尺
分度值0.02mm</th><th>游标卡尺
分度值0.05mm</th></tr>
<tr><th colspan="4">不确定度</th></tr>
<tr><td>0～50</td><td>0.004</td><td rowspan="3">0.008</td><td rowspan="6">0.020</td><td rowspan="4">0.050</td></tr>
<tr><td>50～100</td><td>0.005</td></tr>
<tr><td>100～150</td><td>0.006</td></tr>
<tr><td>150～200</td><td>0.007</td><td rowspan="3">0.013</td></tr>
<tr><td>200～250</td><td>0.008</td><td rowspan="8">0.100</td></tr>
<tr><td>250～300</td><td>0.009</td></tr>
<tr><td>300～350</td><td>0.010</td><td rowspan="3">0.020</td><td rowspan="7"></td></tr>
<tr><td>350～400</td><td>0.011</td></tr>
<tr><td>400～450</td><td>0.012</td></tr>
<tr><td>450～500</td><td>0.013</td><td>0.025</td></tr>
<tr><td>500～600</td><td rowspan="3"></td><td rowspan="3">0.030</td></tr>
<tr><td>600～700</td></tr>
<tr><td>700～1000</td><td>0.150</td></tr>
</table>

注：本表仅供参考。

表 1-9　比较仪的不确定度　（单位：mm）

<table>
<tr><th colspan="2" rowspan="2">尺寸范围</th><th colspan="4">所使用的计量器具</th></tr>
<tr><th>分度值为 0.0005mm 的比较仪</th><th>分度值为 0.001mm 的比较仪</th><th>分度值为 0.002mm 的比较仪</th><th>分度值为 0.005mm 的比较仪</th></tr>
<tr><th>大于</th><th>至</th><th colspan="4">不确定度</th></tr>
<tr><td></td><td>25</td><td>0.0006</td><td rowspan="2">0.0010</td><td>0.0017</td><td rowspan="6">0.0030</td></tr>
<tr><td>25</td><td>40</td><td>0.0007</td><td rowspan="3">0.0018</td></tr>
<tr><td>40</td><td>65</td><td>0.0008</td><td rowspan="2">0.0011</td></tr>
<tr><td>65</td><td>90</td><td>0.0008</td></tr>
<tr><td>90</td><td>115</td><td>0.0009</td><td>0.0012</td><td rowspan="2">0.0019</td></tr>
<tr><td>115</td><td>165</td><td>0.0010</td><td>0.0013</td></tr>
<tr><td>165</td><td>215</td><td>0.0012</td><td>0.0014</td><td>0.0020</td><td rowspan="3">0.0035</td></tr>
<tr><td>215</td><td>265</td><td>0.0014</td><td>0.0016</td><td>0.0021</td></tr>
<tr><td>265</td><td>315</td><td>0.0016</td><td>0.0017</td><td>0.0022</td></tr>
</table>

注：测量时，使用的标准器由 4 块 1 级（或 4 等）量块组成。本表仅供参考。

表 1-10　指示表的不确定度

<table>
<tr><th colspan="2" rowspan="2">尺寸范围</th><th colspan="4">所使用的计量器具</th></tr>
<tr><th>分度值为 0.001mm 的千分表（0 级在全程范围内，1 级在 0.2mm 内）分度值为 0.002mm 的千分尺（在一定范围内）</th><th>分度值为 0.001、0.002、0.005mm 的千分表（1 级在全程范围内）分度值为 0.01mm 的百分表（0 级在任意 1mm 内）</th><th>分度值为 0.01mm 的百分表（0 级在全程范围内，1 级在任意 1mm 内）</th><th>分度值为 0.01mm 的百分表（1 级在全程范围内）</th></tr>
<tr><th>大于</th><th>至</th><th colspan="4">不确定度</th></tr>
<tr><td></td><td>25</td><td rowspan="5">0.005</td><td rowspan="9">0.010</td><td rowspan="9">0.018</td><td rowspan="9">0.030</td></tr>
<tr><td>25</td><td>40</td></tr>
<tr><td>40</td><td>65</td></tr>
<tr><td>65</td><td>90</td></tr>
<tr><td>90</td><td>115</td></tr>
<tr><td>115</td><td>165</td><td rowspan="4">0.006</td></tr>
<tr><td>165</td><td>215</td></tr>
<tr><td>215</td><td>265</td></tr>
<tr><td>265</td><td>315</td></tr>
</table>

注：测量时，使用的标准器由 4 块 1 级（或 4 等）量块组成。本表仅供参考。

二、任务导入

图 1-20 所示为一轴类零件，现在需要对其 $\phi55k6(^{+0.021}_{+0.002})$ 的轴径尺寸进行检测，请选择合适的计量器具，并根据工作任务单完成检测任务。

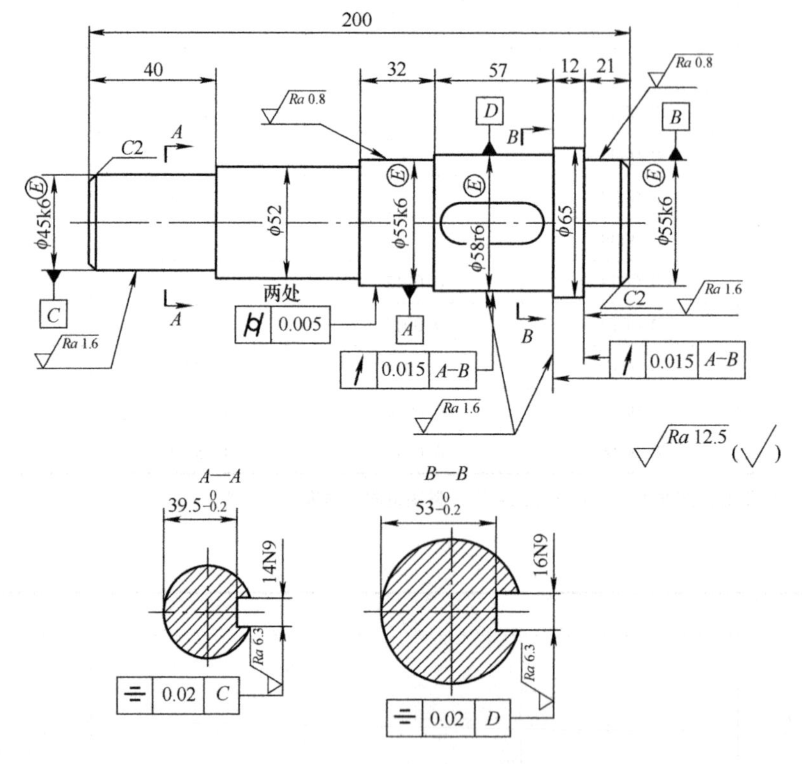

图 1-20　轴的零件图

工 作 任 务 单							
姓名		学号		班级		指导老师	
组别		所属学习项目		零件长度误差检测			
任务编号		2	工作任务	轴径的检测			
工作地点		精密检测实训室		工作时间			
待检对象	轴（图 1-20）						
检测项目	$\phi55k6(^{+0.021}_{+0.002})$						
使用工具	1. 立式光学计 2. 标准量块			任务要求	1. 熟悉检测方法 2. 正确使用检测工具 3. 检测结果处理 4. 提交检测报告		

三、任务分析

轴类零件测量可用游标卡尺、千分尺、接触式干涉仪、立式/卧式光学计、立式/卧式测长仪、测长机、工具测微镜等，具体选用何种计量器具可根据被测零件的精度要求、尺寸大小、外形形状确定。常用计量器具的测量极限误差见表1-11，部分计量器具适用公差范围见表1-12。

表1-11　常用计量器具的测量极限误差

计量仪器名称	分度值/mm	所用量块		尺寸范围/mm							
		检定等别	精度级别	1~10	10~60	60~80	80~120	120~180	180~260	260~360	360~500
				测量极限误差/μm							
接触式干涉仪	—	—	—	0.1							
立式/卧式光学计测外尺寸	0.001	4 5	1 2	0.4 0.7	0.6 1.0	0.8 1.3	1.0 1.6	1.2 1.8	1.8 2.5	2.5 3.5	3.0 4.5
立式/卧式测长仪测外尺寸	0.001	绝对测量		1.1	1.5	1.9	2.0	2.3	2.3	3.0	3.5
卧式测长仪测内尺寸	0.001	绝对测量		2.5	3.0	3.3	3.5	3.8	4.2	4.8	—
测长机	0.001	绝对测量		1.0	1.3	1.6	2.0	2.5	4.0	5.0	6.0
万能工具测微镜	0.001	绝对测量		1.5	2	2.5	2.5	3	3.5	—	—
大型工具显微镜	0.01	绝对测量		5	5	—	—	—	—	—	—

表1-12　部分计量器具适用公差范围

仪表名称	分度值/mm	放大倍数	适用公差范围/mm
扭簧比较仪	0.0005	1600~2000	0.009~0.018
小型比较仪 扭簧比较仪 杠杆齿轮比较仪 杠杆式测微针 蔡司测微计 奥托比较仪 指针测微计	0.001 0.001 0.001 0.001 0.001 0.001 0.001	900~1000 750~1000 1000 100 1100 900 600	0.018~0.032
杠杆齿轮测微针	0.002	400	0.032~0.058
测微针 小型比较仪	0.005		0.058~0.100
大行程千分表	0.002		0.100~0.580
百分表 杠杆百分表	0.01		0.580~3.200

根据图 1-20 要测量 $\phi55k6\left(\begin{smallmatrix}+0.021\\+0.002\end{smallmatrix}\right)$ 的轴径，已知：IT6 = 19μm，A = 2.0μm，μ_1 = 1.8μm。

由表 1-9 和表 1-11 可知，此工件可选用分度值为 0.0005mm 的扭簧比较仪或选用分度值为 0.001mm 的立式/卧式光学计、测长仪均可满足要求。

若测量结果采用内缩方式确定验收极限，则

上验收极限 $= d_{max} - A = (55.021 - 0.002)mm = 55.019mm$

下验收极限 $= d_{min} + A = (55.002 + 0.002)mm = 55.004mm$

只要测量尺寸在上、下验收极限范围内，零件为合格。

四、任务实施

（一）立式光学计测量轴径

1. 仪器简介

（1）仪器介绍　立式光学计如图 1-21 所示。用量块作长度标准，在立式光学计上可进行零件厚度、球径和轴径等外尺寸测量。

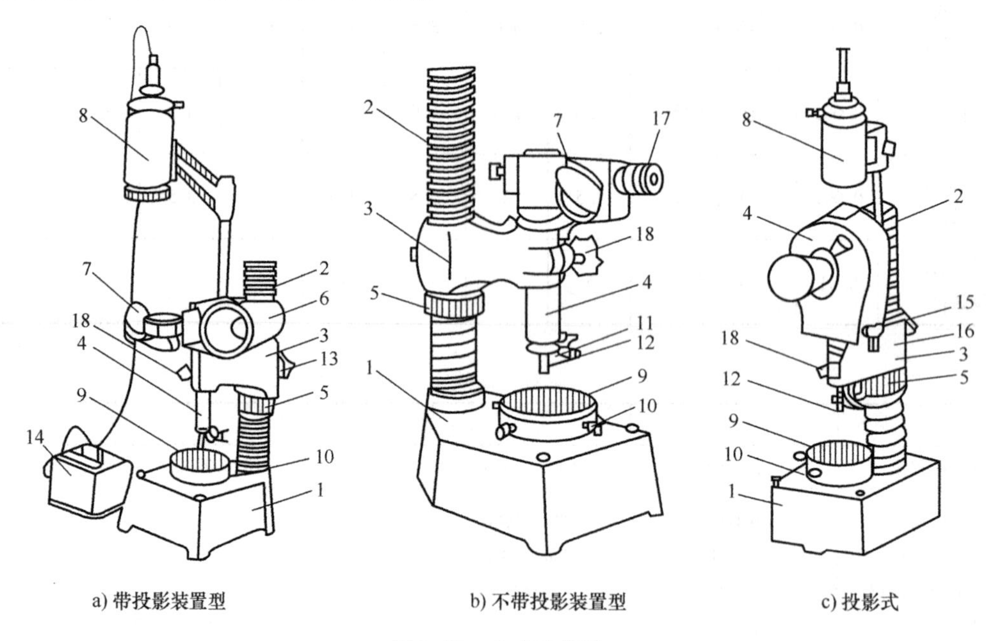

图 1-21　立式光学计

1—基座　2—立柱　3—臂架　4—光管　5—螺母　6—投影筒　7—反射镜　8—照明装置　9—工作台　10、13—制动螺钉　11—拨叉　12—测帽　14—变压器　15—刻度尺微调用的旋钮　16—光管升降用的旋钮　17—目镜　18—光管制动螺钉

（2）仪器光学系统　图 1-22 所示为光学计管的光学系统图。光线由进光反射镜 1 反射进入光学计管中，通过全反射棱镜 2 转折 90°，照亮分划板 3 上的刻度尺 4。分划板 3 分成左、右两半部，左半部是刻度尺 4，右半部上只有一根指标线，如图 1-22 所示。由刻度尺 4 发出的光经全反射棱镜 5 转折 90°，透过物镜 6 后变成平行光，射向反射镜 7，被反射回来重新进入物镜 6，再经全反射棱镜 5 后将刻度尺 4 的像成像于分划板 3 的右半部上，此处有一指标线。当测杆 10 上下移动时，推动反射镜 7 摆动，于是刻度尺像 9 就相对于指标线上

下移动。刻度尺 4 上有 ±100 格的分划线（分度值为 1μm），刻度尺像 9 相对于指标线的移动量可通过目镜 8 进行读数。

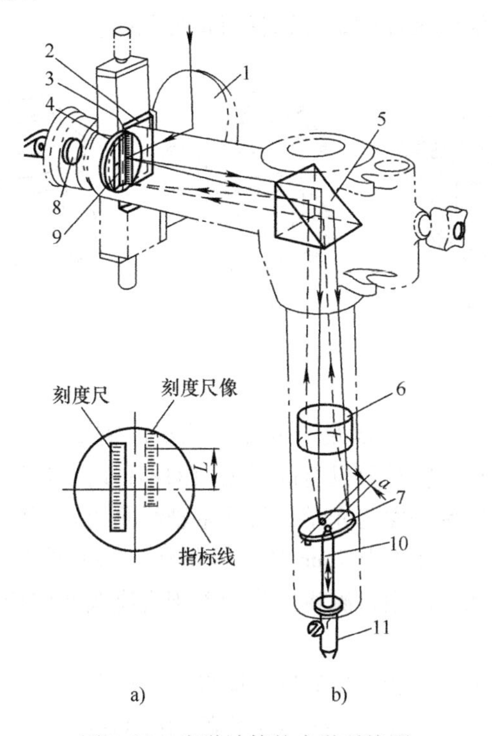

图 1-22　光学计管的光学系统图

1—进光反射镜　2、5—全反射棱镜　3—分划板　4—刻度尺　6—物镜　7—反射镜　8—目镜　9—刻度尺像　10—测杆　11—测帽

（3）立式光学计测量范围　立式光学计的光学系统放大倍数为 80，目镜放大倍数为 12，仪器总放大倍数 N 为

$$N = 12 \times 80 = 960 \approx 1000$$

仪器的测量范围：0 ~ 180mm

仪器的分度值：0.001mm

仪器的示值范围：±0.1mm

仪器的不确定度：±0.25μm（按仪器的最大允许误差给出）

测量不确定度：$\pm\left(0.5 + \frac{L}{100}\right)\mu m$

2. 测量方法

（1）测量原理　以量块尺寸作为标准，用立式光学计测出被测尺寸与量块尺寸之差 ΔL。

则被测尺寸为

$$L = L_{标准} + \Delta L \tag{1-13}$$

式中　L——被测尺寸的测量值；

$L_{标准}$——量块的实际尺寸；

ΔL——量块尺寸和被测尺寸之差。

（2）测帽选择　为了适应不同零件的测量，应合理选择测帽。立式光学计有刀口形、球面和平面三种测帽，如图 1-23 所示。当测量零件厚度时，应选择球面测帽；当测量球径时，应选择平面测帽；当测量轴径时，应选择刀口形测帽。

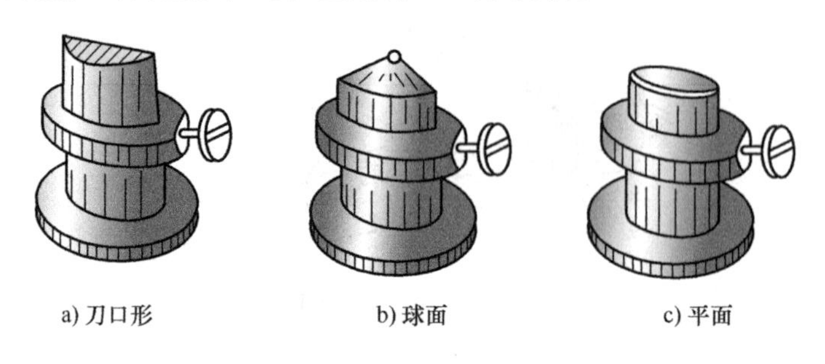

图 1-23　测帽

（3）工作台的选择与调整　为满足不同零件测量的需要，立式光学计备有带筋工作台和平面工作台。当测量球径或轴径等具有圆弧表面的零件时，应选用平面工作台。

测量前，必须调整工作台平面与光学计管测量轴线垂直。调整时，在光学计测杆上安装 ϕ8mm 的平面测帽。选用一块尺寸为 5mm 的 3 等量块，将其放在工作台上，松开工作台侧处于垂直方向的 4 个制动螺钉，用目测将工作台置于底座圆形凹槽的中央，并将 4 个制动螺钉稍稍顶住工作台。

如图 1-24 所示，使测帽平面的 1/3 与量块接触，设此时仪器示值为 a，再将量块调转 180°，仍以量块的相同部位接触测帽平面的另一半，设仪器示值为 b，则同时进退该方向相对的两个制动螺钉（一个螺钉进则另一个螺钉退），使仪器示值变为 $(b-a)/2$。这样反复调整这个方向量块的两个位置，使仪器示值变化不超过 0.3μm。再将量块的相同部位分别与相互垂直的另一个方向测帽两个位置相接触，用同样的方法进行调整。最后要求上述 4 个位置上，仪器的示值差不超过 0.3μm，即认为此项调整符合要求。

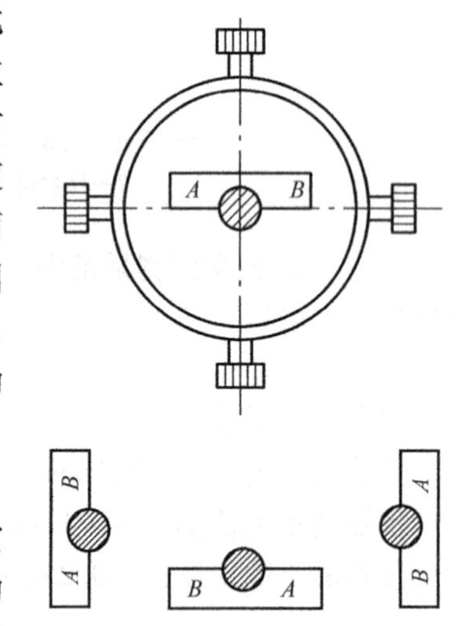

图 1-24　工作台的调整

（4）测量步骤

1）组合标准尺寸。一般是选择不同尺寸的量块，将它们研合在一起作为长度的标准尺寸。选择量块时，量块的数量不宜过多，从最后一位数组合起一般不超过四块，另外，组合以后的量块实际尺寸与被测尺寸差最好不要超过 ±10μm。

2）将研合好的量块和被测零件一起等温，以减小温度对测量的影响。等温所需时间与被测尺寸大小以及室内温度的稳定性有关，一般等温时间为 1h 以上。

3）调整仪器零位。将量块（测量基准）放置于工作台上，通过调整粗调与细调手轮，使读数显微镜对准零位，轻轻地拨动提升器多次，待示值稳定后，再将被测工件放置于工作台上，进行比较测量。

4）确定被测尺寸。测量过程中，若被测零件是轴类零件，则来回推动工件找最大回转点，并读出该点的示值。此示值即为被测尺寸与量块尺寸之差。取三个截面进行测量，其算术平均值即为测量结果，如图 1-25 所示。

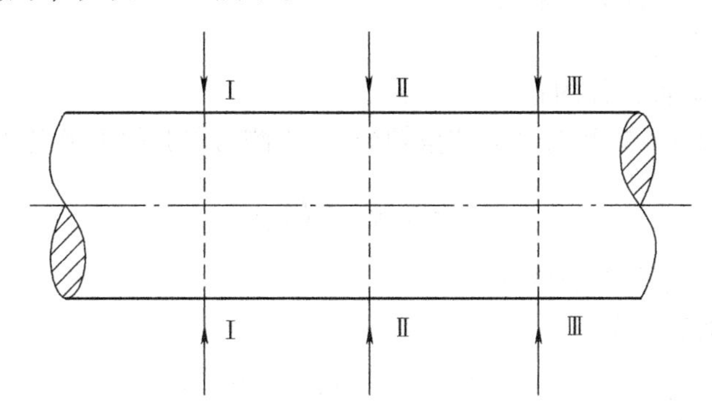

图 1-25　测量方法

3. 测量不确定度分析

测量不确定度的主要来源有以下几个方面：

（1）量块中心长度测量的不确定度　设标准尺寸长度由若干量块研合成，每块量块中心长度的测量不确定度为 $\delta_{i标}$，由误差合成规律知，研合后标准尺寸的不确定度为

$$\delta_{量块} = \sqrt{\delta_{1标}^2 + \delta_{2标}^2 + \cdots + \delta_{n标}^2} \tag{1-14}$$

式中　n——所用量块的块数。

（2）立式光学计的示值误差 $\delta_{仪}$ 引入的不确定度　当被测尺寸与量块组的实际尺寸差不超过 $\pm 100\mu m$ 时，$\delta_{仪} = \pm 0.25\mu m$。

（3）温度偏差引入的不确定度　当被测零件、标准量块和仪器充分等温后，由温度引起的不确定度为

$$\delta_t = (\alpha_{测} - \alpha_{标})(t - 20)L \tag{1-15}$$

式中　L——量块组合后尺寸；

t——测量时环境温度；

$\alpha_{标}$——量块的温度线膨胀系数；

$\alpha_{测}$——被测零件的温度线膨胀系数。

（4）由量块长度变动量偏差引入的测量不确定度

$$\delta_{瞄} = \frac{a}{b}h \tag{1-16}$$

式中　a——测量时，瞄准量块中心的误差，一般可取 $a \leqslant 1mm$；

b——量块测量面在短边方向上长度的一半减去 0.5mm；

h——研合后量块总长度变动量允许值。

（5）测力引起的测量不确定度　此项误差与量块和被测零件的弹性变形系数以及测帽与量块、被测零件的接触方式有关。

当钢质制件平面（如量块）与平面测帽接触时，由测力引起的变形量可忽略。

当平面测帽与球体相接触时（如测量球径），由测力引起的不确定度近似为被测件的变形量，即

$$\delta_{力} = k\sqrt[3]{P^2/D}$$

式中　k——被测件的弹性变形系数；

P——仪器测力（N）；

D——被测（球轴）件的直径（mm）。

当平面测帽与圆柱相接触时（如测量轴径），由测力引起的不确定度为

$$\delta_{力} \approx 0.46(P/L)\sqrt[3]{\frac{1}{D}}$$

式中　L——测帽和圆柱接触长度（mm）。

因此，测量不确定度为

$$\delta = \sqrt{\delta_{量块}^2 + \delta_{仪}^2 + \delta_{瞄}^2 + \delta_{t}^2 + \delta_{力}^2} \tag{1-17}$$

在正常使用的条件下，立式光学计测量外尺寸的最大测量不确定度为 $\pm[0.5+(L/100)]\mu m$，其中 L 为被测尺寸（mm）。

（二）万能测长仪测量轴径

1. 仪器简介

（1）仪器介绍　万能测长仪又称为阿贝测长仪，因为该仪器设计符合阿贝原理，即被测轴线与标准线（如仪器标准刻度尺轴线）重合或在其延长线上，故测量具有较高的准确性。

万能测长仪可以测量孔、轴、内外螺纹的中径等参数。

万能测长仪主要由底座、工作台、测座、尾座及各种测量附件组成，图 1-26 所示为万能测长仪的外形图。万能测长仪可对被测件进行直接比较测量和微差比较测量。

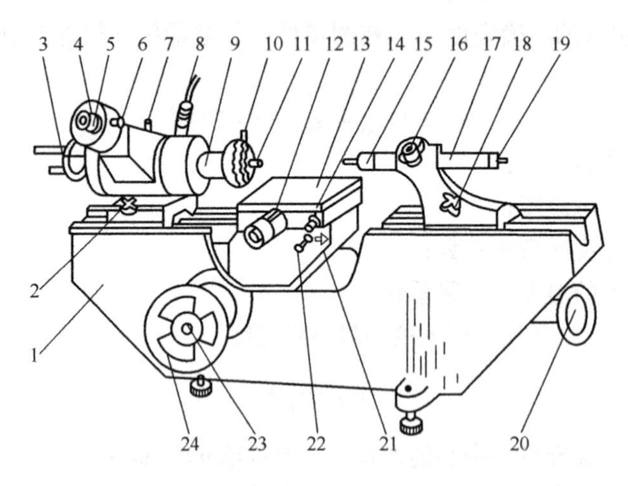

图 1-26　万能测长仪外形结构图

1—底座　2—测量座紧固螺钉　3—测量轴限位杆　4—丝米刻线尺位置调节手轮　5—测微目镜　6—微米刻线尺旋转手轮　7—测量轴固定螺钉　8—光源　9—测量轴　10—重锤拉线挂钩　11—测头　12—工作台横向移动微分筒　13—工作台　14—工作台水平回转手轮　15—尾座测头调整螺钉　16—尾管紧固螺钉　17—尾座　18—尾座紧固螺钉　19—尾管轴向微动手柄　20—工作台弹簧力调节手柄　21—固定螺钉　22—工作台偏摆手柄　23—工作台升降锁紧螺母　24—工作台升降手柄

工件安放在工作台上，并通过调整工作台的位置使工件获得正确的测量位置。工作台可做以下五种运动：

1）旋转工作台升降手柄24可使工作台上升或下降。

2）旋转工作台横向移动微分筒12可使工作台横向移动。

3）摆动工作台水平回转手轮14可使工作台水平回转±4°。

4）扳动工作台偏摆手柄22可使工作台做±3°的偏摆运动。

5）在测量轴线上，工作台可自由滑动±5mm。

（2）测长仪的测量范围

内尺寸：1～200mm

外尺寸：0～500mm（相对测量），0～100mm（绝对测量）

测长仪的示值范围：0～100mm

分度值：0.001mm

（3）读数原理　读数显微镜装在测量座的壳体上，采用光学游标，其测微原理和读数方法分述如下：

如图1-27所示，从读数显微镜的目镜视场中，可看到三种不同的刻线分置在两个不同的视窗中。在上面大的视窗中有两种刻线，一是固定的双刻线，从左端开始标有0～10的数字，这是刻度值为0.1mm固定分划板上的刻线；另一种是一条长刻线并在其上方标有数字，这是毫米刻线尺上的毫米刻线。在下面较小的视窗中，可看到一组可移动的刻线，在其上方标有0～100的数字，这是刻度值为0.001mm的活动分划板上的刻线。

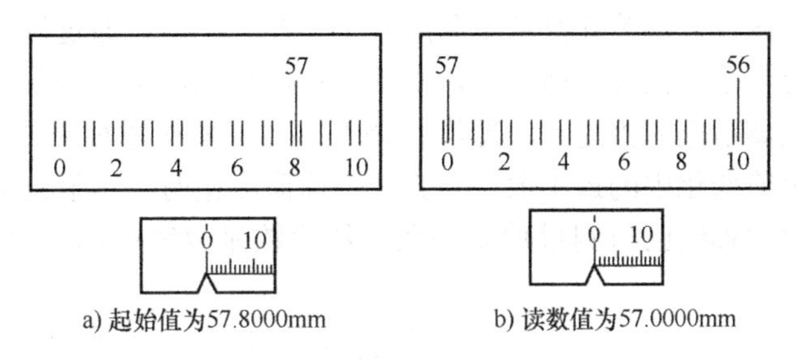

a) 起始值为57.8000mm　b) 读数值为57.0000mm

图1-27　读数显微镜目镜视场图

当读数如图1-28a所示的位置时，则转动读数显微镜上的微动手轮，使其位于图1-28b所示位置，这时从三种刻线中即可读出读数值，其数值为79.4685mm。

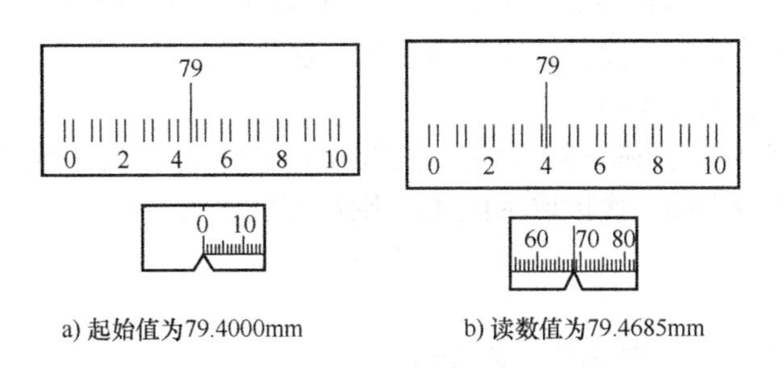

a) 起始值为79.4000mm　b) 读数值为79.4685mm

图1-28　读数显微镜目镜视场图

2. 测量方法

（1）测量原理　如图 1-29 所示，用万能测长仪测量轴上的玻璃刻度尺 9 与被测件 4 进行比较，由读数显微镜 2 直接读出被测件尺寸。

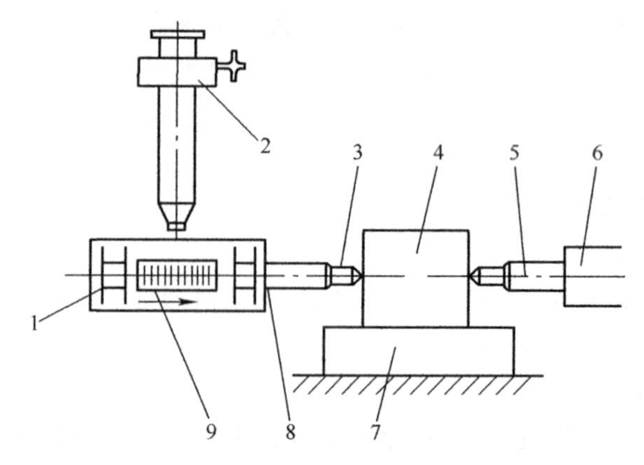

图 1-29　万能测长仪工作原理

1—滚珠轴承　2—读数显微镜　3—测帽　4—被测件　5—尾管
6—尾座　7—工作台　8—测量主轴　9—玻璃刻度尺

（2）测量步骤

1）测帽的选择与调整。测帽的选择与立式光学计测量外尺寸时相同，只是在万能测长仪上测帽是成对使用的。

将选好的一对测帽，分别装在测量轴和尾管上。挂上测锤，通过调整工作台、尾座、测量主轴以及尾管上处于垂直位置的两个微调螺钉，在读数显微镜中观察示值的变化，分别在两个方向上都找到仪器示值的折返点，即停止调整。对于两个平面测帽或两个刀口形测帽，示值的折返点即是示值变化中的最小值。当为两个球面测帽时，示值的折返点即是示值的最大值。此时表示测帽的轴线已与测量轴线一致，从读数显微镜中第一次读取的示值 A_1 即可作为测量的起始值。

2）被测件安装。对于轴类的被测件，可用仪器的顶尖架将被测件安装在两个顶尖间，再将顶尖架固定在工作台上。对于具有平面的被测件，可用压板将被测件固定在仪器工作台上。

3）安装后的调整。保持测量座、尾座和尾管的位置不变的情况下，拉开测量轴，调整工作台，使被测件进入测量轴线，然后轻轻让测量轴的测帽与被测件接触。在第二次读数前，须调整被测件尺寸方向与测量轴线方向一致。这是通过对仪器工作台几个方向的调整，找到仪器示值的折返点来实现的。

4）被测尺寸的确定。当确认被测件尺寸方向与测量轴线方向一致且第一次读数 A_1 未有变化时，从读数显微镜中第二次读取示值 A_2。则被测尺寸为

$$L = A_2 - A_1$$

式中　L——被测尺寸；

A_1、A_2——仪器的第一次读数和第二次读数。

3. 测量不确定度分析

万能测长仪测量外尺寸的不确定度，除与仪器的示值误差、温度误差、测帽的选择有关

以外，还与被测件的安装调整有关，表 1-13 列出几种因测帽与被测件接触位置不正确产生的测量误差。在正常使用条件下，万能测长仪测量外尺寸 L 的不确定度为 $\pm[1.5+(L/100)]\ \mu m$。其中，L 为被测尺寸，单位为 mm。

表 1-13　接触位置不正确产生的测量误差

测量尺寸	接触示意图	误差计算式
直径 $D=2r$	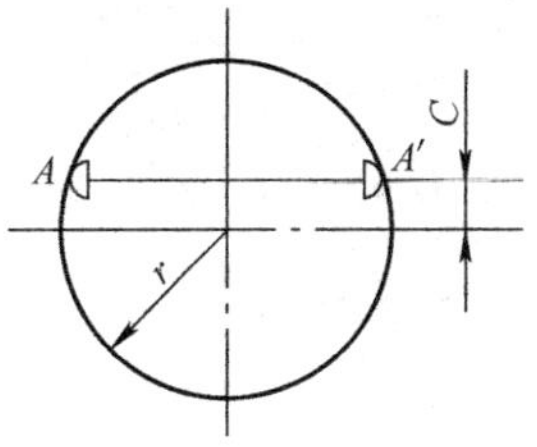	$\Delta=2r-AA'\approx-\frac{C^2}{r}$
直径 $D=2r$	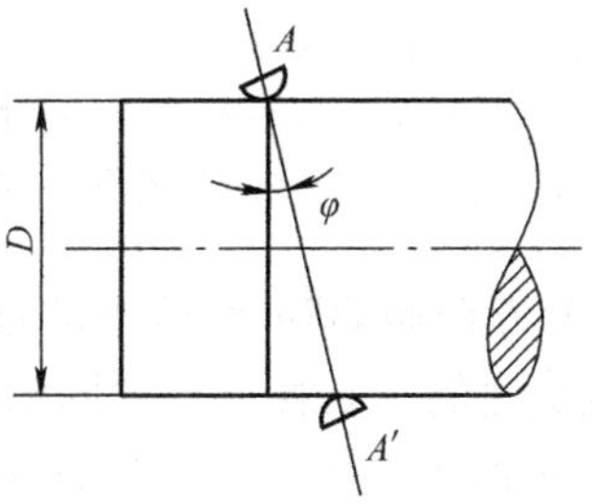	$\Delta=AA'-2r\approx r\varphi^2$
厚度 h	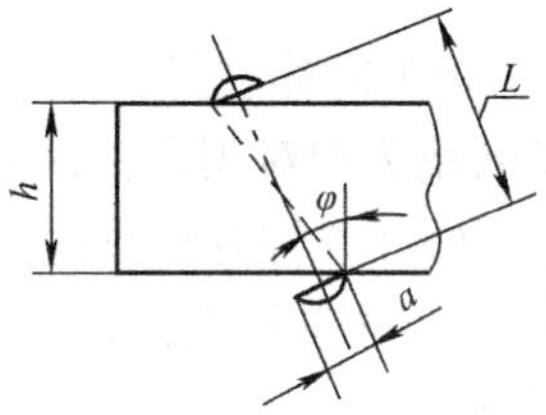	$\Delta=L-h\approx\sqrt{h^2-\sec^2\varphi-a^2}-h$

（三）万能工具显微镜测量轴径

1. 仪器简介

（1）仪器介绍　万能工具显微镜（简称为万工显）是一种通用光学计量仪器。仪器的外形如图 1-30 所示。该仪器测量范围较大、精度高，且备有多种附件，可以对各种工件进行复杂的测量工作，如曲线样板、凸轮、齿轮、螺纹和各种切削刀具等，是一般计量室常用的仪器之一。

万工显主要由底座、纵横向导轨、纵横向读数显微镜、主显微镜、倾斜立柱、工作台等组成。

底座 19 承受了仪器的全部重量，纵向滑板 1，横向滑板 13 通过精密滚动导轨能在底座上做轻巧平稳的直线运动，底座的后部两侧分别固定有 Y 坐标读数系统的照明机构和投影物镜。

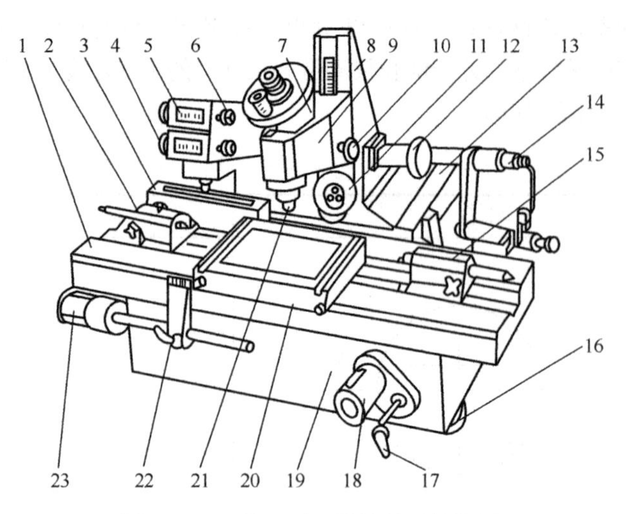

图 1-30 万能工具显微镜外形结构图

1—纵向滑板 2—左顶尖架 3—纵向刻度尺 4—测微鼓轮 5—读数窗口 6—归零手轮
7—主显微镜 8—立柱 9—悬臂 10—升降手轮 11—光阑调节手轮 12—立柱倾斜手轮
13—横向滑板 14—读数照明灯 15—右顶尖架 16—调平螺钉 17—横向锁紧手轮
18—横向微调手轮 19—底座 20—平工作台 21—物镜 22—纵向锁紧手轮 23—纵向微调手轮

纵向滑板 1 供放置被测件之用，它可沿 X 方向做 200mm 范围的移动。松开纵向锁紧手轮 22 并捏住此手轮推拉纵向滑板 1，则可做快速的左右移动；紧固纵向锁紧手轮 22 后，通过旋转纵向微调手轮 23 可对纵向滑板 1 的位置做细微的调节。纵向滑板 1 中部的支承面上可直接安放被测工件以及平工作台 20、光学分度台、测量刀等附件。若附件为顶尖架，V 形架则可安置在纵向滑板 1 中间的方形长槽内，并可根据被测件的长度将它们移至长槽内的任一位置上。通过纵向读数显微镜可读出纵向滑板 1 的移动量。

Y 坐标的测量是依据横向滑板 13 带动主显微镜 7 相对固定在纵向滑板 1 上的被测件做 Y 方向的移动而实现的，移动行程为 100mm。向左松开并捏住横向锁紧手轮 17 便可推拉横向滑板 13 做前后的快速运动；紧固横向锁紧手轮 17，转动横向微调手轮 18 可微量移动横向滑板 13。由横向读数显微镜读出横向滑板 13 的移动量。

立柱 8 安装了主显微镜 7 及照明光管。通过转动升降手轮 10 可使主显微镜 7 沿着立柱 8 做上下移动，以实现精确的调焦，从而获得被测件的清晰影像。转动立柱倾斜手轮 12 能使立柱 8 连同主显微镜 7、照明光管一起做左右 15°的倾斜，倾斜角度值可从立柱倾斜手轮 12 上一起转动的读数鼓轮上读得。

可变光阑可方便地通过光阑调节手轮 11 在 3 ~ 32mm 范围内调节，调节的大小在光阑调节手轮 11 相应的读数盘上读出。

（2）19J 型万工显的技术指标

纵向测量范围： 200mm
纵向分度值： 0.001mm
横向测量范围： 100mm
横向分度值： 0.001mm
测角目镜的角度示值范围： 0° ~ 360°

测角目镜的角度分度值：　　　　1′

立柱倾斜范围：　　　　　　　　±15°

（3）读数原理　读数显微镜的细分读数装置是根据螺旋游标读数原理制成的。图 1-36b 所示为一阿基米德螺旋线，其螺距为 0.1mm。当螺旋线绕 O 点旋转一圈时，与 $x-x$ 轴的交点 A 就移动 0.1mm，由于阿基米德螺旋线的动径与转角成正比，因此，当螺旋线转 1/4 圈时，A 点就移动 0.1mm/4，若将螺旋游标中间的圆周上等分 100 格的圆刻度线，当螺旋线绕 O 点转过一个刻度时，A 点的位移为 0.1mm/100，故此阿基米德螺旋线读数装置的读数精度为 0.001mm。

读数显微镜的光学系统如图 1-31a 所示。光线由灯泡 8 发出，经过绿色滤光片 7 和聚光镜 6，以绿色光照明了基准刻度尺 5。基准刻度尺 5 具有分度值为 1mm 的刻线 100 格，其刻线被物镜 4 成像于螺旋分划板 2 上，螺旋分划板 2 上刻有 10 圈双线阿基米德螺旋线，螺距为 0.1mm，它的中央一圈圆周上均匀地刻有 100 条刻线，圆周刻线的分度值为 0.001mm。当螺旋分划板 2 转一圈时，螺旋线的动径径向移动 0.1mm，为了便于读数，螺旋线制成双线的。与螺旋分划板 2 靠得很近的是固定玻璃平尺 3，其上有 10 个刻度间隔，分度值为 0.1mm。如图 1-31b 所示，此读数为 53.1855mm。

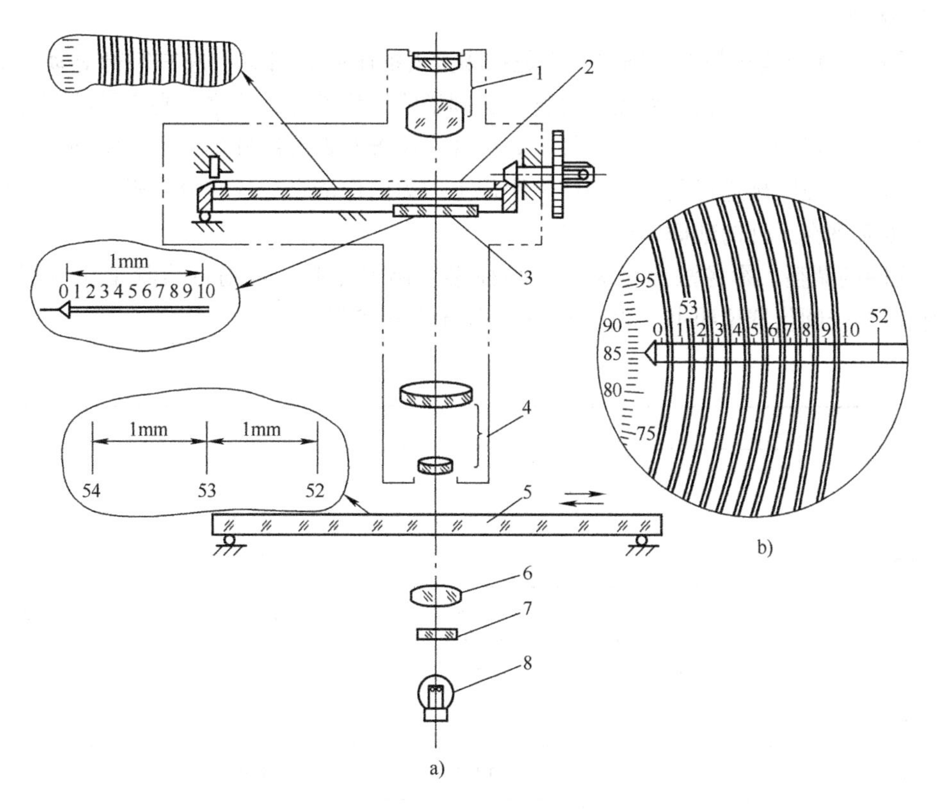

图 1-31　读数显微镜的光学系统

1—分度尺　2—螺旋分划板　3—固定玻璃平尺　4—物镜　5—基准刻度尺　6—聚光镜　7—绿色滤光片　8—灯泡

2. 影像法测量外尺寸

影像法测量的特点是简单、方便，而且能保证一定的精度，可对各种样板、凸轮、螺纹及切削刀具进行测量，应用非常广泛。

（1）测量原理　影像法是常用的测量方法之一，其测量原理如图 1-32 所示，它是用仪器瞄准显微镜分划板上的刻线对工件影像进行两边瞄准，并读取相应的读数Ⅰ和Ⅱ，两次读数之差就是被测尺寸 L。

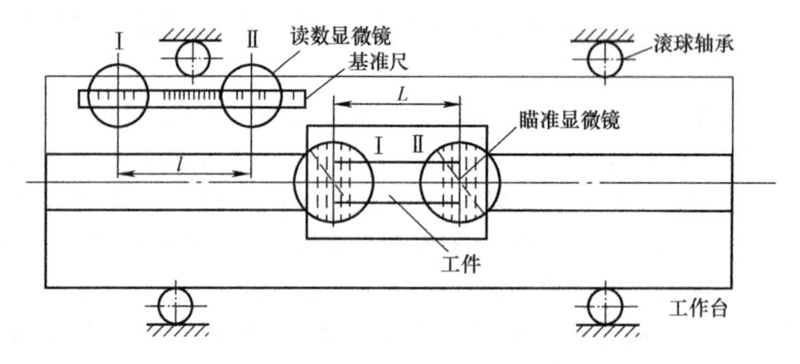

图 1-32　影像法测量原理

（2）测量方法

1）调焦。检查调焦是否正确的方法是：测量者的眼睛在目镜上左右略微晃动，如果分划板上的米字刻线与物像轮廓线无相对移动，则说明调焦正确；反之，则应继续调焦，直到满足要求为止。对带顶尖孔的轴类零件，如圆柱、圆锥及螺纹制件等，为了实现在轴截面内的测量，可采用焦距规进行调焦。即使焦距规上刀刃的像清晰地成在分划板上，然后换上被测件，即可实现在工件的轴截面内测量。

2）光圈的调整。影像法测量球径或轴径必须调整光圈，否则将给测量造成很大的误差。调整时要查阅仪器说明书。表 1-14 为最佳光圈直径表。

表 1-14　最佳光圈直径表

光滑圆柱直径或螺纹中径/mm	最佳光圈直径/mm			
	光滑圆柱体	螺纹牙型角		
		30°	55°	60°
0.5	—	24.5	29.7	30.5
1	30.5	19.5	23.6	24.2
2	24.2	15.4	18.7	19.2
3	21.2	13.5	16.4	16.8
4	19.2	12.3	14.9	15.3
5	17.8	11.4	13.8	14.2
6	16.8	10.7	13.0	13.3
8	15.3	9.7	11.8	12.1

（续）

光滑圆柱直径或螺纹中径/mm	最佳光圈直径/mm			
	光滑圆柱体	螺纹牙型角		
		30°	55°	60°
10	14.2	9.0	10.9	11.2
12	13.3	8.5	10.3	10.6
14	12.7	8.1	9.8	10.0
16	12.1	7.7	9.4	9.6
18	11.6	7.4	9.0	9.2
20	11.2	7.2	8.7	8.9
25	10.7	6.7	8.1	8.3
30	9.8	6.3	7.6	7.8
40	8.9	5.7	6.9	7.1
50	8.3	5.3	6.4	6.6
60	7.8	5.0	6.0	6.2
80	7.1	4.5	5.5	5.6
100	6.6	4.2	5.1	5.2
200	5.2	3.3	4.0	4.1

3. 测量误差的分析

影像法测量，其光源不是点光源，灯丝总有一定的宽度，在照明光束中有斜照平行光，这样的光束对轮廓边缘比较薄的工件的成像（图1-33a）影响不大。但对较厚的工件（图1-33b），由于瞄准工件靠近工件的上端平面，这时 C、D 光线不起成像作用，用 A、B 光线即可看到清晰的物像。因此，对于平直边缘工件的测量，成像光束和主光轴的平行问题可忽略，对曲面轮廓的测量成像光束不平行带来的误差不容忽略。如图1-34所示的圆柱体工件，由于 C、B 光线在表面反射的影响，使被测工件影像缩小，由计量工程光学可知，其缩小值为

$$\Delta = -\frac{r\phi^2}{6}$$

其中，r 为被测工件的曲率半径；ϕ 为斜光束与轴的夹角。显然成像误差与 r、ϕ 有关。因此万能显微镜和其他同类型的工具显微镜都是通过调整可变光阑对斜光束加以控制。但光圈不

是越小越好，如果太小，由于光线衍射的影响，将产生相反的结果，使工件成像误差由负向正方向变化，在测量结果中将带入正向误差。例如，测量一根 ϕ70mm 的主轴，在不同的光圈下，测量结果也不一样，其误差变化为 -72 ~ 6μm，如图 1-35a 所示。又如测量 M45 ×5 的螺纹中径，选用不同的光圈，得到的中径值也不一样，其误差变化范围为 -170 ~ 12μm，如图 1-35b 所示。这一误差数值相当可观，是精密测量所不允许的。由此可得出结论，在万能显微镜和其他同类型的工具显微镜上进行测量时，必须按照被测工件的曲率半径调整光圈，才能减小成像误差。最佳光圈的大小可在仪器说明书中查得。

采用影像法进行测量时需要正确调焦，首先根据测量者的视力调节目镜视度旋钮，使之能看清分划板上的刻线，再上下移动显微镜悬臂或焦距调微环，使工件清晰地成像在分划板上，只有二者都清晰的情况下才能瞄准，否则将产生瞄准误差。

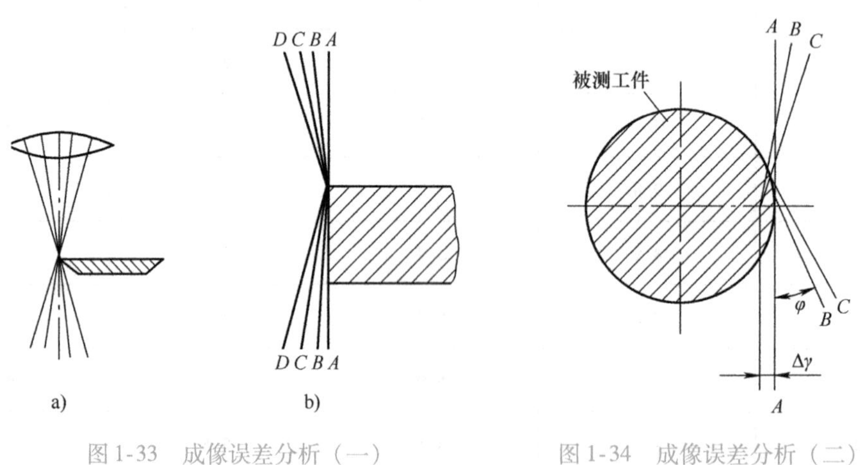

图 1-33　成像误差分析（一）　　图 1-34　成像误差分析（二）

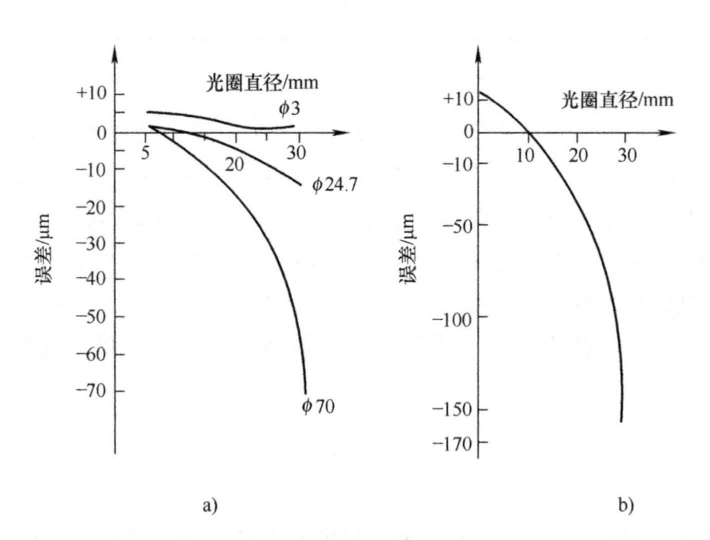

图 1-35　光圈直径与成像误差关系

五、检测结果的处理

检　测　报　告							
课程名称		工业产品几何量检测			项目名称	零件长度误差检测	
班级/组别					任务名称	零件轴径检测	
被测零件	名称	尺寸标注	上极限尺寸 D_{max}	下极限尺寸 D_{min}	安全裕度 A	上验收极限 D_S	下验收极限 D_I
计量器具	名称	测量范围	示值范围	分度值	仪器不确定度		
测量示意图							
测量数据		实际偏差			实际尺寸		
测量截面		Ⅰ—Ⅰ	Ⅱ—Ⅱ	Ⅲ—Ⅲ	Ⅰ—Ⅰ	Ⅱ—Ⅱ	Ⅲ—Ⅲ
测量方向	A—A						
	B—B						
合格性判断		按设计公差判断			按验收极限判断		
姓　名		班　级		学　号	审　核		成　绩

六、任务检查与评价

（一）小组互评表

课程名称	工业产品几何量检测	项目	零件长度误差检测				
班级/组别		工作任务	零件轴径检测				
评价人签名（组长）：		评价时间：					
评价项目	评价指标	分值	组员成绩评价				
敬业精神（20分）	不迟到、不早退、不旷课	5					
	工作认真，责任心强	8					
	积极参与任务的完成	7					

（续）

评价项目	评价指标	分值	组员成绩评价				
专业能力（50分）	基础知识储备	10					
	对轴径检测步骤的理解	7					
	检测工具的使用熟练程度	8					
	检测步骤的规范性	10					
	检测数据处理	6					
	检测报告的撰写	9					
方法能力（15分）	语言表达能力	4					
	资料的收集整理能力	3					
	提出有效工作方法的能力	4					
	组织实施能力	4					
社会能力（15分）	团队沟通	5					
	团队协作	6					
	安全、环保意识	4					
总分		100					

（二）教师对学生评价表

<table>
<tr><td>班　级</td><td colspan="2"></td><td colspan="2">课程名称</td><td colspan="4">工业产品几何量检测</td></tr>
<tr><td colspan="3">评价人签字：</td><td colspan="2">学习项目</td><td colspan="4">零件长度误差检测</td></tr>
<tr><td>工作任务</td><td colspan="3">零件轴径检测</td><td colspan="2">组别</td><td colspan="3"></td></tr>
<tr><td rowspan="2">评价项目</td><td rowspan="2">评价指标</td><td rowspan="2">分数</td><td colspan="5">成　员</td></tr>
<tr><td></td><td></td><td></td><td></td><td></td></tr>
<tr><td>目标认知程　度</td><td>工作目标明确，工作计划具体、结合实际，具有可操作性</td><td>10</td><td></td><td></td><td></td><td></td><td></td></tr>
<tr><td>思想态度</td><td>工作态度端正，注意力集中，能使用各种资源进行相关资料收集</td><td>10</td><td></td><td></td><td></td><td></td><td></td></tr>
<tr><td>团队协作</td><td>积极与团队成员合作，共同完成小组任务</td><td>10</td><td></td><td></td><td></td><td></td><td></td></tr>
<tr><td rowspan="2">专业能力</td><td>正确理解轴径检测原理
检测工具使用方法正确，检测过程规范</td><td>40</td><td rowspan="2"></td><td rowspan="2"></td><td rowspan="2"></td><td rowspan="2"></td><td rowspan="2"></td></tr>
<tr><td>检测报告完成情况</td><td>30</td></tr>
<tr><td colspan="2">总分</td><td>100</td><td></td><td></td><td></td><td></td><td></td></tr>
</table>

（三）教师对小组评价表

班级/组别		课程名称	工业产品几何量检测
学习项目	零件长度误差检测	工作任务	零件轴径检测
评价项目	评价指标	评分	教师评语
资讯（15 分）	工作任务分析 查阅相关仪器结构图和轴径检测方法		
计划（10 分）	小组讨论，达成共识，制订初步检测计划		
决策（15 分）	检测工具的选择 确定轴径检测方案，分工协作		
实施（25 分）	检测轴径误差，提交检测报告		
检查（15 分）	对检测过程进行检查，分析可能存在的问题		
评价（20 分）	小组成员轮流发言，提出优点和值得改进的地方		

课后练习

一、思考题

1. 百分表的分度值是__________，千分尺的分度值是____________。

2. 孔和轴的公差带由____________________决定大小，由________________决定位置。

3. 已知某一基轴制的轴的公差为 0.021mm，那么该轴的上极限偏差是____________，下极限偏差是__________。

4. 立式光学计的测量范围为__________，示值范围为__________。

5. 测帽的种类有：__________、__________、__________。

6. 立式光学计的工作台的种类有：__________、__________。

7. 外径千分尺可估读到__________mm。

8. 一般情况下测量器具的分度值越小，其测量精度__________。

9. 万能测长仪工作台的五个运动为______、______、______、______、______。

二、综合题

1. 用光学比较仪测量公称尺寸 $\phi 30$mm 的轴径，用标称尺寸为 30mm 的量块校零后，比较测量轴径的示值为 +10μm，若量块实际尺寸为 30.005mm，试求被测轴径的实际尺寸。

2. 用光学比较仪测量某轴，读数为 20.005mm，设该比较仪示值误差为 +0.001mm，试求该轴的实际尺寸。

3. 用两种方法分别测量尺寸为 10mm 和 80mm 的零件，其测量绝对误差分别为 8μm 和 7μm，试用测量相对误差对比此两种方法测量精度的高低。

4. 在立式光学比较仪上对塞规同一部位进行 4 次重复测量，其值为 20.004mm、19.996mm、19.999mm、19.997mm，试求测量结果。

5. 试述调整立式光学计工作台面与测量杆轴线相垂直的方法步骤。

6. 万能测长仪工作台有哪几种运动形式？其运动范围是多大？

7. 简述测长仪测量轴径时工作台的调整过程。

中国计量历史简介

计量事关国计民生，兼具自然科学和社会科学双重属性，是维持国家机器正常运转并确保其经济和科学技术得以持续稳定发展的基础。对计量的重要性，我们的祖先早有认识，并为推进计量科技的发展和计量管理做出过卓有成效的实践。

中国古代计量的发生，可以追溯到原始社会末期。随着生产社会化程度的提高和社会组织形式的进步，开始提出对长度、容量、重量和时间等计量的需要。这些计量活动常以人体的某一部分、某些天然物或植物果实作为计量标准，如伸掌为尺、迈步定亩、滴水计时等。

中国古代第一位建立度量衡标准的人是大禹。相传大禹治水发生在距今三四千年前，禹疏浚水道，引水入海，首先要考察水势，寻找水的源头和上下游流经的地域，这一切都离不开测量。规矩准绳就是最古老的测量工具。用“准”定平直，“绳”测长短，“规”画圆，“矩”画方。“矩”还可以用来定山川之高下、大地之远近。大禹使用规矩准绳治水患，并以自己的身长、体重作为长度和重量标准等，这些传说记载在一定程度上反映了上古时代计量发生的萌芽情况。

公元前 4 世纪，秦国的秦孝公就大力支持商鞅变法，该次变法在中国历史上开创了以国家力量从法律层面推行统一的度量衡制度之先河。以后 100 多年时间里，度量衡一直保持稳定，这为秦国的强盛及其最后横扫六国奠定了经济和技术基础。古代学者对计量的重要性有充分论述，孔子就曾把“谨权量”作为其治国方略之一大加宣讲。中国计量的发展可大致划分为传统计量和近现代计量两大类型，包括 7 个历史时期。传统计量随着国家形态的发展而发展，至秦始皇统一中国而基本形成，这是其发展的第一个历史时期。西汉末年刘歆对度量衡标准的考订和对度量衡理论的阐发，标志着传统计量理论的成型，这是中国计量发展的第二个历史时期。之后，传统计量进入了它的第三个历史发展阶段，即漫长的调整和发展时期。明末清初，传教士进入我国，带来了西方科学，促成了一些新的计量分支的诞生，为传统计量向近代计量的转化准备了条件，这是中国计量发展的第四个历史时期。进入民国时期后，南京国民政府对新度量衡标准的制订和推行，标志着传统度量衡制度和理论的寿终正寝，而新的计量制度由于战乱等多种因素并未相应地建立起来，这是中国计量发展的第五个历史时期。新中国建立后，中央人民政府一方面积极从事统一计量制度的工作，一方面努力建立适应经济发展的新的计量种类，实现了计量事业由传统向近代的转变，是为中国计量发展的第六个历史时期。1976 年以后，中国计量在法制化的道路上，进入了标准化和国际化的新阶段，进入了它的第七个历史时期，即中国计量的现代时期。

任务三　零件孔径和小孔中心距检测

❖ 教学目标

1）掌握内径量表、内径千分尺的工作原理、结构、操作方法。

2）掌握用万能测长仪、万能工具显微镜等测量孔径的方法。

3）正确熟练地使用和调整仪器。

4）掌握孔类零件的测量、数据处理等方面的技能。

5）坚定文化自信，发扬与传承传统文化。

一、知识准备

复习掌握孔、轴零件的公差知识，会查孔、轴的公差标准。

二、任务导入

图1-36a所示为一可拆联轴器零件图，图1-36b所示为一端盖零件，现在需要对其$\phi60H9(^{+0.074}_{0})$的孔径和小孔中心距a的尺寸进行检测，请选择合适的计量器具，并根据工作任务单完成检测任务。

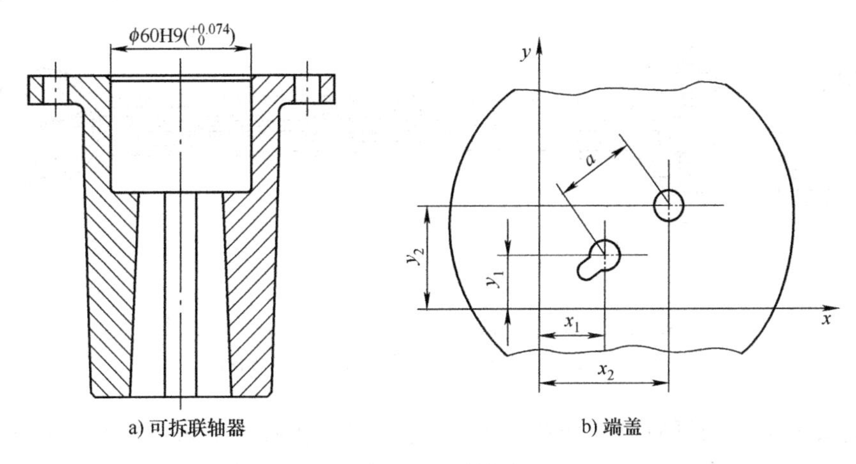

图1-36　零件图

工　作　任　务　单							
姓名		学号		班级		指导老师	
组别		所属学习项目		零件长度误差检测			
任务编号		3	工作任务	零件孔径和小孔中心距检测			
工作地点		精密检测实训室		工作时间			
待检对象	可拆联轴器和端盖（图1-36）						
检测项目	1. $\phi60H9$（$^{+0.074}_{0}$）的孔径 2. 小孔中心距a						
使用工具	1. 万能测长仪 2. 标准环规 3. 万能工具显微镜			任务要求	1. 熟悉检测方法 2. 正确使用检测工具 3. 检测结果处理 4. 提交检测报告		

三、任务分析

孔径可采用内径量表、内径千分尺、测钩法、电眼装置法、影像法等测量。仪器的选择可参考轴径测量的任务分析。

图1-36a所示可拆联轴器零件图，被测孔的公称尺寸为60mm，IT9 = 74μm，A = 6.0μm，计量器具不确定度的允许值 u_1 = 5.4μm，通过查表1-11，选用分度值为0.001mm的卧式测长仪测量可以满足测量要求。图1-36b所示端盖零件上小孔中心距可以在万能工具显微镜上用双像目镜测量。

四、任务实施

（一）内径百分表及内径千分尺测量孔径

1. 内径百分表测量孔径

（1）仪器介绍　内径百分表是生产中测量孔径常用的量仪，它由指示表和装有杠杆系统的测量装置组成，如图1-37所示。

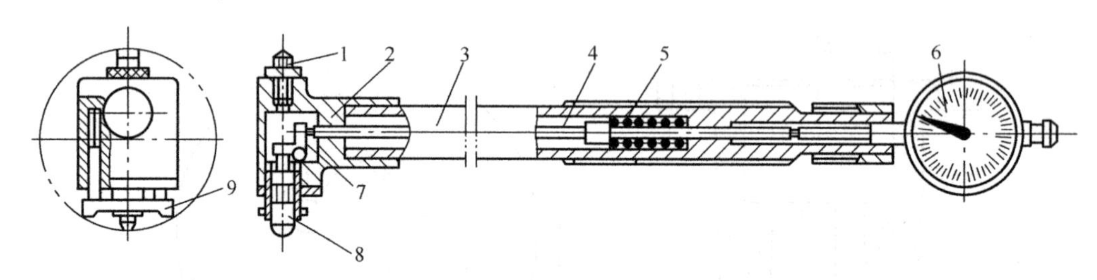

图1-37　内径百分表

1—可换测头　2—测量套　3—测量杆　4—传动杆　5—弹簧
6—百分表　7—杠杆　8—活动测头　9—定位装置

活动测头8的移动可通过杠杆系统传给百分表6。内径百分表的两测头放入被测孔径内，位于被测孔的直径方向上，这可由定位装置9来保证。定位装置9借弹簧力始终与被测孔接触，其接触点的连线和直径是垂直的。

内径百分表测孔径属于相对测量，根据不同的孔径可选用不同的固定测头，故其测量范围可达6～1000mm。内径百分表的分度值为0.01mm。

（2）测量步骤

1）根据被测孔径的大小正确选择测头，将测头装入量杆的螺孔内。

2）按被测孔径的公称尺寸选择量块，擦净后组合于量块夹内。

3）将测头放入量块夹内并轻轻摆动，按图1-38a所示的方法在指示表指针的最小值处，将指示表调零（即指针转折点位置）。

4）按图1-38b所示的方法测量孔径，在指示表指针的最小值处读数。

5）在孔深的上、中、下三个截面内，互相垂直的两个方向上，共测六个位置。

6）将测量结果填入检测报告用表中，进行相关数据处理并按是否超出工件设计公差所确定的上、下极限尺寸，判断其合格性。

2. 内径千分尺测量孔径

（1）接杆型内径千分尺　接杆型内径千分尺的分度值为0.01mm，用于测量50mm以上的内径、槽宽和两个内端面之间的距离等。接杆型内径千分尺的结构形式如图1-39所示。接杆型内径千分尺由微分头和各种尺寸的接长杆组成。微分头的结构与外径千分尺基本相

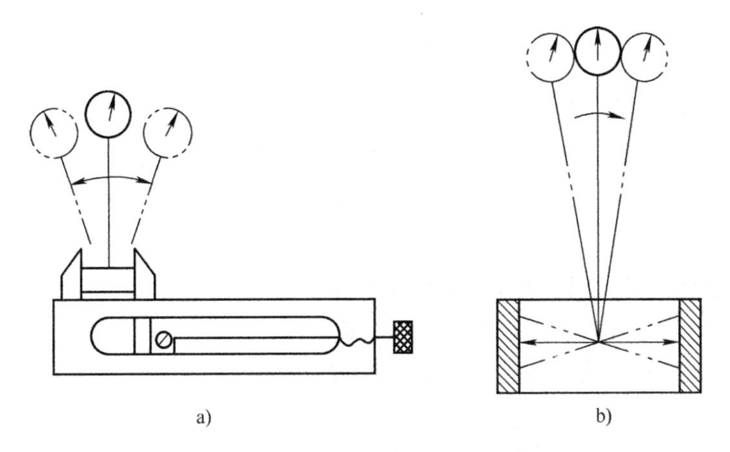

图 1-38 内径百分表找转折点

同，只是没有尺架和测力装置。固定测头 1 与固定套管 3 固结在一起。拧紧后盖 8，可使活动测头与微分筒 6、测微螺杆 5 连成一体，其移动量（示值范围）为 3mm。接长杆上的弹簧 10 可把量杆 12 推向右边，以便使量杆 12 的测量面藏入管接头 9 之内，免受磕碰。需要连接接长杆时，应先拧下螺母 2，再将接长杆的右端旋紧到固定套管 3 的左端上。此时，固定测头 1 顶住量杆 12 并使量杆 12 左端的测量面伸到管接头 9 的外面，以便进行测量。

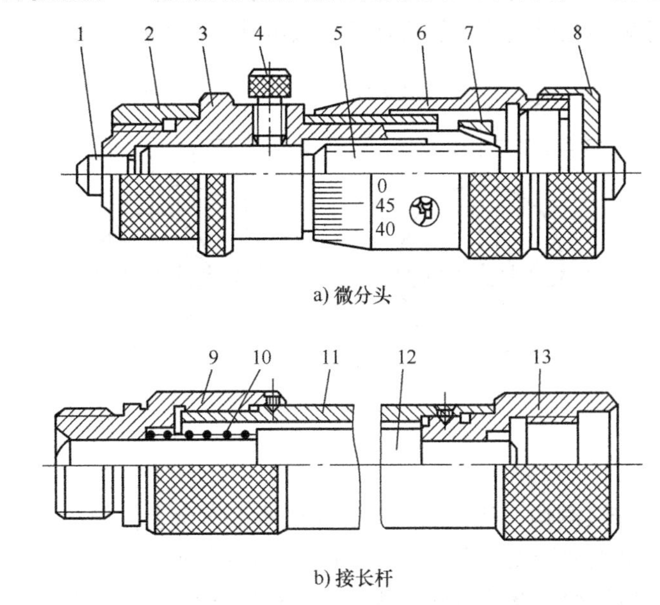

图 1-39 接杆型内径千分尺的结构

1—固定测头 2—螺母 3—固定套管 4—锁紧装置 5—测微螺杆 6—微分筒 7—调节螺母 8—后盖 9—管接头 10—弹簧 11—套筒 12—量杆 13—管接头

（2）三爪型内径千分尺 三爪型内径千分尺是利用螺旋副原理，通过旋转塔形阿基米德螺旋体或移动锥体使三个测量爪做径向位移，使其与被测内孔接触，对内孔尺寸进行读数的内径千分尺，测量面为圆弧形，并镶硬质合金或其他耐磨材料，如图 1-40 所示。

（3）卡尺型内径千分尺 卡尺型内径千分尺是利用螺旋副原理对固定测量爪与活动测

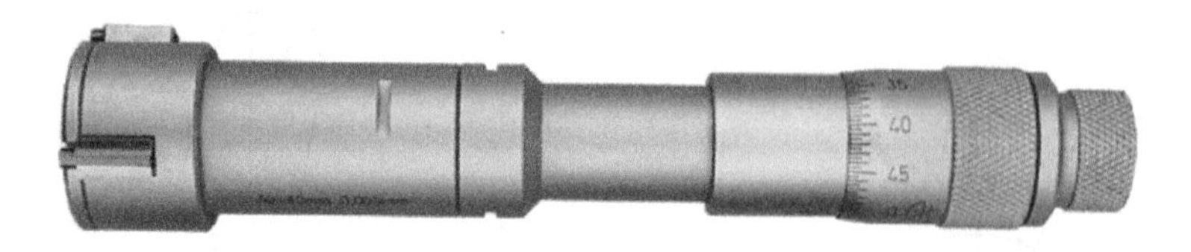

图 1-40　三爪型内径千分尺

量爪之间的分隔距离进行读数的内尺寸测量工具。卡尺型内径千分尺由测量爪、固定套筒、微分筒、测微螺旋和测力装置等组成。当旋转分轮棘轮时，导向管带着活动测量爪做直线移动，改变两个测量爪里面之间的距离，从而达到测量目的，如图 1-41 所示。

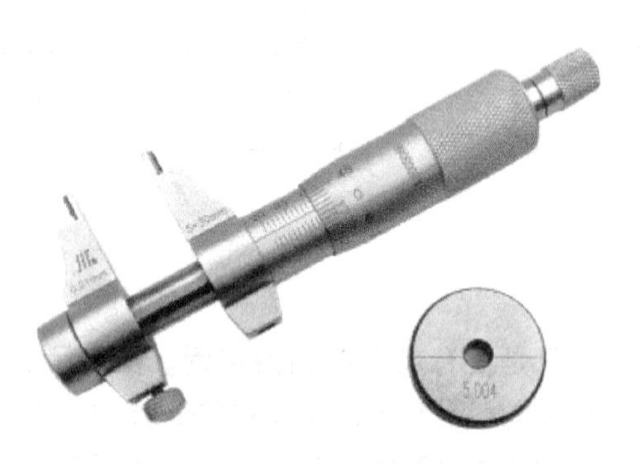

图 1-41　卡尺型内径千分尺

（二）测钩法测量孔径

万能测长仪可用测钩附件测量孔径。

（1）测量原理　用测钩法测量孔径是一种微差比较测量法，如图 1-42 所示。测量时，先用一个标准环规（或由量块组成的标准尺寸）调整仪器初始值，然后换上被测孔进行测量，测出被测孔径与标准环规的孔径差值，然后计算出被测孔径的实测值。

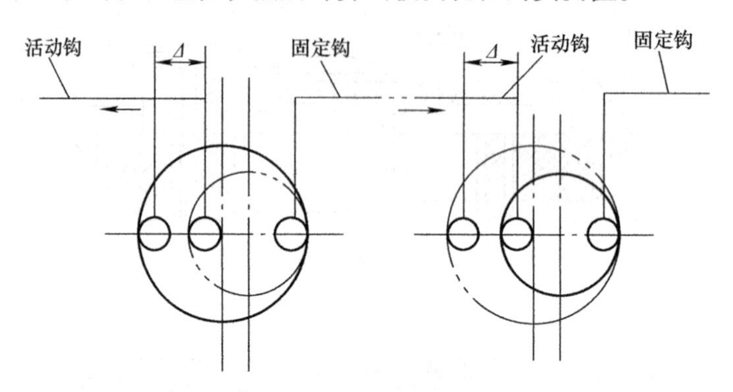

图 1-42　测钩法测量孔径

（2）测量方法　安装测钩，将标准环安装在仪器工作台上，如图 1-43 所示，通过调节工作台前后移动，找最大回转点，即找最大直径，通过调节工作台的偏摆运动，找最小回转点，使工件水平，读取读数，此读数即为测量值的初始读数 R_0。取下标准环规，安装工件，重新进行调试，找最大回转点和最小回转点，并进行读数得到 R_1。则有：

$$D_{测量} = D_{标准} + (R_1 - R_0) = D_{标准} + \Delta$$

式中　$D_{测量}$——被测孔径尺寸；

$D_{标准}$——标准环规尺寸；

R_1——测量孔径时的读数；

R_0——测量标准环规时的读数；

Δ——被测孔径与标准环规孔径之差。

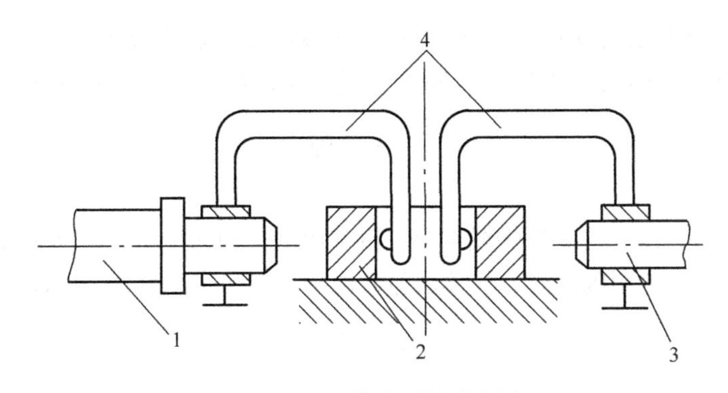

图 1-43　测钩法测量示意图

1—测量轴　2—被测件　3—尾管　4—测钩

（3）测量误差的分析　使用测钩法测量孔径时，两测头连线与测量轴线应调整平行。如产生偏斜，则会引起测量误差。偏移越大，测量误差越大。当偏移值一定时，被测尺寸与标准尺寸相差越大，测量误差越大，为减少这项误差的影响，可采取如下措施：

1）选用与被测尺寸相等或相近的标准尺寸。

2）减少或消除两测头的偏移值。

（三）电眼装置测量孔径

电眼装置是万能测长仪的附件，可用它测量孔径。

（1）测量原理　电眼装置测量孔径，其电眼起瞄准作用，它的特点是测量时测力近似为零。电眼装置测量孔径的范围为 $\phi1\sim\phi25$mm。电眼装置测量孔径如图 1-44 所示。

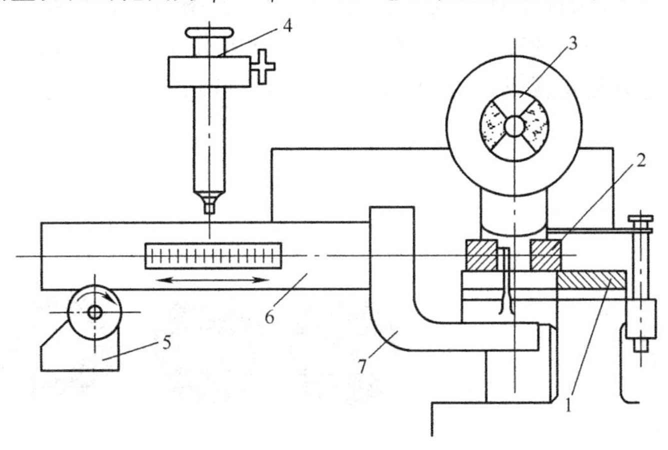

图 1-44　电眼装置测量孔径

1—绝缘工作台　2—被测件　3—电眼指示器　4—读数显微镜　5—微动手轮　6—测量轴　7—测头支臂

（2）测量方法　绝缘工作台 1 安装在仪器的浮动工作台上面，带有球测头的测头支臂 7 套装在仪器的测量轴 6 上，电眼指示器 3 插装在仪器后方相应的孔中。被测件 2 安置在专用的绝缘工作台 1 上并夹紧。这时工件及工作台面为一电极，球测头及绝缘工作台绝缘板以下的一部分为另一电极，极间带有 6V 的低电压。如果球测头接触被测孔壁，电路接通，电眼指示器即闪烁明亮。

测量时，测头伸入被测孔。调整被测孔的直径线与测量轴线重合，前后调整工作台，记下万能工作台上微分筒上的读数 a_1，然后向脱离接触方向转动微分筒，直到电眼再次发生闪耀时，记下微分筒上的另一读数 a_2。将微分筒退至两次读数的平均位置，即

$$a = \frac{a_1 + a_2}{2}$$

这样被测孔的直径线已与测量轴线重合。再利用测量轴的粗动和微动装置，使球测头先后与孔径两壁相接触，在电眼闪耀时，从读数显微镜中记下两次读数 A_1 和 A_2，被测孔径 A 为

$$A = d_0 + (A_2 - A_1)$$

式中　d_0——球形测头的直径。

（3）测量误差的分析　球测头与孔壁接触好的标志是电眼不断闪烁。如果电眼全部明亮则表示接触压力过大，闪烁时接触压力接近于零，该装置孔径测量误差为 ±2μm。

（四）双像目镜测量孔的中心距

（1）双像目镜的使用原理　万能工具显微镜的双像目镜专门用于测定零件上的孔距、槽距与节距等参数。将双像目镜安装在棱镜盖上后，即能对安装在平台上的工件进行瞄准。当孔中心与光轴偏歪时，在目镜中会出现两个影像，移动纵横向滑板，使两像完全重叠。此时光轴即与孔中心重合。读取纵横向读数。然后移动纵横向，使需要测定的另一孔的两像在目镜中重叠，读取第二次纵横向读数。两次读数之差即为孔距的 x、y 值，从而计算出测定的孔距。其他项目的测量与测量孔距时相同。

（2）双像目镜测量步骤

1）将被测件安置于万能工具显微镜的工作台上，如图 1-45a 所示。将双像目镜装在仪器上，调焦直至在视场中出现被测件的清晰影像（此操作中还应移动纵、横向滑板，使被测件一个孔的影像进入目镜视场），此时视场内将出现被测件一个孔的两个点对称影像，如图 1-45b、d 所示。

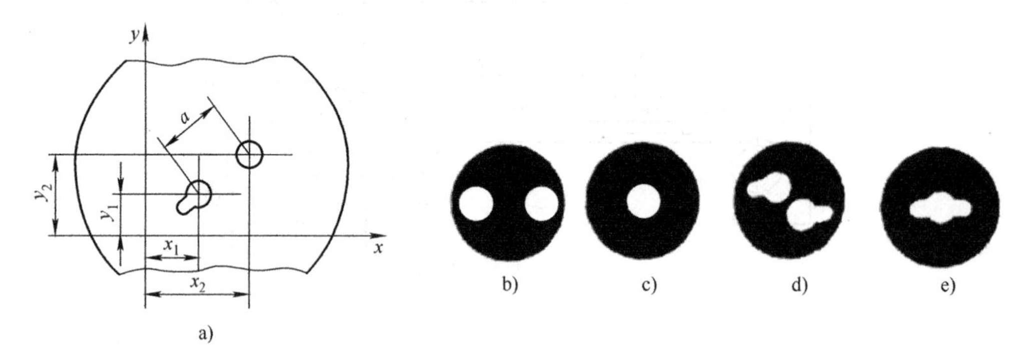

图 1-45　测量孔中心距示意图

2）移动纵、横向滑板，使孔的对两个对称影像重合，此时该孔中心与物镜光轴重合，如图 1-45c、e 所示，记下纵、横向读数 x_1、y_1。按上述操作对第二孔进行对准，记下纵、横向读数 x_2、y_2。孔间距 a 为

$$a = \sqrt{(x_2 - x_1)^2 + (y_2 - y_1)^2}$$

五、检测结果的处理

<table>
<tr><td colspan="8">检 测 报 告（一）</td></tr>
<tr><td colspan="2">课程名称</td><td colspan="3">工业产品几何量检测</td><td colspan="2">项目名称</td><td>零件长度误差检测</td></tr>
<tr><td colspan="2">班级/组别</td><td colspan="3"></td><td colspan="2">任务名称</td><td>零件孔径的检测</td></tr>
<tr><td rowspan="2">被测零件</td><td>名称</td><td>尺寸标注</td><td>上极限尺寸 D_{max}</td><td>下极限尺寸 D_{min}</td><td>安全裕度 A</td><td>上验收极限 D_S</td><td>下验收极限 D_I</td></tr>
<tr><td></td><td></td><td></td><td></td><td></td><td></td><td></td></tr>
<tr><td rowspan="2">计量器具</td><td>名称</td><td>测量范围</td><td>示值范围</td><td>分度值</td><td colspan="3">仪器不确定度</td></tr>
<tr><td></td><td></td><td></td><td></td><td colspan="3"></td></tr>
<tr><td>测量示意图</td><td colspan="7"></td></tr>
<tr><td colspan="2">测量数据</td><td colspan="3">实际偏差</td><td colspan="3">实际尺寸</td></tr>
<tr><td colspan="2">测量截面</td><td>Ⅰ—Ⅰ</td><td>Ⅱ—Ⅱ</td><td>Ⅲ—Ⅲ</td><td>Ⅰ—Ⅰ</td><td>Ⅱ—Ⅱ</td><td>Ⅲ—Ⅲ</td></tr>
<tr><td rowspan="2">测量方向</td><td>A—A</td><td></td><td></td><td></td><td></td><td></td><td></td></tr>
<tr><td>B—B</td><td></td><td></td><td></td><td></td><td></td><td></td></tr>
<tr><td colspan="2" rowspan="2">合格性判断</td><td colspan="3">按设计公差判断</td><td colspan="3">按验收极限判断</td></tr>
<tr><td colspan="3"></td><td colspan="3"></td></tr>
<tr><td colspan="2">姓　名</td><td colspan="2">班　级</td><td>学　号</td><td colspan="2">审　核</td><td>成　绩</td></tr>
<tr><td colspan="2"></td><td colspan="2"></td><td></td><td colspan="2"></td><td></td></tr>
</table>

<table>
<tr><td colspan="7">检 测 报 告（二）</td></tr>
<tr><td colspan="2">课程名称</td><td colspan="2">工业产品几何量检测</td><td>项目名称</td><td colspan="2">零件长度误差检测</td></tr>
<tr><td colspan="2">班级/组别</td><td colspan="2"></td><td>任务名称</td><td colspan="2">零件小孔中心距的检测</td></tr>
<tr><td rowspan="2">计量器具</td><td>名称</td><td>测量范围</td><td>示值范围</td><td>分度值</td><td colspan="2">仪器不确定度</td></tr>
<tr><td></td><td></td><td></td><td></td><td colspan="2"></td></tr>
<tr><td>测量示意图</td><td colspan="6"></td></tr>
<tr><td colspan="2" rowspan="3">测量数据</td><td colspan="3">孔 1</td><td colspan="2">孔 2</td></tr>
<tr><td colspan="3">x_1 =</td><td colspan="2">x_2 =</td></tr>
<tr><td colspan="3">y_1 =</td><td colspan="2">y_2 =</td></tr>
<tr><td colspan="2">测量结果</td><td colspan="5"></td></tr>
<tr><td colspan="2">合格性判断</td><td colspan="5"></td></tr>
<tr><td colspan="2">姓名</td><td>班级</td><td>学号</td><td>审核</td><td colspan="2">成绩</td></tr>
<tr><td colspan="2"></td><td></td><td></td><td></td><td colspan="2"></td></tr>
</table>

六、任务检查与评价

（一）小组互评表

课程名称	工业产品几何量检测	项目	零件长度误差检测				
班级/组别		工作任务	零件孔径和小孔中心距检测				
评价人签名（组长）：		评价时间：					
评价项目	评价指标	分值	组员成绩评价				
敬业精神（20分）	不迟到、不早退、不旷课	5					
	工作认真，责任心强	8					
	积极参与任务的完成	7					
专业能力（50分）	基础知识储备	10					
	对零件孔径和小孔中心距检测步骤的理解	7					
	检测工具的使用熟练程度	8					
	检测步骤的规范性	10					
	检测数据处理	6					
	检测报告的撰写	9					
方法能力（15分）	语言表达能力	4					
	资料的收集整理能力	3					
	提出有效工作方法的能力	4					
	组织实施能力	4					
社会能力（15分）	团队沟通	5					
	团队协作	6					
	安全、环保意识	4					
总分		100					

（二）教师对学生评价表

班　级		课程名称	工业产品几何量检测				
评价人签字：		学习项目	零件长度误差检测				
工作任务	零件孔径和小孔中心距检测		组别				
评价项目	评价指标	分数	成　员				
目标认知程　度	工作目标明确，工作计划具体、结合实际，具有可操作性	10					
思想态度	工作态度端正，注意力集中，能使用各种资源进行相关资料收集	10					
团队协作	积极与团队成员合作，共同完成小组任务	10					

（续）

评价项目	评价指标	分数	成员				
专业能力	正确理解零件孔径和小孔中心距检测原理 检测工具使用方法正确，检测过程规范	40					
	检测报告完成情况	30					
总分		100					

（三）教师对小组评价表

班级/组别		课程名称	工业产品几何量检测
学习项目	零件长度误差检测	工作任务	零件孔径和小孔中心距检测
评价项目	评价指标	评分	教师评语
资讯（15分）	工作任务分析 查阅相关仪器结构图和检测方法		
计划（10分）	小组讨论，达成共识，制订初步检测计划		
决策（15分）	检测工具的选择 确定检测方案，分工协作		
实施（25分）	检测孔径误差和小孔中心距，提交检测报告		
检查（15分）	对检测过程进行检查，分析可能存在的问题		
评价（20分）	小组成员轮流发言，提出优点和值得改进的地方		

课后练习

一、思考题

1. 已知某基准孔的公差为0.013mm，则它的下极限偏差为______mm，上极限偏差为______mm。

2. 内径指示表测量孔径属于__________。

3. 测量孔径常用量仪有__________、__________、__________、__________等。

4. 使用内径百分表，百分表装入量杆内预压__________mm左右，以保证测量的稳定性。

5. 万能测长仪工作台的五个运动为______、______、______、______、__________。

二、综合题

1. 检测孔径的方法有哪些？

2. 在万能测长仪上，用测钩法测量孔径时，应注意哪些问题？

3. 万能工具显微镜有哪几种常用的测量方法？各自有何特点？

4. 简述在万能测长仪上用测钩法测量孔径的步骤。

5. 在万能测长仪上用电眼测量法测量环规孔径，请列出其主要测量误差因素。
6. 简述测量小孔中心距的方法。
7. 在万能工具显微镜上用影像法测量时，光圈的大小对测量误差有什么影响？

中国古代长度计量的成就

长度测量最早用于水文测量、天文测量。相传大禹治水，使用规矩准绳，望山川之形，定高下之势，决流江河。成书于公元前一世纪的《周髀算经》记，西周开国时，周公向商高请教测量天高地广的方法，商高回答“折矩以为勾广三，股修四，径隅五”，就是利用直角三角形各边的相互关系测量的方法。公元三世纪，魏晋时期数学家刘徽在《九章算术注》中，发表了他利用两次矩（或两次立表杆）分别测量，求其差值计算的方法（重差法），测量“可望而不可及”的目标，如太阳与地面的垂直距离，太阳与测量者之间的直线距离、水平距离，太阳的直径，在海边测量海岛的高度等。根据刘徽对测量方法的描述，现在可作图分析，列出三角形比例公式，求解测量结果。刘徽虽未说明他是如何建立这些公式的，但测量原理和计算公式是正确的，可见刘徽对测量技术研究造诣之精深。

项目二　零件角度误差检测

任务四　零件一般角度误差检测

❖ 教学目标

1）掌握用角度样板检测角度的原理及方法。
2）掌握直角的测量原理及方法。
3）掌握万能角度规检测角度的原理及方法。
4）掌握角度间接测量的原理及方法。
5）坚定文化自信，发扬与传承传统文化。

一、知识准备

我国法定计量单位中规定平面角的单位采用弧度（rad）制和六十进制，即度（°）、分（′）、秒（″）。弧度是圆周上任意弧长与半径的比值。1 弧度是弧长（等于半径）与其半径之比。

弧度制与六十进制平面角单位间的换算式为

$$1\text{rad} \approx 57.295779° \approx 3437.74677' \approx 206264.8062''$$

在通常情况下应用时，可近似为

$$1\text{rad} \approx 57.3° \approx 3.438 \times 10^{3}{}' \approx 2 \times 10^{5}{}''$$

对于任意一个圆心角，其弧度值等于弧长与半径之比。

当 $L = r$ 时，即

$$1\text{rad} = \frac{L}{r}$$

式中　L——弧长；
　　　r——半径。

$$1° \approx 17.4533 \times 10^{-3}\ \text{rad}$$

$$1' \approx 2.9089 \times 10^{-4}\ \text{rad}$$

$$1'' \approx 4.848 \times 10^{-6}\ \text{rad}$$

二、任务导入

图 2-1 所示为刚加工完成的角度样板，在投入使用之前需要对其所有工作角度进行检测，确定其是否满足精度要求（角度偏差 ±10′之内）。请选择合适的计量器具并根据工作任

务单完成检测任务。

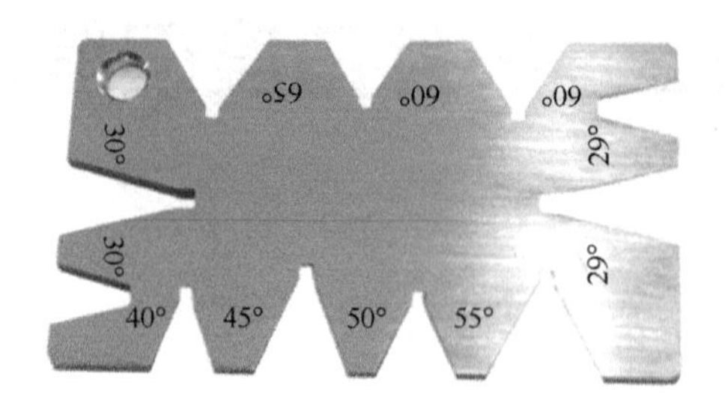

图 2-1　角度样板

工 作 任 务 单							
姓名		学号		班级		指导老师	
组别		所属学习项目		零件角度误差检测			
任务编号		4	工作任务	零件一般角度误差检测			
工作地点		角度检测实训室		工作时间			
待检对象	角度样板（图 2-1）						
检测项目	角度样板所有工作角度						
使用工具	1. 角度规 2. 工具显微镜			任务要求	1. 熟悉检测方法 2. 正确使用检测工具 3. 检测结果处理 4. 提交检测报告		

三、任务分析

角度测量方法很多，可采用间接比较测量法和直接比较测量法。

角度的间接比较测量是指用标准的角度量块或角度样板与被测角度进行比较，或通过测量出其有关的参数，再根据它们的函数关系进行换算得到被测角度。

角度的直接比较测量是通过计量器具本身的标准器（如游标刻度尺、光学度盘、光栅盘等）直接与被测角进行比较，并确定出被测角的整个量值。角度规和万能工具显微镜的测量准确度较低，操作简单快捷，适合加工车间使用。而光学测角仪、光学分度头和光学分度台的测量准确度高，操作和调整比较复杂，适合在实验室测量高精度零件和检定工作。

图 2-1 所示角度样板可以选用分度值为 2′的角度规或分度值为 1′的万能工具显微镜进行测量。

四、任务实施

（一）角度样板检测角度和直角的检测

1. 角度样板检测角度

图 2-2 所示为用角度样板检测角度的示意图。当被测工件批量较大时，可按被测件角度公差的大小选择两块极限角度样板来测量，通端的角度为 $\alpha+\delta$，止端的角度为 $\alpha-\delta$。测量时，用角度样板作为标准，将被测角度与标准角度进行比较，用光隙法测量。当工件在通端

检验时大头有光隙，在止端检验时小头有光隙，则表示工件在允许的角度公差内，此时可以判断被测件为合格，否则为不合格。

2. 直角的检测

（1）光隙法检测直角　直角的测量是用标准直角尺与被测角相比较，用光隙法来判断被测角的实际角度对标准直角的偏差。测量时，使标准直角尺与被测表面呈线接触，靠好后，根据光隙的大小，来判断被测直角是否合格，如图 2-3 所示。偏差的大小可按下式估算：

$$\Delta\alpha = \frac{\Delta \times 2 \times 10^5}{h} \tag{2-1}$$

式中　$\Delta\alpha$——被测直角偏差（″）；

Δ——光隙的大小（mm），即光缝的宽度；

h——光隙的测量高度（mm），在图 2-3 中，h 等于直角尺的高度。

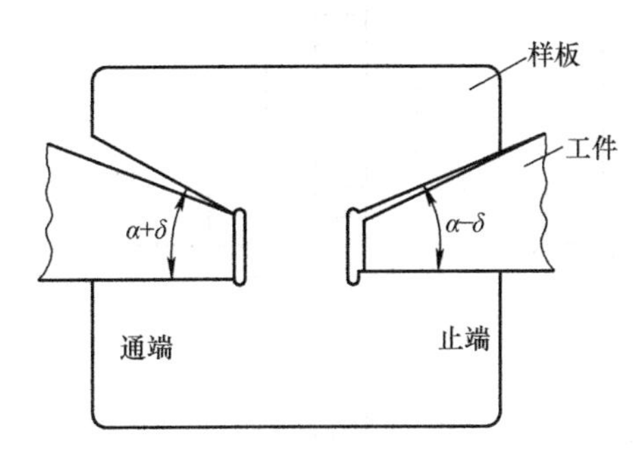

图 2-2　角度样板检测角度

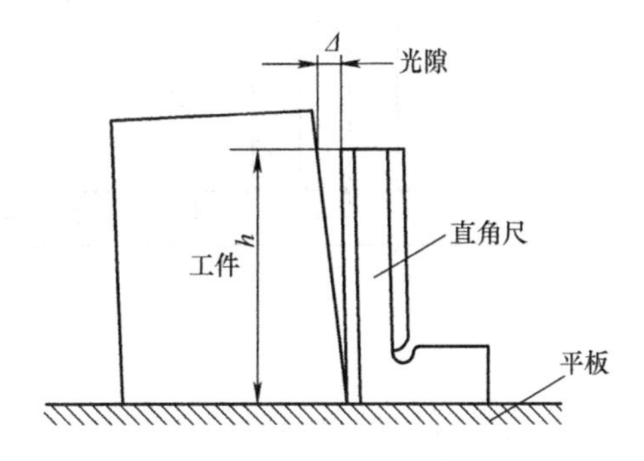

图 2-3　光隙法检测角度

当间隙大于 0.02mm 时，可用塞尺测量出间隙大小的数值，然后计算出被测角度偏差；当间隙小于 0.02mm 时，可凭经验观测间隙大小，求出被测角的偏差。

例如，直角尺高 400mm，用塞尺测量出 $\Delta = 0.68$mm，由此可计算出被测角偏差 $\Delta\alpha$ 为

$$\Delta\alpha = \frac{0.68 \times 2 \times 10^5}{400} = 340'' \approx 6'$$

当被测要素为直线时，应用平面的直角尺，当被测要素为平面时，应用圆柱角尺进行测量，也可用平样板角尺或刀口形直角尺进行测量。

（2）直角尺检查仪检测直角　图 2-4 所示为直角尺检查仪检测直角示意图。这种仪器可采用微差比较法和直接比较法检测直角。

当采用微差比较法时，应根据标准直角尺调整上滑座位置，使测杆测头在接近角尺长边端部接触，并将测力换向器指向直角尺，再将测微仪调零。取下标准直角尺，换上被测直角尺，根据测微仪的读数即可得到

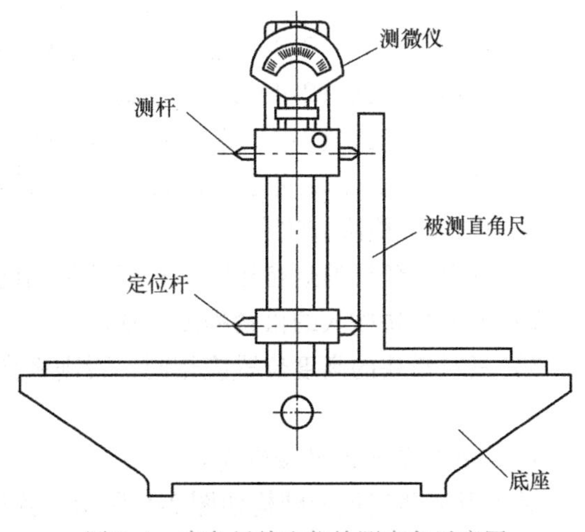

图 2-4　直角尺检查仪检测直角示意图

被测直角尺外角的偏差值。

采用直接比较法检测直角尺外角的偏差值时，是将被测直角尺放在工作台（图 2-4）右端的位置，从测微仪上读取第一次读数，然后将被测直角尺转 180°置于工作台的另一边，转动换向器，改变测头的测力方向，从测微仪上读取第二次读数，两次读数之差的平均值，即被测直角尺外角的偏差值。

（3）三尺互检法检测直角　将三个规格、精度相同的直角尺放在 0 级平板上，先后分别组成三对测量对，如图 2-5 所示。在每对直角尺的下部工作面间均要放入尺寸已知的量块，使两直尺紧靠量块且相对固定。然后用另一组尺寸合适的量块放入直角尺的上端，注意使上下量块在两直角尺间的松紧程度一致。由此便可获得三对直角尺上下量块之差 ΔL_1、ΔL_2、ΔL_3，当上端量块尺寸大于下端量块尺寸时为负，反之为正。

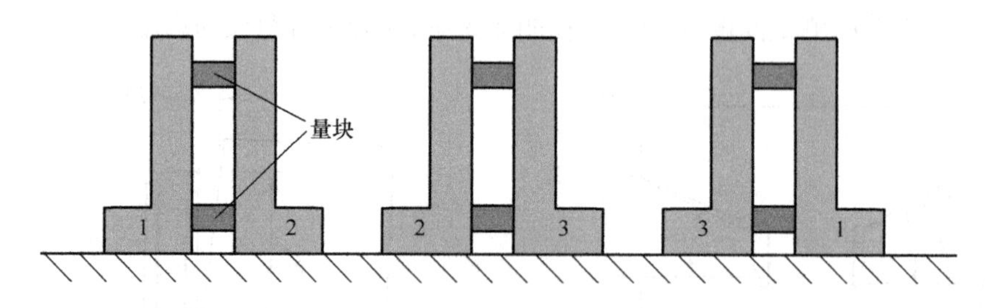

图 2-5　三尺互检法检测直角

设每个直角尺的直角偏差的光隙大小分别为 Δ_1、Δ_2、Δ_3，并规定大于 90°为正，小于 90°为负。

$$\Delta L_1 = \Delta_1 + \Delta_2 \tag{2-2}$$

$$\Delta L_2 = \Delta_2 + \Delta_3 \tag{2-3}$$

$$\Delta L_3 = \Delta_3 + \Delta_1 \tag{2-4}$$

将三式等号左右分别相加得：

$$(\Delta L_1 + \Delta L_2 + \Delta L_3)/2 = \Delta_1 + \Delta_2 + \Delta_3 \tag{2-5}$$

式（2-5）与式（2-2）之差为 $\Delta_3 = (\Delta L_2 + \Delta L_3 - \Delta L_1)/2$

式（2-5）与式（2-4）之差为 $\Delta_2 = (\Delta L_1 + \Delta L_2 - \Delta L_3)/2$

式（2-5）与式（2-3）之差为 $\Delta_1 = (\Delta L_1 + \Delta L_3 - \Delta L_2)/2$

最后将 Δ_1、Δ_2、Δ_3 分别代入式（2-1）计算每个直角尺的直角偏差。

使用三尺互检法应注意：

1）三个直角尺的规格相同，精度等级相同，互检尺的工作平面的平面度要好。

2）上下量块插入的松紧程度一致。

3）三对量块的高度位置应相同，否则将会产生粗大误差。

（二）零件角度的直接检测

1. 游标万能角度尺检测角度

游标万能角度尺的结构如图 2-6 所示，其测量范围为 0 ~ 320°，分度值为 2′。使用时可根据被测角的大小，适当组合游标万能角度尺的尺身、直角尺和直尺，便可完成 0 ~ 320°范围内的任何角度的测量，如图 2-7 所示，示值误差为 ±2′。

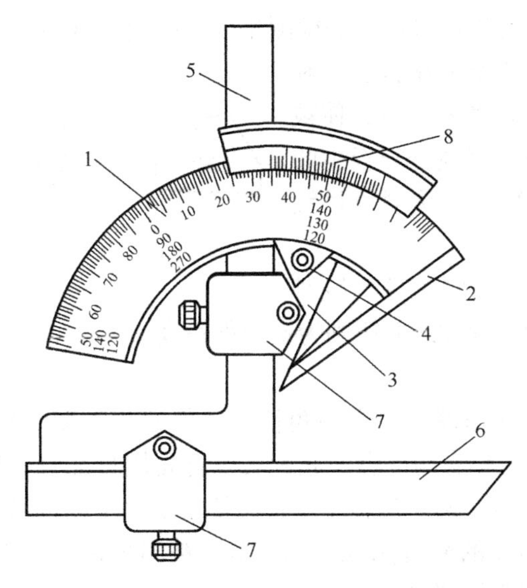

图 2-6　游标万能角度尺的结构图

1—尺座　2—尺身　3—扇形板　4—紧固螺钉　5—直角尺　6—直尺　7—卡块　8—游标尺

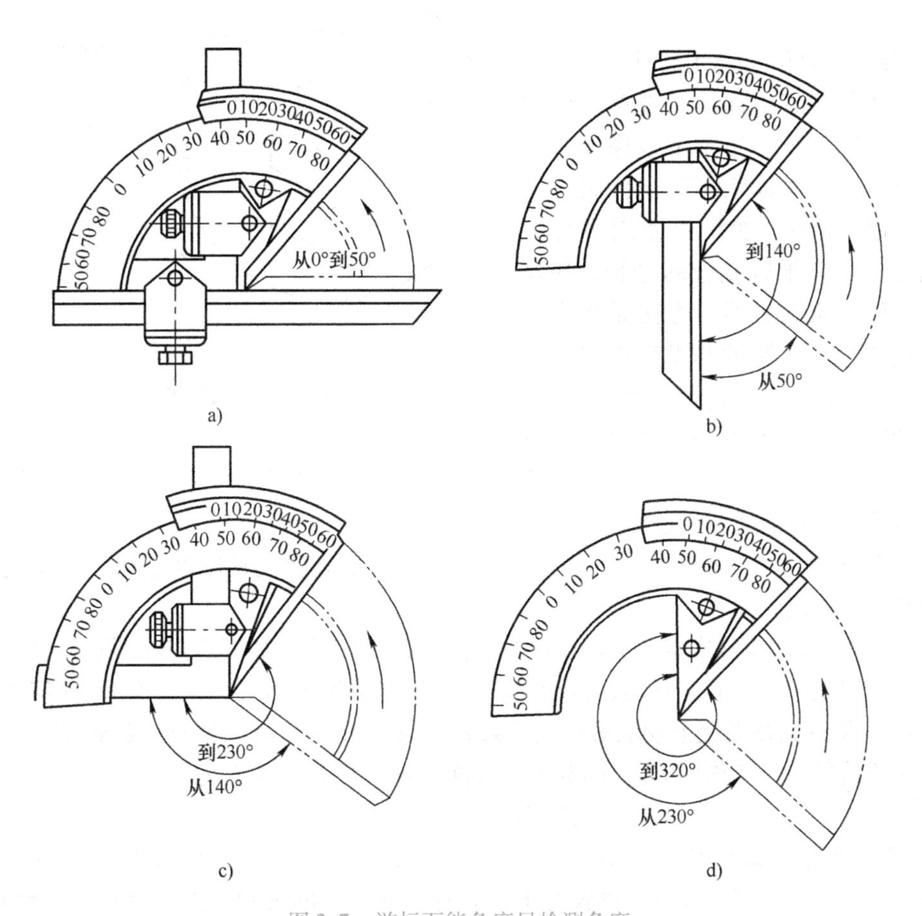

图 2-7　游标万能角度尺检测角度

2. 万能工具显微镜检测角度

使用万能工具显微镜可以通过影像法检测角度，测量步骤如下：

1）将被测件放置于玻璃工作台上，利用纵、横向滑板的移动和转动米字线，使被测角第一被测边的影像与米字线分划板中的一条虚刻线相对准（图 2-8），从测角目镜的读数显微镜中读数。

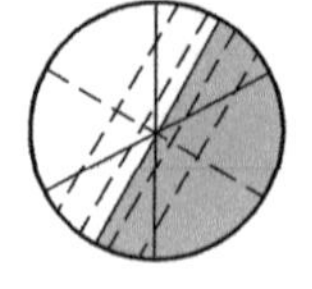
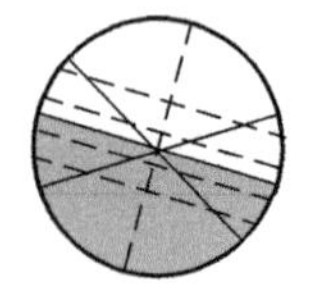

图 2-8　影像法检测角度

2）再以同样的方法，用同一虚刻线对准第二被测边并读数，两次读数之差值则为被测件角度。

3. 光学测角仪测角度

（1）光学测角仪的工作原理　光学测角仪的工作原理如图 2-9 所示。被测角度块放置于光学测角仪工作台上，工作台与度盘一起旋转。首先用自准直望远镜瞄准角度块的Ⅰ面，由读数显微镜中读取读数 A_1，然后旋转工作台，使自准直望远镜瞄准角度块Ⅱ面，读取 A_2，则 A_2-A_1 之差即为被测角 α 的补角 β，$\beta=A_2-A_1$，被测角为 $\alpha=180°-\beta$。

（2）光学测角仪使用前的调整

1）用水准器（附件）将工作台调至水平。

2）使自准直望远镜光轴垂直于工作台面，转动自准直望远镜对玻璃板的两平行平面分别瞄准，当十字线像的水平线位于分划板垂直刻度的零位时为准。

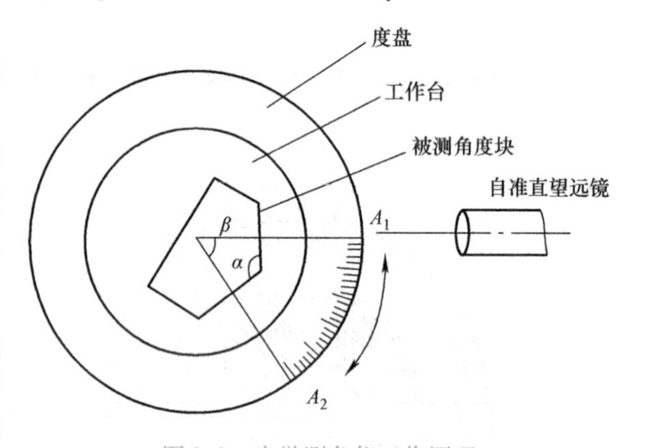

图 2-9　光学测角仪工作原理

3）在测量时，如需要使用平行光管，则还应调整平行光管的光轴，使其垂直于工作台旋转轴线。方法是将自准直望远镜的测微目镜的测微鼓轮置于零位，然后转动自准直望远镜对准平行光管，调节光管光轴，使其分划板的十字线的水平线成像在自准直望远镜分划板双十字线的水平线中央。

4）用自准直法测量时，自准直十字线分划板的垂直刻线应平行于瞄准分划板的双刻线，可转动自准直测微目镜进行调整。

（3）瞄准定位法　光学测角仪测角度时，常用自准直望远镜瞄准定位法和望远镜与平行光管瞄准定位法。

1）自准直望远镜瞄准定位法。自准直望远镜瞄准定位法如图 2-10a 所示。自准直望远镜用于瞄准定位用，它固定不动，转动工作台，瞄准被测角的一个工作面 AB（使光轴垂直于 AB 面），从读数显微镜上读取第一次读数 α_1。然后使工作台和度盘一起转动，用望远镜瞄准被测角的另一个工作面 BC，读取第二次读数 α_2。则被测角 β 为

$$\beta=180°-|\alpha_1-\alpha_2| \tag{2-6}$$

2）自准直望远镜与平行光管瞄准定位法。自准直望远镜与平行光管瞄准定位法如图 2-10b 所示。首先将自准直望远镜与平行光管组成适当的夹角，然后旋转工作台和度盘，并调整自准直望远镜的位置，使平行光管发出的光束经工作面 AB 反射后成像在瞄准望远镜

中，并与十字线重合，从度盘上读取第一次读数 α_1。然后转动工作台和度盘，使另一个被测角 BC 工作面处于瞄准状态，从度盘上读取第二次读数 α_2。则被测角 β 为

$$\beta = 180° - |\alpha_1 - \alpha_2|$$

由式（2-6）可知，测角仪测出的角度是被测角 β 的补角 α，即

$$\alpha = |\alpha_1 - \alpha_2|$$

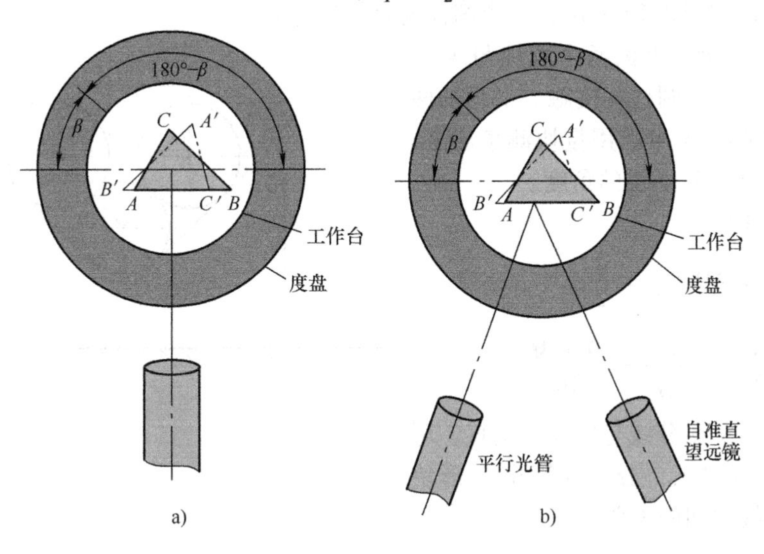

图 2-10　测角仪瞄准定位法

（三）零件角度的间接检测

间接测量角度的设备简单，在实际生产中应用广泛。但其缺点是测量环节多，计算较复杂，掌握不好或技术不熟练将会产生较大的测量误差。

1. V 形块角度的测量

（1）V 形块角度测量方法（一）　V 形块是工作面为 V 形槽，用于圆柱形工件检验或划线的器具，又称为 V 形架、三角铁。精度较高的 V 形块的角度可在平台上用两个直径不同的高精度圆柱、量块和测微计等进行间接测量，测量方法如图 2-11 所示。

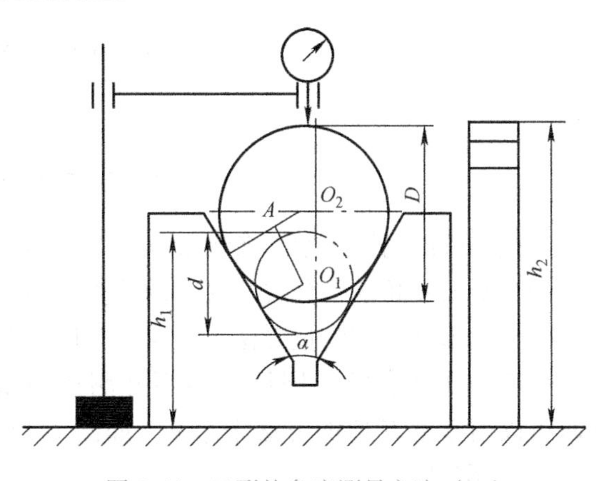

图 2-11　V 形块角度测量方法（一）

将 V 形块放在 0 级平板上，先将较小的圆柱放置于 V 形槽内，用测微仪测量圆柱最高线至平板高度，然后用量块比较测量出该高度 h_1。取出小圆柱换上大圆柱，用同样方法测量出最高素线至平板高度 h_2，经过计算求出 V 形块角度 α。

据图推导得

$$\sin\frac{\alpha}{2} = \frac{D - d}{2(h_2 - h_1) - (D - d)} \tag{2-7}$$

故角度 α 为

$$\alpha = 2\arcsin\frac{D-d}{2(h_2-h_1)-(D-d)} \tag{2-8}$$

（2）V 形块角度测量方法（二） 如果 V 形块的角度 $\alpha>90°$，或 α 角有明显的不对称，即 α 的平分线与底面不垂直时可用三个直径相等的标准圆柱进行测量（当然 V 形块的 $\alpha<90°$ 时也可以），如图 2-12 所示，三个圆柱的直径均为 D。

如图 2-12 所示，上面两个圆柱与 V 形槽的两个边及下面的圆柱相接触。上面的两个圆柱间的间隙值 M 可以用量块测量出来，通过计算即可求得 V 形块的角度。

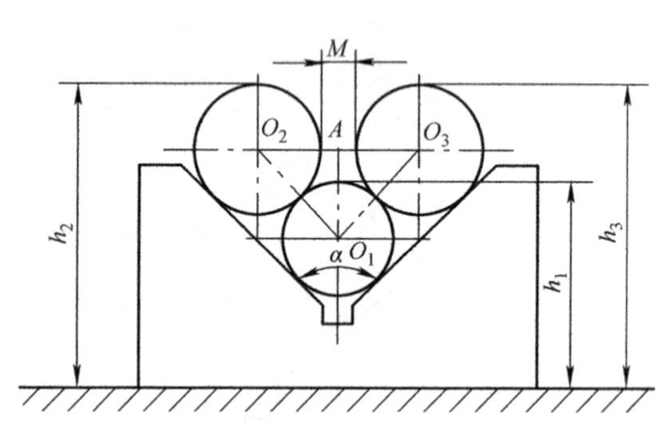

图 2-12　V 形块角度测量方法（二）

在 $\triangle O_1O_2A$ 中：

$$\angle AO_1O_2 = \frac{\alpha}{2}$$

则

$$\sin\frac{\alpha}{2} = \frac{\overline{O_2A}}{\overline{O_1O_2}} = \frac{D+M}{2D}$$

若被测角 α 的平分线与底面不垂直，可分别测出 h_1、h_2 和 h_3，分别计算出 V 形块各工作面与中线之间的夹角：

$$\sin\angle AO_1O_2 = \frac{h_2-h_1}{D}$$

所以

$$\angle AO_1O_2 = \arcsin\left(\frac{h_2-h_1}{D}\right) \tag{2-9}$$

$$\sin\angle AO_1O_3 = \frac{h_3-h_1}{D}$$

所以

$$\angle AO_1O_3 = \arcsin\left(\frac{h_3-h_1}{D}\right) \tag{2-10}$$

反过来可以利用此方法来测量 V 形块 α 角的平分线与底面是否垂直。上述二角之差的一半即为所求 α 角的平分线与底面的垂直度偏差。

（3）V 形块角度测量方法（三） 有时由于 V 形块角度 α 太大，放上圆柱以后不好测量 M 值，这时可以用测量 H 值的方法来求 α，如图 2-13 所示。在 $\triangle ABD$ 中

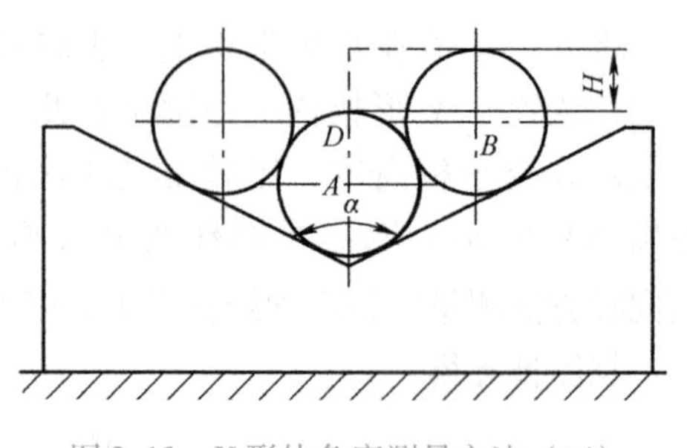

图 2-13　V 形块角度测量方法（三）

$$AD = \frac{D}{2} + H - \frac{D}{2} = H$$

又

$$\angle BAD = \frac{\alpha}{2}$$

则

$$\cos\frac{\alpha}{2} = \frac{H}{D}$$

故 V 形架角度 α 为

$$\alpha = 2\arccos\frac{H}{D} \tag{2-11}$$

2. 燕尾槽斜角的测量

（1）燕尾槽斜角测量方法（一） 用两对标准圆柱测量：取半径分别为 r_1 和 r_2 的两圆柱，先后放入内或外燕尾槽中，将两圆柱紧靠燕尾槽两斜面，用量块组和千分尺分别测量出内或外燕尾槽中两圆柱之间的距离。设内燕尾槽两圆柱之间的距离分别为 M_1 和 M_2，外燕尾槽两圆柱之间的距离分别为 M_3 和 M_4，如图 2-14 所示。

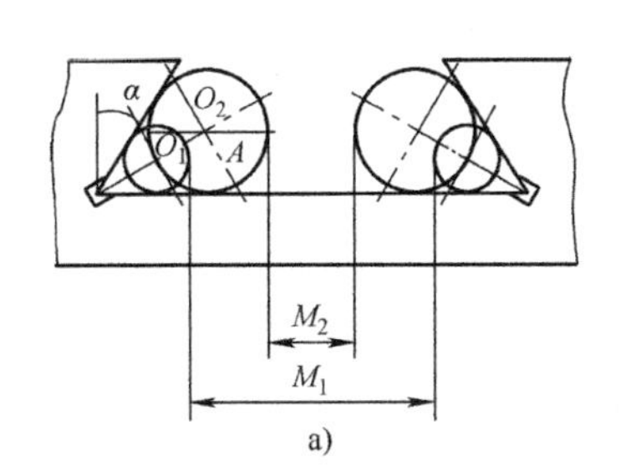

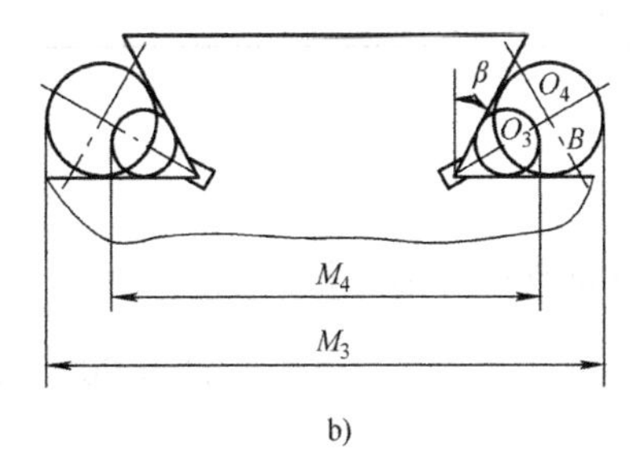

图 2-14 燕尾槽斜角测量方法（一）

据图 2-14a 推导得

$$\tan\frac{90° - \alpha}{2} = \frac{2(r_2 - r_1)}{(M_1 - M_2) - 2(r_2 - r_1)} \tag{2-12}$$

因此，内燕尾槽的斜角 α 为

$$\alpha = 90° - 2\arctan\left[\frac{2(r_2 - r_1)}{(M_1 - M_2) - 2(r_2 - r_1)}\right]$$

据图 2-14b 推导得

$$\tan\frac{90° - \beta}{2} = \frac{2(r_2 - r_1)}{(M_3 - M_4) - 2(r_2 - r_1)} \tag{2-13}$$

因此，外燕尾槽的斜角 β 为

$$\beta = 90° - 2\arctan\frac{2(r_2 - r_1)}{(M_3 - M_4) - 2(r_2 - r_1)} \tag{2-14}$$

（2）燕尾槽斜角测量方法（二） 用一对标准圆柱测量：取半径为 r 的标准圆柱，将圆柱分别放在燕尾槽里的两个位置。放在第一个位置时，圆柱紧靠燕尾槽的两斜面，放在第二个位置时，圆柱是支承在一对尺寸相等的量块组（尺寸为 C）上，用量块组测出燕尾槽中两圆柱之间的距离，外燕尾槽用千分尺测出两圆柱之间的距离，即 M_1 和 M_2 或 M_3 和 M_4，如图 2-15 所示。

根据图 2-15a 推导得

$$\tan\frac{90° - \alpha}{2} = \frac{2C}{M_1 - M_2}$$

由此，内燕尾槽的斜角 α 为

$$\alpha = 90° - 2\arctan\frac{2C}{M_1 - M_2} \tag{2-15}$$

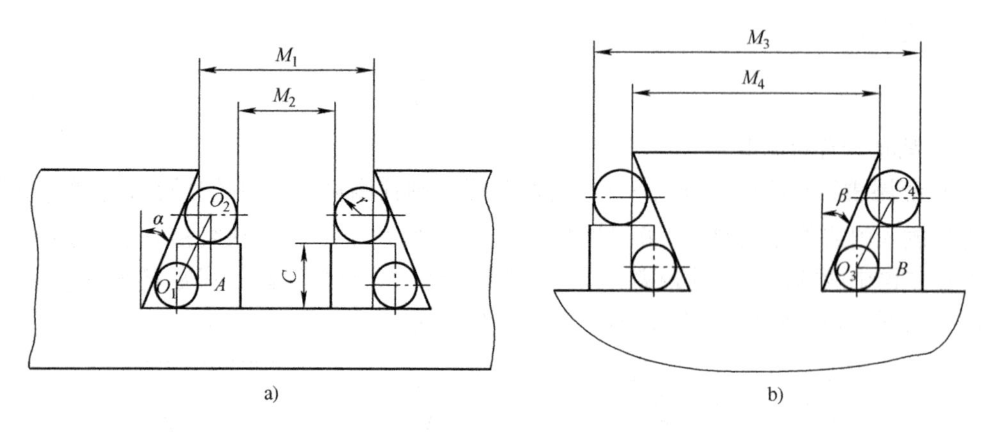

图 2-15　燕尾槽斜角测量方法（二）

据图 2-15b 推导得外燕尾槽的斜角 β 为

$$\beta = 90° - 2\arctan\frac{2C}{M_3 - M_4} \tag{2-16}$$

五、检测结果的处理

检 测 报 告			
课程名称	工业产品几何量检测	项目名称	零件角度误差检测
班级/组别		任务名称	零件一般角度误差检测

被测件名称：________________　　测量器具：________________

测量范围：________________　　分度值：________________

测量示意图	

检测结果			
被测角代号	被测角及其公差	测得值（°,′）	合格性判断
α_1			
α_2			
α_3			
α_4			
α_5			
α_6			

姓名	班级	学号	审核	成绩

六、任务检查与评价

（一）小组互评表

课程名称	工业产品几何量检测	项目	零件角度误差检测				
班级/组别		工作任务	零件一般角度误差检测				
评价人签名（组长）：		评价时间：					
评价项目	评价指标	分值	组员成绩评价				
敬业精神（20分）	不迟到、不早退、不旷课	5					
	工作认真，责任心强	8					
	积极参与任务的完成	7					
专业能力（50分）	基础知识储备	10					
	对角度检测步骤的理解	7					
	检测工具的使用熟练程度	8					
	检测步骤的规范性	10					
	检测数据处理	6					
	检测报告的撰写	9					
方法能力（15分）	语言表达能力	4					
	资料的收集整理能力	3					
	提出有效工作方法的能力	4					
	组织实施能力	4					
社会能力（15分）	团队沟通	5					
	团队协作	6					
	安全、环保意识	4					
总分		100					

（二）教师对学生评价表

班　级		课程名称	工业产品几何量检测				
评价人签字：		学习项目	零件角度误差检测				
工作任务	零件一般角度误差检测		组　别				
评价项目	评价指标	分数	成　　员				
目标认知程度	工作目标明确，工作计划具体、结合实际，具有可操作性	10					
思想态度	工作态度端正，注意力集中，能使用各种资源进行相关资料收集	10					
团队协作	积极与团队成员合作，共同完成小组任务	10					

（续）

评价项目	评价指标	分数	成员				
专业能力	正确理解角度的检测原理 检测工具使用方法正确，检测过程规范	40					
	检测报告完成情况	30					
总分		100					

（三）教师对小组评价表

班级/组别		课程名称	工业产品几何量检测
学习项目	零件角度误差检测	工作任务	零件一般角度误差检测
评价项目	评价指标	评分	教师评语
资讯（15分）	工作任务分析 查阅相关仪器结构图和检测方法		
计划（10分）	小组讨论，达成共识，制订初步检测计划		
决策（15分）	角度检测工具的选择 确定检测方案，分工协作		
实施（25分）	对样板角度进行检测，提交检测报告		
检查（15分）	对检测过程进行检查，分析可能存在的问题		
评价（20分）	小组成员轮流发言，提出优点和值得改进的地方		

课后练习

一、填空题

1. 角度的直接测量可用仪器有____________、____________、____________和____________。

2. 游标万能角度尺的测量范围为____________，分度值为____________，最大允许误差为____________。

3. 0级角度块的测量不确定度为___________，1级角度块的测量不确定度为___________。

二、综合题

1. 试述角度在长度计量中的重要性。
2. 一般角度测量通常使用哪些计量器具？简述它们的测量原理。
3. 使用角度样板检验时，如何判断被检角度是否合格？
4. 怎样用万能工具显微镜测角目镜直接测量角度？
5. 简述测角仪测角原理。使用测角仪时应进行哪些必要的调整？
6. 什么是三尺互检法？在什么情况下使用？

素养课堂

身体的计量文化——掬手成升

掬手成升，即用手来测量。一手之盛谓之“溢”，两手谓之“掬”。人们采用“掬手成升”的原始计量方法使生活中的商品交易等活动变得有据可依。

《小尔雅·广量》曰，“掬四谓之豆”，即4掬=1豆；《左传·昭公三年》记载，“四升为豆”，即4升=1豆。

“掬手成升”在早期社会中确实为物品交换提供了一定的容量量值标准，但是现在看来这个原始的标准是非常不精确的。人手的大小随着身体差异而不同，这直接影响所“掬”容量的多少，故“掬手”所成的“升”差异很大。

任务五　零件锥度误差检测

❖ 教学目标

1）熟悉锥度公差的基础知识。
2）掌握锥度综合检测的原理及方法。
3）掌握锥度间接检测的原理及方法。
4）掌握相应的数据处理方法。
5）坚定文化自信，发扬与传承传统文化。

一、知识准备

（一）圆锥配合的主要参数

圆锥分为内圆锥（圆锥孔）和外圆锥（圆锥轴）两种，主要几何参数如图2-16所示。

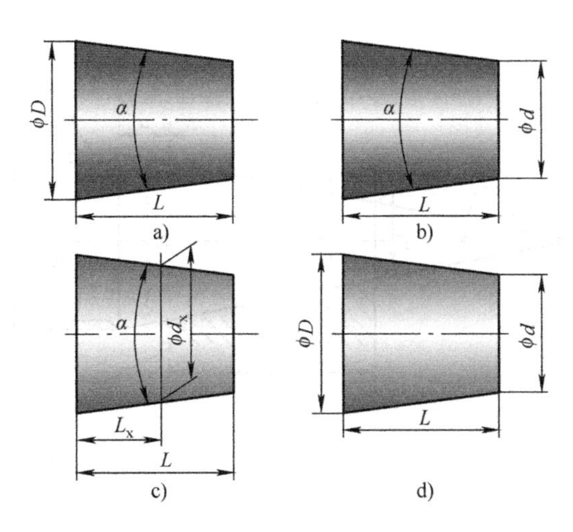

图2-16　圆锥的主要几何参数

（1）圆锥角（锥角 α） 在通过圆锥轴线的截面内两条素线间的夹角。内圆锥角用 α_i 表示，外圆锥角用 α_e 表示。

（2）圆锥素线角 圆锥素线与其轴线之间的夹角，它等于圆锥角的一半，即 $\alpha/2$。

（3）圆锥直径 圆锥在垂直轴线截面上的直径。

常用圆锥直径有：

1）最大圆锥直径 D，内圆锥最大直径用 D_i 表示，外圆锥最大直径用 D_e 表示。

2）圆锥最小直径 d，内圆锥最小直径用 d_i 表示，外圆锥最小直径用 d_e 表示。

3）任意给定圆锥截面直径 d_x。

（4）圆锥长度 L 圆锥最大直径与圆锥最小的直径之间的轴向距离。内圆锥长度用 L_i 表示，外圆锥长度用 L_e 表示。

在零件图上，对圆锥只要标注一个圆锥直径（D、d 或 d_x）、圆锥角 α 和圆锥长度（L 或 L_x），或者标注最大与最小圆锥直径 D、d 和圆锥长度 L，如图 2-16 所示，则该圆锥就被完全确定了。

（5）锥度 C 圆锥最大直径与圆锥最小直径之差与圆锥长度之比。即

$$C=(D-d)/L$$

锥度 C 与圆锥角 α 的关系

$$C = 2\tan\frac{\alpha}{2}$$

锥度一般用比例或分数表示，例如 $C=1:5$ 或 $C=1/5$。GB/T 157—2001《产品几何量技术规范（GPS） 圆锥的锥度与锥角系列》规定了一般用途圆锥的锥度与锥角系列（见表 2-1）和特殊用途圆锥的锥度与锥角系列（见表 2-2），它们只适合与光滑圆锥。

（6）圆锥配合长度 H 内、外圆锥配合部分的长度。

（7）基面距 a 相互结合的内、外圆锥基面之间的距离，如图 2-17 所示。基面距用来确定内、外圆锥的轴线的相对位置。基面距的大小取决于圆锥配合直径。若以外圆锥最小直径 d_e 为公称直径，则基面距的位置在小端。若以内圆锥最大直径 D_1 为公称直径，则基面距的位置在大端。

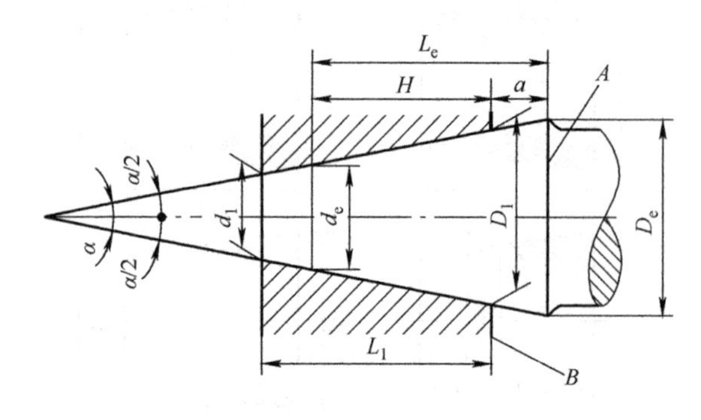

图 2-17 圆锥配合基面距

（二）圆锥公差项目

为了保证圆锥零件的精度，限制圆锥零件几何参数误差的影响，须有相应的公差指标。

表 2-1　一般用途圆锥的锥度与锥角（摘自 GB/T 157—2001）

基本值		推算值			基本值		推算值		
系列一	系列二	圆锥角 α		锥度 C	系列一	系列二	圆锥角 α		锥度 C
120°		—	—	1:0.288675		1:8	7°9′9.6″	7.152669°	—
90°		—	—	1:0.500000	1:10		5°43′29.3″	5.724810°	—
	75°	—	—	1:0.651613		1:12	4°46′8.8″	4.771888°	—
60°		—	—	1:0.688025		1:15	3°49′5.9″	3.818305°	—
45°		—	—	1:1.207107	1:20		2°51′51.1″	2.864192°	—
30°		—	—	1:1.866025	1:30		1°54′34.9″	1.909683°	—
1:3		18°55′28.7″	18.924644°			1:40	1°25′56.4″	1.432320°	—
	1:4	14°15′0.1″	14.250033°		1:50		1°8′45.2″	1.145877°	—
1:5		11°25′16.3″	11.421186°		1:100		0°34′22.6″	0.572953°	—
	1:6	9°31′38.2″	9.527283°		1:200		0°17′11.3″	0.286478°	—
	1:7	8°10′16.4″	8.171234°		1:500		0°6′52.5″	0.114692°	—

表 2-2　特殊用途圆锥的锥度与锥角（摘自 GB/T 157—2001）

锥度 C	圆锥角 α		适用
7:24（1:3.429）	16°35′39″	16.594290°	机床主轴工具配合
1:19.002	3°0′53″	3.014554°	莫氏锥度 No. 5
1:19.180	2°59′12″	2.986590°	莫氏锥度 No. 6
1:19.212	2°58′54″	2.981618°	莫氏锥度 No. 0
1:19.254	2°58′31″	2.975117°	莫氏锥度 No. 4
1:19.922	2°52′32″	2.875402°	莫氏锥度 No. 3
1:20.020	2°51′41″	2.861332°	莫氏锥度 No. 2
1:20.047	2°51′26″	2.857480°	莫氏锥度 No. 1

这里介绍国家标准 GB/T 11334—2005《产品几何量技术规范（GPS）　圆锥公差》的有关内容。

圆锥公差包括圆锥直径公差 T_d、圆锥角公差 AT 和圆锥形状公差 T_F。

（1）圆锥直径公差 T_d　圆锥直径公差 T_d是指圆锥直径的允许变动量，即允许的最大圆锥直径 D_{max}（或 d_{max}）与最小圆锥直径 D_{min}（或 d_{min}）之差，如图 2-18 所示。在圆锥轴向截面内两个极限圆锥所限定的区域就是圆锥直径的公差带。

一般以最大圆锥直径 D 或给定截面圆锥直径 d_x为公称尺寸，可以按 GB/T 11334—2005 规定的标准公差选用。对于有配合要求的圆锥按国家标准 GB/T 12360—2005《产品几何量技术规范（GPS）　圆锥配合》中的有关规定选用。对无配合要求的圆锥，推荐选用基本偏差 JS 或 js，其公差等级按功能要求确定。如内圆锥最大直径为 ϕ50mm，无配合要求，可选用 ϕ50JS10（±0.050mm）。

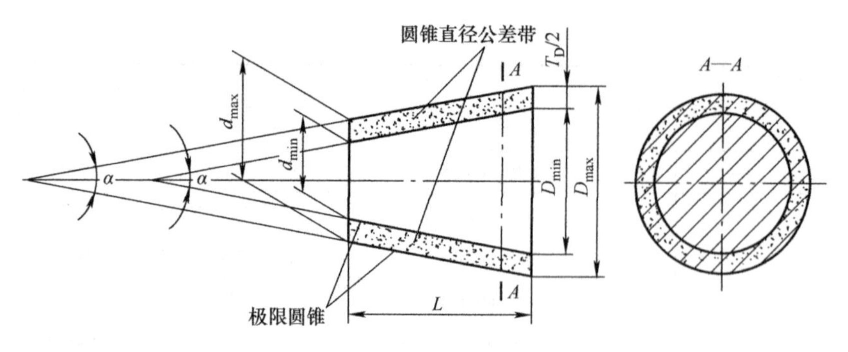

图 2-18　极限圆锥及直径公差带

（2）圆锥角公差 *AT*　圆锥角公差 *AT* 是指圆锥角允许的变动量，即为最大圆锥角 α_{max} 与最小圆锥角 α_{min} 之差。其公差带由两个极限圆锥角所限定的区域表示。圆锥角公差 *AT* 有两种表示方式，一是角度值表示的值 AT_α（urad、°、′或″）；二是线表示的值 AT_D（μm）。圆锥角公差分为 12 个公差等级，从 *AT*1 到 *AT*12，*AT*1 为最高等级，*AT*12 为最低等级。圆锥角公差 *AT* 等级与同等级尺寸公差加工难易程度相当，如 *AT*7 与同级尺寸公差 IT7 的加工难易程度相当。GB/T 11334—2005 规定的圆锥公差的数值见表 2-3。

表 2-3　圆锥角公差（摘自 GB/T 11334—2005）

基本圆锥长度 *L*/mm		圆锥角公差等级								
		*AT*4			*AT*5			*AT*6		
		AT_α		AT_D	AT_α		AT_D	AT_α		AT_D
大于	至	μrad		μm	μrad		μm	μrad		μm
16	25	125	26″	2.0～3.2	200	41″	3.2～5.0	315	1′05″	5.0～8.0
25	40	100	21″	2.5～4.0	160	33″	4.0～6.3	250	52″	6.3～10.0
40	63	80	16″	3.2～5.0	125	26″	5.0～8.0	200	41″	8.0～12.5
63	100	63	13″	4.0～6.3	100	21″	6.3～10.0	160	33″	10.0～16.0
100	160	50	10″	5.0～8.0	80	16″	8.0～12.5	125	26″	12.5～20.0

基本圆锥长度 *L*/mm		圆锥角公差等级								
		*AT*7			*AT*8			*AT*9		
		AT_α		AT_D	AT_α		AT_D	AT_α		AT_D
大于	至	μrad		μm	μrad		μm	μrad		μm
16	25	500	1′43″	8.0～12.5	800	2′54″	12.5～20.0	1250	4′18″	20～32
25	40	400	1′22″	10.0～16.0	630	2′10″	16.0～25.0	1000	3′26″	25～40
40	63	315	1′05″	12.5～20.0	500	1′43″	20.0～32.0	800	2′45″	32～50
63	100	250	52″	16.0～25.0	400	1′22″	25.0～40.0	630	2′10″	40～63
100	160	200	41″	20.0～32.0	315	1′05″	32.0～50.0	500	1′43″	50～80

一般情况下，可不必单独规定圆锥角公差，而是将实际圆锥角控制在圆锥直径公差带内，此时圆锥角 α_{max} 和 α_{min} 是圆锥直径公差内可能产生的极限圆锥角，如图 2-19 所示。

表 2-4 列出圆锥长度 L 为 100mm 时，圆锥直径公差 T_D所限制的最大圆锥角误差 $\Delta\alpha_{max}$。

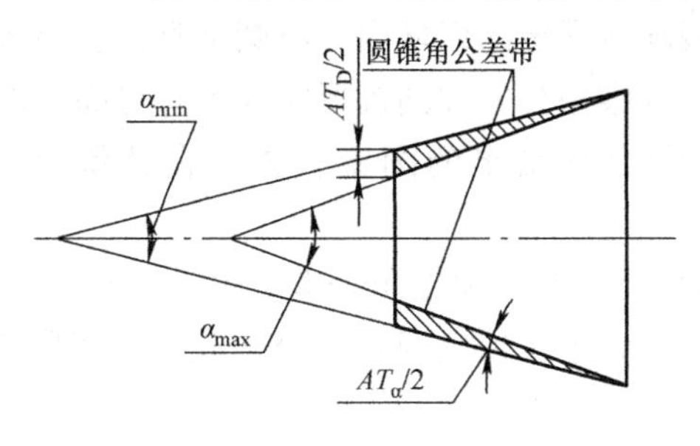

图 2-19　极限圆锥角

表 2-4　$L=100$mm 的圆锥直径公差 T_D所限制的最大圆锥角误差 $\Delta\alpha_{max}$

（摘自 GB/T 11334—2005）　　（单位：μrad）

标准公差等级	圆锥直径/mm												
	≤3	3~6	6~10	10~18	18~30	30~50	50~80	80~120	120~180	180~250	250~315	315~400	400~500
IT4	30	40	40	50	60	70	80	100	120	140	160	180	200
IT5	40	50	60	80	90	110	130	150	180	200	230	250	270
IT6	60	80	80	110	130	160	190	220	250	290	320	360	400
IT7	100	120	150	180	210	250	300	350	400	460	520	570	630
IT8	140	180	220	270	330	390	460	540	630	720	810	890	970
IT9	250	300	360	430	520	620	740	870	1000	1150	1300	1400	1550
IT10	400	480	580	700	840	1000	1200	1400	1300	1850	2100	2300	2500

注：圆锥长度不等于 100mm 时，需将表中的数值乘 $100/L$，L 的单位为 mm。

如果对圆锥角公差有更高的要求时，除规定圆锥直径公差 T_D外，还应给定圆锥角公差 AT_α。圆锥角的极限偏差可按单向或者双向（对称或不对称）取值，如图 2-20 所示。具体选用时按照圆锥结构和配合要求而定。

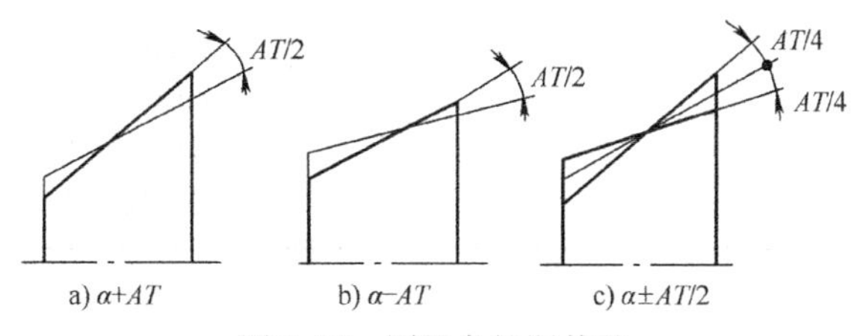

图 2-20　圆锥角极限偏差

（3）圆锥的形状公差 T_F　圆锥形状公差包括圆锥素线直线度公差和圆度公差。对要求不高的圆锥工件，其形状误差由圆锥直径公差带来限制。对要求较高的圆锥工件，其形状误差应单独给出形状公差 T_F，T_F的数值按 GB/T 1184—1996 标准进行选取。

（4）圆锥公差的给定方法　圆锥公差可按 GB/T 11334—2005 规定给出，其给出方法有两种。

1）给出圆锥直径公差 T_D 和圆锥的理论正确圆锥角 α（或锥度 C）。此时，圆锥角公差和圆锥形状误差均应在圆锥极限所限定的区域内，故圆锥直径公差带控制圆锥截面公差，圆锥角偏差和圆锥形状误差。当圆锥角公差和圆锥形状误差有更高要求时，可直接给出圆锥形状公差和圆锥角公差。按这种方法给出的圆锥公差，在圆锥公差后边加注符号 T。例如 $\phi 40 + 0.0035T$。

2）给出圆锥给定截面直径公差和圆锥角公差。此时，给定的圆锥截面直径和圆锥角应分别满足这两项公差要求，二者各自独立规定，分别满足。当圆锥形状公差有更高要求时，可以再给出圆锥形状公差 T_F。

二、任务导入

图 2-21 所示为刚加工完成的圆锥塞规，在投入使用之前需要对其工作锥角进行检测，确定其是否满足精度要求（锥角偏差 ±1′5″之内）。请选择合适的计量器具并根据工作任务单完成检测任务。

图 2-21 圆锥塞规

工作任务单							
姓名		学号		班级		指导老师	
组别		所属学习项目		零件角度误差检测			
任务编号		5	工作任务	零件锥度误差检测			
工作地点		角度检测实训室		工作时间			
待检对象	圆锥塞规（图 2-21）						
检测项目	圆锥塞规锥度						
使用工具	1. 正弦规 2. 千分表 3. 工具显微镜			任务要求	1. 熟悉检测方法 2. 正确使用检测工具 3. 检测结果处理 4. 提交检测报告		

三、任务分析

锥角的检测可采用综合检测和间接检测进行。

综合检测是用圆锥量规测量圆锥角度。大批量生产的工件适合采用综合检测。

间接检测可用影像法测量外圆锥角度、轴切法测量外锥度角度、正弦规测量锥角，或用精密钢球或圆柱，配合其他计量器具，以实现角度或锥度的间接测量。单件或小批量生产的工件适合采用间接检测。

图 2-21 所示圆锥塞规可以选用正弦规和千分表测量或者在万能工具显微镜上进行测量。

四、任务实施

（一）零件锥度的综合检测

综合检测是用圆锥量规测量圆锥角度。如用圆锥塞规测量锥孔直径时，先将被测件的锥孔和锥度塞规的工作面用汽油清洗，并用干净棉纱擦干净，然后将塞规轻轻塞入被测件锥孔内使其密合。如果被测件的测量平面在塞规的第一条线左边，如图 2-22a 所示，说明被测件锥孔的最大圆锥直径 D 小；反之如果在第二条线右边，则说明工件锥孔的最大圆锥直径 D 大，只有被测件的测量平面在塞规的两条刻线之间，才算合格。

用圆锥环规测量外圆锥时，其操作方法与测量内圆锥相似。只有当被测件的测量平面在环规端面 1 和端面 2 之间，如图 2-22b 所示，被测件的圆锥直径才算合格。

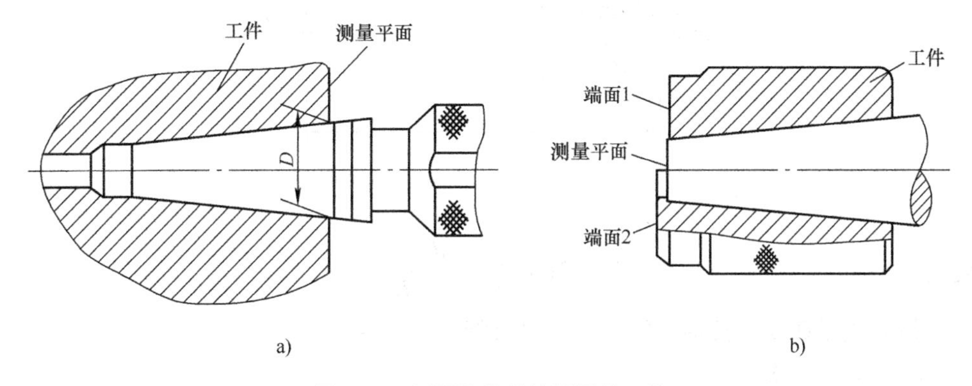

图 2-22　用圆锥量规检测圆锥工件

用塞规测量时，可以用晃动法和涂色法判断被测孔径是否合格。

（1）晃动法　量规与工件密合后，用手轻轻晃动圆锥塞规的柄部，如果感到塞规的大端晃动，说明被测件的锥孔的圆锥角大了。反之，若感觉到塞规的小端晃动，说明被测件的圆锥角小了。如果塞规两端都不晃动，说明被测件的圆锥角合格。此方法测量误差与测量者的经验有关。

（2）涂色法　用红丹粉在圆锥塞规的工作表面上按圆周三等分，沿圆周轴线方向上均匀涂三条线，其涂层厚度不大于 2μm，然后将塞规轻轻放入被测孔内，使其密合后正反向旋转塞规，每次转角为 30°左右，抽出塞规，根据其接触长度判断被测件的圆锥角是否合格。如精密的圆锥环规，当用校对塞规以涂色法测量时，着色长度不小于 95%，所以一般以图样上标注的接触长度为测量依据。

（二）零件锥度的间接检测

1. 影像法测量外圆锥角度

在万能工具显微镜上用影像法测量外圆锥角度时，将被测件安装在顶尖架上，使锥体在两顶尖之间定位，转动米字线使其虚线与被测锥角的两边素线对准，从目镜的读数显微镜中读数，如图 2-23 所示。

测量时，在锥体两端，轴向距离为 L 处分别测得两剖面的锥体直径 d_1 和 d_2，被测锥体的圆锥角度为

$$\alpha = 2\arctan\frac{d_2 - d_1}{2L}$$

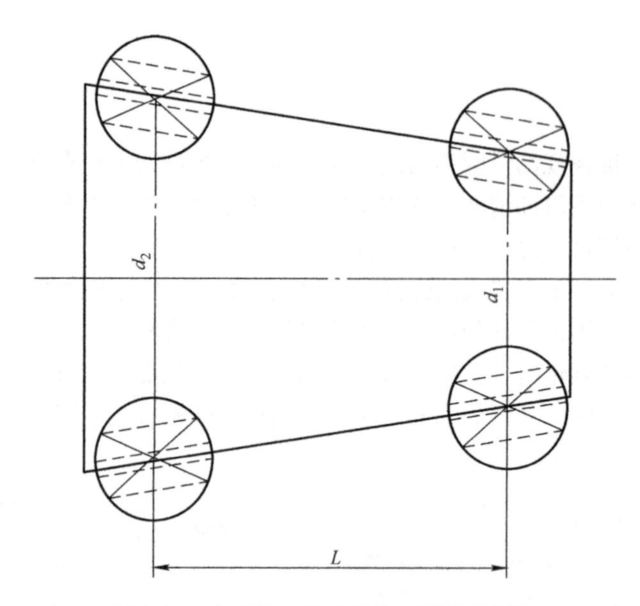

图 2-23　在万能工具显微镜上测量外圆锥

或锥度为

$$C = 2\tan\frac{\alpha}{2} = \frac{d_2 - d_1}{L}$$

为了提高测量精度，其轴向距离 L 应尽可能取长一些。

2. 轴切法测量外锥度角度

图 2-24 所示为轴切法测锥度的示意图。圆锥角 α 可按下式计算：

$$\alpha = 2\arctan\frac{d_2 - d_1}{2L}$$

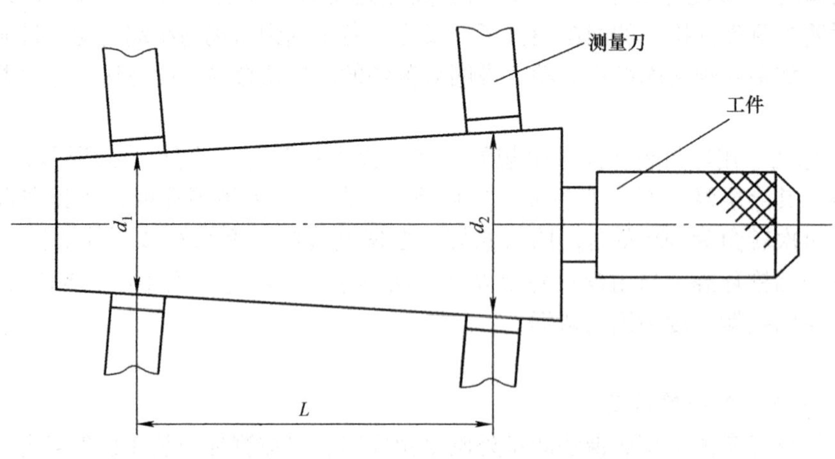

图 2-24　轴切法测量锥度

3. 正弦规测量锥角

正弦规是根据三角形的正弦关系设计制造的一种测角装置。

(1) 测量原理　如图 2-25 所示。测量时首先通过量块组使正弦规复现出被测角的公称值 α，量块组的尺寸 H 可按下式计算：

$$H = L\sin\alpha_0$$

式中 α_0——锥体公称锥角；

L——正弦规两圆柱中心距（mm）。

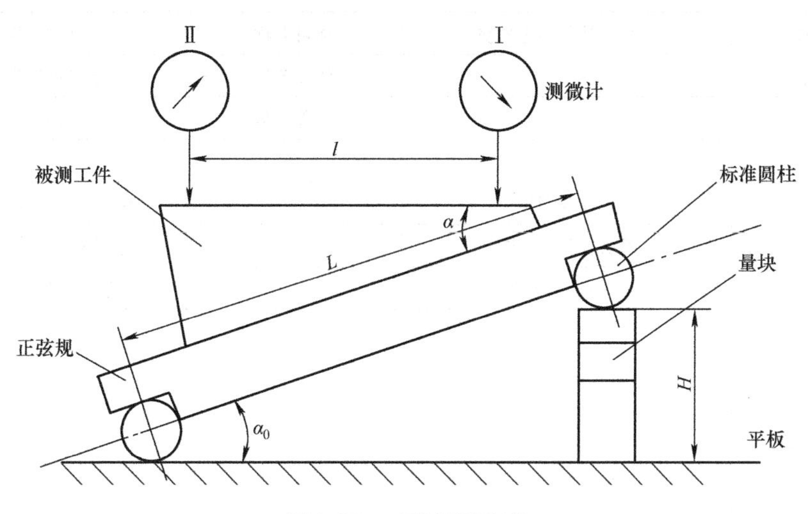

图 2-25 正弦规测角度

（2）测量方法 测量时，将正弦规放在测量平板上，根据 H 值组合量块，在正弦规的一圆柱下垫上量块组，然后将锥体轻轻放在正弦规的工作面上，用指示表测量被测圆锥素线上相距 l 的Ⅰ、Ⅱ两点，它们的读数值为 h_1 和 h_2，其被测角与公称角的偏差 $\Delta\alpha$（单位为″）为

$$\Delta\alpha = \frac{h_2 - h_1}{l} \times 2 \times 10^5$$

式中 h_1、h_2——指示表在Ⅰ、Ⅱ两点的读数值（μm）；

l——Ⅰ、Ⅱ两点间的距离（mm）。

被测角 α 为

$$\alpha = \alpha_0 + \Delta\alpha$$

4. 钢球法测量内圆锥角度

用直径尺寸精确确定的钢球配合其他计量器具，可以实现内圆锥角度的间接测量。

图 2-26 所示为用钢球测内锥孔锥度，计算公式为

$$\alpha = 2\arcsin\frac{\frac{D}{2} - \frac{d}{2}}{h_2 - h_1 - \left(\frac{D}{2} - \frac{d}{2}\right)}$$

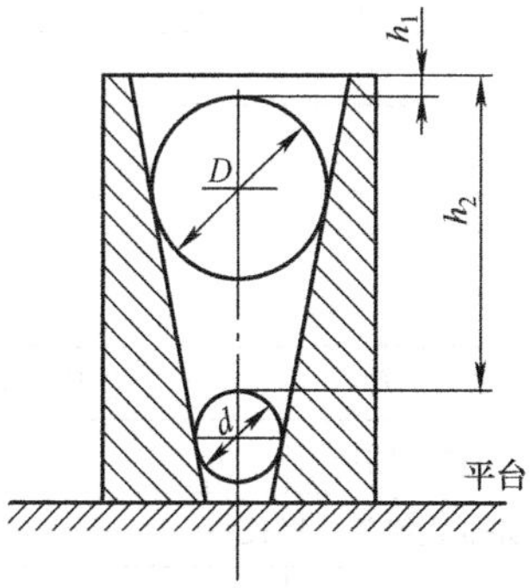

图 2-26 钢球法测量内锥孔锥度

式中 α——圆锥角（°）；

D、d——大、小钢球的直径（mm）；

h_1、h_2——用其他计量器具测出的大、小钢球位置参数（mm）。

五、检测结果的处理

<table>
<tr><td colspan="8">检 测 报 告</td></tr>
<tr><td>课程名称</td><td colspan="2">工业产品几何量检测</td><td colspan="2">项目名称</td><td colspan="3">零件角度误差检测</td></tr>
<tr><td>班级/组别</td><td colspan="2"></td><td colspan="2">任务名称</td><td colspan="3">零件锥度误差检测</td></tr>
<tr><td rowspan="2">被 测
零 件</td><td colspan="2">名 称</td><td colspan="2">公称锥角</td><td colspan="3">锥角公差</td></tr>
<tr><td colspan="2"></td><td colspan="2"></td><td colspan="3"></td></tr>
<tr><td rowspan="3">计量
器具</td><td colspan="2">正弦规型号</td><td colspan="2"></td><td colspan="2">中心距</td><td></td></tr>
<tr><td colspan="2">指示表测量范围</td><td colspan="2"></td><td colspan="2">分度值</td><td></td></tr>
<tr><td colspan="2">所用量块等级</td><td colspan="2"></td><td colspan="2">量块组合尺寸</td><td></td></tr>
<tr><td>测量示意图</td><td colspan="7"></td></tr>
<tr><td>测量位置</td><td>a</td><td colspan="2">b</td><td colspan="4">a、b 两点间距 L/mm</td></tr>
<tr><td>第一次读数</td><td></td><td colspan="2"></td><td colspan="4"></td></tr>
<tr><td>第二次读数</td><td></td><td colspan="2"></td><td colspan="4"></td></tr>
<tr><td>ΔC_1</td><td></td><td colspan="2"></td><td colspan="4"></td></tr>
<tr><td>ΔC_2</td><td></td><td colspan="2"></td><td colspan="4"></td></tr>
<tr><td>Δa_1</td><td></td><td colspan="2"></td><td colspan="4"></td></tr>
<tr><td>Δa_2</td><td></td><td colspan="2"></td><td colspan="4"></td></tr>
<tr><td>合格性判断</td><td colspan="3"></td><td colspan="4"></td></tr>
<tr><td>姓名</td><td>班级</td><td colspan="2">学号</td><td colspan="2">审核</td><td colspan="2">成绩</td></tr>
<tr><td></td><td></td><td colspan="2"></td><td colspan="2"></td><td colspan="2"></td></tr>
</table>

六、任务检查与评价

（一）小组互评表

<table>
<tr><td>课程名称</td><td>工业产品几何量检测</td><td>项目</td><td colspan="5">零件角度误差检测</td></tr>
<tr><td>班级/组别</td><td></td><td>工作任务</td><td colspan="5">零件锥度误差检测</td></tr>
<tr><td colspan="2">评价人签名（组长）：</td><td colspan="6">评价时间：</td></tr>
<tr><td rowspan="2">评价项目</td><td rowspan="2">评价指标</td><td rowspan="2">分值</td><td colspan="5">组员成绩评价</td></tr>
<tr><td></td><td></td><td></td><td></td><td></td></tr>
<tr><td rowspan="3">敬业精神
（20分）</td><td>不迟到、不早退、不旷课</td><td>5</td><td></td><td></td><td></td><td></td><td></td></tr>
<tr><td>工作认真，责任心强</td><td>8</td><td></td><td></td><td></td><td></td><td></td></tr>
<tr><td>积极参与任务的完成</td><td>7</td><td></td><td></td><td></td><td></td><td></td></tr>
</table>

（续）

评价项目	评价指标	分值	组员成绩评价				
专业能力（50分）	基础知识储备	10					
	对锥度检测步骤的理解	7					
	检测工具的使用熟练程度	8					
	检测步骤的规范性	10					
	检测数据处理	6					
	检测报告的撰写	9					
方法能力（15分）	语言表达能力	4					
	资料的收集整理能力	3					
	提出有效工作方法的能力	4					
	组织实施能力	4					
社会能力（15分）	团队沟通	5					
	团队协作	6					
	安全、环保意识	4					
总分		100					

（二）教师对学生评价表

班　级			课程名称	工业产品几何量检测			
评价人签字：			学习项目	零件角度误差检测			
工作任务	零件锥度误差检测		组 别				
评价项目	评价指标	分数	成　　员				
目标认知程　　度	工作目标明确，工作计划具体、结合实际，具有可操作性	10					
思想态度	工作态度端正，注意力集中，能使用各种资源进行相关资料收集	10					
团队协作	积极与团队成员合作，共同完成小组任务	10					
专业能力	正确理解锥度检测原理 检测工具使用方法正确，检测过程规范	40					
	检测报告完成情况	30					
总分		100					

（三）教师对小组评价表

班级/组别		课程名称	工业产品几何量检测
学习项目	零件角度误差检测	工作任务	零件锥度误差检测
评价项目	评价指标	评分	教师评语
资讯（15分）	工作任务分析 查阅相关仪器结构图和检测方法		
计划（10分）	小组讨论，达成共识，制订初步检测计划		
决策（15分）	锥度检测工具的选择 确定检测方案，分工协作		
实施（25分）	检测圆锥塞规锥度误差，提交检测报告		
检查（15分）	对检测过程进行检查，分析可能存在的问题		
评价（20分）	小组成员轮流发言，提出优点和值得改进的地方		

课后练习

一、填空题

1. 圆锥分为________和________两种。
2. 对于有配合要求的内外圆锥，其基本偏差按______制选用。
3. 为了减少定值刀具、量规的规格和数量，应优先选用______制配合。
4. 圆锥配合有________和________两种。
5. 圆锥结合的基本要求是________和________。
6. 圆锥素线直线度公差是指________。
7. 用圆锥塞规检验圆锥时，若着色被均匀地擦去，则说明________。
8. 锥度的测量方法有______、______、______、______。
9. 在万能工具显微镜上可用于测量锥角偏差的方法有____________。

二、综合题

1. 简述圆锥结合的种类和特点。
2. 锥度的检测方法有哪些？
3. 简述用正弦规测量圆锥角度偏差并进行测量不确定度分析。
4. 在万能工具显微镜上使用间接测量法怎样测量锥角？
5. 角度和锥度的间接测量法有什么优点？

身体的计量文化——举足为跬

如何测量田地对于古代农业生产活动来说至关重要，于是古人发明了以步为依据的测量方法。先秦时商鞅规定“举足为跬，倍跬为步”，即单脚迈出一次为“跬”，双脚相继迈出为“步”。跬是早期社会中，土地面积测量的最小单位。秦代曾规定“六尺为步”，“步”相当于现在的1.4m。

古语“不积跬步，无以至千里”便是从此而来。

任务六　零件圆分度误差检测

❖ 教学目标

1）熟悉圆分度误差的基础知识。

2）掌握多齿分度台检测多面棱体的原理及方法。

3）掌握相应圆分度误差的数据处理方法。

4）坚定文化自信，发扬与传承传统文化。

一、知识准备

在角度测量中，有不少圆分度器件，如光学度盘、圆光栅盘、多齿分度台、多面棱体等，以及起分度作用的精密蜗轮、花键等，都需要进行圆分度误差的测量。

常用的圆分度标准器有光学度盘、圆光栅盘、多面棱体、多齿分度台、圆感应同步器等。

这里以典型的圆分度器件度盘为例来说明圆分度误差的各项评定指标，对其他圆分度器件也适用。

（1）刻线误差与零起刻线误差　刻线误差是指度盘刻线的实际位置对其应有位置的偏差，以符号 θ_i 表示。以刻线的应有位置为准，实际刻线在它的序号递增方向一侧，定为正误差；反之则为负误差。如图 2-27 所示，以虚线表示刻线的应有位置，实线表示刻线的实际位置，则 θ_0 为正值，θ_1 为负值，θ_2 为零。刻线的应有位置不同，同一刻线的刻线误差值大小就不同。对于度盘等圆分度器件，常以全部刻线误差之和等于零为条件，来确定全部刻线的应有位置，即

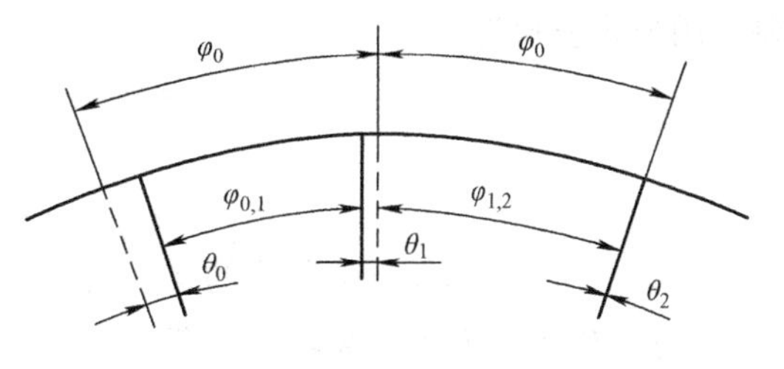

图 2-27　度盘刻度

$$\sum_{i=0}^{n-1}\theta_i = 0 \tag{2-17}$$

按此种规定，评定度盘分度质量的刻线误差只有唯一的一组值。

以零号刻线分度误差为零，来确定全部刻线的应有位置，按此规定测算出的刻线误差为零起刻线误差，以符号 $\overline{\theta}_i$ 表示。多面棱体的分度误差和圆弧分度误差（如度盘测微器中）常采用零起刻线误差为评定指标。由图 2-27 可知，若将全部刻线的应有位置向右移 θ_0 的距离，相当于各刻线误差减去同一数值 θ_0。这样可使零号刻线误差为零，即有 $\overline{\theta}_0 = \theta_0 - \theta_0 = 0$，由此也可得到各条刻线的零起刻线误差 $\overline{\theta}_i$。因此，零起刻线误差与刻线误差之间的关系为

$$\overline{\theta}_i = \theta_i - \theta_0 \tag{2-18}$$

即

$$\theta_i = \overline{\theta}_i + \theta_0 \tag{2-19}$$

式（2-19）中 i 为从 0 到 $n-1$ 的刻线序号，因此它表示 n 个等式，若两边求和，得

$$\sum_{i=0}^{n-1}\theta_i = \sum_{i=0}^{n-1}\overline{\theta}_i + n\theta_0$$

将式（2-17）代入式（2-19），则有

$$\theta_0 = -\frac{1}{n}\sum_{i=0}^{n-1}\overline{\theta_i} \tag{2-20}$$

式中 $\overline{\theta_i}$——第 i 号刻线的零起刻线误差；

θ_0——零号刻线误差；

θ_i——第 i 号刻线误差。

故又有

$$\theta_i = \overline{\theta_i} - \left(\frac{1}{n}\sum_{i=0}^{n-1}\overline{\theta_i}\right) \tag{2-21}$$

（2）间隔误差 $f_{i,j}$　度盘上两条刻线（相邻或不相邻）对刻线圆中心所组成的中心角称为间隔。两刻线间的实际角度与其公称角度之差称为间隔误差。相邻两条刻线的序号为 i 和 $i+1$，其间隔误差用符号 $f_{i,i+1}$ 表示（简写作 f_i）。任意两条刻线的序号为 i 和 j，其间隔误差用 $f_{i,j}$ 表示。如图 2-28所示，它等于两相邻刻线的刻线误差之差，用公式表示为

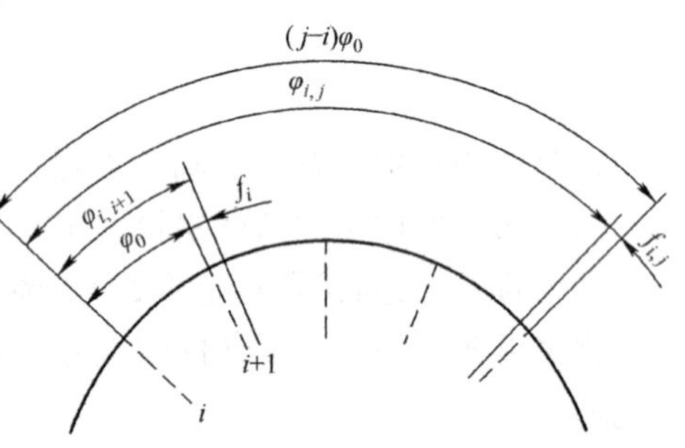

图 2-28　分度误差示意图

$$f_i = \varphi_{i,i+1} - \varphi_0 = \theta_{i+1} - \theta_i$$

$$\cdots$$

$$f_{i,j} = \varphi_{i,j} - (j-i)\varphi_0 = \theta_j - \theta_i \tag{2-22}$$

式中 $\varphi_{i,i+1}$——相邻分度刻线的实际角；

θ_{i+1}, θ_i——两相邻刻线的刻线误差；

φ_0——相邻刻线的公称角。

间隔的实际值大于其公称值者，其误差为正，反之为负。

将式（2-22）中末式作进一步推导，可得

$$f_{i,j} = \theta_j - \theta_i = f_i + f_{i+1} + \cdots + f_{j-1} = \sum_{k=i}^{j-1} f_k \tag{2-23}$$

说明任意间隔的间隔误差等于它所包含的各相邻间隔的间隔误差之和。在所有间隔误差中，取绝对值最大者称为最大间隔误差，此为分度器件的一项主要质量指标。

由图 2-27 可知

$$\varphi_{0,1} = \varphi_0 + \theta_1 - \theta_0$$

$$\varphi_{1,2} = \varphi_0 + \theta_2 - \theta_1$$

将上面二式变换，并考虑式（2-22），可得

$$f_0 = \varphi_{0,1} - \varphi_0 = \theta_1 - \theta_0$$

$$f_1 = \varphi_{1,2} - \varphi_0 = \theta_2 - \theta_1$$

由此可推得一般式为

$$f_i = \theta_{i+1} - \theta_i \tag{2-24}$$

把式（2-18）代入式（2-24），可得

$$f_i = \overline{\theta_{i+1}} - \overline{\theta_i} \tag{2-25}$$

将式（2-24）代入式（2-23），可导出

$$f_{i,j} = \theta_j - \theta_i \tag{2-26}$$

把式（2-18）代入式（2-26），可得

$$f_{i,j} = \overline{\theta_j} - \overline{\theta_i} \tag{2-27}$$

式（2-24）~式（2-27）说明，间隔误差等于此间隔两端刻线的刻线误差之差或零起刻线误差之差。它们为计算分度器件最大间隔误差提供了理论依据。

由式（2-18）

$$\overline{\theta_i} = \theta_i - \theta_0$$

经变换

$$\overline{\theta_i} = (\theta_i - \theta_{i-1}) + (\theta_{i-1} - \theta_{i-2}) + \cdots + (\theta_2 - \theta_1) + (\theta_1 - \theta_0)$$

可得

$$\overline{\theta_i} = f_{i-1} + f_{i-2} + \cdots + f_1 + f_0$$

即

$$\overline{\theta_i} = \sum_{k=0}^{i-1} f_k \tag{2-28}$$

式（2-28）说明序号 i 刻线的零起刻线误差等于 i 以前所有序号的间隔误差之和，所以零起刻线误差又可称为刻线间隔累积误差。

（3）直径误差（φ_i）　度盘（或其他分度器具）上任一直径两端刻线组成一条“直径”，其两端刻线误差的算术平均值称为直径误差。这里的“直径”是圆分度标记，并以该直径所处的180°内的角度标记，不要和直径长度混淆。直径误差的示意图如图 2-29 所示，表达式为

$$(\varphi_i) = \frac{1}{2}(\Delta\varphi_i + \Delta\varphi_{i+180°}) \tag{2-29}$$

（4）直径间隔误差$f_{(i)}$　两直径间实际角度对公称角度的偏差称为直径间隔误差。相邻间隔误差公式为

$$f_{(i,i+1)} = (\varphi_{i+1}) - (\varphi_i) \tag{2-30}$$

式（2-30）表明相邻两直径的间隔误差等于相邻两直径的直径误差之差。任意两直径 i，j 的间隔误差等于该两直径的直径误差之差。表达公式为

$$f_{(i,j)} = (\varphi_j) - (\varphi_i) \tag{2-31}$$

（5）零起直径误差（$\varphi_{1,i}$）　以第 1 号直径的直径误差为零（即假定直径的实际位置与其应有位置重合）并作为测量的起点，所测出的其他各条直径间隔误差称为零起直径误差。它等于各条直径的直径误差与第 1 号直径的直径误差之差。用公式表示为

$$(\varphi_{1,i}) = (\varphi_i) - (\varphi_1) \tag{2-32}$$

二、任务导入

图 2-30 所示为刚加工完成的多面棱体，在投入使用之前需要对其圆分度进行检测，确定其是否满足精度要求（圆分度误差 ±5″之内）。请选择合适的计量器具并根据工作任务单完成检测任务。

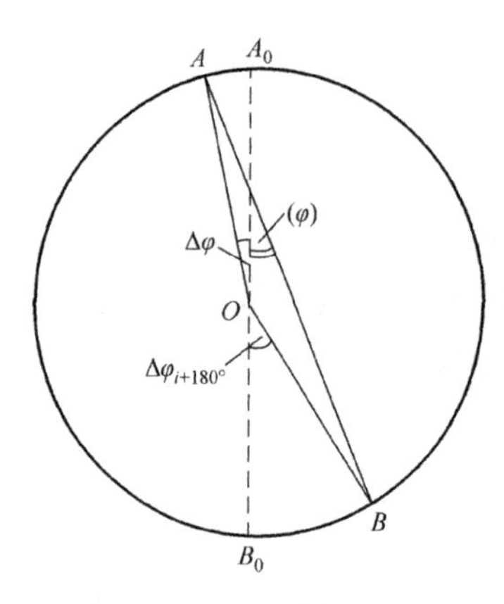

图 2-29　直径误差示意图

图 2-30　多面棱体

工　作　任　务　单							
姓名		学号		班级		指导老师	
组别		所属学习项目		零件角度误差检测			
任务编号		6	工作任务	零件圆分度误差检测			
工作地点		角度检测实训室		工作时间			
待检对象	多面棱体（图 2-30）						
检测项目	多面棱体圆分度误差						
使用工具	1. 多齿分度台 2. 光电准直仪 3. 多面棱体			任务要求	1. 熟悉检测方法 2. 正确使用检测工具 3. 检测结果处理 4. 提交检测报告		

三、任务分析

圆分度误差的测量方法有直接测量法和常角测量法。直接测量法是将被测圆分度工件与标准圆分度器件同轴安装，并进行直接比较测量，以求得被测圆分度误差的方法。常角测量法是用一个或几个适当的，不要求角值准确，但要求稳定的常角，与被测圆分度器件上各分度角所对应的间隔依次地进行比较测量。利用圆周封闭的特点，通过运算求得圆分度器件上各间隔误差与其他分度误差指标。

根据零件形状不同可采用不同的仪器检测。如多面棱体、角度样板等圆分度零件，适合用多齿分度盘、光学测角仪或万能工具显微镜的分度台等进行测量。而对于精密蜗轮、精密齿轮、花键等工件，可用光学分度头或用万能工具显微镜的分度头等进行测量。若用光学分度头测量，可根据测量精度选择相应精度的仪器。光学分度头的本身标准器是光学度盘。分度头的最小分度值和示值误差如下：低精度光学分度头，其最小分度值为 10″，示值误差为 20″，读数装置的误差为 6″；中精度光学分度头，其最小分度值为 5″，示值误差为 10″，读数装置的误差为 3″；高精度光学分度头，其最小分度值为 2″，示值误差为 4″，读数装置误差为 2″。

图 2-30 所示多面棱体圆分度误差可以选用多齿分度盘和光电准直仪进行测量。

四、任务实施

作为角度基准的多面棱体，需要有更高精度的圆分度器件作为标准测量。多齿分度盘是一种理想的圆分度器件，它有很高的分度精度，加上它能自动定心、重复性好、无角位移空程、操作简便、使用寿命长等特点。因而，广泛地用作圆分度的标准器件。

（一）仪器简介

1. 多面棱体

多面棱体是一种高精度的角度计量标准器。它是底面为基面的正棱体柱（图2-31），带中心孔，也可作定位用。目前国内外生产的多面棱体的面数多为4、6、8、12、24、36及72等，此外也有9、7、23面等奇数面棱体出现。制造多面棱体的材料有石英、光学玻璃或高强度合金钢等，要求材料的稳定性好，以保证工作角度持久不变。

2. 多齿分度盘

多齿分度盘的构造与齿轮端面离合器相似，一般由两个直径、齿数和齿形都相同的上、下端面齿盘组成，如图2-32所示，齿形一般为梯形。

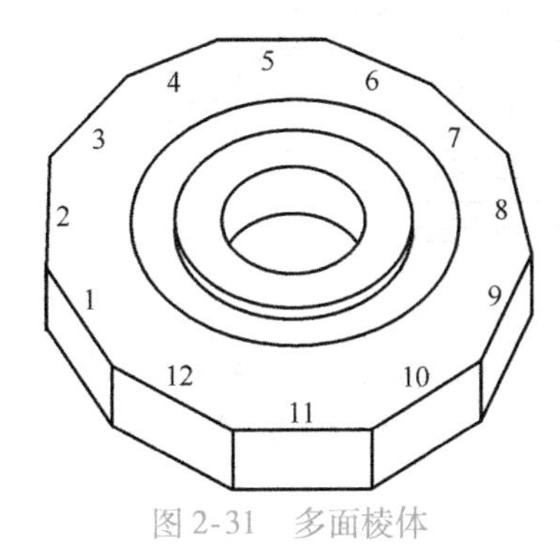

图2-31　多面棱体

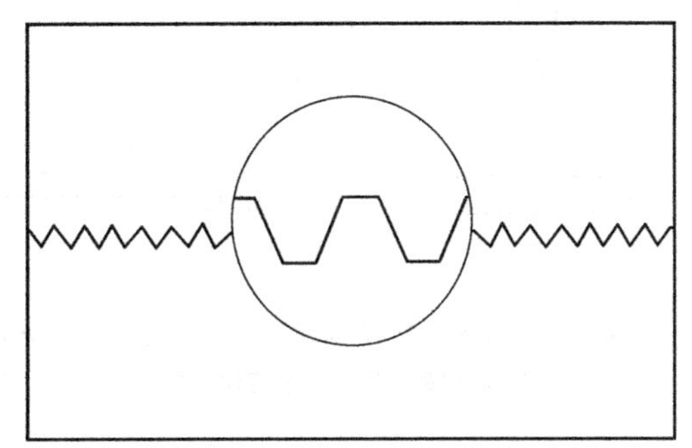
图2-32　多齿分度盘啮合机构

当两齿盘的齿被迫进入啮合时，它们便自动定中心，不能相对旋转与侧向位移。使用时下齿盘固定不动，上齿盘抬起与下齿盘脱离后即可旋转。一经再次啮合，即可根据转过的齿数多少来达到分度和定位的目的。目前多齿盘常采用的齿数为360、720、1440，其分度间隔为1°、0.5°、15′，带细分装置的分度台，其最小分度间隔可达0.5″。分度台的分度误差有0.5″、0.3″、0.2″三种。

多齿分度盘上、下齿盘的开合机构有两种形式，一种是手动开合机构，另一种是自动开合机构。

对多齿分度盘的每一齿来说，齿与齿之间的分度精度尽管不一定很高。但是当两齿盘相互啮合时，却可以获得很高的分度精度。这是多齿分度盘具有平均效应，即平均各齿分度误差作用的结果。因而参加啮合的齿数越多，多齿分度盘精度也越高。

3. 光电准直仪

（1）仪器组成　自准直仪是一种高精度测量仪器，该仪器主要用于小角度的精密测量，如多面棱体的检定，多齿分度台的检定，也可测量高精度导轨等精密零件的直线度、平行度、垂直度及相对位置，在精密测量和仪器检定中还可用于非接触式定位。该仪器具有安装、使用方便等特点，是精密机械、精密测量、仪器制造及相关科研、计量部门必不可少的检测仪器。下面以99型数显自准直仪为例进行介绍，其外形如图2-33所示。

（2）工作原理　99型数显自准直仪以自准直法为基本原理，通过光电瞄准对被测件的角位移进行精密测量，其光学系统如图2-34所示。

当光源透过位于物镜焦平面上的十字线，并通过物镜后，成一束与光轴平行的平行光射

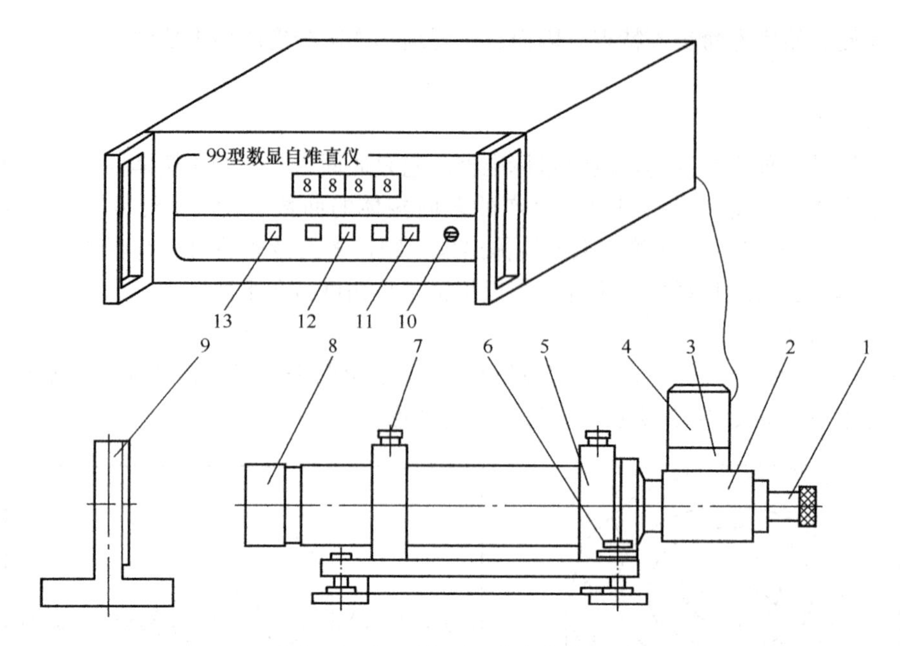

图 2-33 99 型数显自准直仪外形图

1—目镜 2—光电头 3—光源调节盖 4—灯座 5—光管座 6—基座调节灯 7—顶紧螺钉 8—物镜 9—反射镜 10—调节旋钮 11—功能键 12—测试指示灯 13—测量指示灯

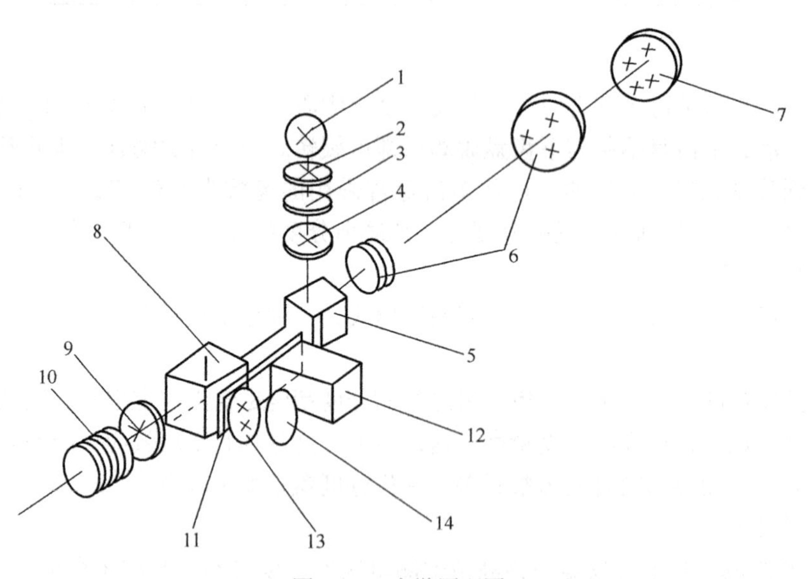

图 2-34 光学原理图

1—光源 2—毛玻璃 3—聚光镜 4—十字分划板 5—立方棱镜 6—物镜组 7—反射镜 8—立方棱镜 9—刻度分划板 10—目镜组 11—振动狭缝 12—振子 13—聚光镜 14—光敏电阻

向平面反射镜。当反射镜垂直于光轴时，光线仍按原路返回，经物镜后仍成像在原十字线像上，与原目标重合。当反射镜位置与光轴产生倾斜，则反射回来的十字线像就相应产生一个位移量 Δs，由 Δs 可得出反射镜的倾斜量 $\Delta\alpha$。按反射定律和几何光学原理，光线经反射镜后其偏转是反射镜倾斜角的 2 倍，故 Δs 的计算式为

$$\Delta s = f \times \tan(2\Delta\alpha)$$

式中　Δs——位移量；

f——物镜焦距；

$\Delta\alpha$——反射镜倾斜角。

由于 $\Delta\alpha$ 一般很小，所以上式可以近似化简为

$$\Delta s = 2f \times \Delta\alpha$$

$$\Delta\alpha = \frac{\Delta s}{2f}$$

99 型数显自准直仪的电路原理如图 2-35 所示。

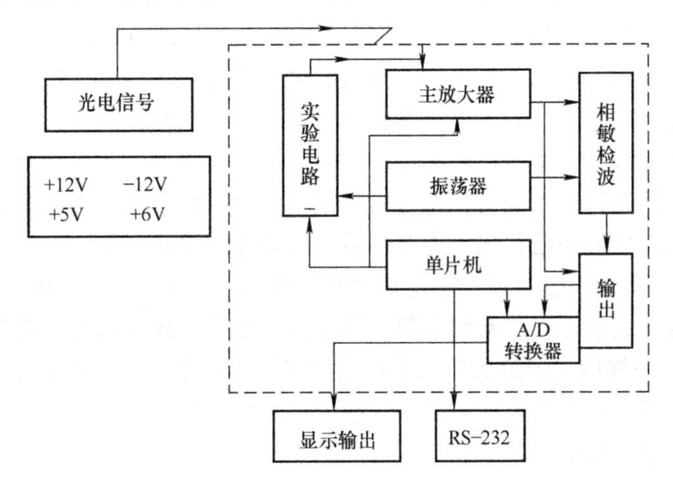

图 2-35　电路原理图

电路系统主要由振荡器、主放大器、相敏检波器、单片机电路、实验电路等部分组成。

振荡器产生 38Hz 信号，是仪器的工作信号，它提供振子的振荡信号、相敏检波器的参考信号及实验电路的输入信号。

主放大器对原始测量信号进行放大及滤波，其放大倍数可变，并根据输入信号的大小自动控制。

检波电路实现对包含在测量信号中角度信号的提取，并送至 A/D 转换器。

单片机电路完成对测量信号的最终处理及显示，并可实现对主放大器放大倍数的自动控制。其 RS－232 接口可输出测量结果。

实验电路可产生与被测工件的偏转相当的信号，使电表显示正、负及零件三种信号，对应于被测件的偏左、偏右及对中三种情况。利用这个信号可以方便地检查校对仪器，使整个电路在没有光电信号的情况下正常工作。

（3）使用方法　在使用前，首先布置好光管与被测件上反射镜的相对位置，将光管的物镜中心基本上对准反射镜中心，光管与反射镜安置必须稳定，并要求光管与被测件放在同一基座上。

1）将光管上六芯插头插入电箱相应的插座，再将电箱接上电源线，然后打开电箱后面的电源开关，即可进行仪器初调。

2）上下移动光管（有条件者可借助找像器在视场内及时找到反射像），在目镜视场中

找到反射十字像，用肉眼观察视场内亮度照明是否均匀，如发现有明显的明暗现象，则应调整光源位置，一手持调节盖，一手左旋灯座，可旋松光源调节盖，前后适当移动灯座，见视场亮度最大且比较均匀后旋紧光源调节盖，即锁紧灯座。如发现灯座仍松动，则表示与光电头相连的锁紧螺母已松开，此时应将整个锁紧灯座拧紧，而后再松开调节盖重新调整灯座位置后锁紧（注意：测量中必须锁紧灯座）。

3）视场亮度的调整也可借助功能键进行。先将开关关掉，并按住面板上的功能键，再开电源开关即进入“光管功能”调整监视功能，数字表将显示光管相对“光学光能”的0～1024的数值，同时各指示灯以“流水式”循环亮暗作为特殊状态指示。此时重复上面方法，前后左右调整灯座位置至数显值最大（光能最强）时为最佳位置后锁紧固定。

4）调整光管，使之从物镜出来的光束初瞄被测件上安置的反射镜面，进而调整被测件上的反射镜反回去的光对准自准直光管的物镜。最后通过目镜观察，使十字像调至刻度分划板十字线的中间处并大致重合时，电箱即有数值显示。在进行正式测量前还必须调整反射镜与光轴垂直。调整方法是：反射镜在水平移动时，十字反射像的水平线应沿读数分划板水平线移动，否则应松开光管锁紧螺钉，左右微转镜筒，直至移动一致后再紧锁。当数显表出现一条直线时，则表示反射像已移出工作范围或无反射像而停止工作。

5）按功能键，具有一般测量、平均值测量、测试（+）、测试（0）、测试（-）共五个功能。其中绿灯亮表示一般正常测量值，接着按功能键，测量绿灯自动闪烁，读数为平均测量值（3s 内 8 次采样后去掉最大值和最小值的平均测量值）。三个测试功能（红灯亮）表示内信号的工作稳定性和左右对称情况。一般出厂时内信号已调至正、负对称，零位不必调整，如有一定偏差也不影响测量状态。

6）调零旋钮，在某些测量工作状态中，为方便使用者读数、计算、调整等，在零位附近可微调至零。平时使用者可将旋钮调至中间。一般调节旋钮在（0）测试键工作时读数为零的旋钮位置是表的真实零位。

7）为了保证仪器工作的可靠性，在仪器正式使用前，先将仪器预热 30min，然后进行正式测量。对于不稳定的电源系统，在仪器输入电源前应加一交流稳压器供电。99 型数显自准直仪最小有效读数为 0.1″，估读为 0.01″。对于垂直方向上的直线值和角度值的测量可按安装位置，将光管旋转 90° 即可。如有需要将光管从基座拉出时，只要松开锁紧螺钉即可。

（二）测量原理

多齿分度台测量多面棱体的原理如图 2-36 所示。首先，被测棱体 5 安置在多齿分度台上齿盘上，调整多面棱体与多齿分度台啮合圆中心重合，其偏差不应大于 0.02mm。然后，调整光电自准直仪 6 的高低位置，使光轴与旋转轴线相垂直，使反射像在光电自准直仪的视场中央，并使光电自准直仪尽可能靠近多面棱体工作面，以减小气流对光束的影响，必要时两者间加罩屏蔽。使用光电自准直仪时，还需使其灵敏度处于最佳状态，待稳定后开始测量。

先将多齿分度盘置于 0° 位置，光电自准直仪瞄准被测棱体第一工作面，并读取第一个读数 α_1。然后使上齿盘转过棱体相邻工作面公称夹角并重新啮合，光电自准直仪瞄准第二个工作面后，读取第二个读数 α_2。按棱体角度增加方向旋转，依次测量棱体其他各面，直至光电自准直仪重新瞄准多面棱体 0° 工作面，其回转零误差不得超过 0.1″。多面棱体各工

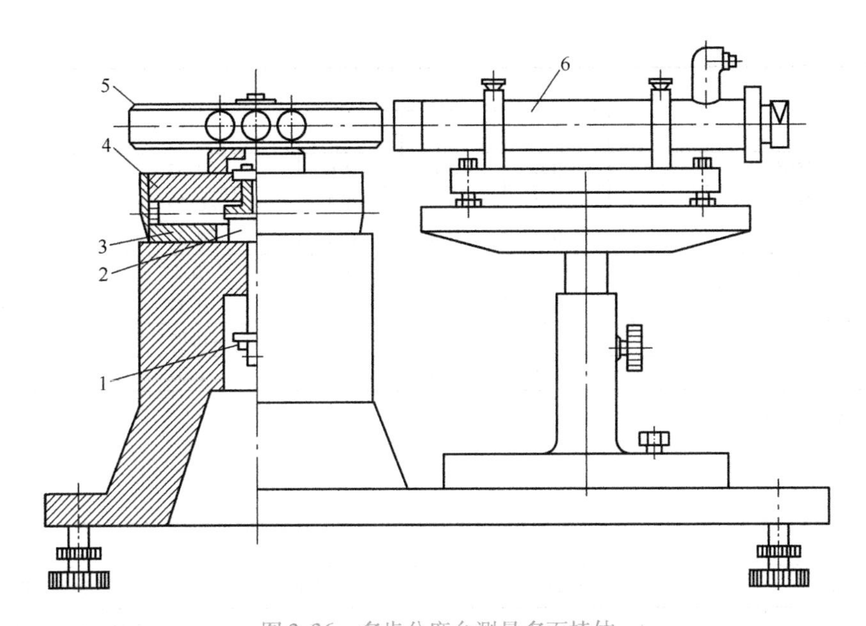

图 2-36　多齿分度台测量多面棱体

1—底座　2—升降机构　3—下齿盘　4—上齿盘　5—被测棱体　6—光电自准直仪

作面对0°工作面的角度偏差为

$$\Delta\alpha_i = \alpha_i - \alpha_1$$

式中的 $i=1, 2, \cdots, n$。由于弹性多齿分度台本身分度误差很小，在测量结果中可不予修正。但需注意自准直仪读数增加方向应与被测角度增加方向一致，才能应用。

为了进一步减小多齿分度台分度不均匀性对测量结果的影响，可以从分度台的0°、120°、240°三个起始位置分别进行三周测量，并取三周的算术平均值作为检定结果。

举例：用多齿分度台测量12面棱体。

多齿分度台位于0°位置，将自准直仪对准棱体的0°工作面，并读取读数 α_1，然后用升降手柄将上下齿盘脱离，使上齿和棱体同步旋转，并依次将多齿分度台转过30°，60°，…，330°，同时从自准直仪分别读取工作面相应的读数 α_{30}，α_{60}，…，α_{330}，求出各工作面对零工作面的角度偏差。棱体应在多齿分度台转至0°、120°、240°三个起始位置分别进行三周测量，并取三周的算术平均值作为检定结果。每一周都应回到零位，回零误差不大于0.1″，见表2-5。

表 2-5　用多齿分度台测量12面棱体

多面棱体位置	读数值（″）			算术平均值 θ_i	工作角偏差（″）
	0°	120°	240°		
0°	−0.4	−0.5	−0.6	−0.5	0
30°	−0.4	−0.5	−0.6	−0.5	0
60°	−0.4	−0.5	−0.6	−0.5	0
90°	−0.1	−0.3	−0.3	−0.23	+0.27
120°	−0.3	−0.4	−0.4	−0.37	+0.13

（续）

多面棱体位置	读数值（″）			算术平均值	工作角偏差
	0°	120°	240°	θ_i	（″）
150°	-0.4	-0.6	-0.6	-0.53	-0.03
180°	+0.4	+0.4	+0.3	+0.37	+0.87
210°	-0.4	-0.3	-0.4	-0.37	+0.13
240°	-0.1	-0.1	-0.1	-0.1	+0.4
270°	-0.4	-0.6	-0.7	-0.57	-0.07
300°	0	0	+0.1	+0.03	-0.53
330°	-1.4	-1.3	-1.4	-1.37	（-0.87）

注：工作角最大偏差=0.87（″）

五、检测结果的处理

<table>
<tr><td colspan="7">检　测　报　告</td></tr>
<tr><td>课程名称</td><td colspan="3">工业产品几何量检测</td><td colspan="2">项目名称</td><td>零件角度误差检测</td></tr>
<tr><td>班级/组别</td><td colspan="3"></td><td colspan="2">任务名称</td><td>零件圆分度误差检测</td></tr>
<tr><td>基准系统名称</td><td colspan="3">型号</td><td colspan="2">测量范围</td><td>最小分度值</td></tr>
<tr><td></td><td colspan="3"></td><td colspan="2"></td><td></td></tr>
<tr><td rowspan="2">被测多面棱体</td><td colspan="3">标记</td><td colspan="2">面数</td><td>工作角允许偏差</td></tr>
<tr><td colspan="3"></td><td colspan="2"></td><td></td></tr>
<tr><td colspan="7">测量记录</td></tr>
<tr><td rowspan="2">棱体位置</td><td colspan="3">多齿分度台起始位置及测量结果（″）</td><td rowspan="2">算术平均值</td><td rowspan="2">工作角偏差</td><td rowspan="2">对径偏差（″）</td></tr>
<tr><td>0°</td><td>120°</td><td>240°</td></tr>
<tr><td>0°</td><td></td><td></td><td></td><td></td><td></td><td></td></tr>
<tr><td>~30°</td><td></td><td></td><td></td><td></td><td></td><td></td></tr>
<tr><td>~60°</td><td></td><td></td><td></td><td></td><td></td><td></td></tr>
<tr><td>~90°</td><td></td><td></td><td></td><td></td><td></td><td></td></tr>
<tr><td>~120°</td><td></td><td></td><td></td><td></td><td></td><td></td></tr>
<tr><td>~150°</td><td></td><td></td><td></td><td></td><td></td><td></td></tr>
<tr><td>~180°</td><td></td><td></td><td></td><td></td><td></td><td></td></tr>
<tr><td>~210°</td><td></td><td></td><td></td><td></td><td></td><td></td></tr>
<tr><td>~240°</td><td></td><td></td><td></td><td></td><td></td><td></td></tr>
<tr><td>~270°</td><td></td><td></td><td></td><td></td><td></td><td></td></tr>
<tr><td>~300°</td><td></td><td></td><td></td><td></td><td></td><td></td></tr>
<tr><td>~330°</td><td></td><td></td><td></td><td></td><td></td><td></td></tr>
<tr><td>工作角最大偏差</td><td colspan="2"></td><td colspan="2">合格性判断</td><td colspan="2"></td></tr>
<tr><td>姓名</td><td colspan="2">班级</td><td colspan="2">学号</td><td>审核</td><td>成绩</td></tr>
<tr><td></td><td colspan="2"></td><td colspan="2"></td><td></td><td></td></tr>
</table>

六、任务检查与评价

（一）小组互评表

课程名称	工业产品几何量检测	项目	零件角度误差检测				
班级/组别		工作任务	零件圆分度误差检测				
评价人签名（组长）：		评价时间：					
评价项目	评价指标	分值	组员成绩评价				
敬业精神（20分）	不迟到、不早退、不旷课	5					
	工作认真，责任心强	8					
	积极参与任务的完成	7					
专业能力（50分）	基础知识储备	10					
	对检测步骤的理解	7					
	检测工具的使用熟练程度	8					
	检测步骤的规范性	10					
	圆分度误差检测数据处理	6					
	检测报告的撰写	9					
方法能力（15分）	语言表达能力	4					
	资料的收集整理能力	3					
	提出有效工作方法的能力	4					
	组织实施能力	4					
社会能力（15分）	团队沟通	5					
	团队协作	6					
	安全、环保意识	4					
总分		100					

（二）教师对学生评价表

班 级		课程名称	工业产品几何量检测				
评价人签字：		学习项目	零件角度误差检测				
工作任务	零件圆分度误差检测		组 别				
评价项目	评价指标	分数	成 员				
目标认知程度	工作目标明确，工作计划具体、结合实际，具有可操作性	10					
思想态度	工作态度端正，注意力集中，能使用各种资源进行相关资料收集	10					
团队协作	积极与团队成员合作，共同完成小组任务	10					

（续）

评价项目	评价指标	分数	成　员				
专业能力	正确理解圆分度误差检测原理 检测工具使用方法正确，检测过程规范	40					
	检测报告完成情况	30					
总分		100					

（三）教师对小组评价表

班级/组别		课程名称	工业产品几何量检测
学习项目	零件角度误差检测	工作任务	零件圆分度误差检测
评价项目	评价指标	评分	教师评语
资讯（15分）	工作任务分析 查阅相关仪器结构图和检测方法		
计划（10分）	小组讨论，达成共识，制订初步检测计划		
决策（15分）	圆分度误差检测工具的选择 确定检测方案，分工协作		
实施（25分）	检测多面棱体圆分度误差，提交检测报告		
检查（15分）	对检测过程进行检查，分析可能存在的问题		
评价（20分）	小组成员轮流发言，提出优点和值得改进的地方		

课后练习

一、填空题

1. 光电准直仪的电路系统由________、________、________、________、________组成。

2. 常用的圆分度标准器有________、________、________、________。

3. 圆分度误差的测量方法有______________、______________。

4. 多齿分度台分度误差有______________、______________、______________。

二、综合题

1. 简述自准直法测小角度的原理和应用。

2. 圆分度误差的评定指标有几项？它们的含义和相互关系是什么？

3. 简述多齿分度台测量多面棱体的基本过程。

4. 常角测量法测量圆分度误差的基本原理是什么？

5. 选用多面棱体时的主要注意事项是什么？

身体的计量文化——布手知尺

《孔子家语》有“夫布指知寸，布手知尺，舒肘知寻，斯不远之则也”的记载。大意是：中指节上一横纹，为一寸；拇指同中指一叉相距为一尺；两臂伸长，为一寻。

古人日常用什么进行测量呢？最直接、简单的办法——人的身体。不过“布手知尺”限于男子，女子的手小怎么办呢？古代人将女人拇指指尖到食指指尖的长度称为“咫尺”。

项目三　零件几何误差检测

任务七　零件形状误差检测

❖ 教学目标

1）掌握几何公差的概念、标注等相关知识点。

2）掌握直线度、平面度、圆度、圆柱度、线轮廓度、面轮廓度的测量方法。

3）掌握形状误差的检测及数据处理方法。

4）坚定文化自信，发扬与传承传统文化。

一、知识准备

（一）几何要素及分类

构成零件几何特征的点、线、面均称要素。要素可从不同角度来分类，如图 3-1 所示。

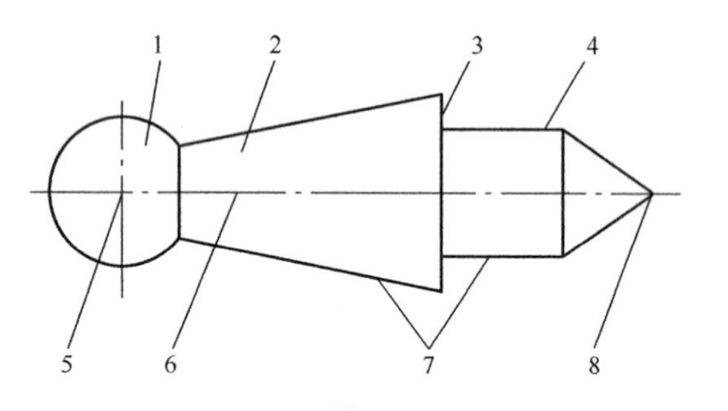

图 3-1　零件的几何要素

1—球面　2—圆锥面　3—端平面　4—圆柱面

5—球心　6—轴线　7—素线　8—锥顶

（1）按结构特征分类　按结构特征分类可分为轮廓要素和中心要素：构成零件内、外表面外形的要素称为轮廓要素；轮廓要素对称中心所表示的要素称为中心要素。

（2）按存在状态分类　按存在状态分类分为实际要素和理想要素：零件上实际存在的要素称为实际要素。具有几何学意义的要素称为理想要素。

（3）按所处地位分类　按所处地位分类分为被测要素和基准要素：图样上给出了形状或（和）位置公差要求的要素称为被测要素；用来确定被测要素方向或（和）位置的要素称为基准要素。

（4）按功能要求分类　按功能要求分类分为单一要素和关联要素：仅对其本身给出形状公差要求，或仅涉及其形状公差要求时的要素称为单一要素；相对其他要素有功能要求而给出位置公差的要素称为关联要素。

（二）几何公差的项目及符号

形状公差有 6 项：直线度、平面度、圆度、圆柱度、线轮廓度、面轮廓度。

位置公差有 8 项：平行度、垂直度、倾斜度、同轴度、对称度、位置度、圆跳动、全跳动。

几何公差的项目及其符号见表 3-1。

表 3-1　几何公差的项目及其符号

分类	项目	符号
形状公差	直线度	—
	平面度	▱
	圆度	○
	圆柱度	⌭
	线轮廓度	⌒
	面轮廓度	⌓

分类		项目	符号
位置公差	定向	平行度	//
		垂直度	⊥
		倾斜度	∠
	定位	同轴度	◎
		对称度	⌯
		位置度	⌖
	跳动	圆跳动	↗
		全跳动	⌰

（三）几何公差标注

几何公差代号包括：

1）几何公差有关项目的代号。

2）几何公差框格及指引线。

3）几何公差数值及其他有关符号。

4）标准符号。

几何公差框格分为两格和多格。它可以水平绘制，也可以垂直绘制，如图 3-2 所示。

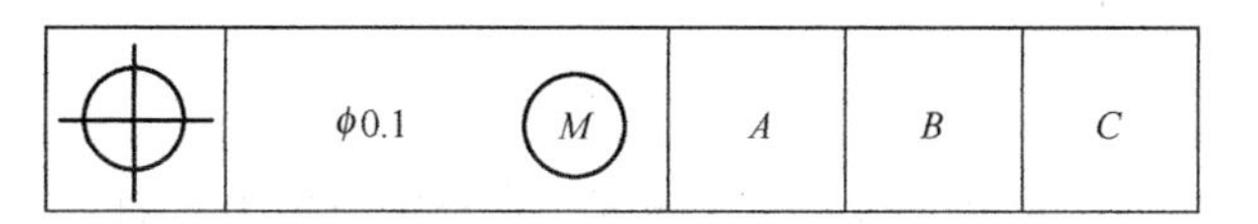

图 3-2　几何公差标注

几何公差标注举例如图 3-3 所示。

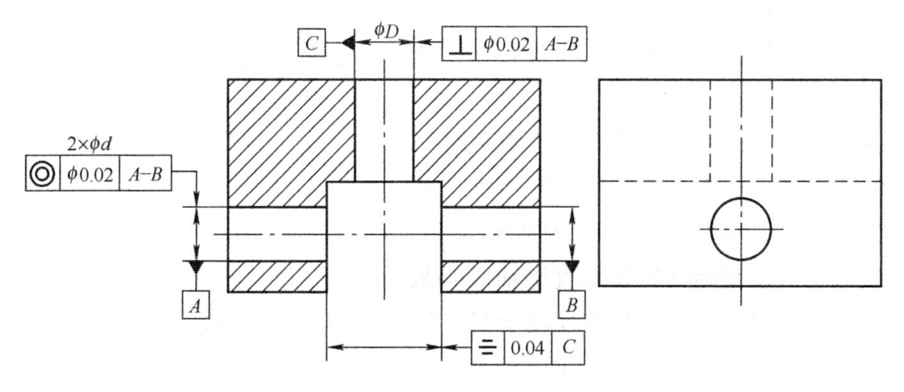

图 3-3　几何公差标注举例

1）$2\times\phi d2$ 轴径对其公共轴线的同轴度公差为 $\phi0.02$mm。

2）ϕD 轴线对 $2\times\phi d$ 公共轴线的垂直度公差为 $\phi0.02$mm。

3）槽两侧面对 ϕD 轴线的对称度公差为 0.04mm。

（四）形状误差及其公差带

（1）直线度　直线度是指实际直线对理想直线所允许的变动量。

1）给定平面内的直线度。公差带图是距离为公差值 t 的两平行直线间的区域，如图 3-4 所示。

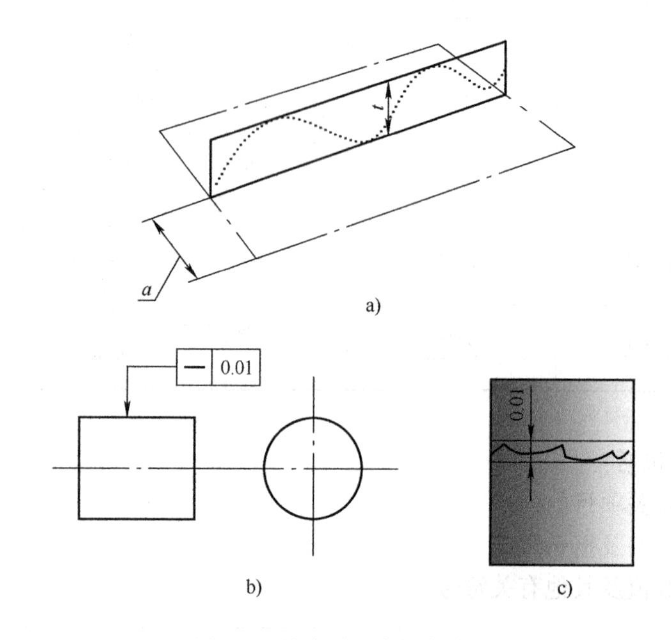

图 3-4　给定平面内的直线度

2）给定方向上的直线度。在给定方向上，直线度公差带为间距等于公差值 t 的两平行平面所限定的区域，如图 3-5 所示。

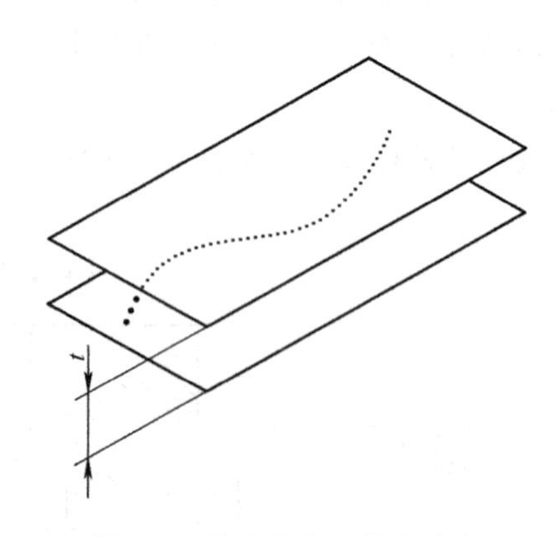

图 3-5　给定方向上的直线度

3）给定任意方向的直线度。在任意方向上，直线度公差带图是公差值为 ϕt 的一个圆柱体，如图 3-6 所示。

（2）平面度　平面度是指实际平面对理想平面所允许的变动量，如图 3-7 所示。平面度公差带是距离为公差值 t 的两平行平面间的区域。

（3）圆度　圆度是指回转体垂直于轴线的截面上实际圆轮廓对理想圆所允许的变动全量，如图 3-8 所示。圆度公差带是在同一正截面上，半径差为公差值 t 的两同心圆之间的区域。

（4）圆柱度　圆柱度是指实际圆柱面轮廓相对理想圆柱面所允许的变动全量，如图 3-9 所示。圆柱度公差带是半径差为公差值 t 的两同轴圆柱面之间的区域。

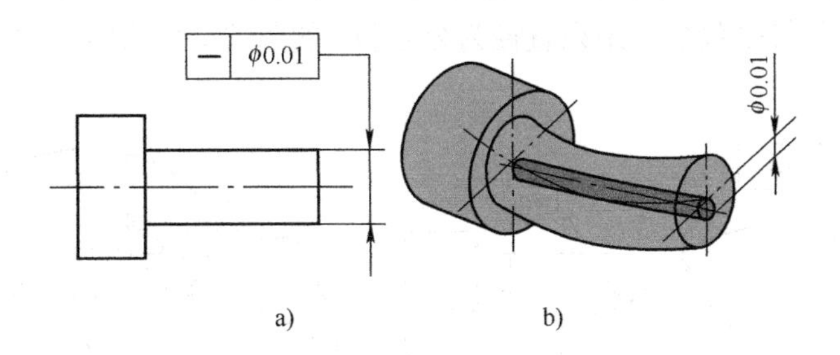

图 3-6　给定任意方向的直线度

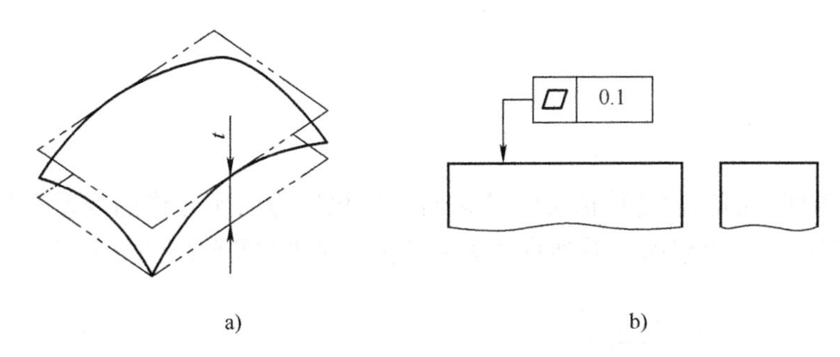

图 3-7　平面度公差

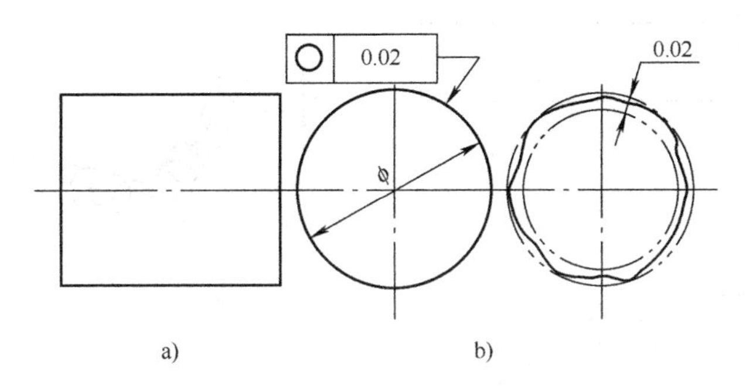

图 3-8　圆度公差带

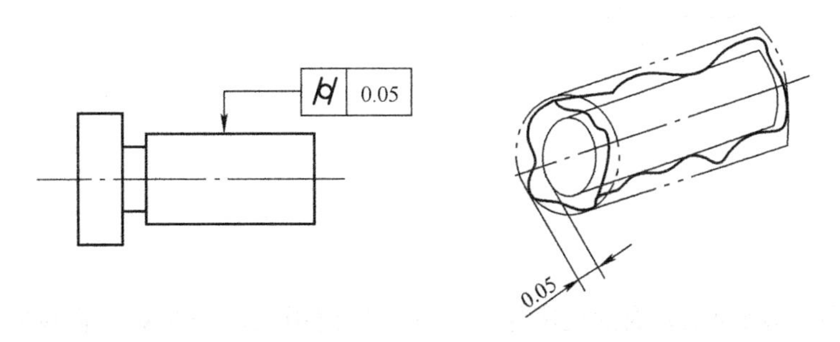

图 3-9　圆柱度公差带

（5）线轮廓度　线轮廓度是指实际轮廓线对理想轮廓线所允许的变动全量，如图 3-10 所示。线轮廓度公差带是包络一系列直径为公差值 t 的圆的两包络线之间的区域。

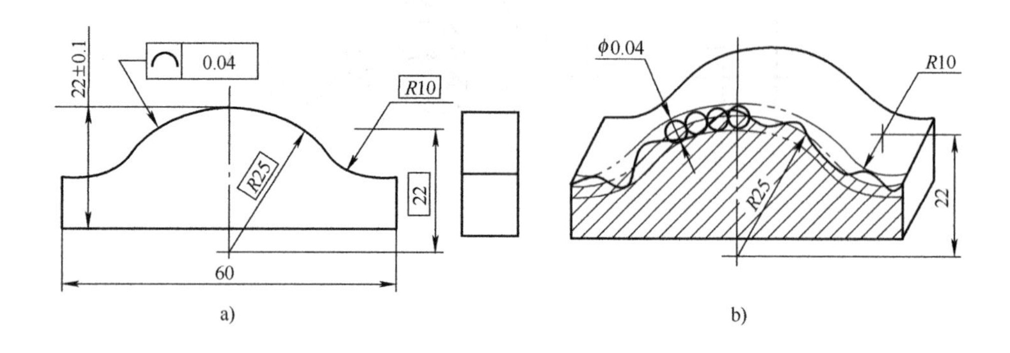

图 3-10　线轮廓度公差带

（6）面轮廓度　面轮廓度是指实际轮廓面对理想轮廓面所允许的变动全量，如图 3-11 所示。面轮廓度公差带是包络一系列直径为公差值 t 的球的两包络面之间的区域。

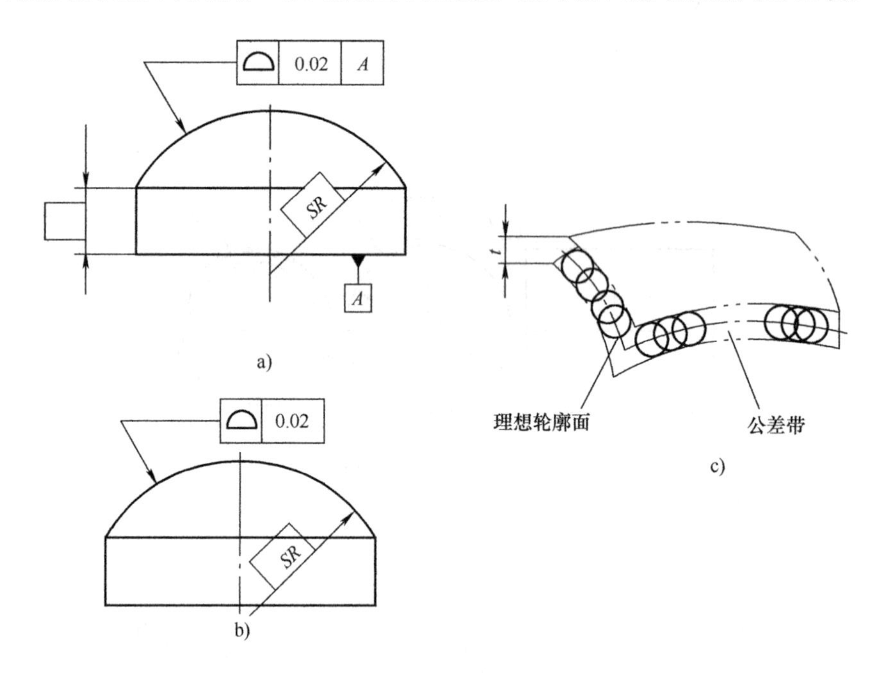

图 3-11　面轮廓度

二、任务导入

图 3-12 所示为刚加工完成的机床导轨，在装配使用之前需要对其直线度进行检测，确定其是否满足精度要求（直线度公差为 0.02mm），请选择合适的计量器具并根据工作任务单完成检测任务。

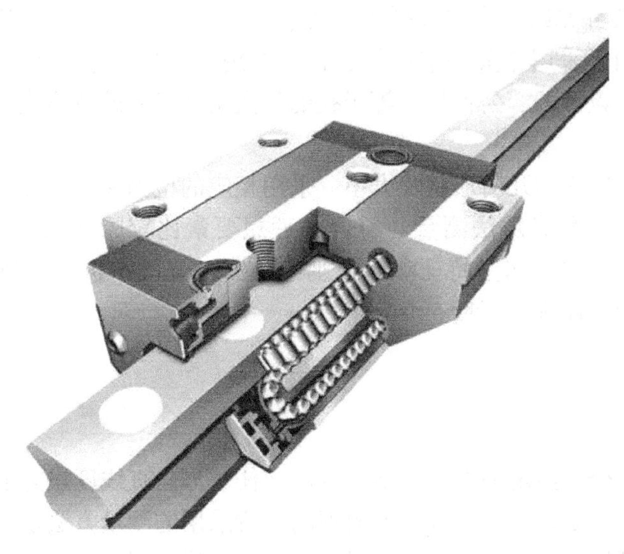

图 3-12　机床导轨

<table>
<tr><th colspan="8">工　作　任　务　单</th></tr>
<tr><td>姓名</td><td></td><td>学号</td><td></td><td>班级</td><td></td><td>指导老师</td><td></td></tr>
<tr><td>组别</td><td></td><td colspan="2">所属学习项目</td><td colspan="4">零件几何误差检测</td></tr>
<tr><td colspan="2">任务编号</td><td>7</td><td>工作任务</td><td colspan="4">零件形状误差检测</td></tr>
<tr><td colspan="2">工作地点</td><td colspan="2">精密检测实训室</td><td colspan="2">工作时间</td><td colspan="2"></td></tr>
<tr><td>待检对象</td><td colspan="7">机床导轨（图 3-12）</td></tr>
<tr><td>检测项目</td><td colspan="7">机床导轨直线度误差</td></tr>
<tr><td>使用工具</td><td colspan="3">自准直仪</td><td>任务要求</td><td colspan="3">1. 熟悉检测方法
2. 正确使用检测工具
3. 检测结果处理
4. 提交检测报告</td></tr>
</table>

三、任务分析

几何误差的检测，国标规定了五项检测原则：

（1）与理想要素比较原则　将被测实际要素与相应的理想要素作比较，在比较过程中获得数据，根据这些数据来评定几何误差。如将被测实际直线与模拟理想直线的刀口的刀刃相比较，根据光隙的大小来确定该直线的直线度误差值。

（2）测量坐标值原则　通过测量被测要素上各点的坐标值来评定被测要素的几何误差。如利用直角坐标系测量孔中心的纵横坐标以确定其位置误差值。

（3）测量特征参数原则　通过测量实际被测要素上的特征参数，评定有关的形状误差。特征参数是指能近似反映有关几何误差的参数。例如，用两点法测量回转表面的横截面的局部实际尺寸，并以其最大差值的一半作为该截面的圆度误差。

（4）测量跳动原则　按照跳动的定义进行检测的原则，主要用于检测圆跳动和全跳动。

例如，测量实际被测要素对基准轴线的径向圆跳动。

（5）控制实效边界原则　检测被测实际要素是否超过实效边界，以判断被测实际要素是否合格。该原则用于采用相关要求的场合，一般用光滑极限量规或功能量规来检验。例如，按最大实体要求设计的、公称尺寸等于孔的最大实效尺寸的垂直度量规，检验孔轴线对端面的垂直度误差。

根据零件的误差要求和几何形状及大小，采用相应的检测原则，如直线度误差按给定平面内的直线度误差，可用光隙法测量（符合与理想要素比较原则）；按任意方向直线度误差，可用圆度仪测量（符合测量特征参数原则）。图 3-12 所示机床导轨尺寸较长，其直线度误差可以选用自准直仪进行测量。

四、任务实施

（一）直线度误差检测

由于直线度误差分为给定平面内、给定方向和任意方向直线度误差的不同，被测对象的结构、尺寸大小、精度要求和加工方法等的不同，所采用的测量方法也会有很大的差别。另外，科学技术不断发展，新测量原理的仪器和测量方法将会不断出现，这里只介绍常用的几种测量方法。

1. 测量方法

（1）光隙法　光隙法是使用样板直尺或刀口尺、三棱尺、四棱尺、平尺与被测表面贴切，由样板直尺或平尺的理想直线与被测表面实际线的最大间隙来确定直线度误差值的方法，如图 3-13 所示。

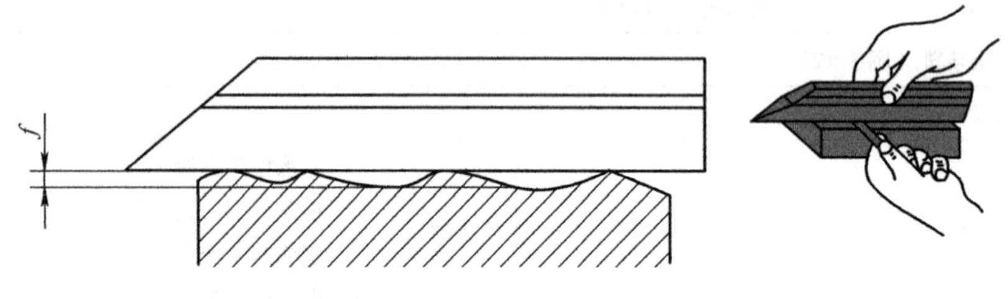

图 3-13　光隙法测量直线度示意图

（2）打表法　图 3-14a 所示方法适用于测量带顶尖孔的零件；图 3-14b 所示方法适用于测量不带顶尖孔的轴类零件；图 3-14c 所示方法适用于较大或较重零件的测量。测量结果为指示表读数的最大变化值。

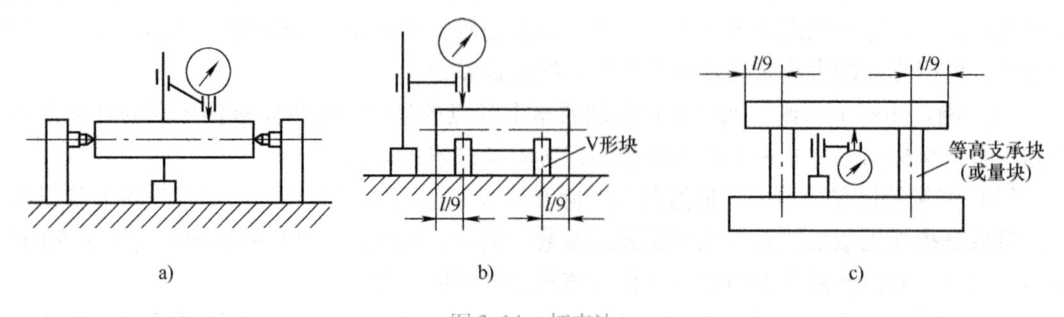

图 3-14　打表法

（3）三点悬臂法　三点悬臂法测量装置实际上是一个简单的表架，如图 3-15 所示，指示表测头与两个支脚是三点等距分布。它的测量原理是以两支承点的连线作为标准直线测量第三点对于此连线的偏差。测量前，把此装置放在平尺或平板上，每移动一个 l 的距离，读取一个读数。移动时，前一次的测量点位置，就是后一次测量的前支承点的位置，依次逐段测完全长，将所测得值经数据处理，即可获得被测件的直线度误差。

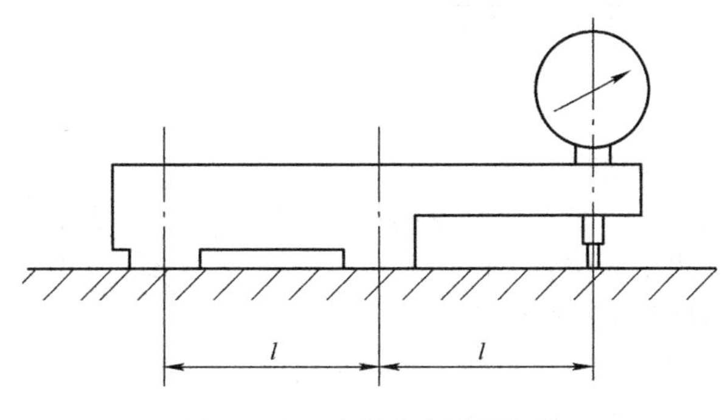

图 3-15　三点悬臂法测量装置

（4）节距法　节距法又称为跨齿法，是用桥板将被测面进行分段测量的一种方法。节距法主要测量精度要求较高并且被测尺寸较长的研磨或刮研表面，如各种仪器的导轨面。节距法是采用间接的方法来获得测量数据的，一般利用小角度测量仪器，在各节距上反映被测要素前后两点斜率的变化，进而对测量数据处理得到直线度的误差值。

1）用水平仪测量直线度误差值。这种方法是以水平仪的工作面作为理想直线，被测线各点距离理想直线的距离，便是所求的值。由于水平仪是以角度值来表示的，所以还必须换算才能得到以线值表示的误差值。

按被测量表面长度选定适当的桥板，将水平仪放置在桥板上。测量时，使桥板的支承点（始点 a_i 和末点 b_i）沿测量长度方向分段依次移动（节距法）。两次测量中，应使前一次测量时桥板的末点 b_1 与后一次测量时桥板的始点 a_2 重合（图 3-16），即后一点的读数是相对于通过前一点的水平面的测量结果。

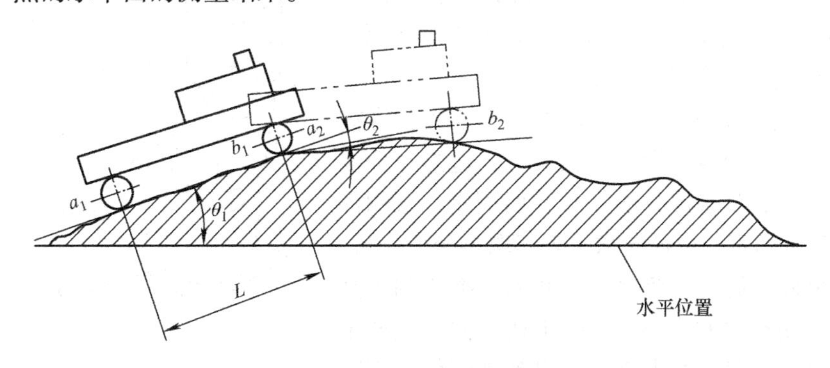

图 3-16　水平仪测量直线度

2）用准直仪测量。将准直仪的反射镜放置在桥板上，测量时，桥板沿测量长度方向分段依次移动，两次移动中，桥板支承点首尾两点应相接。仪器读数即表示桥板两支承点相对于光管的光轴直线的角度变动量。这种方法的数据处理与水平仪法相同，如图 3-17 所示。

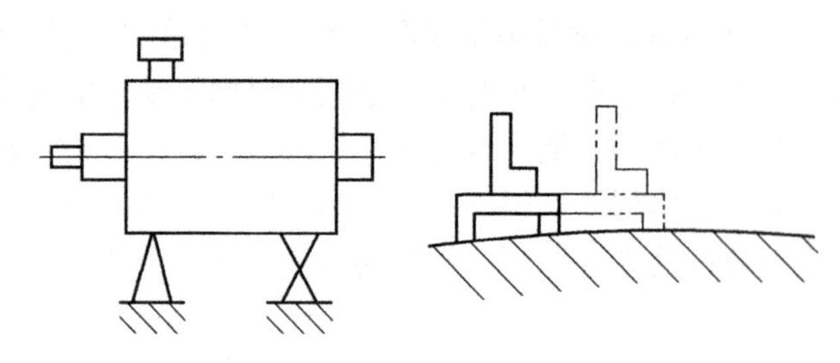

图 3-17　准直仪测量直线度

使用节距法测量时应注意的问题：

① 被测量面应大致调平。使用水平仪测量时，被测表面应调到大致处于水平面位置。使用准直仪测量时，被测表面应大致与仪器光轴相平行。

② 确定合适的桥板长度和测量点数。用水平仪或准直仪测量直线度时，应使用专用桥板，也可用正弦规代替专用桥板，如图 3-18 所示。

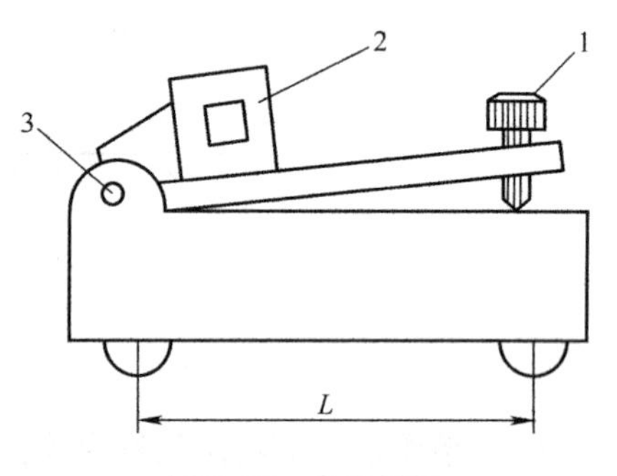

图 3-18　专用桥板

1—调节螺钉　2—水平仪　3—支点

③ 桥板在移动过程中，除注意保证在前后两次测量中桥板首尾两点要很好衔接外，还应注意其移动轨迹成一直线。

④ 水平仪或准直仪都是逐段测量，仪器读数表示后一点对第一点的状态，当后一点比第一点读数大时为正，反之为负。

⑤ 起始的读数“0”不能丢掉。

（5）测量特征参数法　对于轴线的直线度误差常采用测量特征参数法。轴线本身不能单独存在，要由回转体的轮廓要素来体现。可以通过测量实际回转体各截面轮廓，找出被测轮廓的中心点（测得轮廓的中心点是指该轮廓的理想圆的圆心），以若干横截面轮廓中心点的连线作为实际轴线，如图 3-19 所示，然后按实际轴线求解直线度误差。

图 3-20 所示为测量特征参数法的示意图。将被测零件安装在精密分度装置的两顶尖上，适当等分被测轴线为若干段，从被测件的一端开始测量，被测件转动一适当等分角度，由径向指示表读取半径变化量，依次转动被测件一周，将获得的一系列数据绘制极坐标图并求出被测轮廓的中心点。按上述方法测量若干横截面，连接各横截面的中心点即得到被测件的实际轴线，然后通过数据处理即可求出直线度误差值。

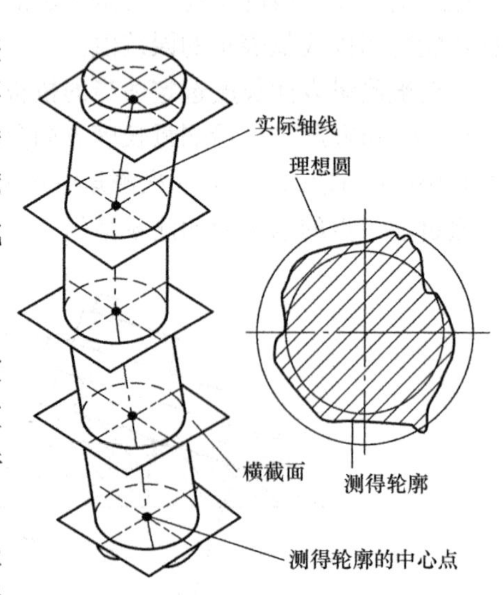

图 3-19　测量特征参数示意图

2. 误差评定和数据处理

直线度误差可按两端点连线法和最小区域包容法评定。

当被测截面的误差曲线呈凸形或凹形时，两种评定方法的评定结果相同；当被测截面的误差曲线呈波浪形时，两种评定结果不相同。用两端点连线法评定不合格的被测件，可以用最小区域法进行复核。

直线度的数据处理可采用计算法或作图法。以下介绍作图法。作图法的具体步骤如下：

1）选择合适的 X 轴、Y 轴放大比例。X 坐标表示分段长度，Y 坐标表示高度差的累计值。

2）根据各测点的累积值描点，用折线将全部的点按序连接起来。

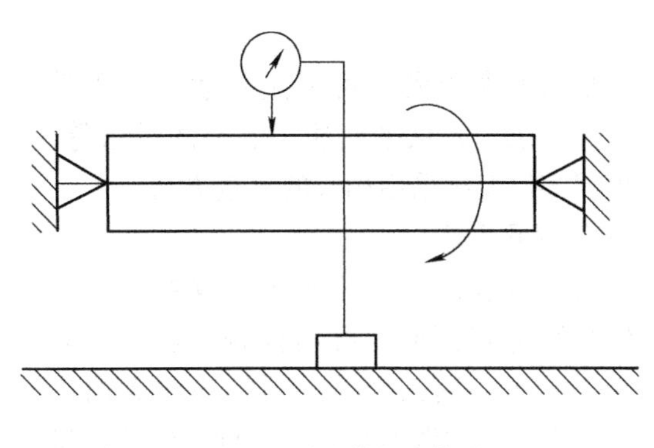

图 3-20　测量特征参数法

3）作两条最短距离的平行线包容全部测量点，两平行线间的距离在纵坐标的截距，即为直线度误差。

例：用分度值 $i=0.01\text{mm/m}$ 的水平仪检测某 800mm 长导轨的直线度，桥板跨距为 100mm，测量数据列于表 3-2。

表 3-2　测量数据

点　　序	0	1	2	3	4	5	6	7	8
顺测仪器读数/格	/	513	516	512	519	508	502	515	517
回测仪器读数/格	/	511	514	510	517	510	500	513	517
读数平均值/格	/	512	515	511	518	509	501	514	517
相对差/格	0	0	+3	−1	+6	−3	−11	+2	+5
累积值/格	0	0	+3	+2	+8	+5	−6	−4	+1

用累积值在坐标纸上作误差折线图，用作图法求最小包容区域及其在纵坐标上的截距 a。

如图 3-21 所示，$a=12$ 格。

直线度误差：$f=iLa=(0.01/1000)\times100\times12\times10^3\mu\text{m}=12\mu\text{m}$。

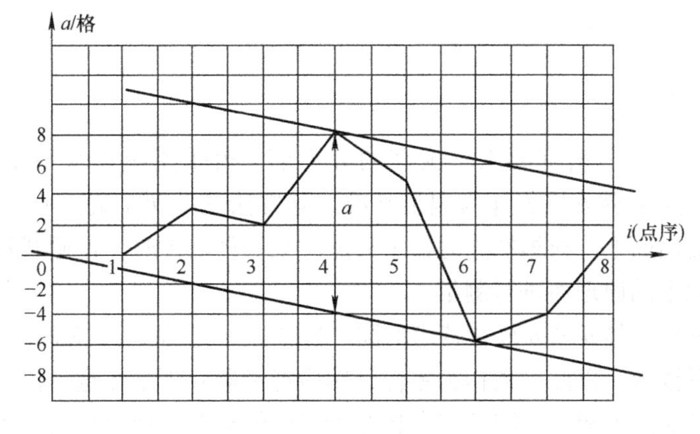

图 3-21　误差折线图

（二）平面度误差检测

平面度误差测量可采用打表法、干涉法、液面法、光束平面法、节距测量法等，可根据零件大小采用相应的测量方法。

1. 测量方法

（1）打表法　当用平板或仪器工作台面作为测量基面时，可用打表法测量，如图3-22所示。用三个千斤顶将被测表面支承于平板上，并调整与平板平行的位置，将指示表测头放在被测表面上来回移动，其最大值与最小值之差，即为所求的平面度误差值。

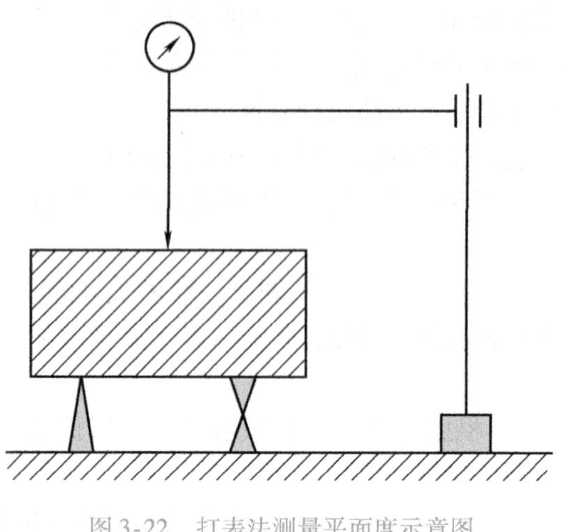

图3-22　打表法测量平面度示意图

（2）干涉法　干涉法是以平面平晶的测量面为测量基面，直接从干涉条纹读出平面度误差值的测量方法。如果被测表面凹，则干涉条纹如图3-23b所示，其平面度误差为$f=\frac{a}{b}\times\frac{\lambda}{2}$，式中$a$为条纹的弯曲度，$b$为条纹间距，$\lambda$为所用光波波长。图3-23c所示的平面度误差$f=K\frac{\lambda}{2}$，$K$是光圈数。

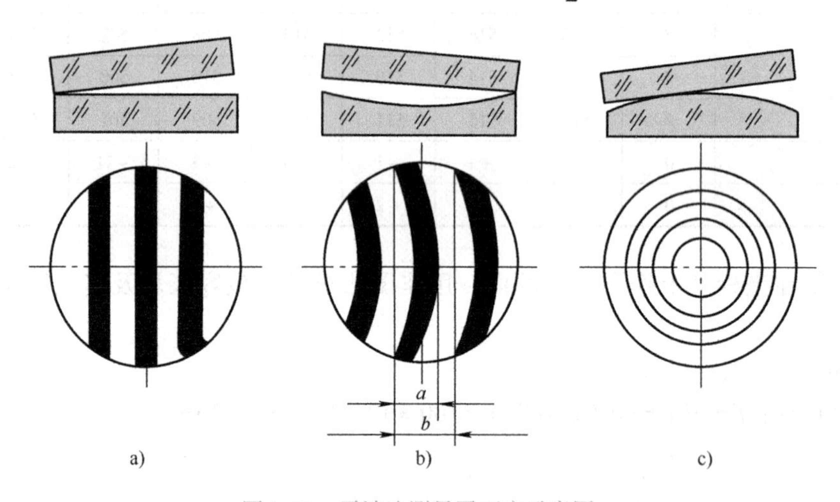

图3-23　干涉法测量平面度示意图

（3）液面法　对一些精度要求不太高的大平面，可采用罐式水平量器进行测量，如图3-24所示。它是以自然水平面作为测量基准。其方法是把两个罐式水平量器a和b用软管连通，放在被测表面上。根据在连通器中只灌进某一种液体时，连通器各部分的液面总是保持在同一水平面上的原理而进行测量。

测量时，首先把量器a和b放在特定的同一位置上（量器a、b液面高一致），用深度千分尺对液面测量并读数，以此读数作为零位，然后把量器a固定在这一位置上，按一定的布点把量器b放在各测点上测量。因各测点相对于零位的高度分别为相应读数的两倍，故应将读数乘以2后记录数据，其中最大值与最小值之差，即为所求的平面度误差值。

（4）光束平面法　该测量方法是用光束平面作为平面度误差的测量基准，如图3-25所示。测量时，将准直光管放在被测表面上，并选定相距较远的三个点（A、B、C）放置瞄准镜靶，调整准直光管以光束瞄准镜靶，此光束平面即为测量基准，这就是按三点建立了一个理想平面。然后将镜靶依次放在被测表面的各个测点上，测得读数，以各测得值中最大差值作为平面度误差。如需按最小区域法评定，则应进行数据处理。

（5）节距测量法　使用水平仪、平直度测量仪或平板检查仪在被测量有预先拟定的若干测量面上，以节距法进行测量，得到被测点相对测量基准的量值。

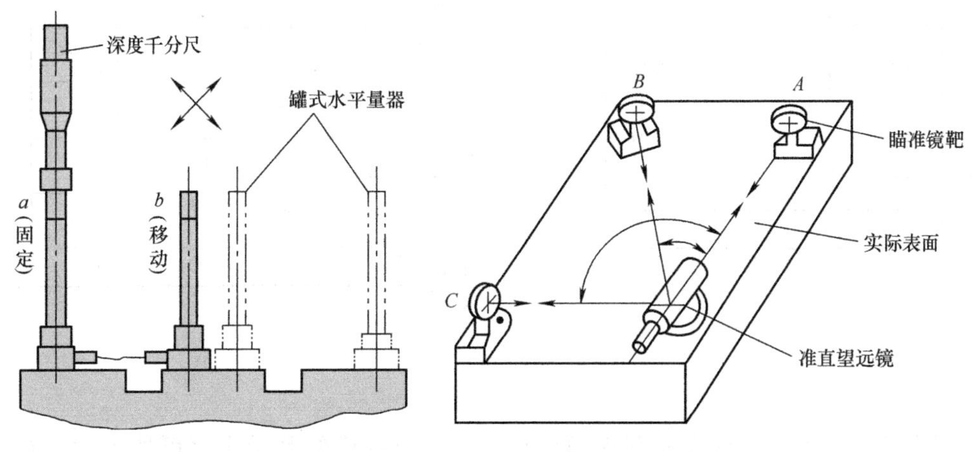

图3-24　液面法测量平面度　　　　图3-25　光束平面法测量平面度

1）统一基准法。测量面的布置形式，常用的有米字形，如图3-26所示。有时也可采用环线法。

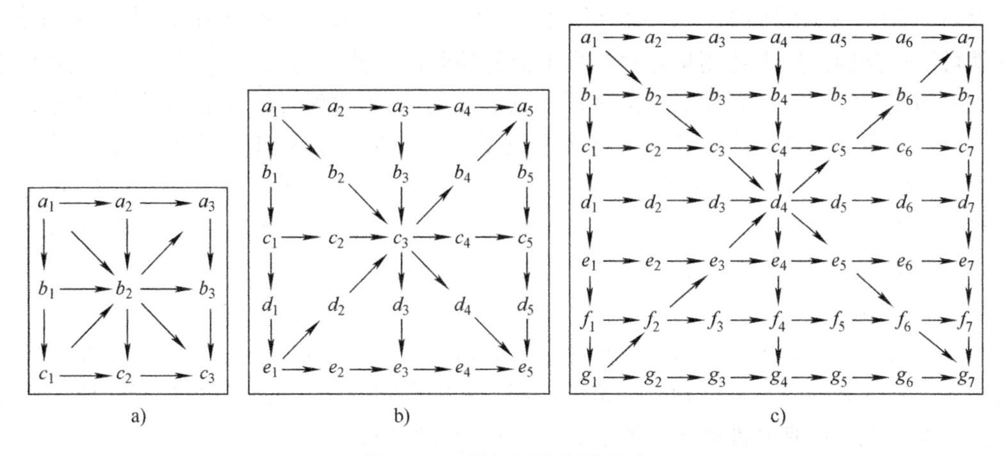

图3-26　测量面的布置形式

当被测平面尺寸≤400mm×400mm时，受检点数应≥9点；630mm×400mm < 被测平面尺寸 < 1600mm×1000mm时，受检点数应≥25点；被测平面尺寸 > 1600mm×1000mm时，受检点数应≥49点。

测量时，先测出两对角线截面各受检点读数，然后再测出四边和两对称平分截面各点读数，图中箭头表示仪器的移动方向。

2）对角线法。采用“米”字形布置进行测量的方法，也称对角线法。用对角线法测量平面度误差的方法是：先把被测面划分为若干条被测线，每线若干点，其测线按对角线布点，即布点形式呈封闭的米字形，如图3-27a所示，然后用角差法或线差法测出每条测线上各点对两端点连线的直线度偏差，最后通过数据处理换算为同一评定基准的平面度偏差Δ_i。对角线法的基准平面A_0通过一条对角线，并平行于另一条对角线。

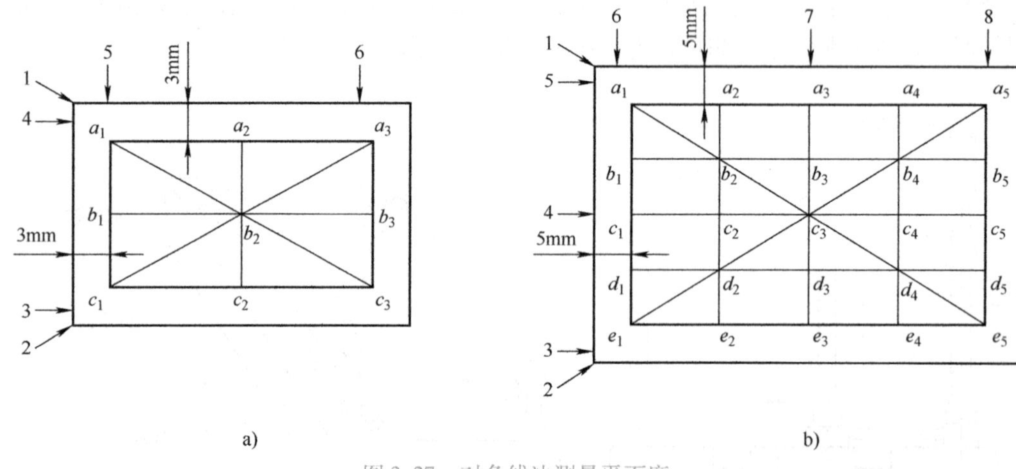

图3-27　对角线法测量平面度

根据测量线的布置为获得实际平面的误差，图形各线的测量次序可按下述进行。以图3-27a为例，首先将自准直仪置于位置4上，并用重力反射镜调仪器零位，然后以a_1点开始测量$\overline{a_1a_2}$，$\overline{a_2a_3}$及$\overline{a_3b_3}$，$\overline{b_3c_3}$各点的平面度偏差；然后将自准直仪另置于位置5上，同样可测得$\overline{a_1b_1}$，$\overline{b_1c_1}$，及$\overline{c_1c_2}$，$\overline{c_2c_3}$各点的平面度偏差。此时沿$\overline{a_1a_2}$及$\overline{a_1b_1}$两对边方向测至同一点c_3的结果应大致相等，并取其平均值作为c_3点的结果。将各段测得数据按顺序积累，这样就可以得到四条边上各测量点对标准平面的偏差值。然后再沿$\overline{b_1b_2}$，$\overline{b_2b_3}$测得段上各点的平面度偏差，它应转换到相对标准平面的偏差，行上的起测点b_1对此标准平面的偏差与段上所测得各点读数累积值的代数和即为各测量点b_2、b_3对此标准平面的偏差。而段上终测点b_3应取该点所在行和边线测得结果的平均值。如用水平仪测量，则可用同样方法得到各点相对水平面的偏差值，如图3-27b所示，现将其计算结果列于表3-3。经整理归纳可得表3-4所示数据表，根据此数据经处理后可以求得其平面度。

2. 平面度误差评定

对已有的可供按最小条件原则进行评定的原始数据，不论它们的取得来自何种方法，都应使用最小条件原则的判别准则进行鉴别。若与鉴别准则不符，就要进行数据处理，经处理得出的数据，也要用判别准则进行鉴别，直至符合准则为止。

（1）符合最小条件的判别准则　当进行基面变换时，出现下述情况之一后就不再继续变换，这时，最高点与最低点的差值就是符合最小条件的平面度值。

1）一个最低（高）点的投影位于等值最高（低）点所组成的三角形内——三角形准则。

2）两等值最低（高）点的投影位于两等值最高（低）点的连线两侧——交叉准则。

3）一个最低（高）点的投影位于两等值最高（低）点的连线上——直线准则。

表 3-3　计算结果

测量顺序	测得值/格	累积值/格	平面度偏差/格	测量顺序	测得值/格	累积值/格	平面度偏差/格
a_1	(0)	0	0	a_1	(0)	0	0
a_2	+5	+5	(+5)	b_1	-5	-5	-5
a_3	+1	+6	(+6)	c_1	+3	-2	-2
a_4	+4	+10	(+10)	d_1	+1	-1	-1
a_5	-2	+8	+8	e_1	+1	0	0
b_5	0	+8	+8	e_2	-2	-2	(-2)
c_5	0	+8	+8	e_3	+3	+1	(+1)
d_5	-2	+6	+6	e_4	+2	+3	(+3)
e_5	-6	0	0	e_5	-3	0	0
a_2	0	0	(+5)	a_3	0	0	(+6)
b_2	-9	-9	-3	b_3	-6	-6	+1
c_2	-1	-10	-2	c_3	-3.5	-9.5	-1
d_2	0	-10	-1	d_3	+0.5	-9	+1
e_2	-2	-12	(-2)	e_3	-1	-10	(+1)
a_4	0	0	(+10)	d_4	-2.5	-10	+4
b_4	-6	-6	+8	e_4	-2	-12	(+3)
c_4	-1.5	-7.5	+5				

表 3-4　数据表

0	+5	+6	+10	+8
-5	-3	+1	+8	+8
-2	-2	-1	+5	+8
-1	-1	+1	+4	+6
0	-2	+1	+3	0

（2）用旋转法评定平板平面度误差　在测量过程中，要调平被测量平面往往很费时间，特别是工件较大时，测量面不易调整，生产中也常按一定布线方式，用水平仪测量若干直线上各点，经过适当的坐标转换，将测量数据统一转换为对选定基准平面的坐标值，然后，按一定的评定方法确定其误差值。其评定过程可以采用计算法和旋转法，这里只介绍旋转法。

（3）旋转过程的步骤

1）初步判断被测表面的类型，以便选择相应的最小区域判断准则。

2）拟定最高点和最低点，选定旋转轴的位置。

3）计算各点的旋转量。

4）进行旋转，即对各测点进行坐标换算。

5）检查旋转后各测点的新坐标是否符合最小区域判断准则。如不符合，则应进行第二次旋转，重复上述步骤。

例：在基准平面上，用水平仪测量一块 400mm×400mm 平板的平面度误差，测得数据如图 3-28a 所示。

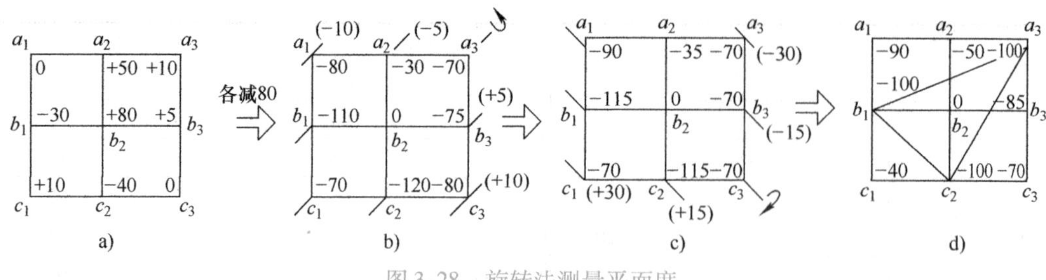

图 3-28 旋转法测量平面度

根据图 3-28a，初步判断被测表面为中凸平面，具有三个最低点 a_3、b_1、c_2 和一个最高点 b_2，故选用三角形准则判断最小区域。按照图 3-28b～d 的步骤通过旋转平面进行数据处理，最终得平面度误差 $f=0-(-100)\mu m=100\mu m$。

（三）圆度误差的测量

1. 测量方法

（1）半径法

1）用圆度测量仪测量。圆度测量仪是根据半径测量法，以精密旋转轴作为测量基准，采用电感、压电等传感器接触测量被测件的径向形状变化量，并按圆度定义作出评定和记录的测量仪器，用于测回转体内外圆及圆球的圆度、同轴度等。

圆度测量仪分为主轴旋转和主轴不旋转两种结构，图 3-29 所示为转轴式圆度测量仪原理：被测件安装在与主轴线对中的工作台上，主轴上装有可做径向调节的传感器，传感器测头与被测表面接触。测量时主轴旋转，传感器测头测得被测表面轮廓相对于标准圆的变动信号，该信号通过电子放大器装置按选定的放大比和滤波后通过记录仪输出，就得到被测件的圆度误差。

转台式圆度测量仪是主轴与工作台连成一体（图 3-30），传感器装在立柱上。测量时被测件置中放在工作台上，随工作台一起转动。这种圆度仪可以比较灵活地在立柱上添加各种附件，除测量圆度误差以外，还可以测量直线度、平面度、圆柱度、同轴度、平行度、垂直度、倾斜度、圆跳动、全跳动等。

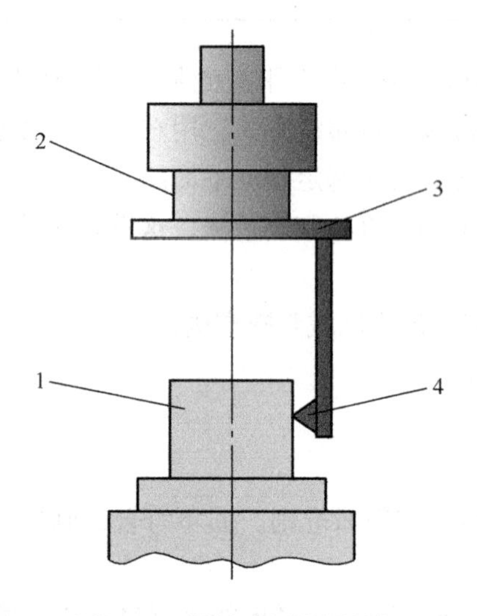

图 3-29 转轴式圆度测量仪

1—工件 2—回转主轴 3—传感器 4—触针

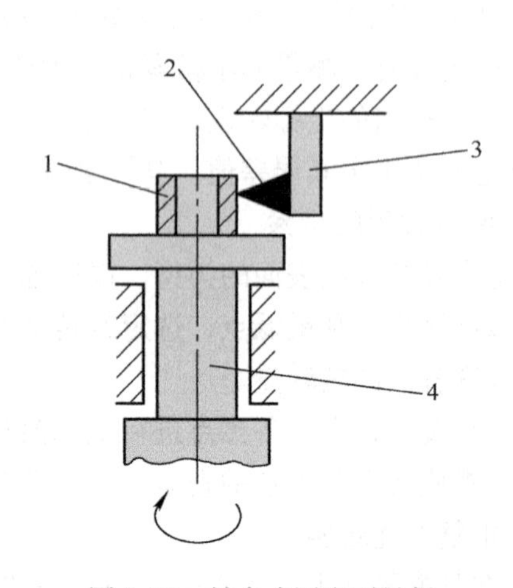

图 3-30 转台式圆度测量仪

1—工件 2—触针 3—传感器 4—回转主轴

使用圆度测量仪应注意的问题：

① 频响范围和滤波的选择。如果将一个被测件横截面的轮廓（宏观几何形状和微观几何形状）全部在记录纸上反映出来，轮廓表面的高频的波动会使记录图模糊不清，如图 3-31a 所示。所以通常在圆度测量仪上采用低通滤波器，将被测件表面高频的波动滤掉，将宏观几何形状在记录纸上显示出来，如图 3-31b 所示。

在被测件的图样上没有提出滤波的要求时，计量人员可根据被测件的功能或评定需要自行选择。如无心磨床上加工的等径多棱工件，应当用 1 ~ 15 波/r 档位测量。如在测量内外环滚道时，被测件的宏观几何形状很重要，但微观几何形状也不能忽视，所以可采用高频档位进行测量。

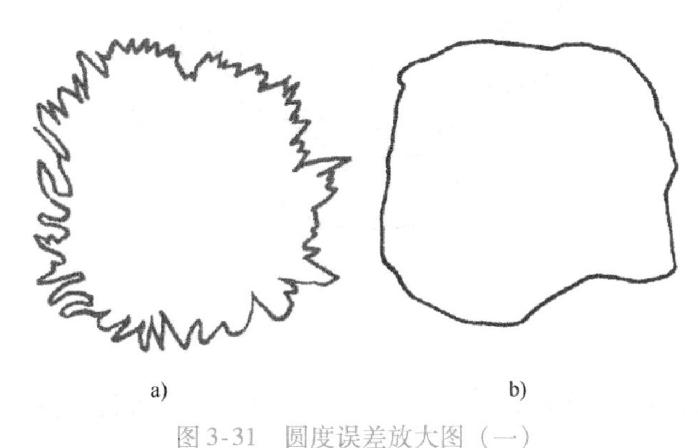

图 3-31　圆度误差放大图（一）

② 测头形状的选择。测量精密零件，应严格按仪器说明书选择适当的测头。

2）用光学仪器测量。对于低精度的被测件，可用光学仪器测出被测件横截面上有限点的半径变化而求得圆度误差。这一方法常用的仪器有光学分度头、万能工具显微镜以及三坐标测量机等。

在光学分度头上用顶尖定位测外圆轮廓的方法：将光学分度头主轴置于垂直方向，则和光学分度台一样，内外圆轮廓均可测量。测量时，光学分度台和光学分度头作为测量回转分度机构，而用千分表或光学灵敏杠杆等作为测量半径的指示机构。

图 3-32a 所示为在万能工具显微镜的光学分度台上测量孔径的圆度误差示意图。

图 3-32b 所示为光学分度头用顶尖支承定位测量圆度误差的示意图。

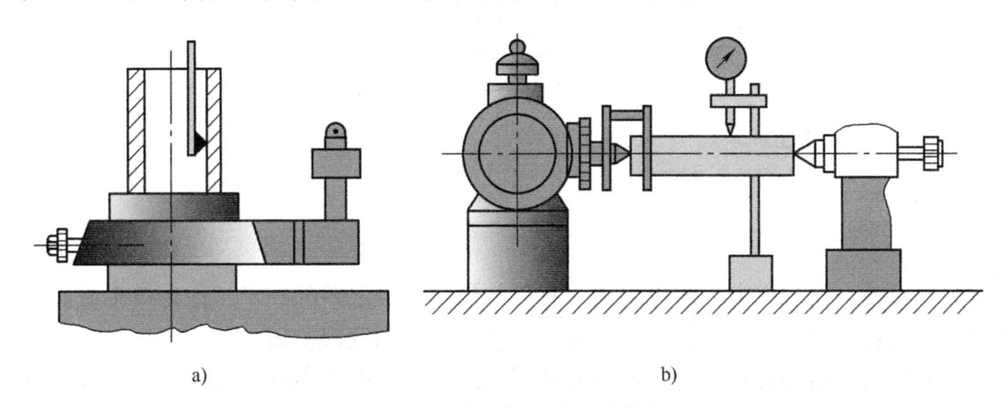

图 3-32　测量圆度误差示意图

用上述光学仪器测量圆度误差时，在被测件圆周上等分地取若干测量点，被测量件每转过一个角度，从指示表上读取一个数值，然后在极坐标纸上绘出误差曲线图，如图 3-33 所示。

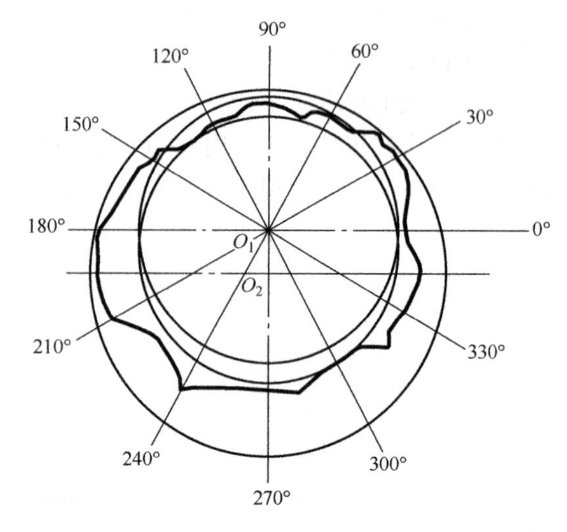

图 3-33　圆度误差放大图（二）

（2）直角坐标法测量　这种方法一般在三坐标测量机上进行。按布点法逐个测出同一横截面内各点的 X、Y 坐标值，将所得各点的数据用计算机处理，求出各截面的圆度误差，取其中最大值作为被测件的圆度误差值。

（3）两点法测量　两点测量法又称为直径测量法，它可用游标卡尺、千分尺、杠杆千分尺、立式光学计、立式测长仪等进行测量，如图 3-34a 所示。被测件轴线应垂直于测量截面，同时固定轴向位置。

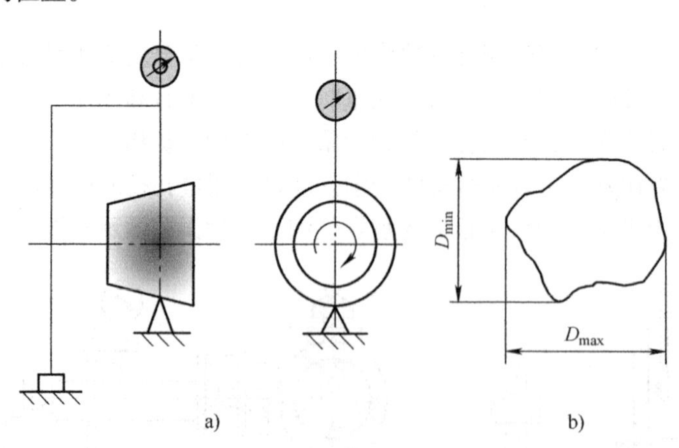

图 3-34　两点法测量圆度

被测件回转一周过程中，测得的最大直径与最小直径之差的一半，作为单个截面的圆度误差值，测量若干个截面，取其中最大值作为被测件的圆度误差值。

两点测量法测出的各直径不一定具有共同的圆心，如图 3-34b 所示。所以最大的直径与最小直径之差和同心圆半径间没有换算关系。两点法测出的圆度误差，不符合圆度误差的定义，是一种近似的测量方法。

2. 圆度误差的评定

圆度误差值是从一特定圆心算起，以包容记录图形两同心圆的最大和最小半径差来确定的。这一特定圆心的位置不同，半径差的数值也不同。确定这一特定圆心的方法有四种：

（1）最小区域法　要知道所确定的圆是否是符合最小条件的圆，判断准则是：用两同心圆包容实际轮廓，在包容时必须有两个外接点和两个内接点交替发生，但不一定连续发生，如图 3-35 所示。

实现最小条件圆评定准则的方法有图形法、简图计算法和电算法。

由圆度测量仪所记录的图形或用光学分度台、光学分度头、万能工具显微镜分度台测量描点所得到的图形，用图 3-36 所示的有机玻璃同心模板进行圆度误差的评定。用同心模板评定圆度误差值可采用几何逼近法。现以外圆逼近法为例说明评定过程：

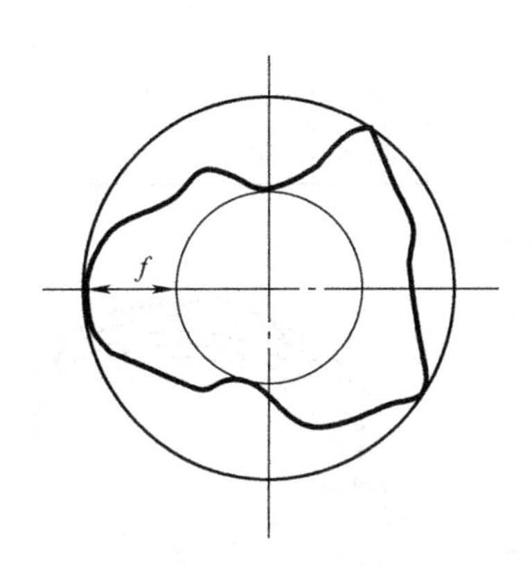

图 3-35　两同心圆包容实际轮廓

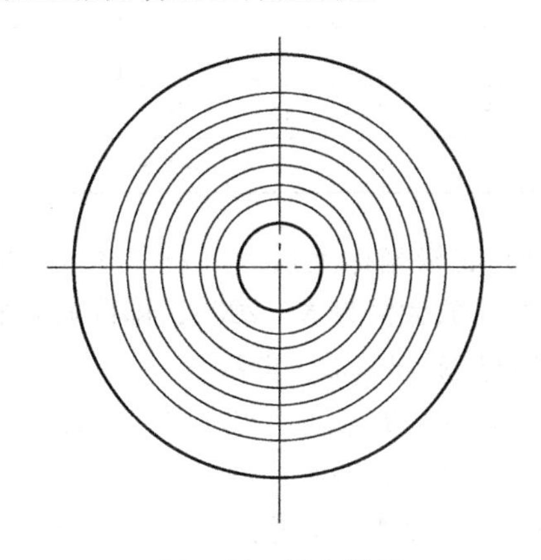

图 3-36　同心模板

1）在记录图上找出一个外凸出点 A，将同心模板放在轮廓图上，使 A 点在同心模板的圆心向 A 移动，如图 3-37a 所示。注意其他外凸出点，当发现轮廓图上其他外凸出点 B 与 A 共圆时（圆上两点与某圆心距离相等时称为共圆）暂停移动。

2）注意 A、B 两点分开轮廓图两部分中的最内点是否也共圆，若共圆，这两个同心圆即为所求，两同心圆的半径按测量时的倍率折算成实际尺寸的圆度误差值。

3）A、B 两点分开轮廓图的两部分中，只有一点在内包容圆上，则继续移动同心模板，移动方向是使模板的圆心沿 A、B 的垂直平分线与最内凸出点相反的方向，如图 3-37b 所示，移动中注意外凸出点 A、B 要保持共圆。边移动边注意，当被 A、B 分开的两部分中最内点共圆时，此两同心圆的半径差即为所求。

4）在移动中，两最大内凸出点还未共圆，又发现第三个外凸出点与 A、B 点同时共圆，这时停止移动，找出此时的最内凸出点。然后沿着这个点两侧相邻的两个共圆外凸出点连线的垂直平分线，向这点的相反方向移动同心模板，直到符合评定准则为止，如图 3-37c 所示。

内圆逼近法与外圆逼近法的原理一样，只是开始由记录轮廓图的内凸出点出发，逼近的方法相反。两种逼近方法可任意选用，对同一个记录轮廓图，其评定结果相同。

例：在光学分度头上，用两顶尖支承布点测量一 ϕ20mm 轴的圆度误差，每隔 15°测量

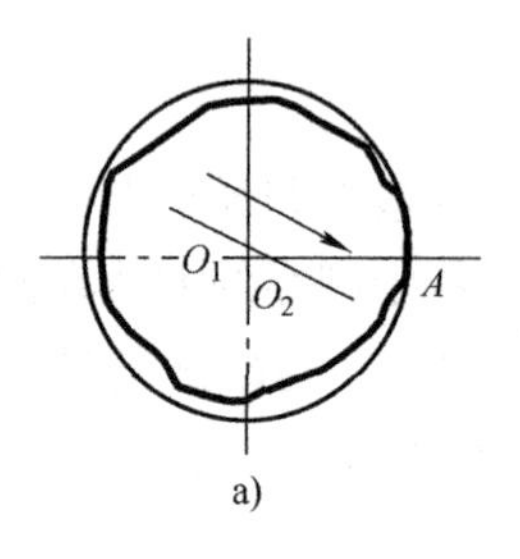

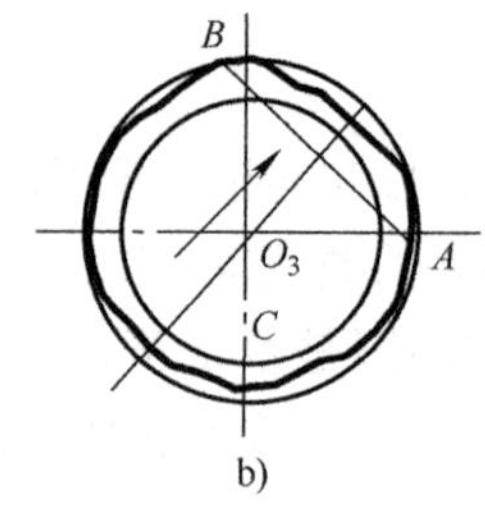

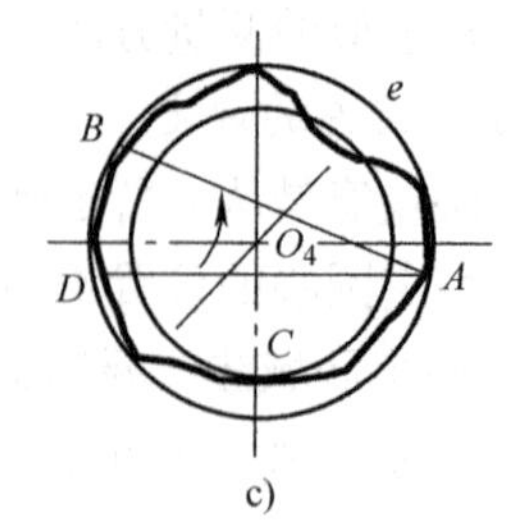

图 3-37 判定圆度

一读数，测量结果见表 3-5，用同心模板求圆度误差值。

表 3-5 ϕ20mm 轴的测量数据

测点	1	2	3	4	5	6	7	8	9	10	11	12
读数/μm	0	2.5	4	4.5	5.5	3	4	1.5	2.5	1	0	-1
测点	13	14	15	16	17	18	19	20	21	22	23	24
读数/μm	2	0	1	-2.5	-1	0	-3	-1.5	0	1.5	0.5	2.5

解：1）在极坐标上描点（图 3-38），极点 O 即为测量中心，放大倍数 $K=2000$，即同心模板单位为 μm。将各点连成误差放大曲线。

2）用同心模板逼近，圆心在 O_1 时实现最小条件。点 5、15 共同心外圆；点 1、13 共同心内圆；点 1、5、13、15 交替出现，评定结果圆度误差为 4.1μm。

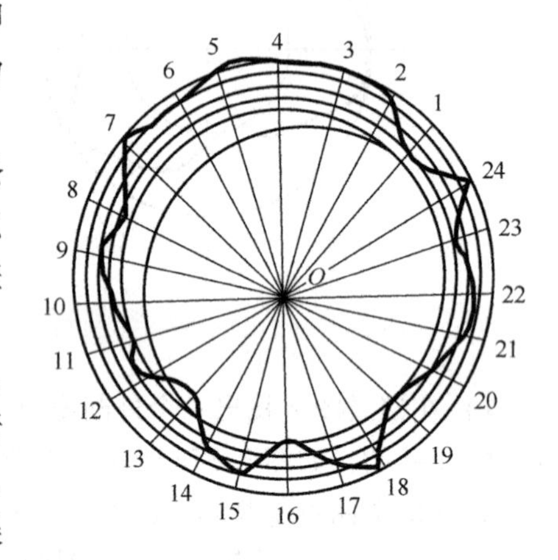

图 3-38 圆度误差值

（2）最小二乘圆法 随着电子计算机的应用，一些先进的圆度测量仪都配有电子计算机和圆度分析系统，可实现圆度四种评定方法的数据处理。此外，应用误差分离技术，在测量结果中扣除精密转轴的误差，可以得到很高的测量精度。

最小二乘圆法是以被测实际轮廓的最小二乘圆作为理想圆，其最小二乘圆圆心至轮廓的最大距离 R_{max} 与最小距离 R_{min} 之差即为圆度误差。

所谓最小二乘圆，即在被测实际轮廓之内找出这样一点，使被测实际轮廓上各点到以该点为圆心所作的圆的径向距离的平方和为最小，该圆即为最小二乘圆。寻找最小二乘圆中心的方法如图 3-39 所示。根据测得的误差曲线，按照测量时的回转中心等分圆周角。图 3-39 中将 360°等分为 12 份，设径向线与曲线的交点分别为 p_1，p_2，…，p_{12}。选取两个互相垂直的径向线构成一直角坐标系，并确定坐标轴 x 和 y。p_i 的极坐标为 $p_i(r_i,\theta_i)$，而直角坐标值为 $p_i(x_i,y_i)$。

设最小二乘圆中心 O' 的直角坐标为（a,b），则可根据各 p 点的直角坐标值或极坐标值求得 a 和 b：

$$a=\frac{2}{n}\sum_{i=1}^{n}x_i \quad b=\frac{2}{n}\sum_{i=1}^{n}y_i$$

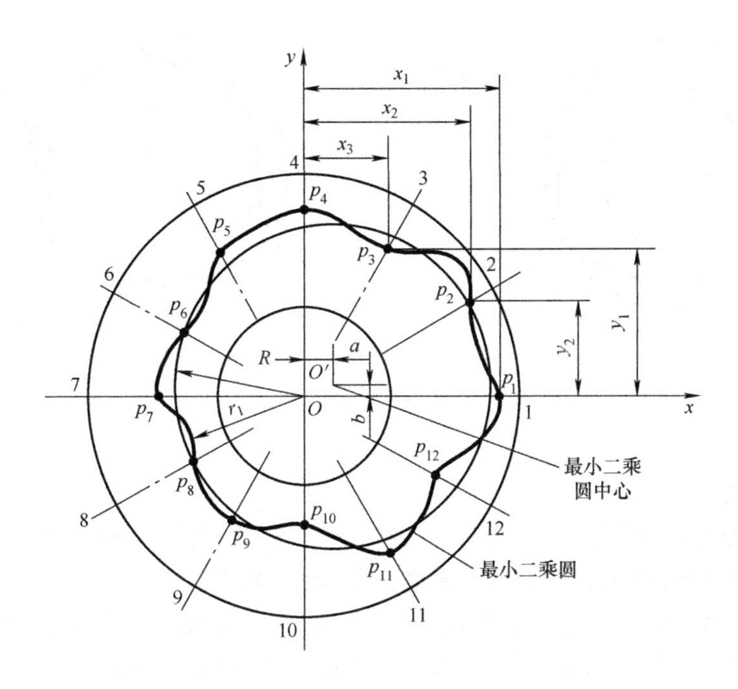

图 3-39　最小二乘圆作图曲线

或
$$a = \frac{2}{n}\sum_{i=1}^{n}(r_i\cos\theta_i) \qquad b = \frac{2}{n}\sum_{i=1}^{n}(r_i\sin\theta_i)$$

最小二乘圆半径 R 可用下式计算:

$$R = \frac{1}{n}\sum_{i=1}^{n} r_i$$

式中　n——实际轮廓等分间隔数，n 越大计算结果越准确。

当最小二乘圆中心找到后，以该中心为圆心且与实际轮廓曲线相内切和外接的两个圆的半径差就是按最小二乘圆法评定的圆度误差，此时可不必算出半径 R。

(3) 最小外接圆法　作一直径为最小的外圆（作为理想圆）与被测实际轮廓相接触，实际轮廓与外圆之间的最大径向距离 f，即为圆度误差，如图 3-40 所示。此法常用于评定外表面（轴）的圆度误差。

最小外接圆应符合以下两项判别准则之一:

1) 把外凸出的三点相连，这三点构成锐角（或直角）三角形。

2) 把最外凸出的两点相连，这两点构成直径。

(4) 最大内切圆法　作一直径为最大内切圆（作为理想圆）与被测实际轮廓相接触，实际轮廓与内切圆之间的最大径向距离 f 即为圆度误差，如图 3-41 所示。此法用于评定孔的圆度误差值。最小外接圆法与最大内切圆法的优点是比较适合装配的实际情况，而且评定时作图或对模板都比较容易。但评定的误差值比最小区域法和最小二乘圆法偏大，而且评定结果随记录图形的大小和放大倍数的不同而变化。所以，圆度误差评定以最小区域法作为依据。

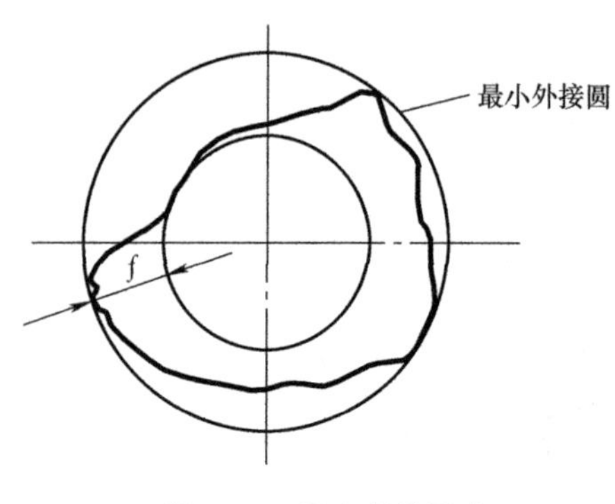

图 3-40　最小外接圆法

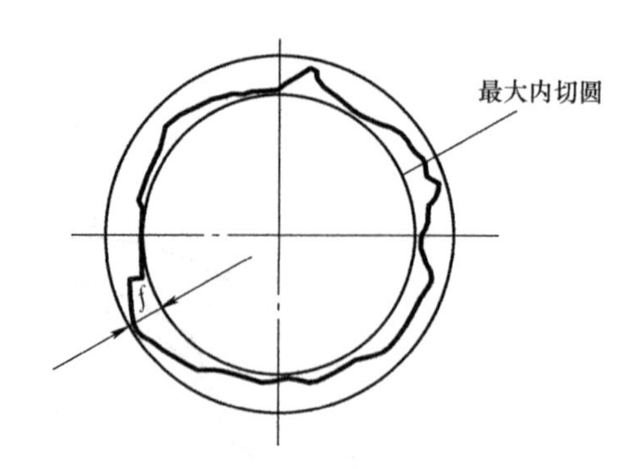

图 3-41　最大内切圆法

（四）圆柱度误差的测量

1. 测量方法

测量圆柱度误差的仪器，不但要具有高精度的旋转线，还必须有高精度的基准圆柱面。另外，仪器还必具有调整被测件轴线与基准轴线同轴的机构。

（1）用圆柱度检查仪测量　圆柱度检查仪可以测量直线度、平面度、圆度、同轴度、圆柱度、平行度、垂直度、圆跳动、全跳动等几何误差，测量步骤如下：

1）将被测件放在仪器转台上，其轴线调整到与仪器的轴线同轴。

2）记录被测件回转一周过程中测量截面上各点的半径差。

3）将仪器工作台主轴上升一定高度，在测头没有径向偏移的情况下，按上述方法测量若干个横截面（测头也可沿螺旋线移动）的半径差。

4）用电子计算机按最小条件确定圆柱度误差值。

圆柱度检查仪可采用以下几种方法测量圆柱度误差：

1）上下截面法：被测件放在仪器工作台上，找正轴线后，测量上下两个横截面，并将投影图记录在同一张记录纸上，如图 3-42a 所示。以最小区域法评定记录投影图，将投影图的最小半径减去被测件的找正偏心量，即为圆柱度误差值。找正偏心量可利用最小区域法，分别求出两记录的轮廓图的中心，此两中心的距离用测量时所使用的倍率折算成偏心误差值。

2）多截面法：被测件轴线找准后，先测上下两个截面，并将投影图记录在同一张记录纸上。取下记录纸，在被测件轴线方向上取数个等距离横截面进行测量，把这些横截面的投影图记录在另一张记录纸上，如图 3-42b 所示。先读第一张记录纸上的两中心距 Δ_1，再用最小区域法评定第二张记录纸上的最小半径差 Δ，$\Delta-\Delta_1$ 即为圆柱度误差值。

3）单螺旋线法：被测件轴线找准后，先测量上下两个横截面，并将投影图记录在同一张记录纸上，不再动被测件，使传感器测头由被测件下端开始，沿一条螺旋线进行测量，并记录投影图形，如图 3-43a 所示，评定方法同多截面法一致。

4）双螺旋线法：被测件回转轴线找准后，先测量上下两个横截面，并将投影图记录在同一张记录纸上，取下记录纸，被测件不动，使传感器测头由被测件下端开始沿着一条螺旋线测量。在测完一条螺旋线后，将被测件回转 180°，再由被测件的下端另一侧开始，沿另一条螺旋线测量，并在同一张记录纸上记录投影图形，如图 3-43b 所示，评定方法与多截面

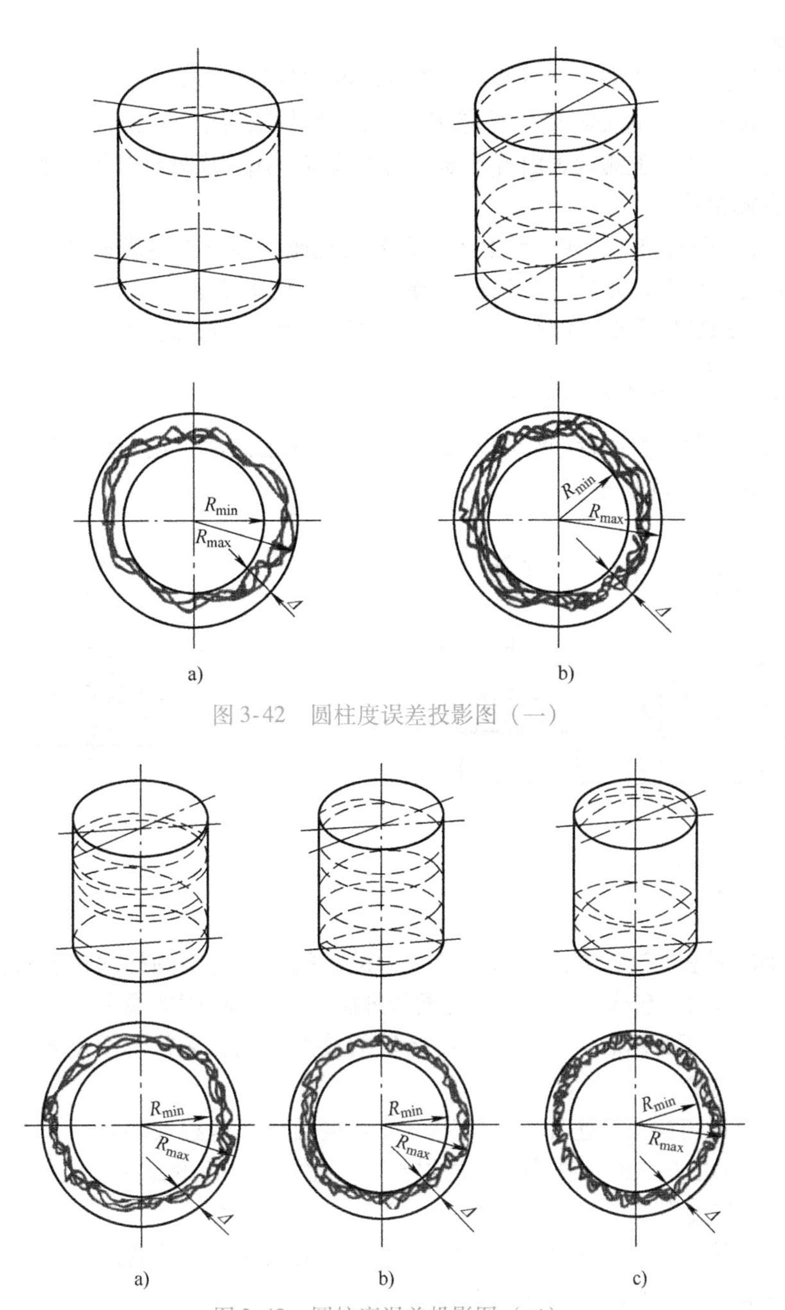

图 3-42　圆柱度误差投影图（一）

图 3-43　圆柱度误差投影图（二）

法一致。

5）上下截面双螺旋法：被测件找正轴线后，先测量上下两个横截面，并将投影图记录在一张记录纸上，被测件不动，取下记录纸，换上一张新记录纸，在被测件下端测量一个横截面后，再沿一条螺旋线进行测量，到被测件上端再测一横截面，这些轮廓投影图都记录在同一张纸上，如图 3-43c 所示。评定方法与多截面法一致。

6）上下截面单螺旋法：与上下截面双螺旋法一样，只是被测件下端测一截面后，测两条测螺旋线，再测上端一横截面，并同时将这些轮廓投影图记录在同一张记录纸上。评定方法与多截面法一致。

在以上几种测量方法中，上下截面单螺旋法的测量效果较好。

（2）坐标测量法　这种测量法是应用三坐标测量机，测量时，将被测件放在三坐标测量机工作台上，然后在被测量表面若干横截面上采点，用程序处理被测件的圆柱度误差值。

（3）平台测量法

1）两点法：将被测件放在平台上，并紧靠直角座，调整指示表使之位于最高点，在被测件回转一周的过程中，测量一个截面上最大读数与最小读数，如图3-44所示。如此测量若干个横截面，取各横截面所测得的所有读数中最大读数与最小读数之差为参数 F，然后求出圆柱度误差 $f=\frac{F}{K}$，K 为反映系数。

2）三点法：将被测件放在V形块内，V形块的长度应大于被测件的长度。测量方法与两点法相同，如图3-45所示。

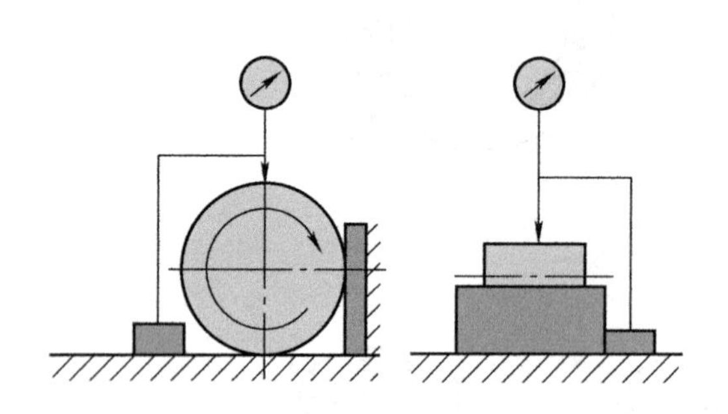

图3-44　在平台上用两点法测量圆柱度

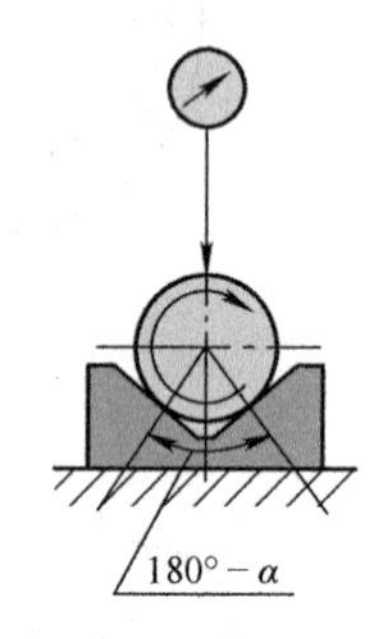

图3-45　在平台上用三点法测量圆柱度

2. 圆柱度误差评定

（1）最小区域法　这种方法是由半径差为最小的两个同轴圆柱面包容被测表面，其半径差为圆柱度误差值。包容时，使内圆柱面和外圆柱面分别与实际圆柱面有三点接触，构成最小区域，如图3-46所示。由于标志最小区域的接触形式较多，不便用来直接判断，需要计算机运算才可实现。

（2）最小外接圆柱法　这种方法是用最小外接圆柱面包容被测表面，由实际被测表面至最小外接圆柱面的最大距离作为圆柱度误差值。此方法评定的圆柱度误差一般大于按最小区域法评定的圆柱度误差。

（3）最大内接圆柱法　这种方法是实际表面至最大内接圆柱的最大距离作为圆柱度误差值，评定结果通常也比最小区域法评定结果大。

（4）近似的评定方法　在圆度测量仪上调整，使被测件两端面的中心连线和仪器回转轴线重合，把所有截面的图形都描绘在一张记录纸上，如图3-47所示。然后用同心模板按最小条件判别准则，求出包容这一组图形两同心圆半径差 Δ，再除以放大倍率即为此圆柱面的圆柱度误差值。

（五）线轮廓度误差的测量

（1）用样板测量　这种方法是根据被测件的理想形状制作工作样板，将工作样板的形状与被测实际形状比较。样板测量法是与理想要素相比较原则的具体应用实例。

检测轮廓度误差的样板是量规的一种，所以它的设计和制造应符合量规要求。

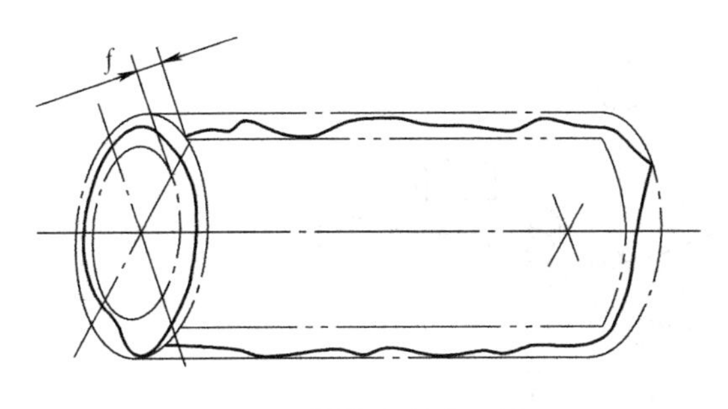

图 3-46 圆柱度最小区域

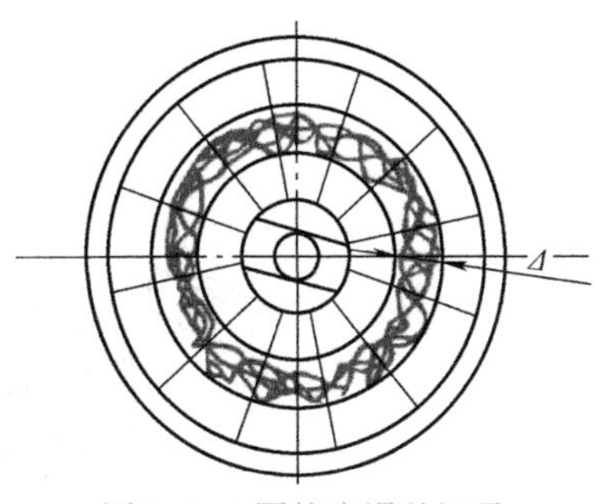

图 3-47 圆柱度误差记录

检测时，将工作样板按规定的方向放置在被测轮廓。间隙大小按标准光隙大小来衡量，检测方法如图 3-48 所示。

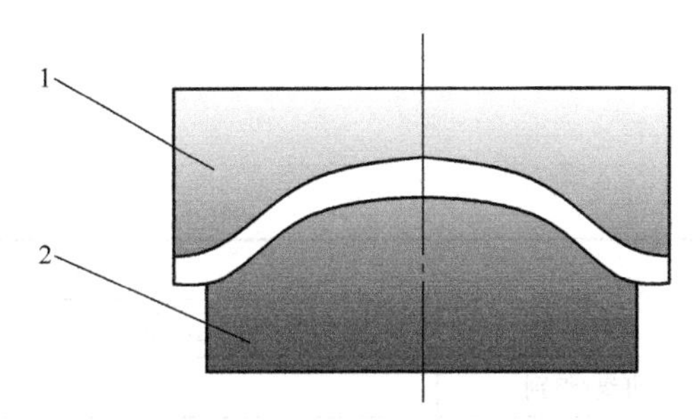

图 3-48 用样板检查轮廓度
1—样板 2—被测件

（2）用投影仪测量 在投影仪上测量轮廓度误差是一种效率比较高的测量方法，测量步骤：

1）绘制放大图：绘制时线条粗细要均匀，要用 2 级或 4 等量块附件组成所需尺寸。不得使用丁字尺或三角板上刻的标准尺寸绘图，这样误差太大。可在描图纸或厚薄均匀的有机玻璃上绘图。

2）安置放大图：用投影屏四周的夹子将绘制好的放大图牢固地安置在投影屏上。

3）安放物镜：选择与放大图的放大倍数相同的物镜安装在主光轴通光孔内，旋转光源的外套筒，使聚光镜的放大倍数和物镜的放大倍数一致。

4）测量：打开电源，上下、左右移动工作台，使被测轮廓成像在投影屏上，旋转调焦鼓轮，使影像清晰。然后再调整工作台，并同时转动投影屏，使影像落在放大图的公差带内，并使其最大距离为最小。若被测轮影像全部落在放大图的公差带内，则被测件的轮廓度误差合格。超差的数值可用比例尺量得，或通过移动工作台，在读数显微镜内读出。

以上测量步骤是按 JT5－800 型投影仪为例介绍的。不同的投影仪，操作步骤不同，使用前要研读它的说明书。

（3）坐标测量法 根据被测件的测量特征，可采用直角坐标测量法或极坐标测量法测量面轮廓度误差。

坐标测量法特别适用于给出基准的轮廓误差的测量。测量时由于把测量基准与设计基准重合在一起，故在仪器上测得的一系列实际坐标值可与理论坐标值一一进行比较，从而确定轮廓上各测点的误差值。在万能工具显微镜上测量轮廓度误差是坐标法的具体应用。测量时，将被测件放置在仪器工作台上，并调整至正确位置，按 X 坐标值确定测量点的位置测量实际轮廓线上 Y 点坐标值，与理想轮廓的坐标值进行比较，取其中差值最大的绝对值的两倍作为被测量的轮廓度误差值。

（六）面轮廓度误差的测量

对于面轮廓度误差，可以用三坐标测量机或三维扫描仪进行测量。将被测件放置在工作台上，对轮廓面进行逐点扫描，由计算机算出轮廓各点误差值与理想轮廓值进行比较，如图 3-49所示。

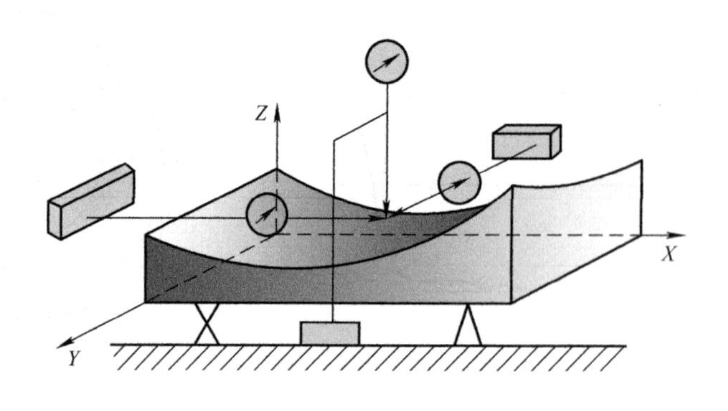

图 3-49　面轮廓度的测量

五、检测结果的处理

检　测　报　告			
课程名称	工业产品几何量检测	项目名称	零件几何误差检测
班级/组别		任务名称	零件形状误差检测
计　量 仪　器	名称	测量范围	分度值
被测件名称		直线度公差	t =　　　　μm

测量记录									
次序	测量点	0	1	2	3	4	5	6	7
1	顺测读数								
2	反测读数								
3	平均值/s								
4	平均值各点与 0 点之差								
5	累积值								

数据处理

直线度误差		结论		
姓名	班级	学号	审核	成绩

六、任务检查与评价

（一）小组互评表

课程名称	工业产品几何量检测	项目	零件几何误差检测				
班级/组别		工作任务	零件形状误差检测				
评价人签名（组长）：		评价时间：					
评价项目	评价指标	分值	组员成绩评价				
敬业精神（20分）	不迟到、不早退、不旷课	5					
	工作认真，责任心强	8					
	积极参与任务的完成	7					
专业能力（50分）	基础知识储备	10					
	对导轨直线度误差检测步骤的理解	7					
	检测工具的使用熟练程度	8					
	检测步骤的规范性	10					
	检测数据处理	6					
	检测报告的撰写	9					
方法能力（15分）	语言表达能力	4					
	资料的收集整理能力	3					
	提出有效工作方法的能力	4					
	组织实施能力	4					
社会能力（15分）	团队沟通	5					
	团队协作	6					
	安全、环保意识	4					
总分		100					

（二）教师对学生评价表

班　级		课程名称	工业产品几何量检测				
评价人签字：		学习项目	零件几何误差检测				
工作任务	零件形状误差检测		组别				
评价项目	评价指标	分数	成　员				
目标认知程　度	工作目标明确，工作计划具体、结合实际，具有可操作性	10					
思想态度	工作态度端正，注意力集中，能使用各种资源进行相关资料收集	10					
团队协作	积极与团队成员合作，共同完成小组任务	10					

（续）

评价项目	评价指标	分数	成员				
专业能力	正确理解导轨直线度误差检测原理 检测工具使用方法正确，检测过程规范	40					
	检测报告完成情况	30					
总分		100					

（三）教师对小组评价表

班级/组别		课程名称	工业产品几何量检测
学习项目	零件几何误差检测	工作任务	零件形状误差检测
评价项目	评价指标	评分	教师评语
资讯（15分）	工作任务分析 查阅相关仪器结构图和检测原理		
计划（10分）	小组讨论，达成共识，制订初步检测计划		
决策（15分）	导轨直线度误差检测工具的选择 确定检测方案，分工协作		
实施（25分）	对导轨直线度检测，提交检测报告		
检查（15分）	对检测过程进行检查，分析可能存在的问题		
评价（20分）	小组成员轮流发言，提出优点和值得改进的地方		

课后练习

一、填空题

1. 零件上实际存在的要素称为______________，机械图样上标示的要素均为______________。

2. 当基准要素为轮廓要素时，基准符号应______该要素的轮廓线或其引出线标注，并应该明显地______________。

3. 某圆柱面的圆柱度公差为0.03mm，那么该圆柱面对轴线的径向全跳动公差____0.03mm。

4. 根据几何公差的符号，可知道对应几何公差的名称。例如“⊥”表示____________；“⌭”表示____________。

5. 线轮廓度公差是指包络一系列直径为公差值t的圆的__________的区域，该圆圆心应位于理想轮廓线上。

6. 当图样上无附加任何表示相互关系的符号或说明时，则表示遵守________。

7. 圆度的公差带形状是____________，圆柱度的公差带形状是____________。

8. 采用直线度来限制圆柱体的轴线时，其公差带是____________。

9. 圆度仪的两种基本形式为__________、__________。

二、综合题

1. 评定形状误差为什么要符合最小条件？

2. 评定形状误差与评定位置误差的根本区别是什么？

3. 直线度误差的评定方法有哪些？用最小区域评定直线度有几种情况？具体内容是什么？

4. 平面度的定义是什么？在评定平面度时符合“最小条件”的判别准则是什么？

5. 等厚干涉法检验平面度时，如何判别平面的凸凹？

6. 满足两支光相干涉的基本条件是什么？

7. 测量直线度误差所采用的检测原则有哪些？按理想要素比较原则测量直线度误差，有哪些具体方法？

8. 怎样用准直仪法测量平面度误差？

9. 自准直仪法测量长距离直线度误差时，为什么要用找像镜？

10. 简述光学分度头检测圆度误差的测量步骤。

11. 用圆度仪测量圆度误差应该注意哪几个问题？影响测量精度的因素有哪些？

12. 用分度值为0.01mm/m的合像水平仪检测导轨的直线度，跨距为100mm，检定记录如下：

测量位置/mm	0~100	100~200	200~300	300~400	400~500	500~600	600~700	700~800	800~900	900~1000
原始读数/格	0	5	8	2	-6	3	6	1	5	1

用作图法判断导轨的直线度误差。

13. 按对角线法测量一平板平面度的读数（μm）如下，试用旋转法求出此平板的平面度误差。

0	-5	-15
+20	+5	-10
0	+10	-5

成语里的计量文化——斤斤计较

这是一个与质量（重量）有关的成语，它出自《诗·周颂·执竞》：“自彼成康，奄有四方，斤斤其明”。这是一首赞扬武王和成康之治的诗，意思是“从成康时代起，拥有天下占四方，英明善察好眼光”，这里的“斤斤”形容明察。虽然这个成语后来被引申为对无关紧要的事过分计较，但无论从原始释义还是计量角度看，“斤斤计较”无疑都有其正面含义，强调做事要严谨、细致。

任务八　零件位置误差检测

❖ 教学目标

1）掌握平行度、垂直度、倾斜度、同轴度、对称度、位置度、跳动的测量方法。

2）掌握位置误差的检测及数据处理方法。

3）坚定文化自信，发扬与传承传统文化。

一、知识准备

（一）定向公差

定向公差有平行度、垂直度和倾斜度三个项目。根据被测要素和基准要素为直线或平面的不同分，可分为“面对面”“面对线”“线对线”和“线对面”四种形式。

（1）平行度　平行度是指关联实际要素对基准要素在平行方向上所允许的变动全量。

1）面对面的平行度。公差带为平行于基准平面，其公差值为 t 的两平行平面之间的区域，如图 3-50 所示。

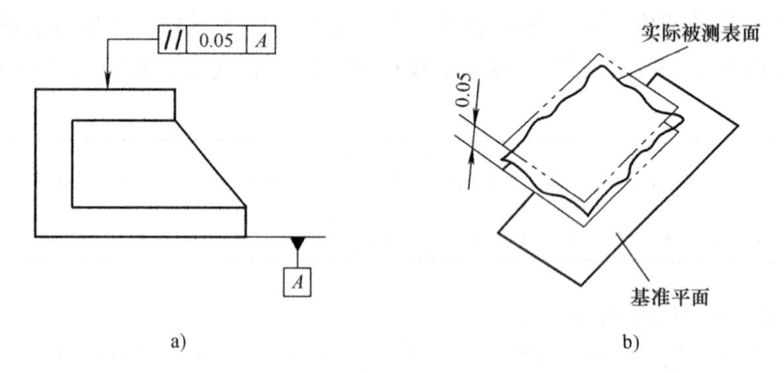

图 3-50　面对面的平行度

2）面对线的平行度。公差带为公差值 t 且平行于基准轴线的两平行平面之间的区域，如图 3-51 所示。

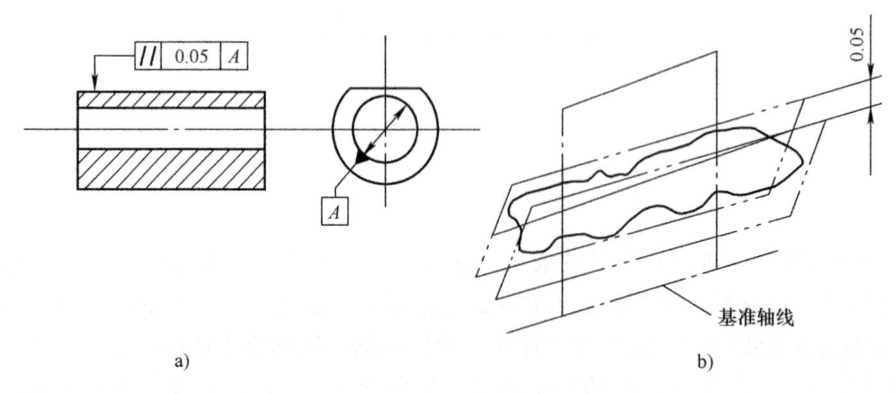

图 3-51　面对线的平行度

3）线对线的平行度。公差带为平行于基准轴线，其公差值为 ϕt 的圆柱体，如图 3-52 所示。

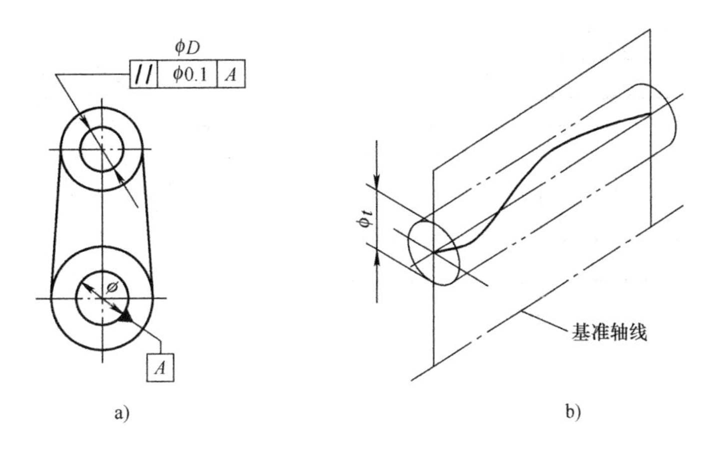

图 3-52　线对线的平行度

4）线对面的平行度。公差带是距离为公差值 t 且平行于基准平面的两平行平面之间的区域，如图 3-53 所示。

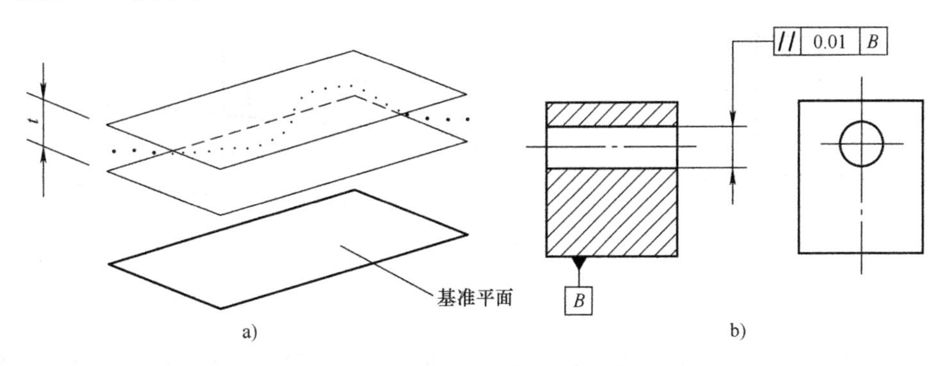

图 3-53　线对面的平行度

（2）垂直度　垂直度是指关联实际要素对基准要素在垂直方向上所允许的变动全量。

1）给定一个方向的垂直度。公差带为垂直于基准平面，其公差值为 t 的两平行平面间的区域，如图 3-54 所示。

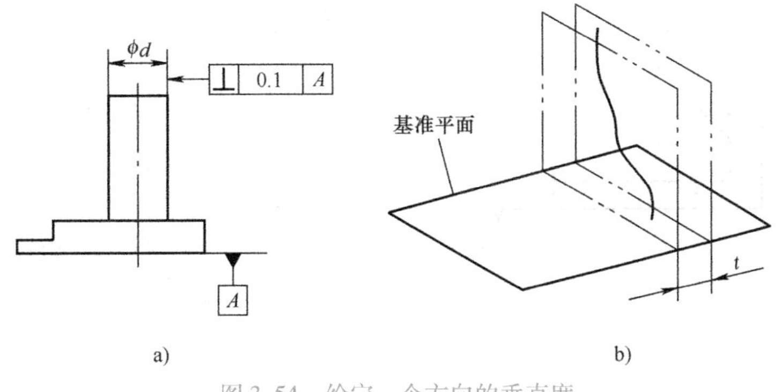

图 3-54　给定一个方向的垂直度

2）给定两个方向的垂直度。公差带为垂直于基准平面，其公差值为 t_1、t_2 的四棱柱，如图 3-55 所示。

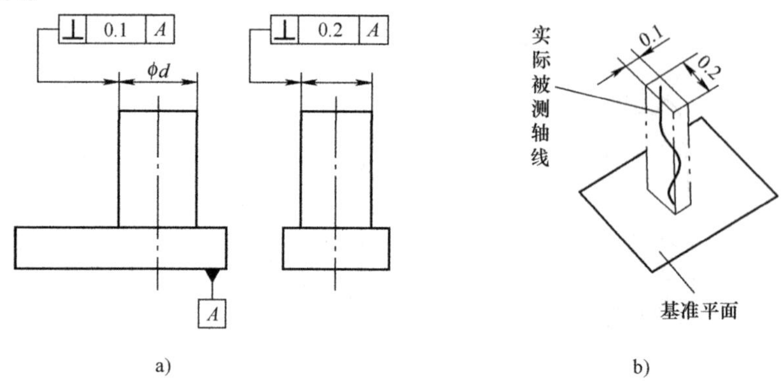

图 3-55　给定两个方向的垂直度

3）给定任意方向的垂直度。公差带为垂直于基准平面，其公差值为 ϕt 的圆柱体，如图 3-56所示。

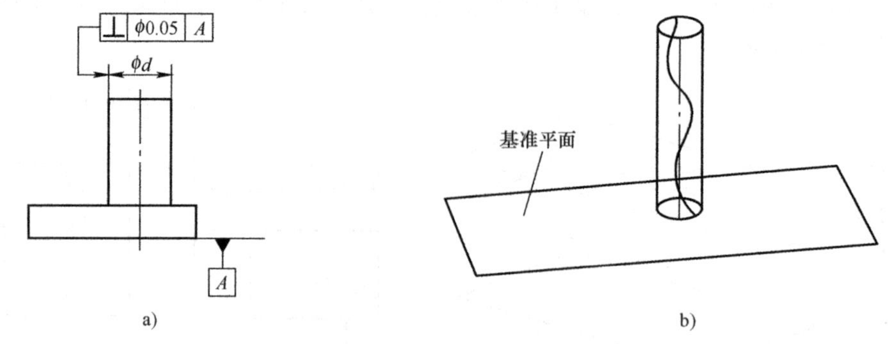

图 3-56　给定任意方向的垂直度

（3）倾斜度　倾斜度是指关联实际要素对基准要素在倾斜方向上所允许的变动全量。

1）面对面的倾斜度。公差带为公差值 t 的与基准平面成理论角的两平行平面间的区域，如图 3-57 所示。

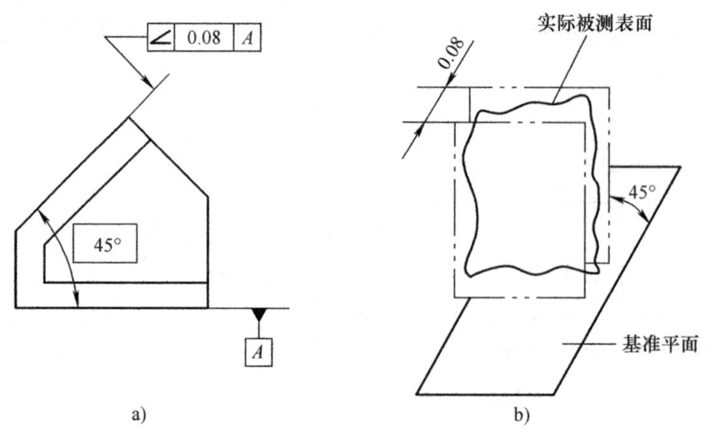

图 3-57　面对面的倾斜度

2）面对线的倾斜度。公差带为公差值 t 的与基准轴线成理论角的两平行平面间的区域，如图 3-58 所示。

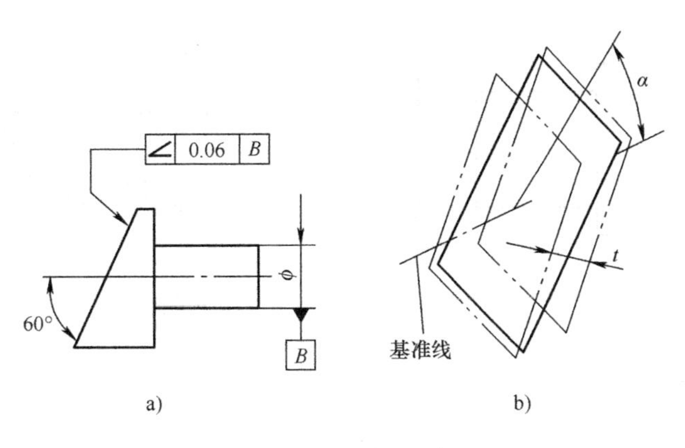

图 3-58　面对线的倾斜度

3）线对线的倾斜度。公差带是与基准轴线成理论角的公差值为 ϕt 的圆柱体，如图 3-59所示。

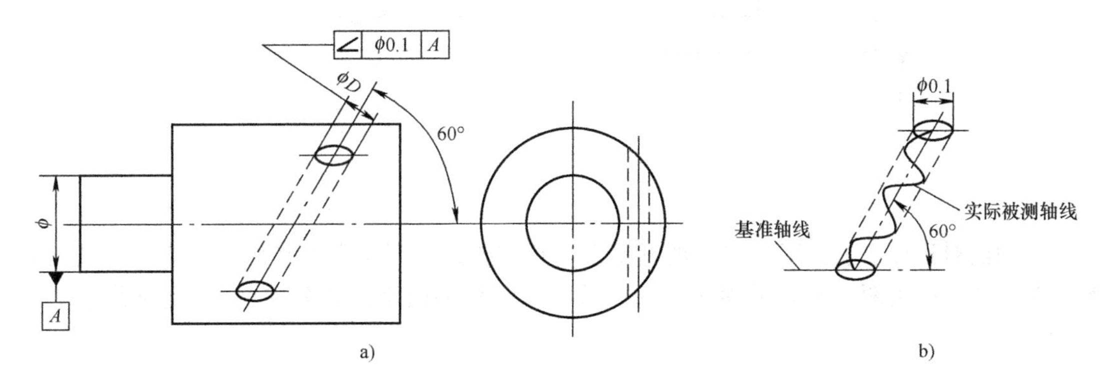

图 3-59　线对线的倾斜度

4）线对面的倾斜度。公差带为公差值 t 的与基准面成理论角的两平行平面间的区域，如图 3-60 所示。

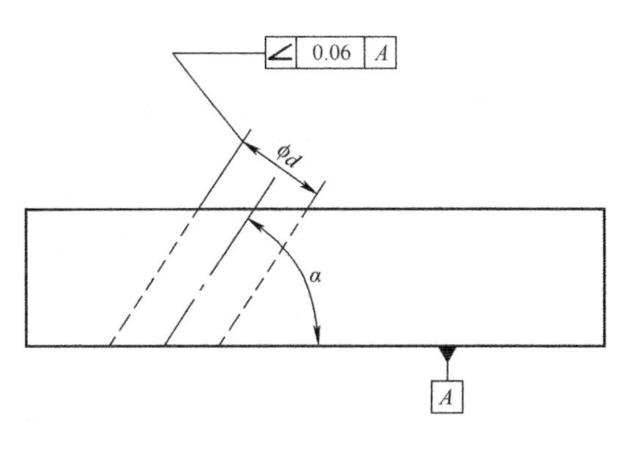

图 3-60　线对面的倾斜度

（二）定位公差

（1）同轴度　同轴度是指实际轴线对基准轴线所允许的变动全量。同轴度公差带是直径为公差值 ϕt，且与基准轴线同轴的圆柱面内的区域，如图 3-61 所示。

（2）对称度　对称度是指实际中心平面对基准中心平面所允许的变动全量。

1）面对面的对称度。对称度公差带是直径为公差值 t，且对基准中心平面对称配置的两平行平面之间的区域，如图 3-62 所示。

2）线对面的对称度，如图 3-63 所示。线对面对称度是指被测直线（或轴线）相对于

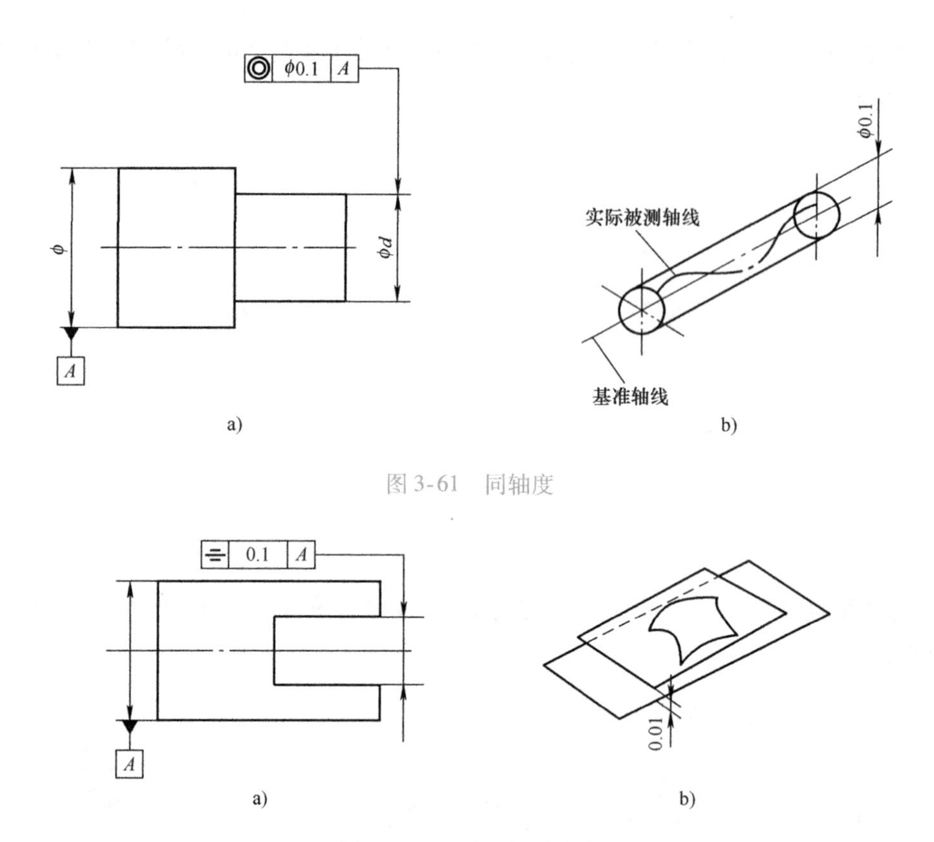

图 3-61　同轴度

图 3-62　面对面的对称度

基准平面的对称性要求，用于控制被测要素与基准要素之间在中心平面上的共线性或对称性。其公差带是由两个平行平面构成的区域，这两个平面距离为公差值 t，且对称于基准平面。

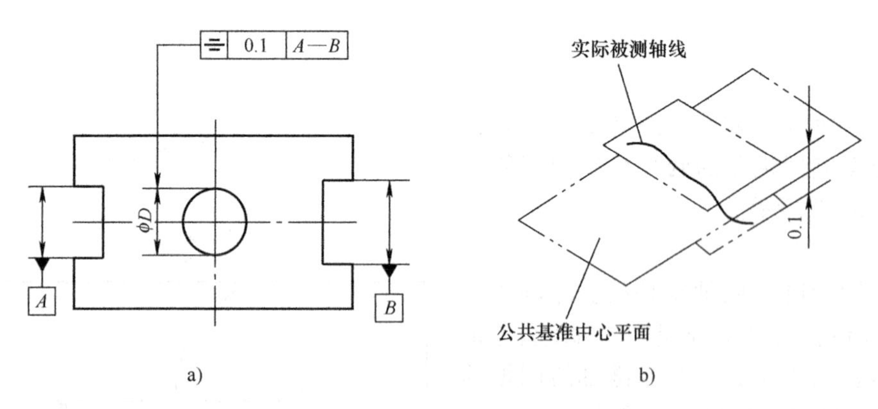

图 3-63　线对面的对称度

（3）位置度　位置度是指实际位置对其理想位置所允许的变动全量。

1）点的位置度。其公差带是直径为公差值 t 且以点的理想位置为中心的圆或球内的区域，如图 3-64 所示。

2）线的位置度。其公差带是直径为公差值 ϕt 且以线的理想位置为轴线的圆柱区域，如

图 3-65 所示。

3）面的位置度。其公差带是距离为公差值 ϕt 且以面的理想位置为中心对称配置的两平行平面之间的区域，如图 3-66 所示。

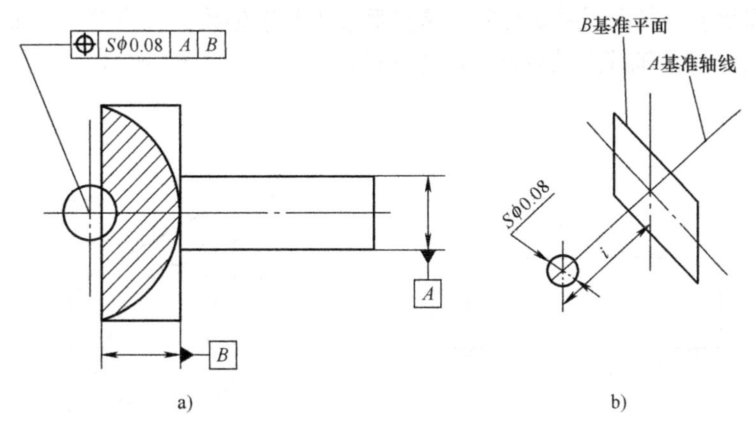

图 3-64　点的位置度

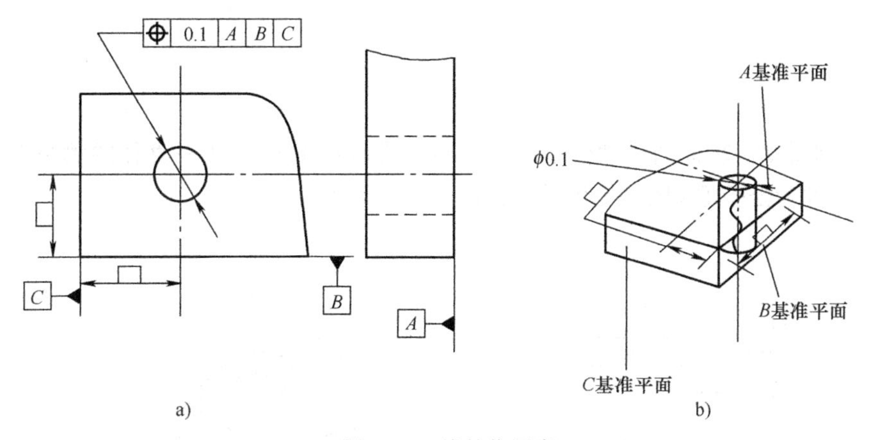

图 3-65　线的位置度

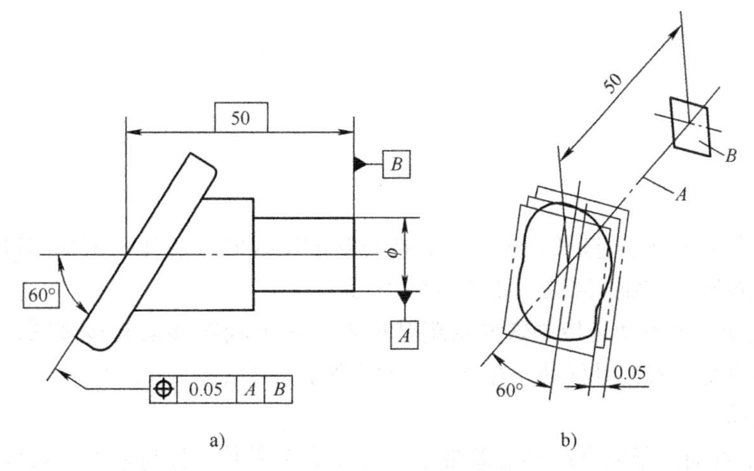

图 3-66　面的位置度

（三）跳动公差

（1）圆跳动　圆跳动是指关联要素绕基准轴线做无轴向移动旋转一圈，任一测量面所允许的最大跳动量。圆跳动分为径向圆跳动、轴向圆跳动、斜向圆跳动。

1）径向圆跳动。径向圆跳动公差带是在垂直于基准轴线的任意测量平面内，半径差为公差值 t 且圆心在基准轴线上的两同心圆之间的区域，如图 3-67 所示。

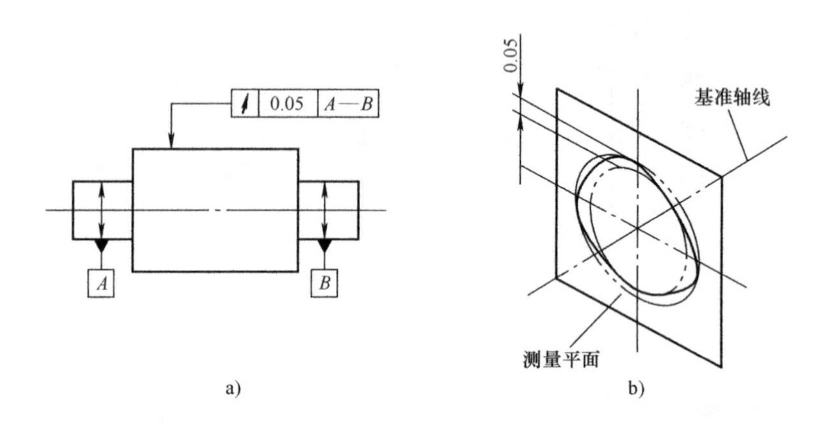

图 3-67　径向圆跳动

2）轴向圆跳动。轴向圆跳动公差带是在与基准轴线同轴的任一直径的测量圆柱面上，沿素线方向宽度为公差值 t 的圆柱区域，如图 3-68 所示。

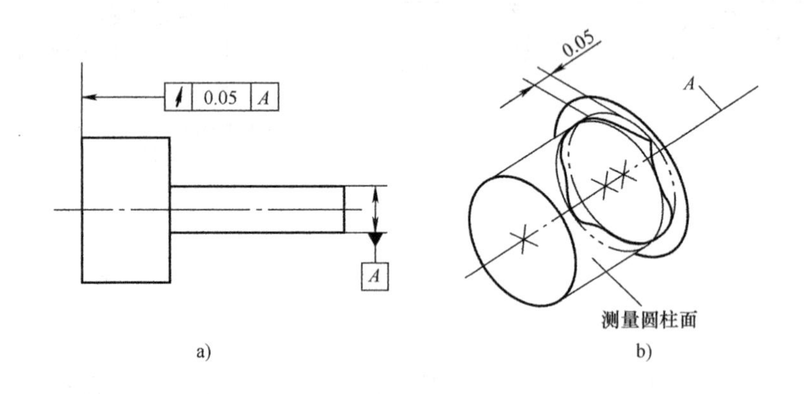

图 3-68　轴向圆跳动

3）斜向圆跳动。斜向圆跳动公差带是在与基准轴线同轴的任一测量圆锥面上，沿素线方向宽度为公差值 t 的圆锥区域，如图 3-69 所示。

（2）全跳动　全跳动是指关联要素绕基准轴线做无轴向移动旋转多圈，同时指示表沿被测要素对理想要素做相对移动，在整个表面上所允许的最大跳动量。全跳动分为径向全跳动、轴向全跳动。

1）径向全跳动。径向全跳动公差带是半径差为公差值 t 且与基准轴线同轴的两圆柱面之间的区域，如图 3-70 所示。

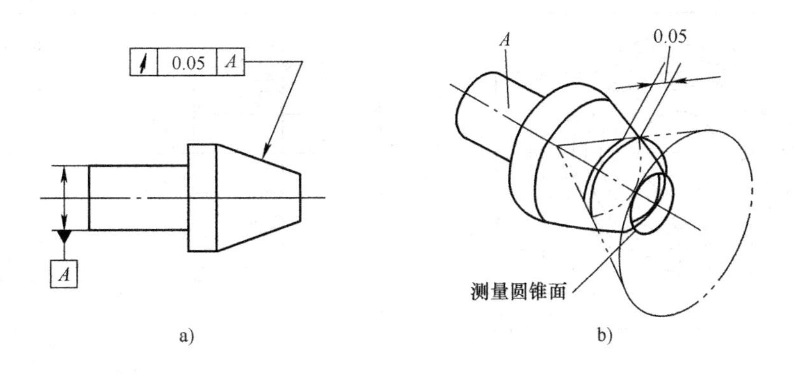

图 3-69　斜向圆跳动

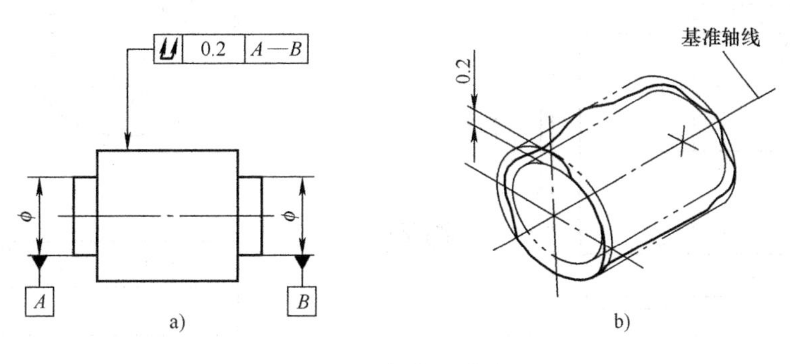

图 3-70　径向全跳动

2）轴向全跳动。轴向全跳动公差带是距离为公差值 t 且与基准轴线垂直的两平行平面之间的区域，如图 3-71 所示。

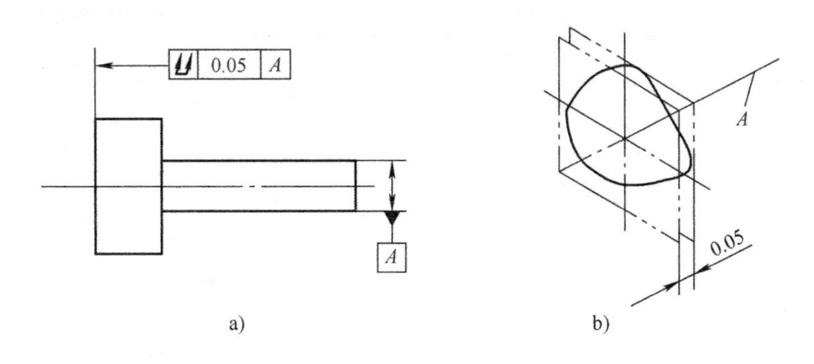

图 3-71　轴向全跳动

二、任务导入

如图 3-72 所示的箱体零件，要求对其所标注垂直度误差、同轴度误差、对称度误差、位置度误差进行检测。请选择合适的计量器具并根据工作任务单完成检测任务。

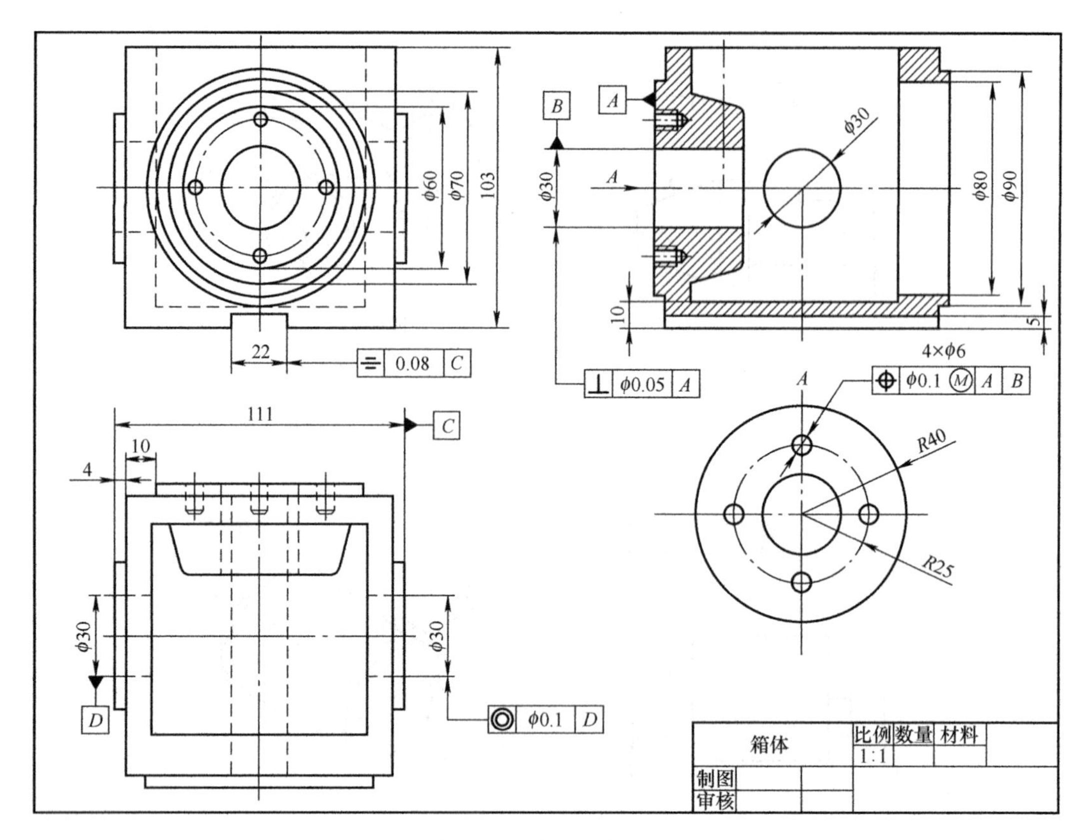

图 3-72　箱体零件图

工作任务单							
姓名		学号		班级		指导老师	
组别		所属学习项目		零件几何误差检测			
任务编号		8	工作任务	零件位置误差检测			
工作地点		精密检测实训室		工作时间			
待检对象	箱体零件（图 3-72）						
检测项目	箱体零件垂直度误差、同轴度误差、对称度误差、位置度误差						
使用工具	1. 带指示表的测量架 2. 平板 3. 心轴 4. 直角尺			任务要求	1. 熟悉检测方法 2. 正确使用检测工具 3. 检测结果处理 4. 提交检测报告		

三、任务分析

位置误差根据线和面的几何要素相互关系，有定向误差、定位误差和跳动误差。根据被测要素和基准要素的关系、被测零件的形状、大小不同，其测量方法也不同。一般采用平板法测量，既简单又成本低，应用广泛。

四、任务实施

（一）定向误差的检测

1. 平行度误差的测量

根据面与线几何要素的相互关系，平行度误差有四种情况：面对基准平面、线对基准平面、面对基准直线、线对基准直线的平行度。

（1）面对面的平行度误差测量

1）打表法。如图 3-73 所示，零件的平行度误差可用打表法测量。

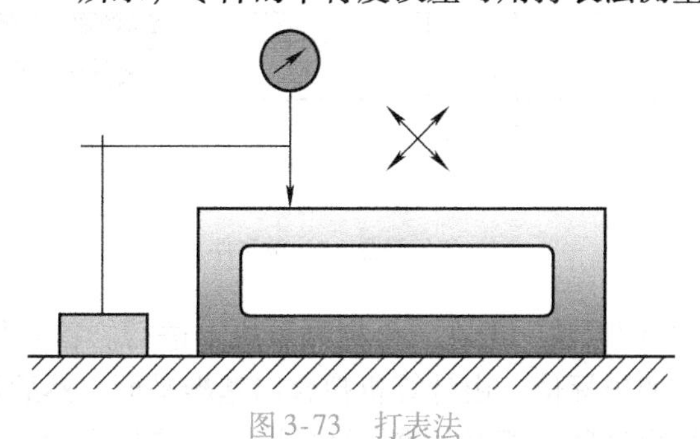

图 3-73　打表法

所用设备：平板、测量架、指示表。

测量方法：将被测件的基准面放置在平板上，并将带指示表的测量架也放在平板上，平板就是测量基准。调整测量架的高度，使指示器的测头垂直地接触被测面，然后前后左右移动测量架，并观察指示表的示值变化，指示表的最大读数与最小读数之差即为被测件的平行度误差值。

2）水平仪测量法。若平面较大，也可用水平仪测量，如图 3-74 所示。

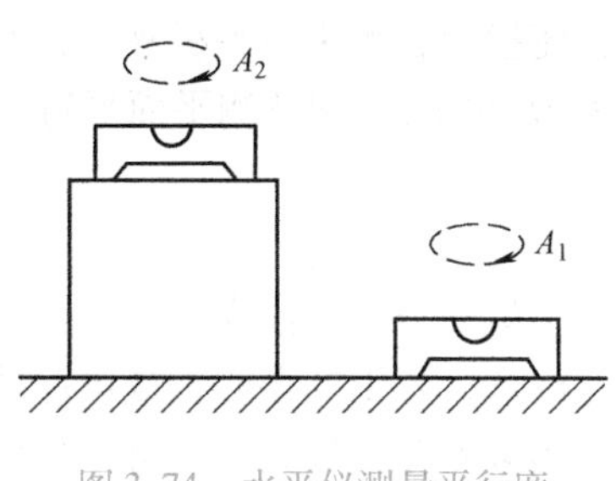

图 3-74　水平仪测量平行度

所用设备：平板、水平仪。

测量方法：将被测件的基准面置于平板上，用水平仪在被测平面若干个方向上进行测量，并记录水平仪的读数 A_1 和 A_2，则在各方向上的平行度误差为

$$f = |A_2 - A_1| L\tau$$

式中　τ——水平仪分度值（线值）；

$|A_2 - A_1|$——对应的每次读数差；

L——沿测量方向的被测件的表面长度。

取各个方向上平行度误差中的最大值作为被测件的平行度误差。

3）用平行平晶测量。对于小平面之间（如外径千分尺的两工作面）的平行度误差，可用平行平晶来进行测量。

所用设备：平行平晶。

测量方法：如图 3-75 所示，将平行平晶夹在两平面之间，观察其干涉条纹数，平行度误差为

$$f = \frac{\lambda}{2}(|n_1 + n_2|)$$

式中　n_1——第一个平面出现的干涉条纹数；

　　　n_2——第二个平面出现的干涉条纹数；

　　　λ——自然光波长。

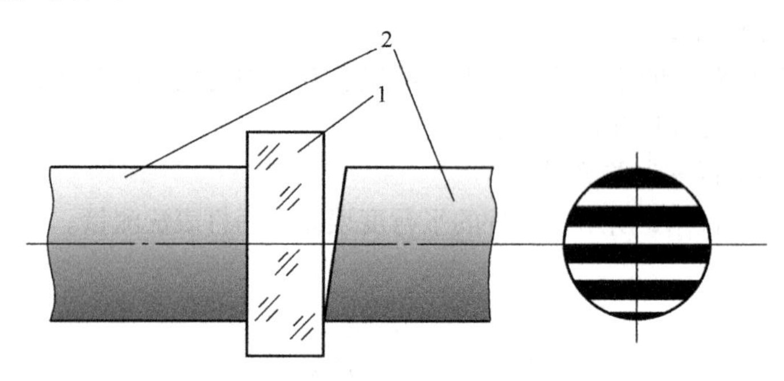

图 3-75　用平行平晶测量平行度

1—平行平晶　2—被测件

4）坐标测量法。坐标测量法一般在三坐标测量机上进行。首先用测头在基准平面上采样若干点后，根据这些点的坐标值，由计算机拟合出基准平面。然后用测头在整个平面上采样若干点，再由计算机算出这些点相对基准平面的距离，取最大距离差为所测平行度值。

（2）线对面的平行度误差测量

1）心轴打表法。

所用设备：平板、指示表、测量架、心轴。

测量方法：当被测件的孔的直径较小时，可按图 3-76 所示方法测量平行度。

将被件直接放在平板上，被测轴线由标准心轴来模拟。将带指示表的测量架放在平板上，使指示表测头与平板垂直并与心轴最高点接触，在距离为 L_2 的两个位置上测得读数分别为 M_1 和 M_2，则被测平面平行度误差为

$$f = \frac{L_1}{L_2}|M_1 - M_2|$$

式中　L_1——被测轴线的长度。

注意，要用标准心轴或可胀式心轴，使轴线与孔无间隙配合。

当被测孔径较大时，可采用图 3-77 所示的方法测量其平行度误差。将被测件放置在平板上，被测孔的轴线用上下素线处的读数平均值来模拟。将专用测量架放在平板上，调整好两个指示表的测头，使其分别朝上、朝下垂直于平板，然后慢慢移动测量架，使指示表测头伸入被测孔内，并调整好测量架的位置，使其指示表的两个测头分别与被测孔的最高与最低素线接触，在若干个测量位置上进行测量，并记录每个测位上的读数差（$M_1 - M_2$），则被测件的平行度误差为

$$f = \frac{1}{2}|(M_1 - M_2)_{\max} - (M_1 - M_2)_{\min}|$$

2）坐标测量法。用三坐标测量机测量平行度误差时，可先用测头在基准平面上采样，并根据采样点坐标值拟合基准平面，也可以工作台模拟基准平面。然后将测头伸入被测孔内，在若干个截面上采样，由计算机算出各截面中心到平面的距离，取距离差的最大值为所测平行度误差值。

（3）面对线的平行度误差测量

所用设备：平板、等高支承、心轴、指示表、测量架。

测量方法：如图3-78所示，将标准心轴插入基准孔内，用一对V形块作等高支承，将带指示表的测量架也放在平板上，通过打表调整心轴两端等高，再将指示表与被测表面接触，在整个被测表面测量并记录读数。最后取整个测量过程中指示表的最大读数与最小读数之差，作为被测件的平行度误差值。

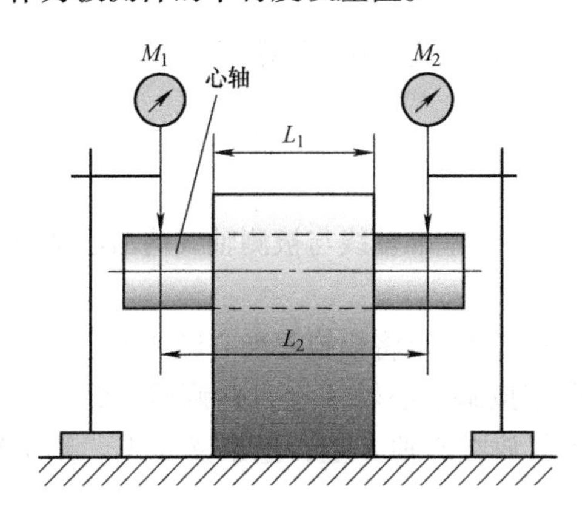

图3-76　用心轴打表法测量平行度（一）

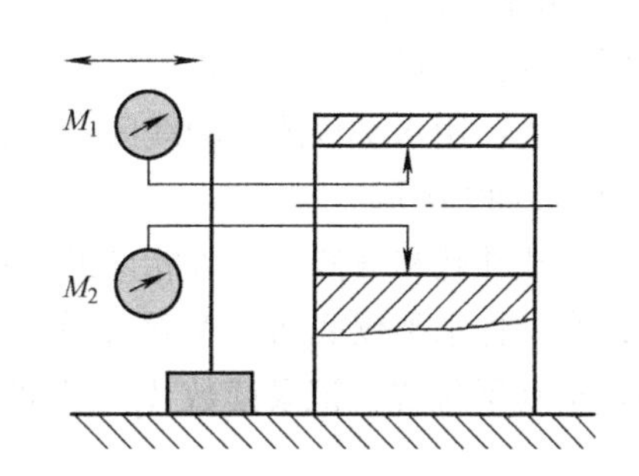

图3-77　用心轴打表法测量平行度（二）

（4）线对线的平行度误差测量

1）打表法。

所用设备：平板、等高支承、心轴、指示表、测量架。

测量方法：如图3-79所示，测量任意方向上的平行度误差时，先将标准心轴分别穿入基准孔和被测孔内，并调整基准孔等高。

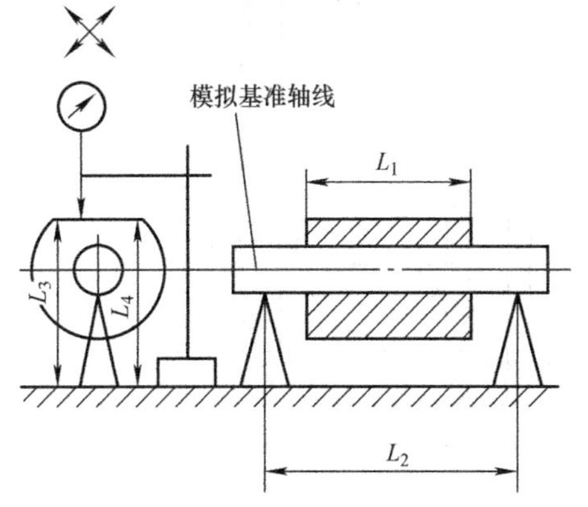

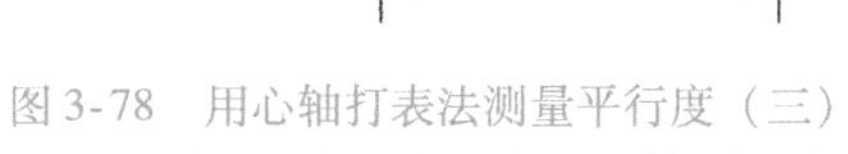

图3-78　用心轴打表法测量平行度（三）

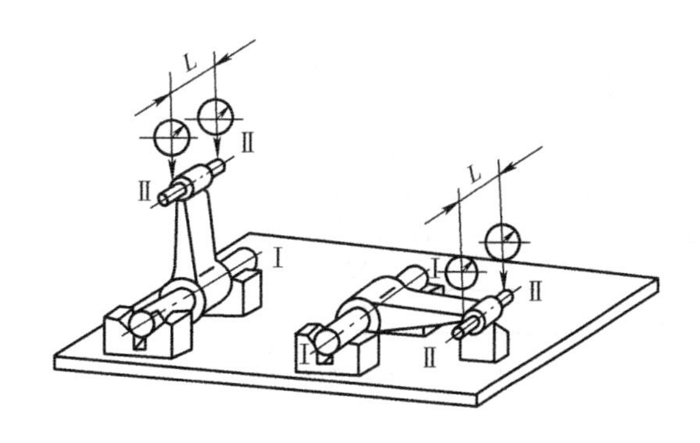

图3-79　用心轴打表法测量平行度（四）

测量垂直方向：将指示表在被测孔两端相距为L的两个位置上找最高回转点，分别读出测量值M_{1y}和M_{2y}，则垂直方向的平行度误差值为

$$f_y = \frac{L_1}{L}|M_{1y} - M_{2y}|$$

式中　L_1——被测轴线的长度。

测量水平方向：将工件旋转到水平方向，按上述方法分别读出测量值M_{1x}和M_{2x}，则水平方向的平行度误差值为

$$f_x = \frac{L_1}{L}|M_{1x} - M_{2x}|$$

然后按照下式计算其平行度误差值：

$$f = \sqrt{f_x^2 + f_y^2} = \frac{L_1}{L}\sqrt{(M_{1x} - M_{2x})^2 + (M_{1y} - M_{2y})^2}$$

2）用水平仪测量。

所用设备：平板、心轴、水平仪。

测量方法：用水平仪测量轴线间的平行度误差，基准轴线与被测轴线均由心轴模拟，测量方法如图3-80所示。

首先在基准孔和被测孔穿入相应的标准心轴，用支承将模拟基准心轴A架起，支承置于平板上，然后将水平仪底面的V型工作面骑在模拟基准心轴A上，并调整可调支承，将心轴A调整至水平位置，记录读数A_1。再将水平仪放在心轴B上，记录读数A_2，则平行度误差值为

$$f = |A_1 - A_2|L\tau$$

式中　τ——水平仪分度值（线值）；

　　L——被测轴线的长度。

3）用综合量规测量。对于按最大实体原则标注的平行度公差，并且是批量生产的零件，一般用综合量规来检验其平行度误差，被测零件如图3-81所示。

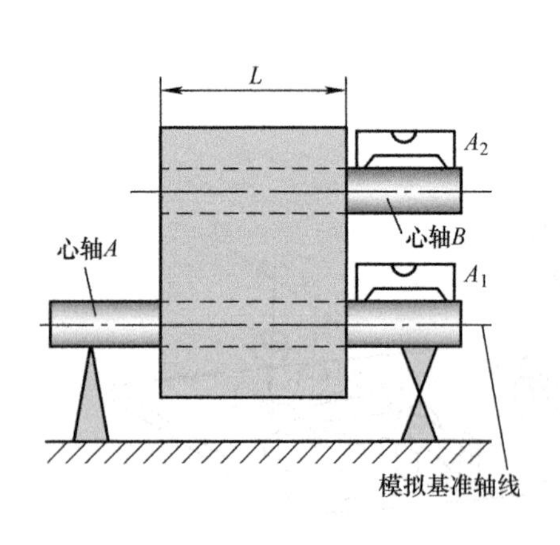

图3-80　用水平仪测量平行度

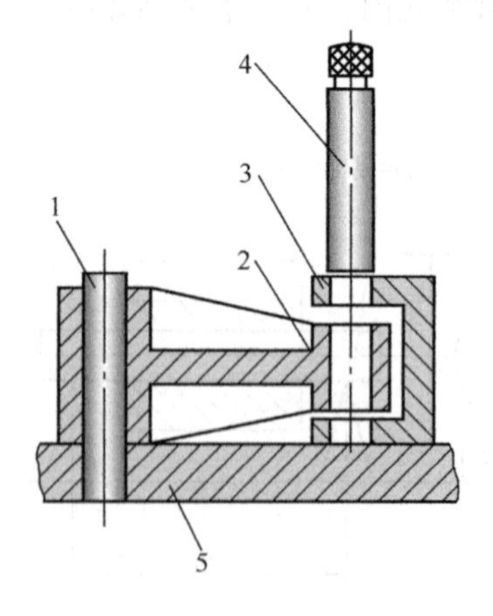

图3-81　用量规检验平行度

1—固定销　2—被测件　3—活动支座　4—塞规　5—量规

所用设备：综合量规。

测量方法：将被测件2基准孔套在量规5的固定销1上，水平转动被测件，使被测孔进入活动支座3内，塞规4由活动支座引导进入被测孔。若塞规不能自由通过被测孔，则表示

该件不能进入或不能全部进入被测孔，则表示该件的平行度误差不合格。

注意，固定销直径应按被测件基准孔的最大实体尺寸制作，塞规直径与活动支座的孔径应按被测孔的实际尺寸选取。

2. 平行度误差的评定

平行度误差是指被测实际要素对理想要素的变动量，理想要素的方向与基准要素平行。

（1）面对面平行度误差的评定　评定面对面平行度误差的最小包容区域，是用平行于基准的两平行平面来包容被测面，被测面至少有两个实测点分别与两平行平面接触，一个为最高点，一个为最低点，如图3-82所示。

（2）线对面平行度误差的评定　评定线对面平行度误差的最小包容区域，也是用平行于基准平面的两平行平面包容实际线，这时被测要素上至少有两个点分别与两平行平面接触，一个为最高点，一个为最低点。

（3）面对线平行度误差的评定　评定面对线平行度误差的最小包容区域，是用平行于基准直线的两平行平面包容实际面，此时被测面上至少有两点或三点与该两平行平面接触，并且在垂直于基准直线的平面的投影，具有如图3-83所示的形式。

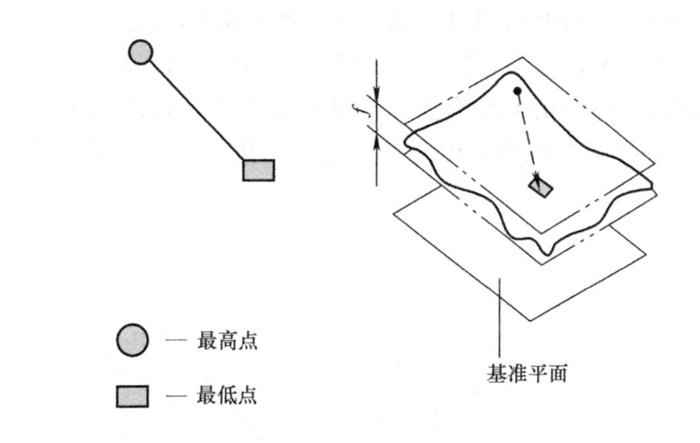

图3-82　判定平行度准则（一）

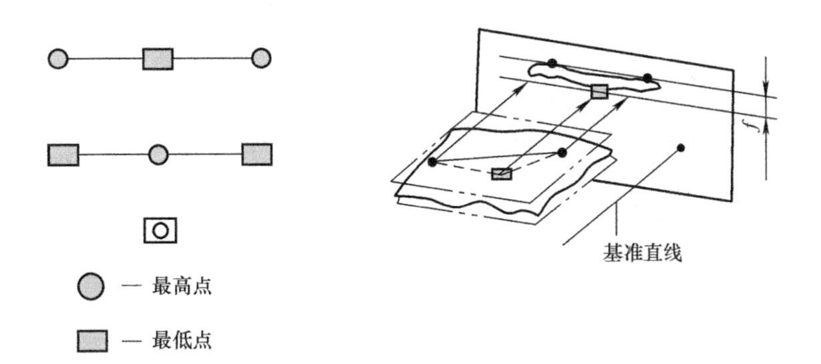

图3-83　判定平行度准则（二）

（4）线对线平行度误差的评定　评定任意方向上线对线的平行度误差，是用一个平行于基准直线的圆柱面包容实际线，实际线上至少有两点或三点与该圆柱面接触，并且在垂直于基准直线的平面上投影应具有如图3-84所示形式。

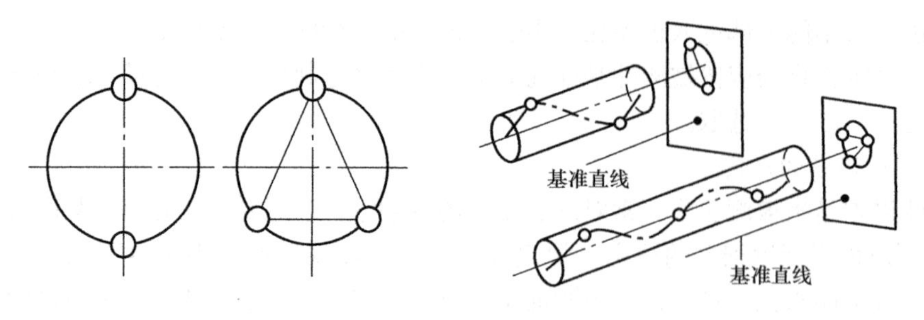

图 3-84 判定平行度准则（三）

例：用水平仪测量面对面平行度误差，测得数据见表 3-6，跨距 $x_i=100$mm。

表 3-6 测量数据

测点 x_i	0	1	2	3	4	5
基准 y_i	0	0	0.002	0.00045	0.003	0.005
被测 y_i	0	0.002	0.004	0.004	0.0035	0.003

方法一：首先将基准面及被测面测得的数据按比例作误差曲线图。根据直线度最小包容原则作基准要素误差曲线的平行包容直线，从图 3-85 中可看出，过 M_1 和 M_2 点的直线 L 为符合最小条件的基准直线。然后用平行于基准直线 L 的两平行直线 L_1 和 L_2 去包容被测面的误差曲线，L_1 和 L_2 沿 Y 轴方向的距离，即为所测的平行度误差值。从图中可读得所测平行度误差值为 3.8μm。

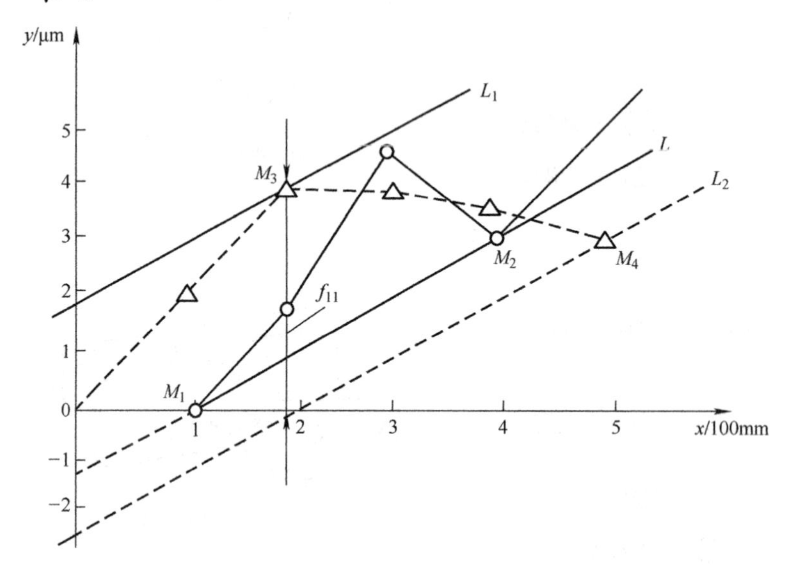

图 3-85 误差曲线图

方法二：根据测得值描点作误差曲线图（图 3-85），从图上找出基准直线上符合最小条件的两点，求出基准直线方程 L，然后根据 L 的斜率，求出被测直线上通过最高与最低二点并平行于 L 的直线方程 L_1 和 L_2，则 L_1 和 L_2 在纵坐标上的截距即为被测件的平行度误差 f。

具体解法如下：

从图 3-85 看出，基准直线方程 L 应通过 M_1（100，0）和 M_2（400，0.003）点，这样求出斜率 K：

$$K=\frac{0.003-0}{400-100}=0.00001$$

所以 L 的方程为　$0.00001x-y=0.001$

从图 3-85 还可以看出，平行与基准 L 的被测最高点 M_3（200，0.004），被测最低点 M_4（500，0.003），则可求出平行于基准 L 的直线 L_1 和 L_2：

$$\frac{y-0.004}{x-200}=K=0.00001$$

L_1 的方程为

$$0.00001x-y=-0.002$$

$$\frac{y-0.003}{x-500}=0.00001$$

L_2 的方程为

$$0.00001x-y=0.002$$

令 $x=0$，得 L_1 的截距 $f_1=0.002\text{mm}$，L_2 的截距 $f_2=-0.002\text{mm}$。所以平行度误差 $f=|f_1|+|f_2|=0.004\text{mm}$。

3. 垂直度误差的测量

（1）面对面垂直度误差的测量

1）打表法。图 3-86 所示为打表法测量面对面垂直度误差，以平板工作面为测量基准，垂直基准由垂直量具模拟。

所用设备：平板、直角座、指示表、测量架。

测量方法：将被测件的基准面固定在直角座（或其他垂直量具）上，使指示表测头与被测面接触，移动指示表，最后取指示表在整个被测表面各点测得的最大读数与最小读数之差，作为该件的垂直度误差值。

2）用水平仪测量。

所用设备：平板、水平仪、固定支承和可调支承。

测量方法：将被测件置于平板上，水平仪放在被测件的基准面上，如图 3-87 所示，若

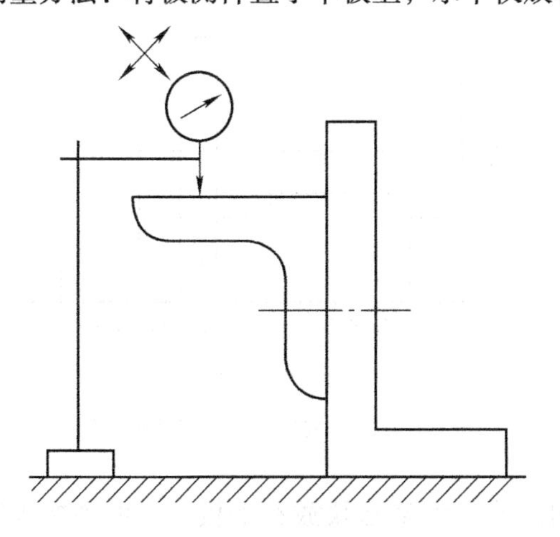

图 3-86　用打表法测量垂直度

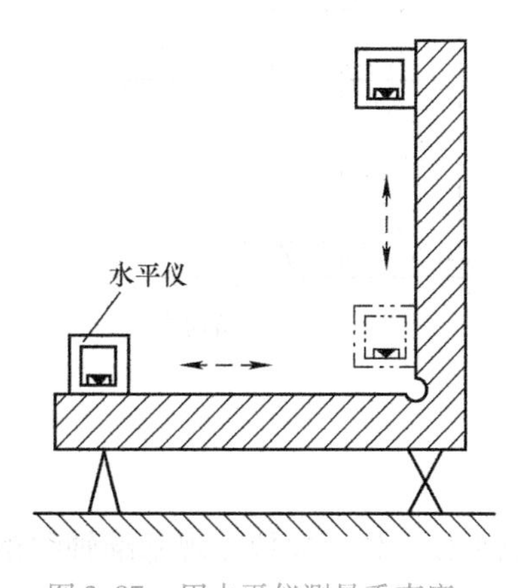

图 3-87　用水平仪测量垂直度

水平仪的水泡大致处于中心位置，则可进行测量。若水泡偏离中心位置，则利用可调支承进行适当调整，使水平仪水泡基本处于中心位置。

测量时，首先以水平仪的底工作面为桥板，逐段测量基准面的直线度误差，再以水平仪的侧面为桥板，逐段测量被测面的直线度误差，然后根据最小包容原则评定其垂直度误差。

3）用平直度测量仪测量。

所用设备：平直度测量仪、转向棱镜、反射镜。

测量方法：将平直度测量仪放在基准面上，如图 3-88 所示。调整平直度测量仪，使其光轴与基准实际表面平行，再沿被测表面移动瞄准靶，通过转向棱镜测出被测表面各测位的数值后，评定出该件的垂直度误差值。将测得的角度换算为线值差。

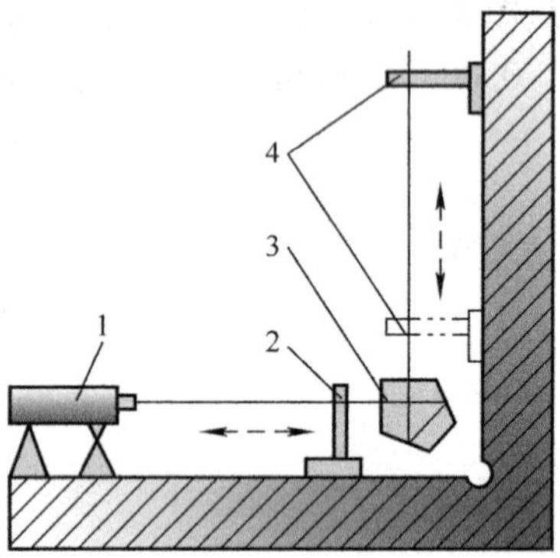

图 3-88　用平直度测量仪测量垂直度

1—平直度测量仪　2、4—瞄准靶　3—转向棱镜

（2）面对线垂直度误差的测量

1）打表法。

所用设备：平板、导向块、固定支承、指示表、测量架。

测量方法：图 3-89 所示为打表法测量面对线垂直误差，这种方法是以导向块来模拟体现基准轴线的。

先将导向块放置在平板上，并调整导向块使其轴线与平板工作面垂直，导向块内置固定支承，再将被测件放置在导向块内，使被测件上相隔 90°的两条素线与导向块的工作面紧密接触。然后将带指示表的测量架放在平板上，使指示表测头与被测平面接触，移动测量架，在整个被测平面内进行读数，取最大值与最小值的读数差作为该零件的垂直度误差值。

2）光隙比较法。

所用设备：V 形块、刀口形直角尺、定位装置。

测量方法：图 3-90 所示为采用光隙比较法测量面对基准轴线垂直度误差的方法。

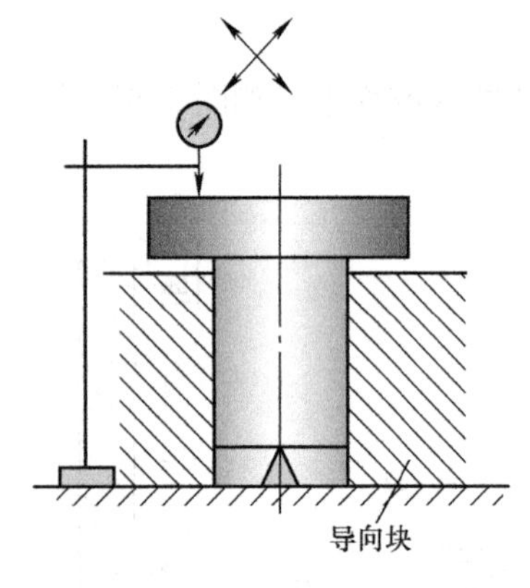

图 3-89　打表法测量垂直度

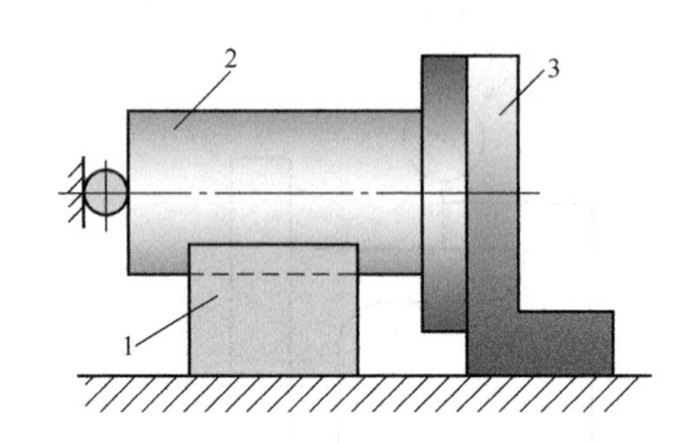

图 3-90　用光隙比较法测量垂直度

1—V 形块　2—被测件　3—刀口形直角尺

以平板工作面模拟体现基准轴线的方向，首先将 V 形块放在平板上，再将被测件通过

基准轴线的外圆柱面放在 V 形块上，后端用挡块挡住，防止测量过程中被测件轴向窜动。再将刀口形直角尺放在平板上，并推动直角尺使刀口工作面与被测面相靠，观察它们之间的光隙，并与标准光隙相比较，以确定该测量方向上的垂直度误差值（当误差较大时，可用塞尺测量被测平面和直角尺刀口工作面之间的间隙）。

将被测件放在 V 形块上，紧靠挡块转动一个角度，并按上述步骤操作，测量第二个位置上的垂直度误差值，在测量若干个位置后，取其中的最大值作为被测件的垂直度误差。

3）坐标测量法。对于图 3-89 及图 3-90 所示零件的面对基准轴线垂直度误差，可在三坐标测量机上采用坐标法测量。

测头先在基准圆柱面的若干个截面上分别采样若干点，由计算机算出这些截面的中心坐标，并根据这些坐标定出基准轴线的方向。然后由测头在整个被测表面上采样若干点，由计算机根据这些点的坐标拟合出被测表面，并根据所拟合被测表面的法线与基准轴线的偏差角度计算出垂直度误差值。

（3）线对线垂直度误差的测量

1）心轴打表法。

所用设备：平板、直角尺、心轴、导向块、固定支承和可调支承、指示表、测量架。

测量方法：首先将被测件通过固定支承和可调支承放在平板上（图 3-91）。在基准孔和被测孔内分别穿入合适的标准心轴以模拟两轴线。将直角尺置于平板上，并推动使其长边工作面与基准心轴的一条素线接触，调整可调支承，使直角尺工作面与基准心轴的素线间无间隙出现，再将直角尺工作面与相隔 90°的另一条素线接触，重复上述操作，直到两条素线均垂直于平板为止。然后以平板为测量基准，用指示表在被测心轴上距离为 L_2 的两个位置上分别进行测量，得到读数分别为 M_1 和 M_2，则该件的垂直度误差值为

$$f = \frac{L_1}{L_2}|M_1 - M_2|$$

式中　L_1——被测轴线的长度。

也可以用图 3-92 所示的方法测量垂直度。

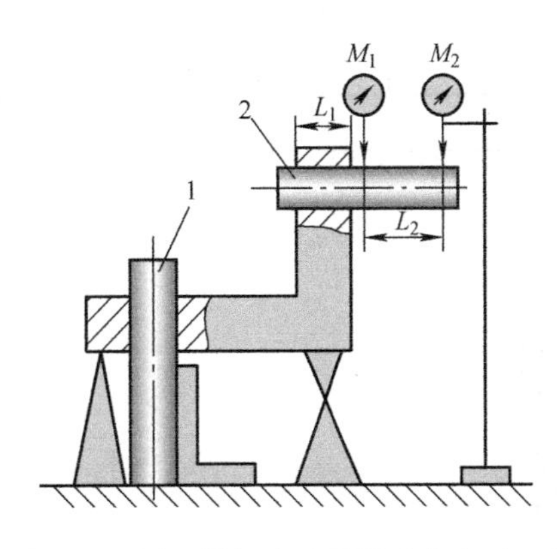

图 3-91　用心轴打表法测量垂直度（一）

1—标准心轴　2—被测心轴

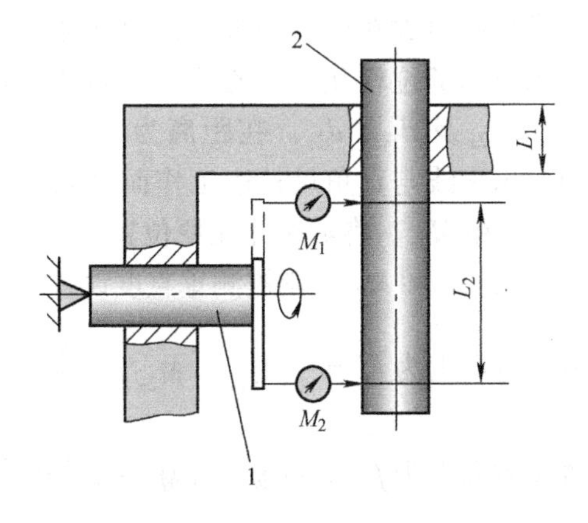

图 3-92　用心轴打表法测量垂直度（二）

1—标准心轴　2—被测心轴

将标准心轴分别穿入被测孔和基准孔内，基准心轴应选用可转动但配合间隙小的心轴。

基准心轴一端用支承挡住，防止其在测量过程中发生轴向窜动，在基准心轴的另一端附上磁力表座，使指示表的测头与被测心轴的素线接触，然后转动基准心轴，在被测心轴上距离为 L_2 的两个位置上分别进行测量，得到读数分别为 M_1 和 M_2，则该件的垂直度误差值为

$$f = \frac{L_1}{L_2}|M_1 - M_2|$$

式中 L_1——被测轴线的长度。

2）用水平仪测量。

所用设备：平板、水平仪、心轴、固定支承和可调支承。

测量方法：可用水平仪采用图 3-93 所示的方法测量垂直度。首先在基准孔和被测孔内穿入标准心轴以模拟基准轴线和被测轴线，再将心轴连同被测件一起放在固定支承和可调支承上，并将水平仪放在基准心轴上，调整可调支承使心轴处于水平位置，得到水平仪的读数 A_2。将水平仪的侧面靠在被测心轴上，待气泡位置稳定后读取水平仪的读数 A_1。则被测件的垂直度误差为

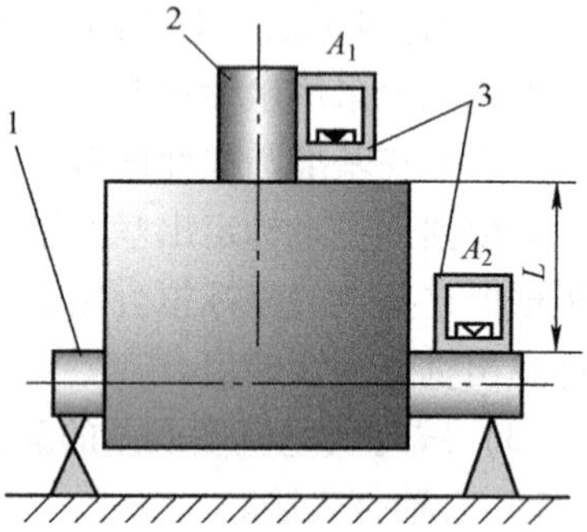

$$f = |A_1 - A_2|L\tau$$

式中 L——被测孔的轴线长度；

τ——水平仪分度值（线值）。

图 3-93 用水平仪测量垂直度

1—基准心轴 2—被测心轴 3—水平仪

（4）线对面垂直度误差的测量

1）打表法。

所用设备：平板、直角尺、指示表、测量架。

测量方法：可采用图 3-94 所示的打表法测量垂直度。以平板作为模拟基准，首先将被测件和直角尺同时放在检验平板上，用外径千分尺测量出被测部位相互垂直的两个方向的外径尺寸 d_{1x}、d_{2x} 及 d_{1y}、d_{2y}。在距离为 L_2 两个位置上测量出素线与直角尺长边工作面之间的相对距离 M_{1x} 和 M_{2x}。将被测件在原位置转动 90°后，再测出 M_{1y} 和 M_{2y}。则被测垂直度误差为

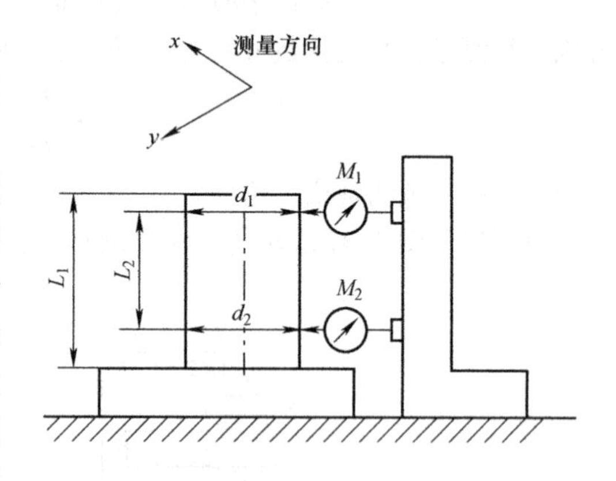

图 3-94 用打表法测量垂直度

在 x 方向上为 $f_x = \left|(M_{1x} - M_{2x}) + \frac{d_{1x} - d_{2x}}{2}\right|\frac{L_1}{L_2}$

在 y 方向上为 $f_y = \left|(M_{1y} - M_{2y}) + \frac{d_{1y} - d_{2y}}{2}\right|\frac{L_1}{L_2}$

则在任意方向上为 $f = \sqrt{f_x^2 + f_y^2}$

式中 L_1——被测轴线长度；

L_2——测量长度。

2）用圆度测量仪测量。用圆度测量仪测量垂直度，如图 3-95 所示。将被测件的基准面置于圆度测量仪工作台上，首先以截面Ⅰ进行找正，测量并记录其图形。然后更换另一规格的测杆，在截面Ⅱ上测量并记录其图形。注意，两次的放大倍数应相同。根据两圆的中心距可求出垂直度误差值。再按截面Ⅰ、Ⅱ之间的距离和被测轴线的长度就可换算出被测件的垂直度误差值。

3）坐标测量法。用三坐标测量机以坐标法测量垂直度误差时，可先用测头在基准平面上采样若干点后，由计算机根据所采点的坐标值拟合出一个基准面，也可由工作台模拟基准面。然后在被测圆柱面的两个截面上分别采样若干点后，计算出这两个截面的中心坐标值并定出被测轴线的方向。最后根据被测轴线与基准平面法向的偏角度及被测轴线的长度计算出所测垂直度误差值。

4）用量规检验。大批量生产中，可采用量规来检验垂直度误差，如图 3-96 所示。量规孔的直径应等于被测要素的实体尺寸。检验时，将量规套在被测轮廓要素上，量规的端面与基准平面接触，如不透光，则视被测件的垂直度误差合格。

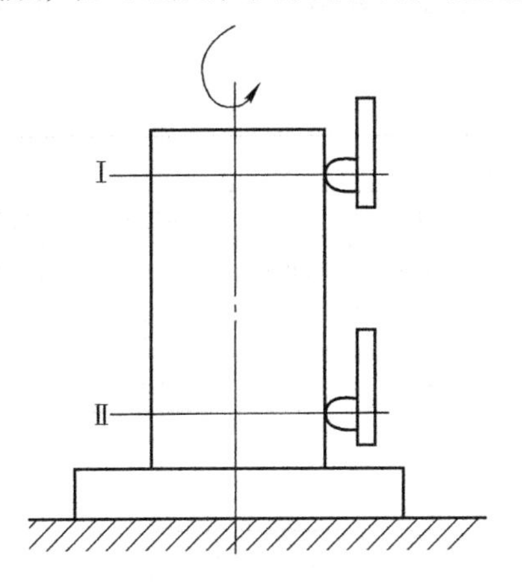

图 3-95　用圆度测量仪测垂直度

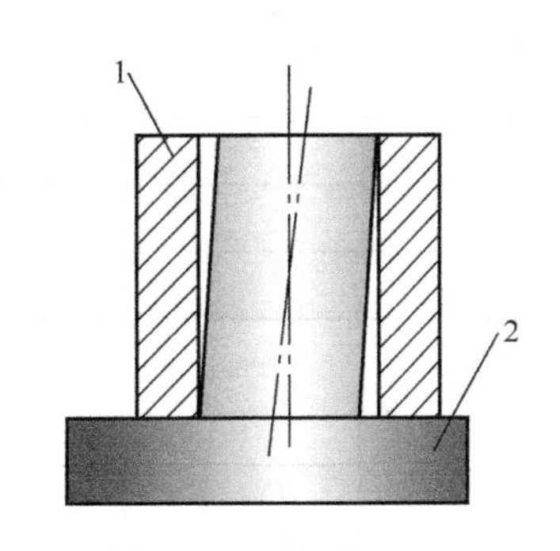

图 3-96　用量规检验垂直度误差

1—量规　2—被测件

4. 垂直度误差的评定

垂直度误差的评定，也有面对面、线对线、面对线、线对面四种情形。其中面对线与线对线垂直度误差的评定方法相同。

（1）面对面垂直度误差的评定　评定面对面垂直度误差的最小包容区域，是用垂直于基准的两个平行平面包容被测实际面，被测实际面上至少有两点或三点与这两平行面接触，并在基准平面上的投影具有如图 3-97所示形式。

例如，用水平仪测量图 3-87 所示零件的面对面垂直度误差时，在基准面和被测面上测得的数据见表 3-7，现用图解法求其垂直度误差值。首先将基准面及被测面测得的数据按比例作误差曲线图。注意，作曲线图时，其坐标轴正好与基准面的坐标轴相反，即基准面的测量方向是 X 轴，误差方向是 Y 轴，被测面的测量方向是 Y 轴，误差方向是 X 轴。

根据直线度最小包容原则作基准要素误差曲线的平行包容直线，从图 3-98 中可看出，过点 2、5 的直线 L 为符合最小条件的基准直线。然后用垂直于基准直线 L 的两平行直线 L_1

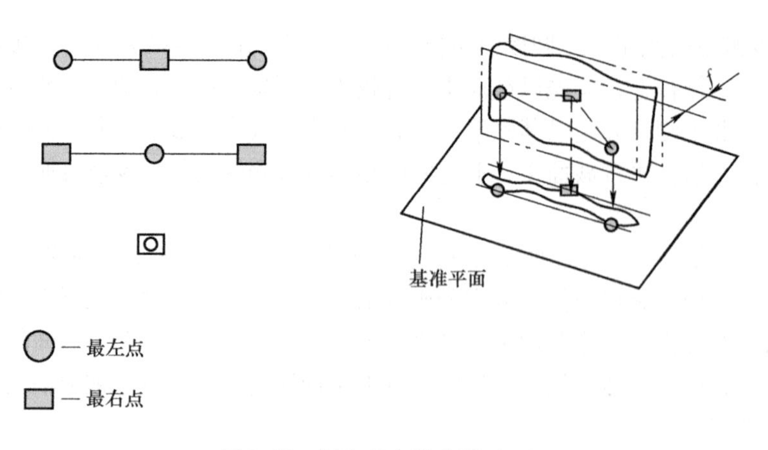

图 3-97　判定垂直度准则（一）

和 L_2 去包容被测面的误差曲线，L_1 和 L_2 构成包容被测要素误差曲线的定向最小区域，L_1 和 L_2 沿 X 轴方向的距离，即为所测的垂直度误差值。从图中可读得所测垂直度误差值为3.8μm。

表 3-7　基准面和被测面各点的数

测点序号		0	1	2	3	4	5
基准面	读数 A_i/μm	0	+0.5	-1	+1.5	-0.5	-0.5
	累积值 $\sum_0^i A_i$/μm	0	+0.5	-0.5	+1	+0.5	0
被测面	读数 A_i/μm	0	+2	-1	+2	-1	+1
	累积值 $\sum_0^i A_i$/μm	0	+2	+1	+3	+2	+3

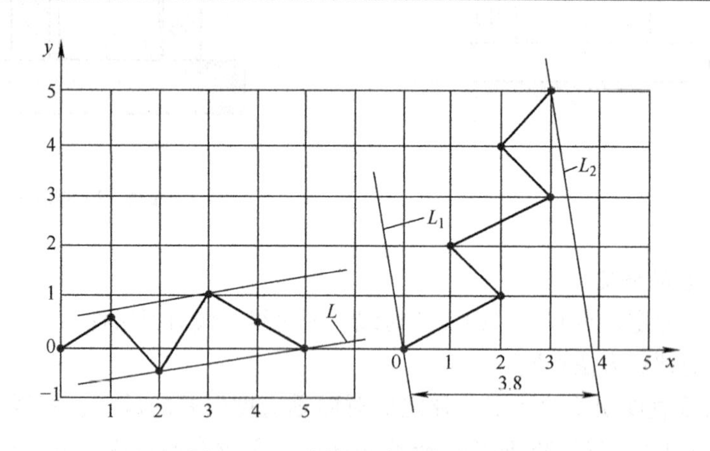

图 3-98　用图解法求垂直度误差

（2）面对线或线对线垂直度误差的评定　评定面对线或线对线垂直度误差的最小包容区域，是用垂直于基准的两个平行平面包容被测实际面（或线），被测实际面（或线）上至少有两个点与这两个平行平面接触，如图 3-99所示。

（3）线对面垂直度误差的评定　评定线对面在任意方向内垂直度误差的最小包容区域，是用垂直于基准面的一个圆柱面包容被测实际线，被测实际线上至少有两点或三点与此圆柱接触，且在接触面上的投影具有如图 3-100 所示的形式之一。

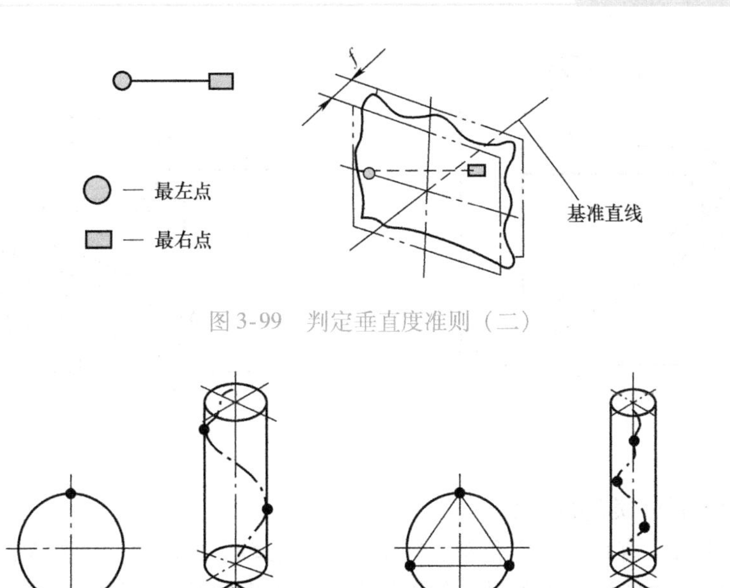

图 3-99　判定垂直度准则（二）

图 3-100　判定垂直度准则（三）

5. 倾斜度误差的测量

（1）面对基准平面倾斜度误差的测量

1）定角座打表法。

所用设备：平板、定角座、固定支承、指示表、测量架。

测量方法：定角座打表法测量面对面倾斜度误差的方法如图 3-101 所示。

将定角座放在平板上，将被测件的基准面放在定角座上，被测角度和定角座的角度相反，加上固定支承以防止测量过程中将被测量件移动。将测量架置于平板上，指示表测头与被测表面垂直接触，移动指示表，取指示表的最大读数与最小读数之差，作为该件的倾斜度误差值。

注意，根据被测件倾斜度的理论角度 α 制造定角时，构成理论角度 α 两平面的平面度误差和 α 角误差必须严格控制，否则会产生较大的测量误差。此法适用于大批量生产的测量。

2）用正弦规测量。

所用设备：平板、正弦规、量块、指示表、测量架。

测量方法：正弦规测量倾斜度误差的方法如图 3-102 所示。

首先根据被测件的理论角度 α 和正弦规跨度 L 计算所垫量块高度 $H = L\sin\alpha$。根据 H 值选择量块组，然后将正弦规的一个圆柱体放在平板上，另一个放在量块组上，使正弦规工作面与平板工作面之间构成理论角度 α。

将被测件的基准平面放在正弦规工作面上，使其角度与理论角度相反，用指示表测头与被测表面接触，在整个被测表面上测量，取指示表的最大读数与最小读数之差，作为该件的倾斜度误差值。

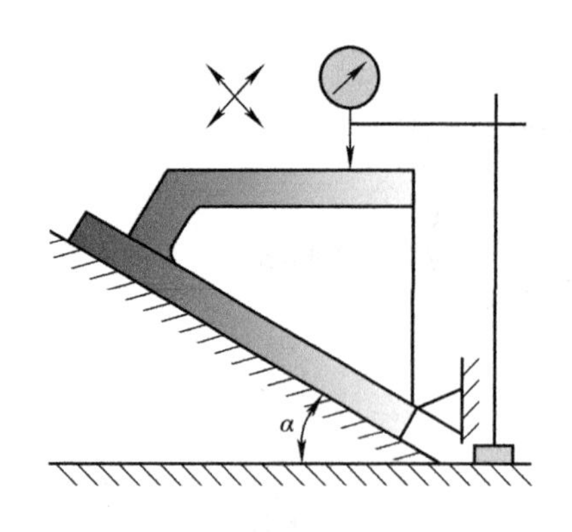

图 3-101 用定角座打表法测量倾斜度

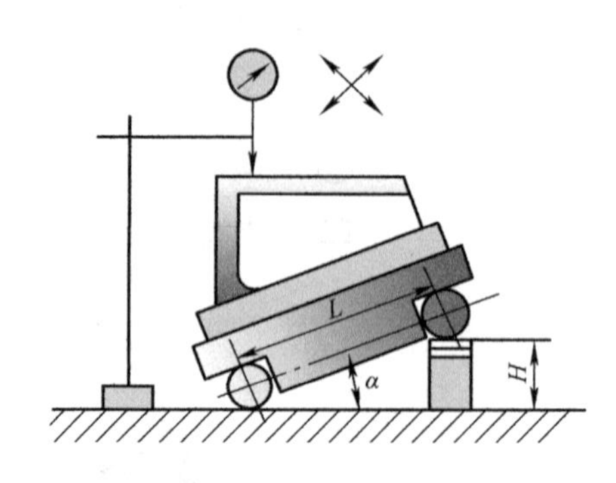

图 3-102 用正弦规测量倾斜度

(2) 线对面倾斜度误差的测量

所用设备：平板、直角尺、定角座、固定支承、心轴、指示表、测量架。

测量方法：图 3-103 所示为测量孔的轴线对基准平面的倾斜度误差的方法。首先根据被测件轴线对基准平面的理论角度 α 选择定角座或组合正弦规的角度 β，使 $\beta = 90° - \alpha$。

被测轴线由心轴模拟。将带指示表的测量架贴附在直角尺工作面上，水平移动测量架，使指示表测头与心轴素线接触，调整被测件示值 M_1 为最大（距离最小）。然后，垂直移动测量架，在距离为 L_2处测得读数 M_2，则倾斜度误差值为

$$f = \frac{L_1}{L_2}|M_1 - M_2|$$

式中 L_1——被测轴线的长度。

(3) 面对线倾斜度误差的测量

所用设备：平板、定角座、等高支承、心轴、指示表、测量架。

测量方法：图 3-104 所示为测量平面对基准轴线倾斜度误差的方法。首先在基准孔内穿入合适的轴以模拟基准轴线，通过等高支承将被测件放在定角座的基准面上，定角座的另一工作面为测量基准。再转动被测件使其最小长度 B 的位置处在顶部，此时被测表面与测量基准平行。然后将测量架的底座贴附在测量基准上，指示表测头与被测表面接触，测量整个被测表面与测量基准之间各点的距离，取指示表最大读数与最小读数之差，作为该件的倾斜度误差值。

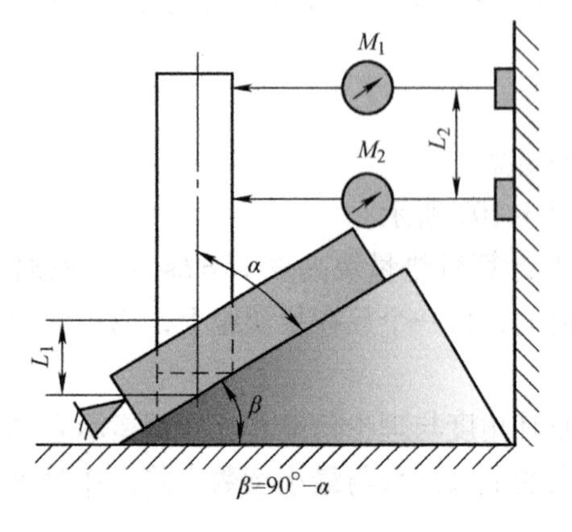

图 3-103 用心轴打表法测倾斜度（一）

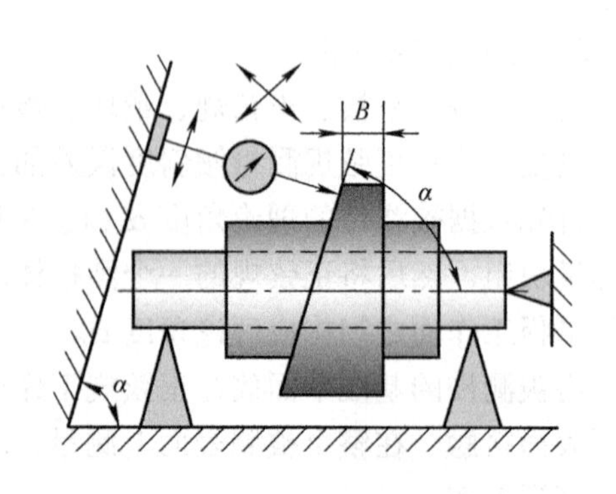

图 3-104 用心轴打表法测倾斜度（二）

（4）线对线倾斜度误差的测量

1）同一平面内两直线间倾斜度误差的测量。

所用设备：心轴、样板。

测量方法：如图 3-105 所示，首先将心轴穿入被测孔内，使心轴的外伸长度与被测轴线的长度相等。再将根据理论角度 α 制作的样板放在心轴素线上，推动样板，与心轴素线接触，然后根据光隙或用塞尺来测量样板工作面与心轴素线间的间隙，取最大间隙作为该件的倾斜度误差。

2）空间两直线倾斜度误差的测量。

所用设备：平板、定角导向座、心轴、指示表、测量架。

测量方法：空间两直线的倾斜度误差，可用图 3-106 所示的方法进行测量。首先根据被测件的理论位置角度 α 制作定角导向座，被测轴线由心轴模拟。将带指示表的测量架置于平板上，移动测量架，使指示表测头与心轴素线接触，调整被测件，使心轴在 M_1 点处于最低位置或在 M_2 点处于最高位置。在距离为 L_2 的两个测量位置上分别进行测量，得到读数分别为 M_1 和 M_2，则被测件倾斜度误差值为

$$f = \frac{L_1}{L_2}|M_1 - M_2|$$

式中　L_1——被测轴线的长度。

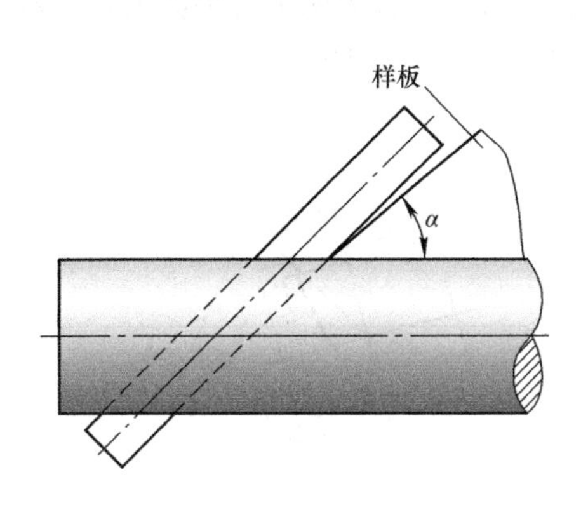

图 3-105　用心轴样板测倾斜度

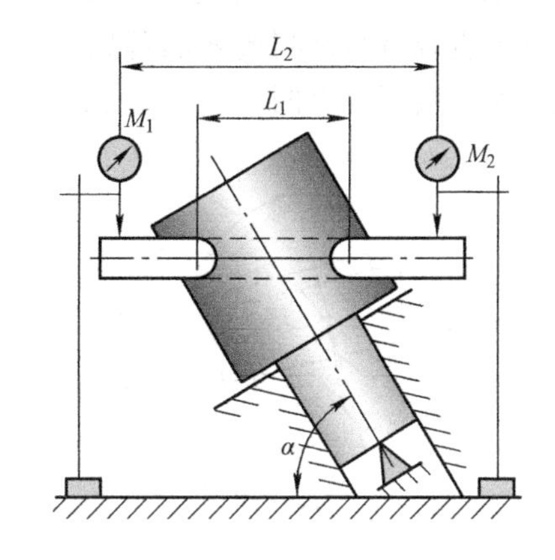

图 3-106　用心轴打表法测倾斜度（三）

6. 倾斜度误差的评定

（1）面对面倾斜度误差的评定　评定面对面倾斜度的最小包容区域，是用与基准面成理论角度的两平行平面来包容被测实际面，被测实际面至少有两个实测点分别与两平行平面接触，如图 3-107 所示。

（2）线对面倾斜度误差的评定　评定线对面倾斜度的最小包容区域，是用一个与基准面成理论角度的圆柱面来包容被测实际轴线，被测实际线上至少有两点或三点与该圆柱面接触，并且在该圆柱面的垂直平面内的投影具有如图 3-108 所示的形式之一。

（3）面对线倾斜度误差的评定　评定面对线倾斜度误差的最小包容区域，是用与基准直线成理论角度的两平行平面来包容被测实际面，被测实际面上至少有两个实测点分别与平行平面接触，如图 3-109 所示。

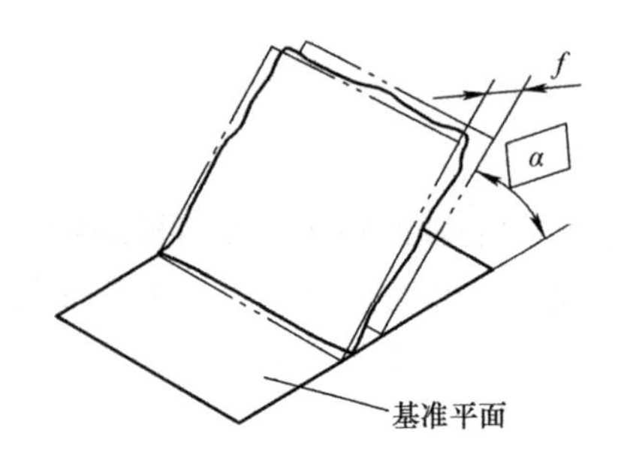

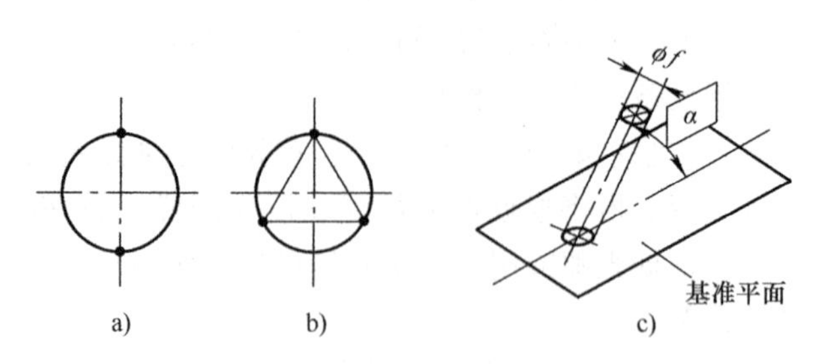

图 3-107　判定倾斜度准则（一）

图 3-108　判定倾斜度准则（二）

（4）线对线倾斜度误差的评定　同一平面内两直线倾斜度误差的评定：此时，评定倾斜度误差的最小包容区域，是用与基准直线成一理论角度，并且与被测要素的理想直线和基准直线构成的平面相垂直的两平行平面去包容被测实际线，被测实际线上至少有两个实测点分别与两平行平面接触，如图 3-110所示。

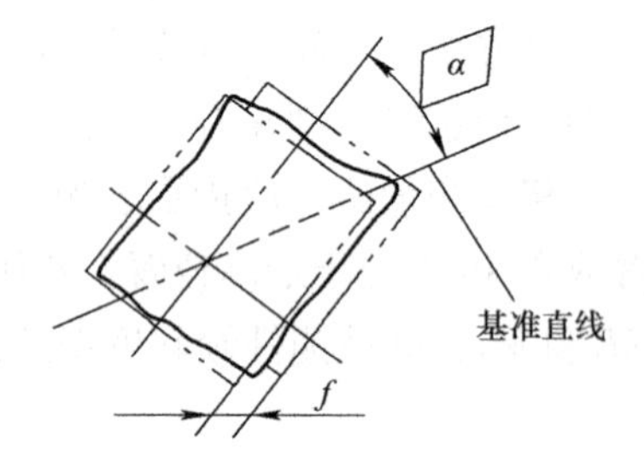

图 3-109　判定倾斜度准则（三）

空间两直线倾斜度误差的评定：此时评定倾斜度误差的最小包容区域，是用与基准直线成一理论角度，并且与过基准直线且与被测要素的理想直线平行的平面相垂直的两平行平面去包容被测实际线，被测实际线至少有两个实测点分别与两平行平面接触，如图 3-111 所示。

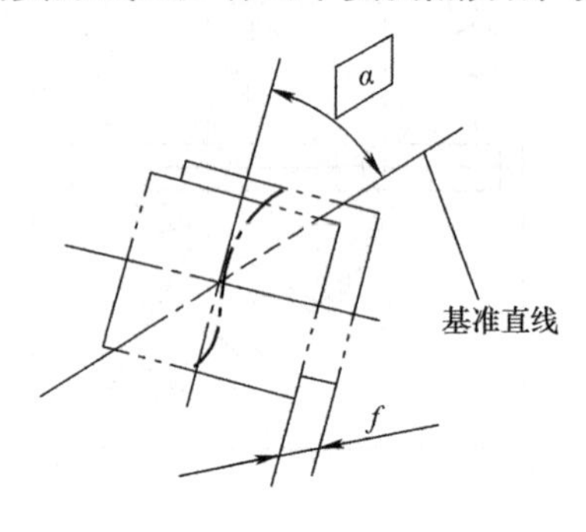

图 3-110　判定倾斜度准则（四）

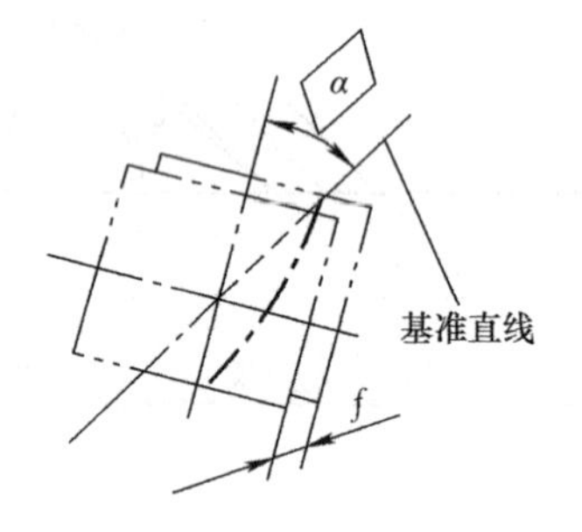

图 3-111　判定倾斜度准则（五）

（二）定位误差的检测

1. 同轴度误差的测量

同轴度误差的测量根据被测零件的形状不同，有孔与孔、轴与轴和孔与轴三种形式。其测量方法如下：

（1）轴类零件同轴度误差的测量

1）打表法。

所用设备：平板、V 形块、两块指示表及测量架。

测量方法：对以公共轴线为基准的同轴度误差，可在图 3-112 所示的测量装置上以打表法进行测量，其公共基准轴线由 V 形块模拟体现。

将被测件基准轮廓要素中的截面放置在两个等高的刀口状 V 形块上，将两指示表分别

与被测轮廓要素在铅垂轴截面内的上下素线接触，首先将被测件旋转，注意某个指示表，当指示表指针摆到极值点（拐点）时，停转零件，记下这一特征点的所在方位（相位）。然后，再相对于该特征点的相应角，将零件转动90°，停转零件，将双指示表同时调零。然后再将零件转动90°，取两指示表的读数差$|M_a - M_b|$作为在该截面上的同轴度误差。

$$f_i = |M_a - M_b|$$

按上述方法测量若干个截面，取各截面测得的读数中最大的同轴度误差，作为该零件的同轴度误差，并判断其合格性。

$$f = f_{\max}$$

2）用圆度测量仪测量。

所用设备：圆度测量仪。

圆度测量仪除用于测量圆度误差外，还常用于同轴度误差的测量。图3-113所示为在圆度仪上测量阶梯轴类零件同轴度误差的示例。

测量方法：将被测件垂直放在仪器的工作台上，调整被测件使基准轴线与仪器旋转轴线同轴。然后在被测要素上测量若干个截面，并记录轮廓图形在同一记录纸上，用最小二乘圆的方法找出各轮廓图形的中心，取各中心至记录纸中心距离最大值的两倍，作为被测件的同轴度误差值。

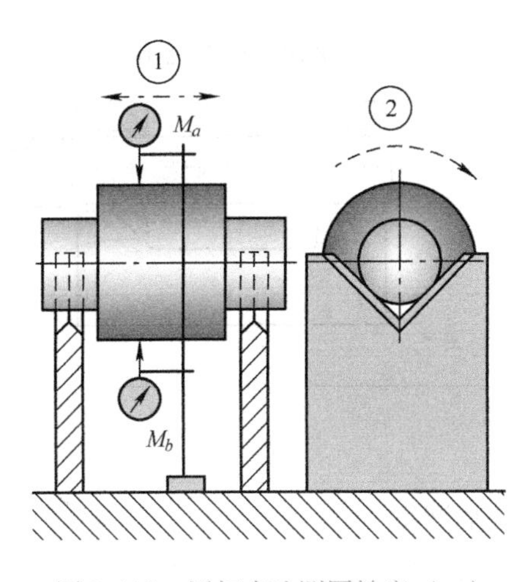

图3-112　用打表法测同轴度（一）

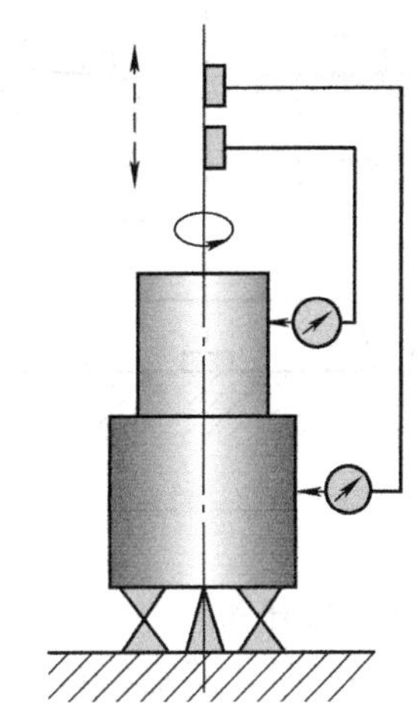

图3-113　用圆度测量仪测同轴度

3）用三坐标测量机测量　将被测件放在仪器的工作台上，调整被测件，使其基准轴线平行于仪器Z轴，在被测圆柱上测量若干个横截面，并分别得出其中心坐标值后，由计算机算出所测的同轴度误差值。

（2）孔类零件同轴度误差的测量

1）打表法。

所用设备：平板、心轴、固定支承和可调支承、指示表、测量架。

测量方法：孔类零件同轴度误差的打表法测量如图3-114所示。首先将两根心轴与孔成无间隙配合地分别插入基准孔和被测孔内。并通过固定与可调支承将被测件置于平板上，使指示表测头与基准心轴的上素线接触，调整被测件，使基准轴线与平板平行。

然后将指示表测头与被测心轴素线接触，在靠近被测孔端A、B两点测量，并求出该两点分别与高度$\left(L+\frac{d_2}{2}\right)$的差值$f_{Ax}$和$f_{Bx}$。

再将被测件翻转90°，按上述方法测得f_{Ay}和f_{By}值，则A处的同轴度误差值为

$$f_A = 2\sqrt{(f_{Ax})^2 + (f_{Ay})^2}$$

B点处的同轴度误差值为

$$f_B = 2\sqrt{(f_{Bx})^2 + (f_{By})^2}$$

取其中最大值作为被测件的同轴度误差值。如果在测量时测点不能取在被测孔的两端处，则同轴度误差应按被测轴线的长度和测量长度的比例进行折算。

2）用综合量规检验。

所用设备：综合量规。

测量方法：对于按最大实体状态标注的同轴度公差，并且是批量生产的孔类零件，可采用图3-115所示的综合量规对其同轴度误差进行检验。

在制造综合量规时，量规的直径应为孔的实效尺寸。检验时，综合量规如能在被测孔的全长上自由通过，则表示该件的同轴度误差合格。

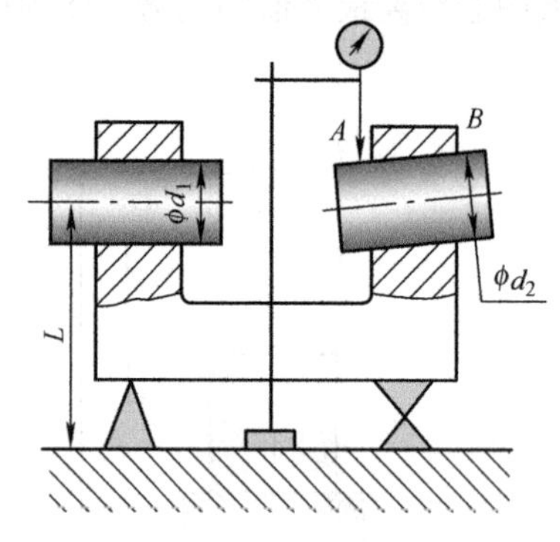

图3-114　用打表法测同轴度（二）

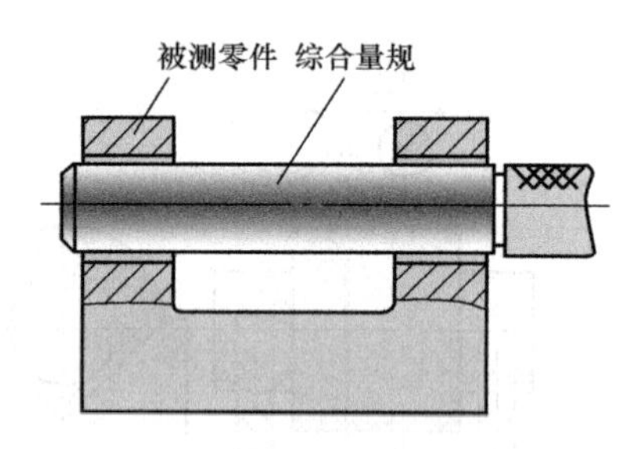

图3-115　用综合量规检验同轴度

2. 同轴度误差的评定

评定同轴度误差时，其定位最小区域是指以基准轴线为轴线，包容实际被测轴线，具有最小直径ϕf的圆柱面，圆柱面上至少有一点与被测轴线接触，如图3-116所示。

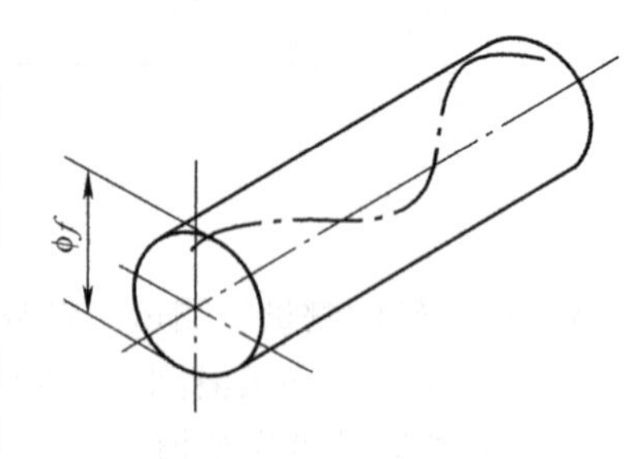

图3-116　评定同轴度准则

由于同轴度误差是由被测轴线相对基准轴线平移或倾斜造成的，因此，同轴度误差是被测实际轴线对基准轴线最大变动量的两倍。例如，用圆度测量仪测量同轴度误差进行数据处理时，先根据基准轮廓要素的测得值求出基准轴线后，再根据被测轮廓要素的测得值，求出各横截面内的轮廓，各轮廓中心至基准轴线的距离中取最大值的两倍作为所求同轴度的误差值。

3. 对称度误差的测量

（1）面对基准中心平面对称度误差的测量

1）打表法。

所用设备：平板、指示表、测量架。

测量方法：零件的对称度误差可采用图 3-117 所示方法测量。首先将被测件和带指示表的测量架放在平板上，使指示表测头与被测面①接触，测出①面上各点到平板的距离。再将被测件翻转，测出②面上各点到平板的距离。取两测量截面内对应测点的最大差值，作为该件的对称度误差值。

2）定位块模拟打表法。

所用设备：平板、定位块、指示表、测量架。

测量方法：大型零件由于翻转不便，可采用图 3-118 所示的方法测量。将被测件放在两块平板中间，将定位块插入槽内，以定位块的对称中心面来模拟被测中心面，在被测件的两侧分别测出定位块与上、下平板之间的距离 a_1 和 a_2，则该件的对称度误差值为

$$f = |a_1 - a_2|_{max}$$

如定位块长度大于被测要素的长度尺寸时，其误差值可按比例进行折算。

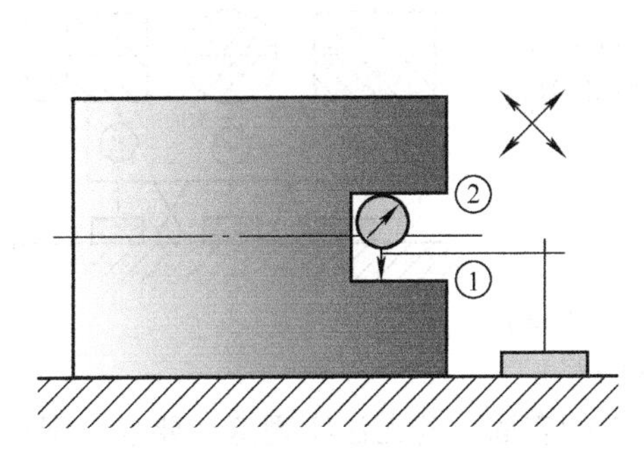

图 3-117　用打表法测对称度（一）

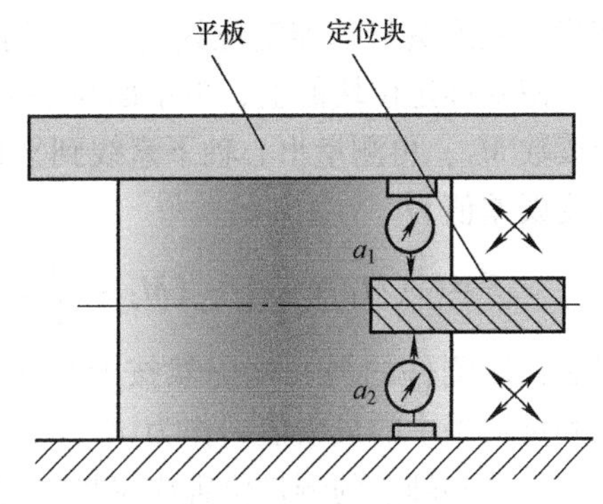

图 3-118　用打表法测对称度（二）

（2）面对线对称度误差的测量

所用设备：平板、V 形块、定位块、指示表、测量架。

测量方法：图 3-119 所示为打表法测量键槽对称中心面对基准轴线对称度误差的方法。在平板上放置 V 形块和带指示表的测量架，V 形块有槽口，内放置有被测轴。在被测轴的键槽内装定位块。基准轴线由 V 形块模拟，被测中心平面由定位块模拟，调整被测轴使定位块沿径向与平板平行。在键槽长度两端的径向截面内测量定位块至平板的距离。再将被测轴旋转 180°后重复上述测量，得到两径向测量截面内的距离差之半 Δ_1 和 Δ_2。对称度误差可表示为

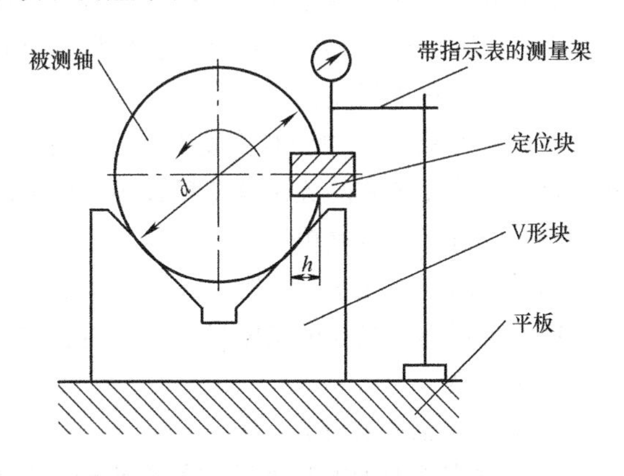

图 3-119　用打表法测对称度（三）

$$f = [2\Delta_2 h + d(\Delta_1 - \Delta_2)]/(d - h)$$

式中　d——轴的直径；

h——键槽深度；

Δ_1——键槽一端径向测量截面内的距离差之半；

Δ_2——键槽另一端径向测量截面内的距离差之半，以绝对值大者为Δ_1，小者为Δ_2。

（3）轴线对基准中心对称误差的测量

1）打表法。

所用设备：平板、固定支承和可调支承、外径千分尺、心轴、基准定位块、指示表、测量架。

测量方法：图3-120所示为测量孔的轴线对两槽的对称中心面的对称误差的方法。基准中心平面由基准定位块模拟，被测轴线由心轴来模拟。

首先将两基准定位块插入两槽内，将心轴插入被测孔内，再通过固定支承和可调支承将被测件置于平板上。

用外径千分尺分别测出心轴的实际直径 d 和基准定位块的实际厚度 a。

使指示表测头与基准定位块的下平面接触，调整可调支承，使基准定位块的上、下平面与平板工作面平行，并记录读数 M_1，再测量出心轴下素线到平板的距离 M_2，则对称度误差值为

$$f=\left|\left(M_1+\frac{a}{2}\right)-\left(M_2+\frac{d}{2}\right)\right|$$

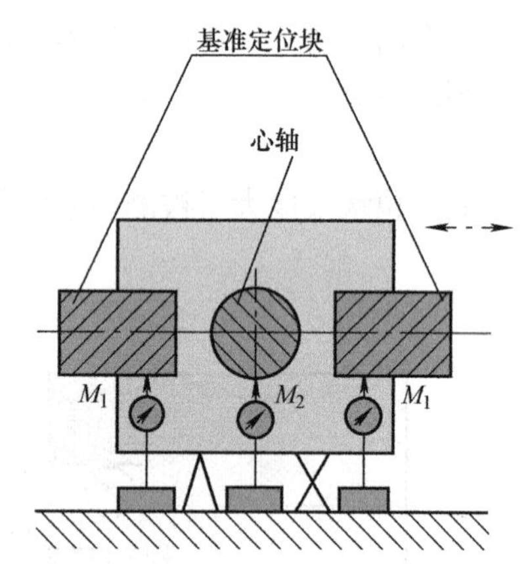

图3-120　用打表法测对称度（四）

然后在被测件的另一端仍然按上述步骤进行测量，取两次测量结果中的最大值，作为该件的对称度误差。

注意，在心轴上的测量位置应尽量靠近被测件的表面，若无法实现这一要求，则根据测量长度与被测轴线长度的实际值进行折算。

2）壁厚差法。

所用设备：卡尺。

测量方法：对一些零件的对称度误差，可用壁厚差法测量，如图3-121所示。用卡尺等量具在 B、D 和 C、F 处测量零件的壁厚，然后计算 B、D 和 C、F 的壁厚差，取其中较大的值作为该件对称度误差值。

（4）用综合量规检验对称度误差　对于大批生产的零件，其基准要素和被测要素的尺寸公差与对称度公差的关系遵守最大实体原则时，可用综合量规来检验零件的对称度误差。

所用设备：综合量规。

测量方法：如图3-122所示，综合量规的两个定位块宽度为基准槽的最大实体尺寸，综合量规的直径为被测孔的实体尺寸。在检验时，综合量规如能顺利通过被测件，则该件的对称度误差合格。

4. 对称度误差的评定

（1）评定面对面对称度误差的最小包容区域　以基准中心平面为对称平面的两平行平面来包容被测实际中心平面，并且被测实际中心平面上至少有两点分别与两平行平面接触，如图3-123所示。

（2）评定面对线对称度误差的最小包容区域　以过基准轴线的平面为对称平面的两平行平面来包容被测实际中心平面，并且被测实际中心平面上至少有两点分别与两平行平面接

触，如图 3-124 所示。

（3）评定线对面对称度误差的最小包容区域 以基准中心平面为对称平面的两平行平面来包容被测实际轴线，并且被测实际轴线上至少有两点分别与两平行平面接触，如图 3-125所示。

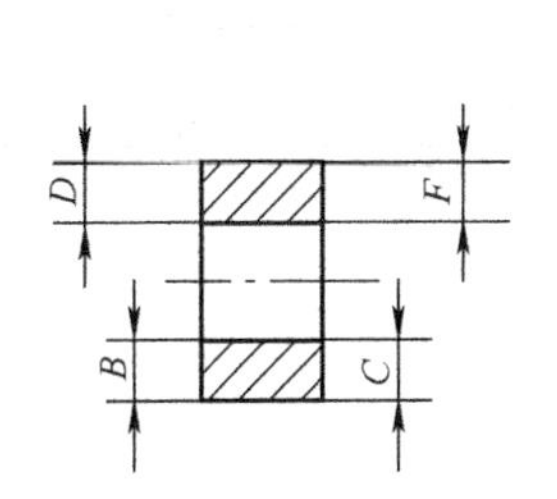

图 3-121 壁厚差法测对称度

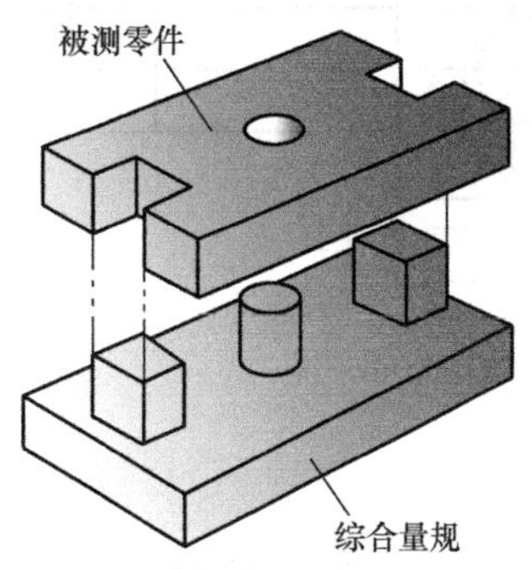

图 3-122 用综合量规检验对称度

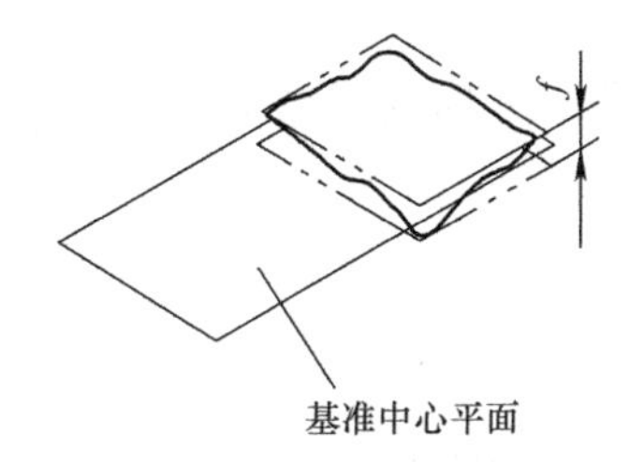

图 3-123 判定对称度准则（一）

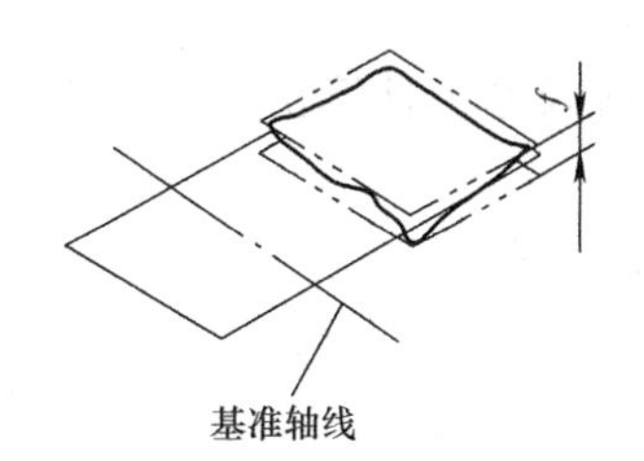

图 3-124 判定对称度准则（二）

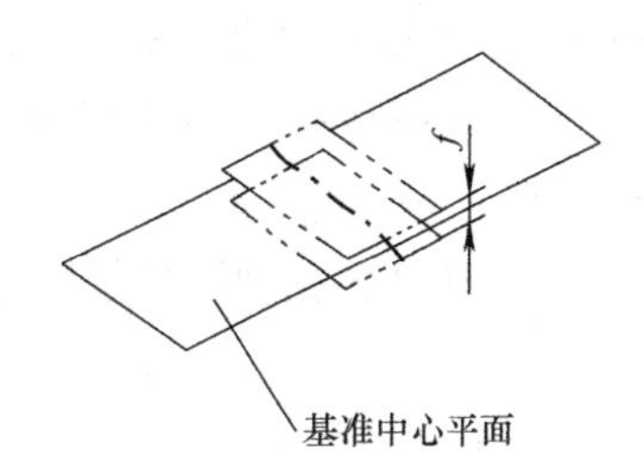

图 3-125 判定对称度准则（三）

5. 位置度误差的测量

（1）点的位置度误差的测量 图 3-126a 所示为零件点的位置度误差，可在图 3-126b 所示的装置上测量。

首先将标准件放入回转定心夹头中定位，再将标准钢球放在标准件的球面内，带指示表的测量架放在平板上，并使测量架上两个指示表的测头分别与标准钢球的垂直直径和水平直径处接触，并调零。然后取下标准件，换上被测件，以同样的方法，使两指示表的测头再与标准钢球的垂直直径和水平直径处接触（指示表零位不能调零），转动被测件，在一周内观察指示表的读数变化，取水平方向指示表最大读数差的一半作为相对基准 A 的径向误差 f_x，并在垂直方向直接读取相对基准 B 的轴向误差值 f_y，则被测点的位置度误差值为

$$f = 2\sqrt{f_x^2 + f_y^2}$$

（2）线的位置度误差测量

1）用三坐标测量机测量。可用三坐标测量机测量图 3-127 所示零件各孔轴线的位置度误差。测量步骤如下。

① 将被测件置于三坐标测量机的工作台上，基准面 A 朝上，并尽量调整使其与工作台面平行，基准面 B、C 尽量分别与仪器 x、y 向平行。

② 用测头在 A、B、C 三个基准面上分别采样若干点，分别测量出基准面 A、B、C。

③ 以基准 A、B、C 建立工件坐标系，其中基准面 A 确定 z 轴正方向，基准面 B 确定 y

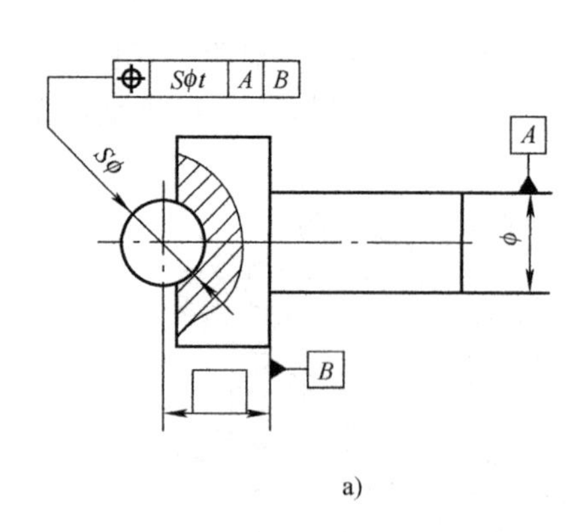

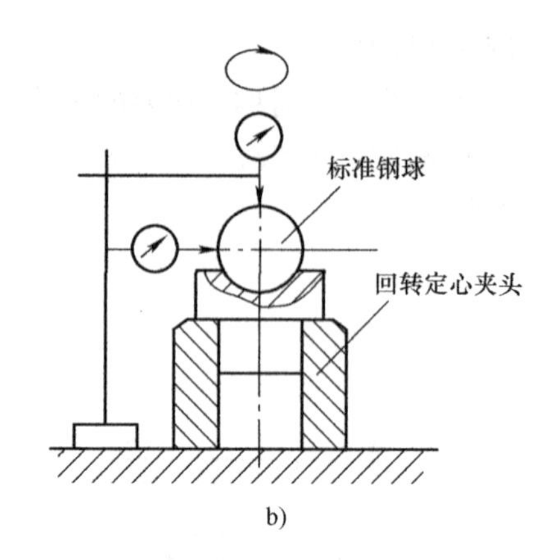

图3-126 测量点位置度示意图

轴负方向，基准面 A、B、C 的交点作为坐标系的零点。

④ 用测头分别在1～6孔采样若干点，并向 A 基准面投影，测出1～6孔特征，其中心的 x、y 坐标分别记为 x_1，y_1；x_2，y_2；…；x_6，y_6。

⑤ 根据各孔中心的理论正确尺寸，计算出各孔中心在 x 和 y 方向的误差值：f_{1x}，f_{1y}；f_{2x}，f_{2y}；…；f_{6x}，f_{6y}。

⑥ 计算各孔轴线的位置度误差值：

$$f_1 = 2\sqrt{f_{1x}^2 + f_{1y}^2};f_2 = 2\sqrt{f_{2x}^2 + f_{2y}^2};\cdots;f_6 = 2\sqrt{f_{6x}^2 + f_{6y}^2}$$

取其中最大值作为该件的位置度误差值，即 $f = \max[f_1,f_2,f_3,f_4,f_5,f_6]$。

2）用万能工具显微镜测量。图3-128所示零件的位置度误差可在万能工具显微镜上配以光学分度台、双像目镜头等附件测量。测量步骤如下。

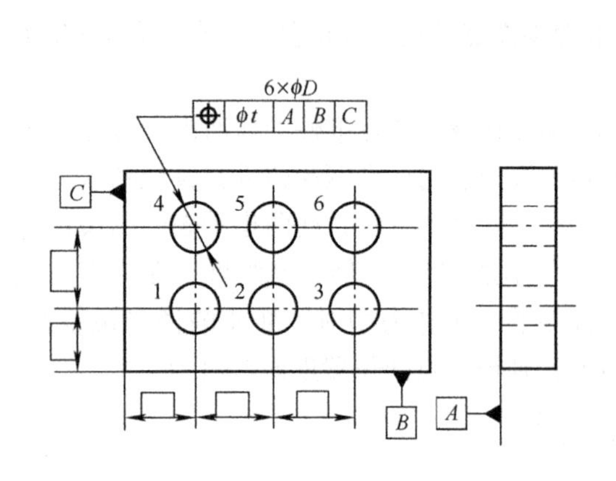

图3-127 有线位置度要求的零件（一）

图3-128 有线位置度要求的零件（二）

① 在仪器的主显微镜内安装1倍物镜，并将光学分度台安装在仪器纵向拖板的中心位置。

② 将被测件放在光学分度台的玻璃工作台上，移动纵、横向拖板，调整被测件位置，使 B、C 两基准面分别与仪器纵、横运动方向平行，并在纵、横读数显微镜中分别读数 a 和 b。

③ 确定被测孔中心理论正确位置的坐标值（图中第 8 孔位置）：

$$x_0 = a + 30 + 20 = a + 50$$

$$y_0 = b + 30$$

④ 取下测角目镜，换上双像目镜，移动纵向拖板，使第 8 孔的双像出现在目镜内，调焦使双像清晰后，继续移动纵、横向拖板使双像完全重合，读数 x_8，y_8。则第 8 孔的位置度误差值为

$$f_8 = 2\sqrt{(x_8 - x_0)^2 + (y_8 - y_0)^2}$$

⑤ 将光学分度台沿顺时针方向转动 45°，使图 3-123 中 1 孔双像出现在目镜内，重复上述操作，读数 x_y，y_1。则 1 孔的位置度误差值为

$$f_1 = 2\sqrt{(x_1 - x_0)^2 + (y_1 - y_0)^2}$$

⑥ 以同样的方法分别测出 2 ~7 孔的位置度误差 f_2 ~f_7，最后，取其中最大值作为该件的位置度误差值，即 $f = f_{i\max}$。

3）用投影仪检验。利用透明的薄板型材料，如有机玻璃、描图纸等，模拟被测件最不利的装配状态，按一定的放大倍数绘制放大图形，然后在投影仪上以相同放大倍数将被测件的影像显示出来，并与放大图形比较，观察被测件的影像是否与放大图形产生干涉，如果不产生干涉（即两者之间无覆盖处），则说明被测件的位置度误差合格。

4）用综合量规检验。在大量生产中，孔组轴线对基准面的位置度误差可用综合量规来检验，如图 3-129 所示。

综合量规销的直径就等于被测孔的实效尺寸，综合量规各销位置与被测孔的理想位置相同。测量时，综合量规应通过被测件孔组，并与被测件的基准面相接触。

（3）面的位置度误差的测量　零件面的位置度误差，可在如图 3-130 所示的装置上用打表法测量。首先，根据被测件的技术条件制作专用测量架和标准件。将标准件装入专用测量架的基准孔内，并以基准端面定位，使指示表的测头与斜平面接触，调整标准件在专用测量架上的位置，使指示表的读数差为最小，再将指示表调零。取出标准件，换上被测件，重复上述调整操作（指示表零位不能动），整个被测表面上测量若干点，将指示表读数的最大值（绝对值）乘以 2，作为该件的位置度误差值。

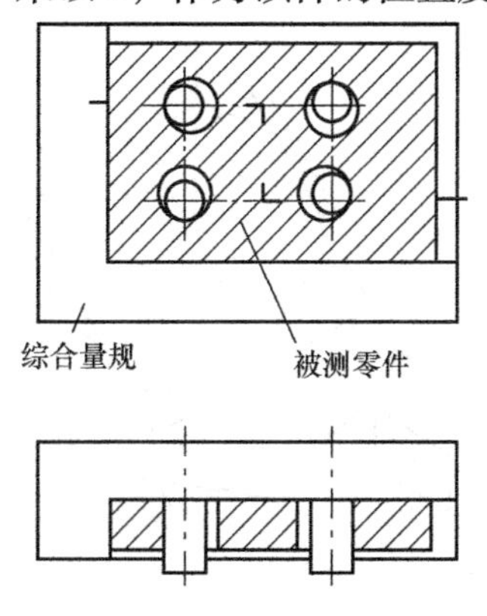

图 3-129　用综合量规检验位置度

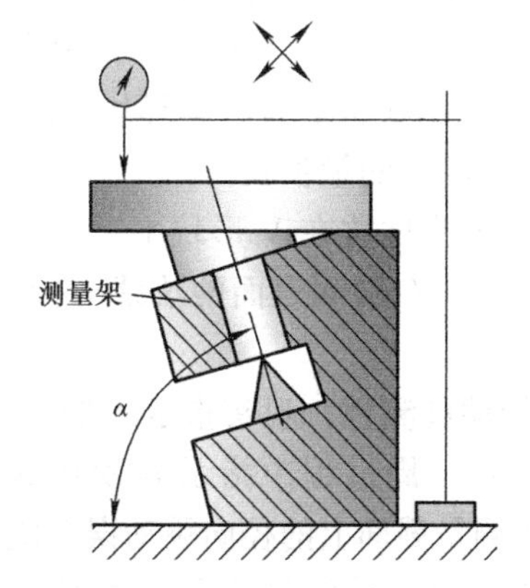

图 3-130　用打表法测位置度

6. 位置度误差的评定

（1）点的位置度误差的评定　评定空间点的位置度误差的最小包容区域，用由基准表

面（或直线）和理论正确尺寸确定的球面来包容被测实际点，如图 3-131a 所示。

评定平面内点的位置度误差的最小包容区域，用由基准直线和理论正确尺寸确定的圆来包容被测实际点，如图 3-131b 所示。

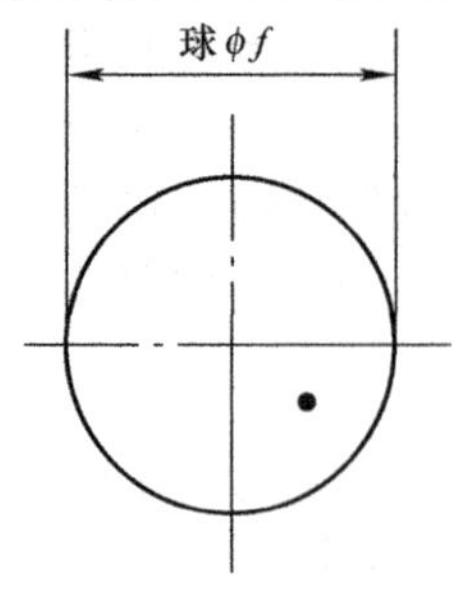

a) 空间点的位置度误差

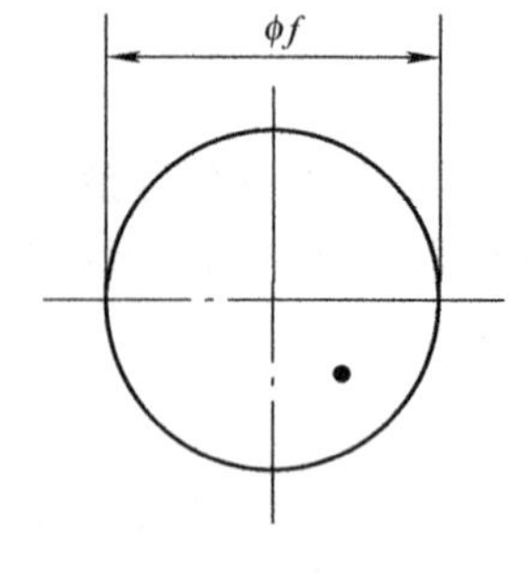

b) 平面内点的位置度误差

图 3-131　判定位置度准则（一）

(2) 线的位置度误差的评定　评定空间线的位置度误差的最小包容区域，由基准直线（或基准面）和理论正确尺寸确定的定位最小包容区域的直径或宽度，如图 3-132所示。

评定平面内线的位置度误差的最小包容区域，由基准直线和理论正确尺寸确定的定位最小包容区域的宽度，如图 3-133 所示。

(3) 面的位置度误差的评定　评定面的位置度误差的最小包容区域，用由各基准要素和理论正确尺寸确定的两平行平面来包容被测实际面，如图 3-134 所示。

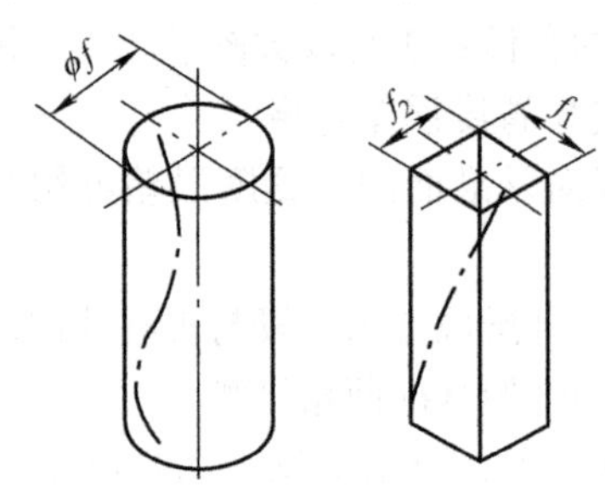

图 3-132　判定位置度准则（二）

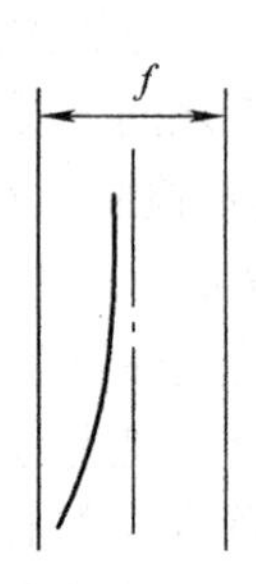

图 3-133　判定位置度准则（三）

（三）跳动误差的检测

1. 圆跳动误差的测量

(1) 径向圆跳动误差的测量

所用设备：平板、V 形块、指示表、测量架。

1）图 3-135 所示为在 V 形块上测量径向圆跳动误差的方法。测量步骤：

① 将被测件放在 V 形块上，并在轴向定位。使指示表测头在被测表面的法线方向与被测表面接触。

② 转动被测件，观察指示表的示值变化，在被测件回转一周过程中指示表读数的最大差值，即为单个测量截面上的径向跳动误差值。

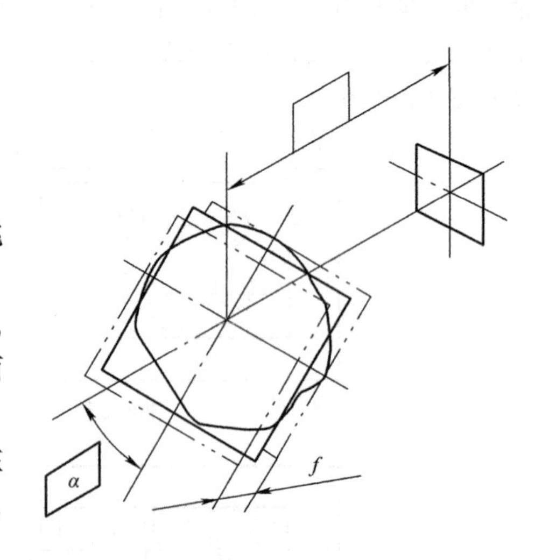

图 3-134　判定位置度准则（四）

③ 按上述方法测量若干个截面，取各截面上测得的跳动量中的最大值，作为该件的径向圆跳动的误差值。

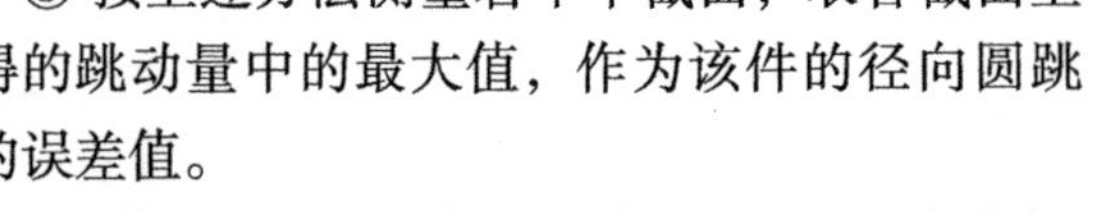

2）若被测件有顶尖孔，并以此顶尖孔定位加工出的被测表面，则可用两顶尖的连线来

模拟体现基准轴线。测量时，将被测件安装在两顶尖之间，如图 3-136 所示，其测量方法同上。

3）对于以孔轴线为基准轴线的径向圆跳动误差，可用图 3-137 所示的方法测量。测量步骤：

① 将导向心轴穿入基准孔内，同时安装在两顶尖（或 V 形块）之间，指示表在被测表面的法线方向与被测表面接触。

② 转动被测件，在一周过程中，指示表读数的最大差值，即为单个测量截面上的径向圆跳动误差值。

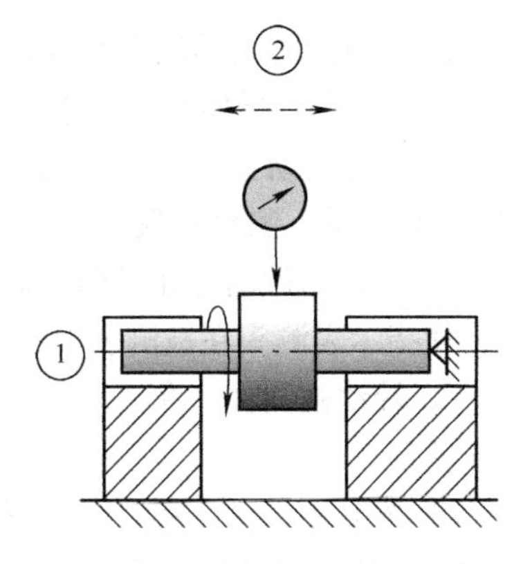

图 3-135　用打表法测径向圆跳动误差（一）

（2）轴向圆跳动误差的测量

所用设备：平板、V 形块、指示表、测量架、定位装置。

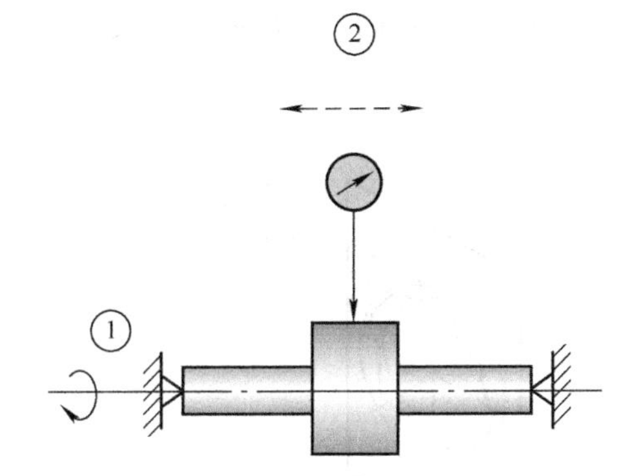

图 3-136　用打表法测径向圆跳动误差（二）

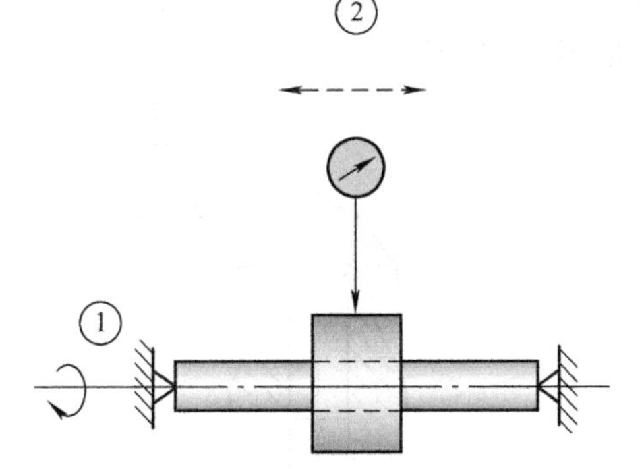

图 3-137　用打表法测径向圆跳动误差（三）

1）轴向圆跳动（又称端面跳动）误差，常用图 3-138 所示的方法测量。测量步骤：

① 将被测件置于 V 形块上，并在轴向定位，使指示表测头平行于基准轴线与被测端面接触。

② 转动被测件，在一周过程中，指示表读数的最大差值，即为该测量圆柱面上的轴向圆跳动误差值。

③ 按上述方法，测量若干个圆柱面，取各测量圆柱面上测得跳动量中的最大值，作为该零件的轴向圆跳动误差值。

2）对于以孔轴线为基准轴线的轴向圆跳动误差，可以用图 3-139 所示的方法测量。测量方法：将导向心轴穿入基准孔内，并安装在 V 形块（或顶尖）上，指示表测头在平行于基准轴线的方向上与被测端面接触。测量方法及数据处理同上。

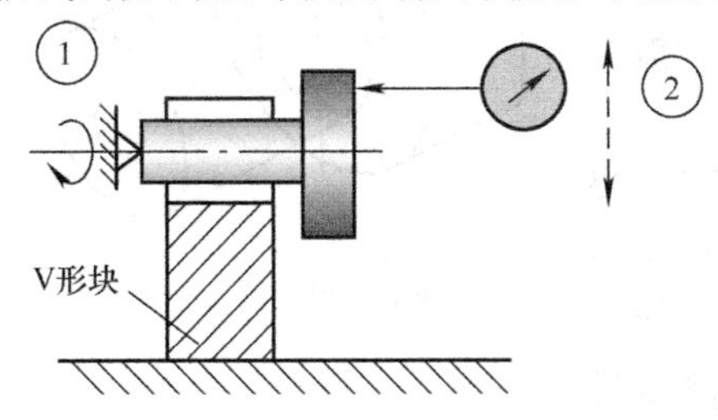

图 3-138　用打表法测轴向圆跳动误差（一）

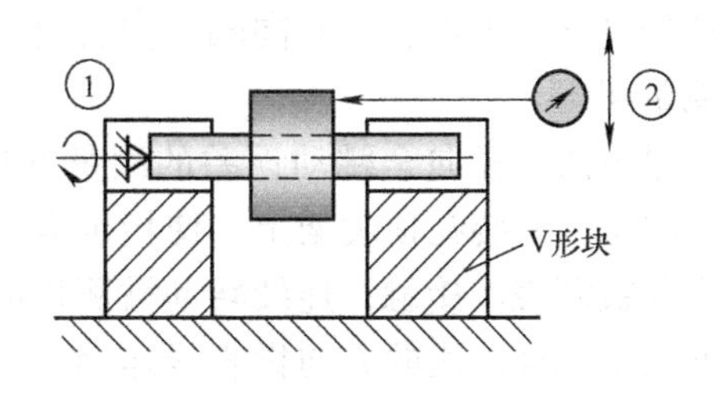

图 3-139　用打表法测轴向圆跳动误差（二）

(3) 斜向圆跳动误差的测量

所用设备：导向套筒、指示表、测量架。

斜向圆跳动误差，一般是以导向套筒的孔轴线来模拟体现基准轴线，测量方法如图 3-140所示。测量步骤：

① 将被测件固定在导向套筒内，导向套筒与被测件为间隙配合，并使被测件在轴向固定，使指示表测头在被测表面的法线方向与其接触。

② 转动被测件，在一周过程中，指示表读数最大值，即为被测圆锥截面上的斜向圆跳动误差值。

③ 按上述方法，在若干个圆锥截面上测量，取各测量圆锥上测得的跳动量中的最大值，作为该零件的斜向圆跳动误差值。

2. 圆跳动误差的评定

(1) 径向圆跳动误差的评定　径向圆跳动误差的最小包容区域，是在垂直于基准轴线的任一测量截面内，半径差为最大跳动量两同心圆之间的区域，该同心圆的圆心在基准轴线上，如图 3-141 所示。

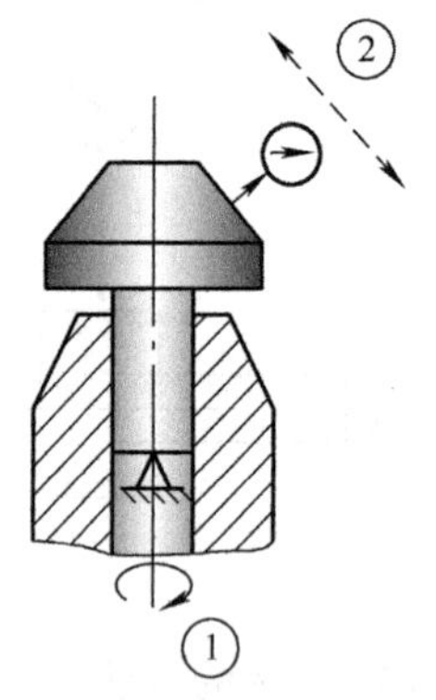

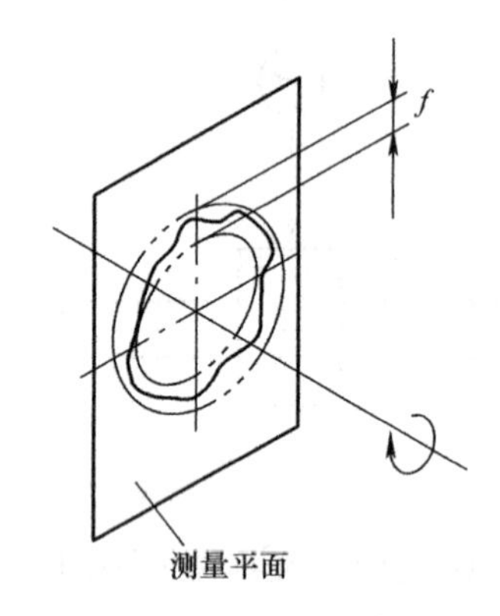

图 3-140　用打表法测量斜向圆跳动误差　　图 3-141　判定径向圆跳动误差准则

(2) 轴向圆跳动误差的评定　轴向圆跳动误差的最小包容区域，是与基准轴线同轴的、任一测量圆柱面上一段长度为最大跳动量的圆柱表面的区域，如图 3-142 所示。

(3) 斜向圆跳动误差的评定　斜向圆跳动的最小包容区域，是与基准轴线同轴的任意一测量圆锥面上，沿直素线方向、长度为最大跳动量的圆锥表面的区域。

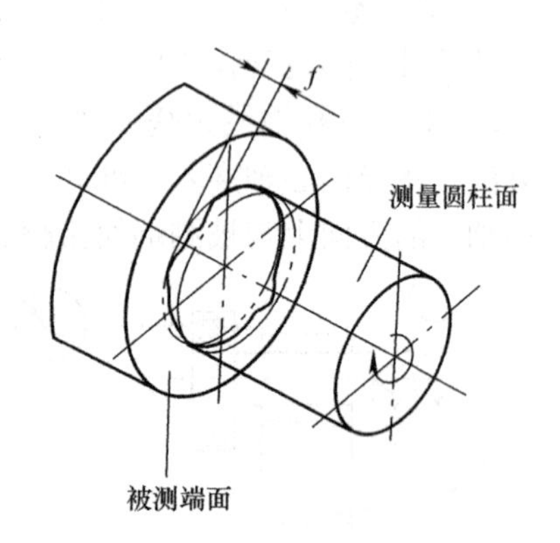

图 3-142　判定轴向圆跳动误差准则

3. 全跳动误差的测量

(1) 径向全跳动误差的测量

所用设备：平板、一对同轴导向套筒、支承、指示表、测量架。

测量方法：径向全跳动误差的测量方法如图 3-143 所示，将工件安装在顶尖架上，使指示表的测头在法线方向上与被测表面接触，连续转动被测件的同时，使指示表测头沿基准轴线的方向做直线运动，在整个测量过程中指示表读数的最大差值，即为该件的径向全跳动误差值。

（2）轴向全跳动误差的测量　轴向全跳动误差的测量方法如图 3-144 所示，基准轴线由导向套筒的轴线来模拟（也可用 V 形块来模拟）。

所用设备：平板、支承、导向套筒、指示表、测量架。

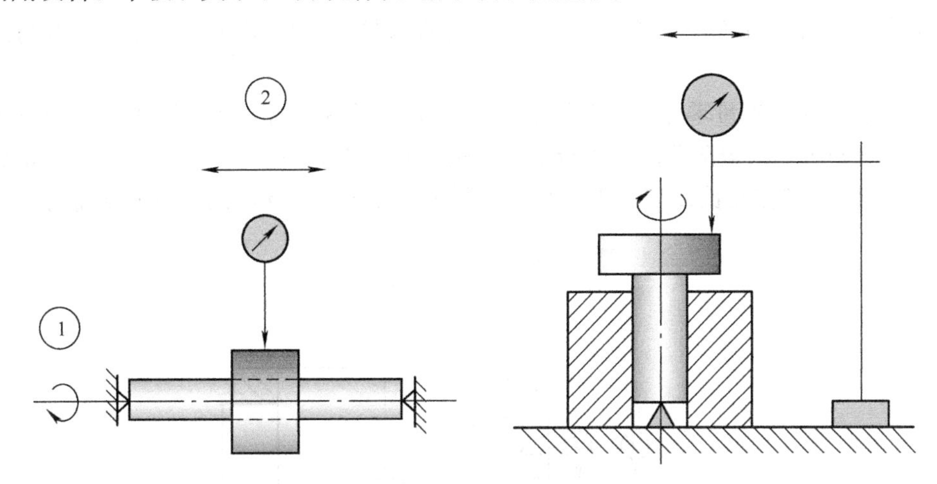

图 3-143　用打表法测径向全跳动误差　　图 3-144　用打表法测轴向全跳动误差

测量方法：将被测件支承在导向套筒内，并在轴向固定，调整导向套筒，使其轴线垂直于平板工作面。使指示表测头平行于轴线与被测端面接触，连续转动被测件，并使指示表沿被测端面的直径方向做直线移动，在整个测量过程中指示表读数的最大差值，即为该件的轴向全跳动误差值。

4. 全跳动误差的评定

（1）径向全跳动误差的评定　径向全跳动误差的最小包容区域，是与基准轴线同轴的半径差为最大跳动量的两同轴圆柱体之间的区域，如图 3-145 所示。

（2）轴向全跳动误差的评定　轴向全跳动误差的最小包容区域，是与基准轴线垂直的距离为最大跳动量的两平行平面之间的区域，如图 3-146 所示。

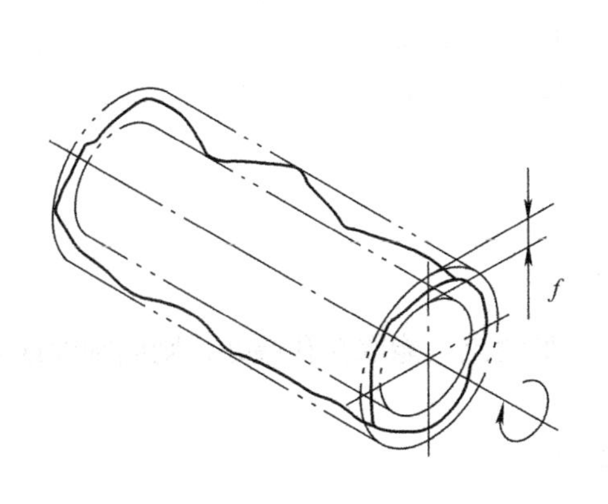

图 3-145　判定径向全跳动误差准则

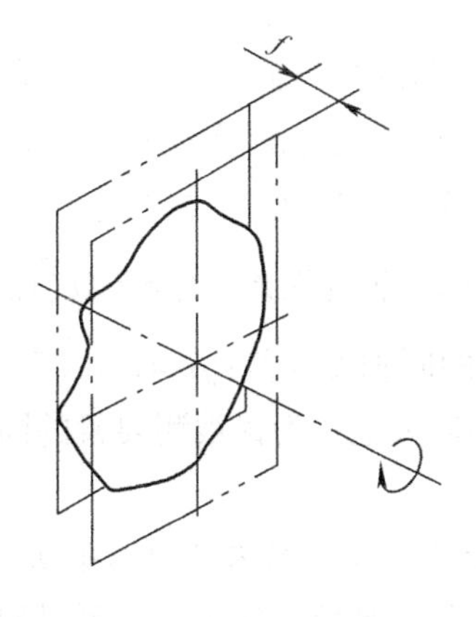

图 3-146　判定轴向全跳动误差准则

（四）箱体零件位置误差检测

如图 3-72 所示的箱体零件，其所标注垂直度误差、同轴度误差、对称度误差、位置度误差检测方法如下。

1. 孔轴线对端面垂直度误差的检测

（1）使用仪器　平板、千斤顶、带指示表的测量架、可调支承、心轴、直角尺、钢直尺。

（2）检测方法　测量零件要求如图 3-147 所示，调整可调支承，使 A 端面与直角尺接触无光隙。将心轴插入被测孔内，用指示表在轴上相距 L_2 的 a、b 两处进行测量，得到读数分别为 M_a、M_b，则在孔长 L_1 上，被测轴线在图示截面内对右端面的垂直度误差为

$$f_{\perp}=|M_a-M_b|\frac{L_1}{L_2}$$

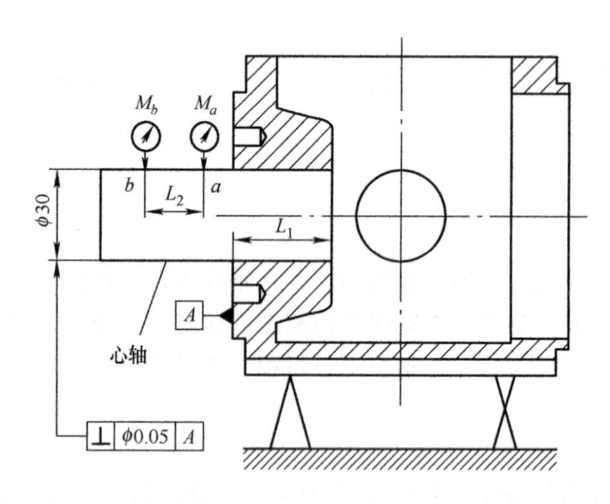

图 3-147　孔轴线对端面的垂直度公差

2. 两孔轴线同轴度误差的检测

（1）使用仪器　平板、千斤顶、带指示器的测量架、两根心轴。

（2）检测方法　测量零件要求如图 3-148 所示，将两根心轴分别插入基准孔 d_1 和被测孔 d_2 内，在基准孔心轴 c、d 两点打表，调整千斤顶使基准轴线与平板平行，在靠近被测孔端心轴上方 a、b 两点测量，并求出该两点分别与理论高度为（$L+d_2/2$）的差值 f_{ax} 和 f_{bx}，然后把被测零件翻转 90°，按上述方法测取 f_{ay} 和 f_{by}。

a 点处的同轴度误差：$f_a=2\sqrt{(f_{ax})^2+(f_{ay})^2}$

b 点处的同轴度误差：$f_b=2\sqrt{(f_{bx})^2+(f_{by})^2}$

取其中较大值作为该被测要素的同轴度误差。如测点不能取在孔端处，则同轴度误差可按比例折算。

3. 槽的中心平面对零件中心平面对称度的检测

所用设备：平板、指示表、测量架。

测量方法：零件的对称度误差，可采用图 3-149 所示方法测量。首先将被测件和带指示

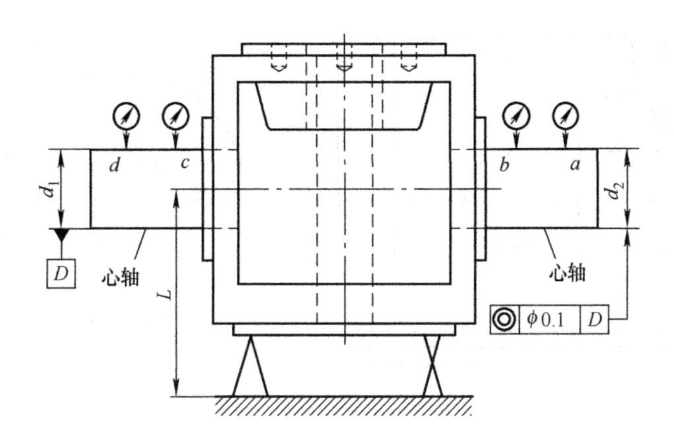

图 3-148 两孔轴线同轴度公差

表的测量架放在平板上，使指示表测头与被测面①接触，测出①面上各点到平板的距离。再将被测件翻转，测出②面上各点到平板的距离。取两测量面内对应测点的最大差值，作为该件的对称度误差值。

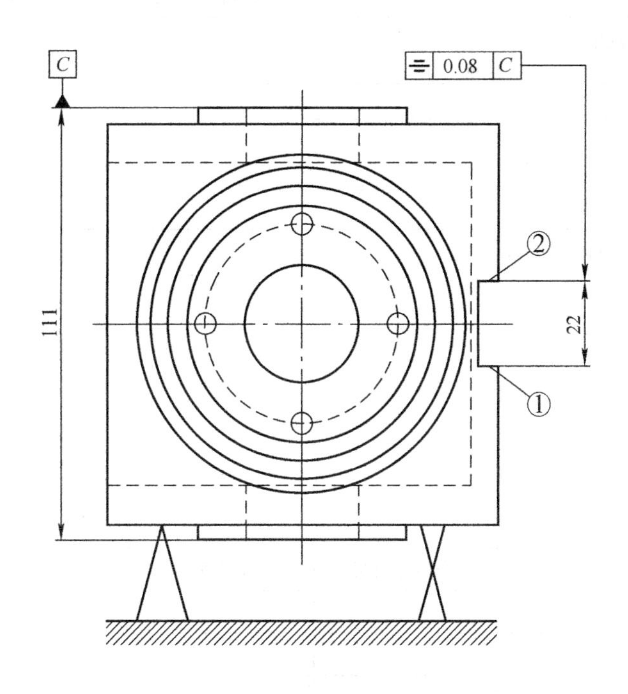

图 3-149 槽的中心平面对零件中心平面对称度公差

4. 位置度误差的检测

所用设备：平板、位置度综合量规。

测量方法：箱体位置度公差如图 3-150 所示，将位置度综合量规插入孔中，即为合格。

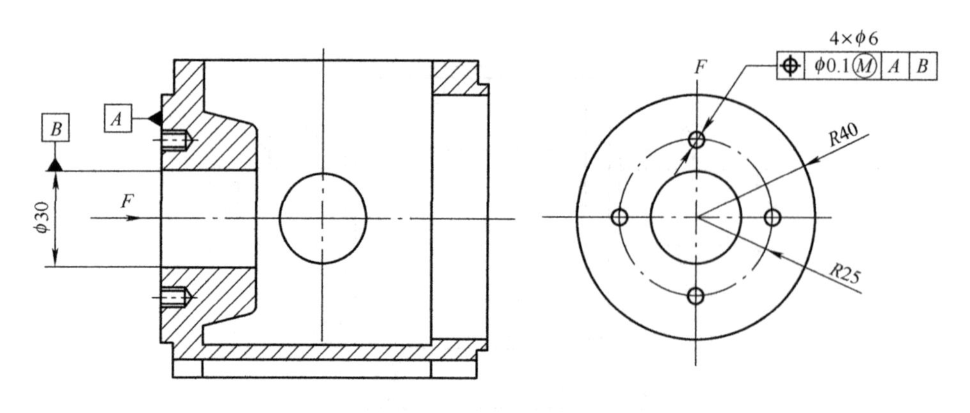

图 3-150　箱体位置度公差

五、检测结果的处理

检　测　报　告			
课程名称	工业产品几何量检测	项目名称	零件几何误差检测
班级/组别		任务名称	零件位置误差检测

所用计量器具的名称及规格

名称____________　　规格____________

画测量简图并标注检测项目及其公差

检测项目	误差值	合格性判断	检测项目	误差值	合格性判断

姓名	班级	学号	审核	成绩

六、任务检查与评价

（一）小组互评表

课程名称	工业产品几何量检测	项目	零件几何误差检测				
班级/组别		工作任务	零件位置误差检测				
评价人签名（组长）：		评价时间：					
评价项目	评价指标	分值	组员成绩评价				
敬业精神 （20 分）	不迟到、不早退、不旷课	5					
	工作认真，责任心强	8					
	积极参与任务的完成	7					
专业能力 （50 分）	基础知识储备	10					
	对检测步骤的理解	7					
	检测工具的使用熟练程度	8					
	检测步骤的规范性	10					
	检测数据处理	6					
	检测报告的撰写	9					
方法能力 （15 分）	语言表达能力	4					
	资料的收集整理能力	3					
	提出有效工作方法的能力	4					
	组织实施能力	4					
社会能力 （15 分）	团队沟通	5					
	团队协作	6					
	安全、环保意识	4					
总分		100					

（二）教师对学生评价表

班　级		课程名称	工业产品几何量检测				
评价人签字：		学习项目	零件几何误差检测				
工作任务	零件位置误差检测		组别				
评价项目	评价指标	分数	成　　员				
目标认知程度	工作目标明确，工作计划具体、结合实际，具有可操作性	10					
思想态度	工作态度端正，注意力集中，能使用各种资源进行相关资料收集	10					
团队协作	积极与团队成员合作，共同完成小组任务	10					
专业能力	正确理解位置误差检测原理 检测工具使用方法正确，检测过程规范	40					
	检测报告完成情况	30					
总分		100					

（三）教师对小组评价表

班级/组别		课程名称	工业产品几何量检测
学习项目	零件几何误差检测	工作任务	零件位置误差检测
评价项目	评价指标	评分	教师评语
资讯（15分）	工作任务分析 查阅相关仪器结构图和检测原理		
计划（10分）	小组讨论，达成共识，制订初步检测计划		
决策（15分）	位置误差检测工具的选择 确定检测方案，分工协作		
实施（25分）	检测箱体位置度误差，提交检测报告		
检查（15分）	对检测过程进行检查，分析可能存在的问题		
评价（20分）	小组成员轮流发言，提出优点和值得改进的地方		

课后练习

一、填空题

1. 面对面平行度误差的测量方法有________、________、________、________。

2. 对于大型翻转不便的零件，可以用________的方法检测对称度。

3. 线位置度的检测方法有________、________、________、________。

4. 圆跳动公差包括________、________、________。

5. 全跳动公差包括________、________。

6. 套筒零件如图3-151所示，被测要素采用的公差原则是____________________，最大实体尺寸是__________mm，最小实体尺寸是__________mm，实效尺寸是__________mm，垂直度公差给定值是__________mm，垂直度公差最大补偿值是__________mm。设孔的横截面形状正确，当孔实际尺寸处处都为ϕ60mm时，垂直度公差允许值是__________mm；当孔实际尺寸处处都为ϕ60.10mm时，垂直度公差允许值是__________mm。

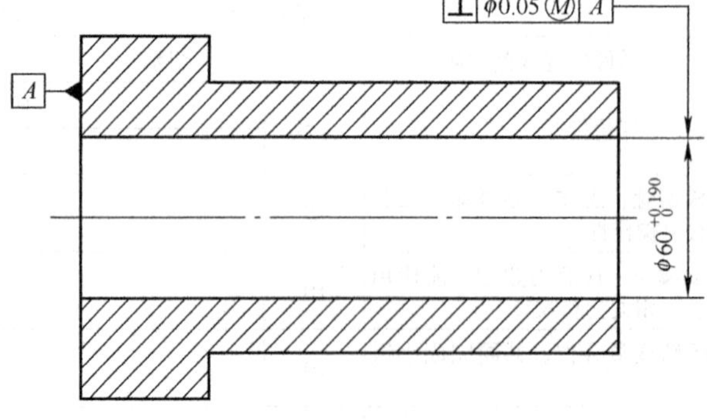

图3-151　套筒零件

二、综合题

1. 轴零件如图3-152所示，被测要素采用的公差原则是____________________，最大实体尺寸是__________ mm，最小实体尺寸是__________ mm，实效尺寸是__________ mm，当该轴实际尺寸处处加工到 ϕ20mm 时，垂直度误差允许值是__________ mm；当该轴实际尺寸处处加工到 ϕ19.98mm 时，垂直度误差允许值是__________ mm。

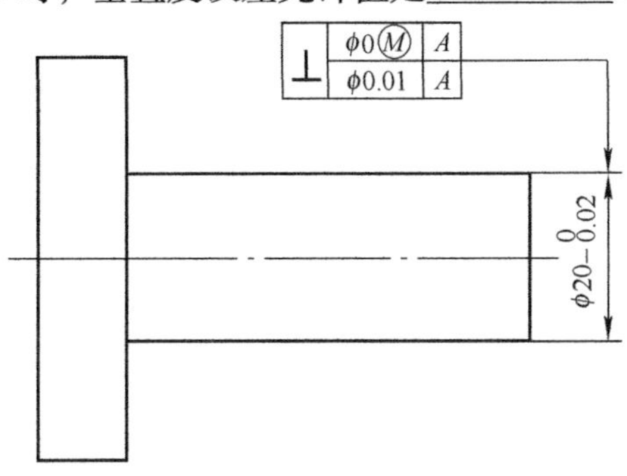

图 3-152　轴零件

2. 怎样检测以外圆柱面轴线为基准的轴向圆跳动误差?

3. 几何量测量包括形状测量与相互位置测量，请指出直线度、平行度、平面度、垂直度、圆度、同轴度、位置度、倾斜度、圆柱度等测量中，哪些属于几何形状测量? 哪些属于相互位置测量?

4. 用分度值 0.01mm/m 的合像水平仪检零件的平行度，其跨距为 100mm，检定记录见表 3-8，用作图法求此平行度误差。

表 3-8　平行度测量记录表

测量位置	0～100	100～200	200～300	300～400	400～500	500～600	600～700	700～800	800～900	900～1000
基准读数/格	0	1	1	2	1	0	2	1	1	2
被测读数/格	5	3	4	4	6	7	8	7	2	2

5. 用分度值 0.01mm/m 的合像水平仪检零件的垂直度，其跨距为 100mm，检定记录见表 3-9，用作图法求此垂直度误差。

表 3-9　垂直度测量记录表

测量位置	0～100	100～200	200～300	300～400	400～500	500～600	600～700	700～800	800～900	900～1000
基准读数/格	0	1	2	1	1	0	0.5	1	1	2
被测读数/格	1	3	4	3	4	2	1	2	3	1

成语里的计量文化——分秒必争

这是一个与时间有关的成语，意思是一分一秒也一定要争取，形容要抓紧时间。成语出自《晋书·陶侃传》：“常语人曰：‘大禹圣者，乃惜寸阴，至于众人，当惜分阴。’”意即大禹作为圣人都要珍惜一寸光阴，我们作为普通人，更加要珍惜时间。这个成语强调了时间观念、竞争意识、忧患意识。

项目四　零件表面粗糙度检测

任务九　零件表面粗糙度检测

❖ 教学目标

1）熟悉表面粗糙度的基本知识。
2）掌握表面粗糙度样板检测零件表面粗糙度的方法。
3）掌握光切显微镜检测零件表面粗糙度的方法。
4）掌握干涉显微镜检测零件表面粗糙度的方法。
5）掌握表面粗糙度检查仪检测零件表面粗糙度的方法。
6）掌握表面粗糙度检测的数据处理及结果评定方法。
7）坚定文化自信，发扬与传承传统文化。

一、知识准备

（一）表面粗糙度概念

（1）表面粗糙度的定义　表面粗糙度是指加工表面上具有较小间距和峰谷所组成的微观几何形状误差。其实质是加工过程中刀具与零件表面间的摩擦和切削分离时表层金属发生塑性变形的结果。

（2）表面粗糙度对零件使用性能的影响

1）对摩擦及磨损的影响。当两配合表面做相对运动时，两表面的凸峰相互搓切，形成摩擦阻力。表面越粗糙，摩擦系数越大，摩擦消耗的能量越大，机器工作效率越低，使零件发热，以至互相磨损。

由于微观几何形状误差会导致实际接触面积减少，单位面积压力增大，从而使磨损加快，影响机器的寿命。

2）对配合性质的影响——影响配合性质的稳定性。

① 对具有相对运动的间隙配合：因为凸峰磨去间隙增大，表面越粗糙，间隙越大，破坏了原有配合性质。

② 对有连接要求的过盈配合：由于压入装配把粗糙表面凸峰挤平，使实际过盈量降低了，影响了连接强度。

3）对机器定位精度的影响。在零件的定位表面上，凸峰使零件表面接触面积减小，受到压力时，凸峰处会产生弹性变形和塑性变形，造成定位不稳定，产生定位误差。

4）对零件的疲劳强度影响。微观几何形状的波谷，犹如零件表面上存在许多缺口和裂纹，从而造成应力集中，越粗糙的表面对应力集中越敏感。当零件受交变载荷作用时，由于存在应力集中，会使其疲劳强度降低。此外还影响零件的接触刚度、耐蚀性、密封性、美观性。

（二）表面粗糙度的评定用术语

GB/T 3505—2009 对评定表面粗糙度的有关术语及定义做出了详细规定。

（1）取样长度 l_r　取样长度是指在 X 轴方向上（图 4-1）判别被评定轮廓不规则特征的长度。规定取样长度的目的在于限制或减弱表面波纹度对测量结果的影响。

（2）评定长度 l_n　评定长度是指用于评定被评定轮廓的 X 轴方向上的长度。由于被评定表面上各处的表面粗糙度不一定很均匀，在一个取样长度上往往不能合理地反映被测表面的表面粗糙度，所以需要在几个取样长度上分别测量，取其平均值作为测量结果，国家标准推荐 $l_n = 5l_r$。对均匀性好的表面，可选 $l_n < 5l_r$；对均匀性较差的表面，可选 $l_n > 5l_r$，如图 4-2所示。

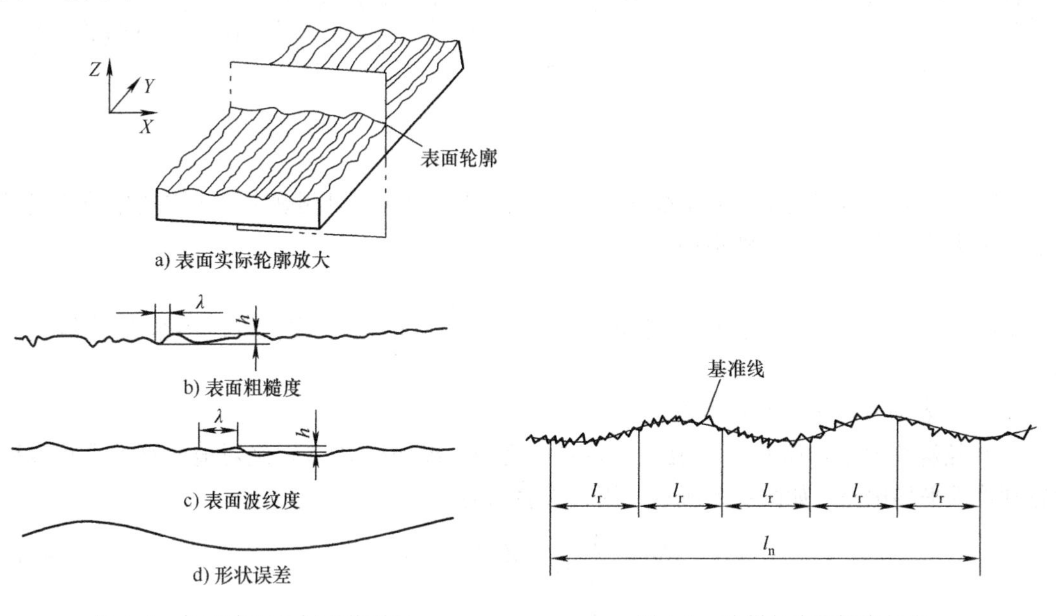

图 4-1　加工表面几何形状误差

图 4-2　取样长度和评定长度

国家标准 GB/T 1031—2009 规定的取样长度和评定长度常用值见表 4-1。

表 4-1　取样长度 l_r 和评定长度 l_n 常用值

Ra/μm	Rz/μm	l_r/mm	l_n($l_n = 5l_r$)/mm
≥0.008～0.02	≥0.025～0.10	0.08	0.4
>0.02～0.1	>0.10～0.50	0.25	1.25
>0.1～2.0	>0.50～10.0	0.80	4.0
>2.0～10.0	>10.0～50.0	2.50	12.5
>10.0～80.0	>50.0～320	8	40.0

（3）中线　中线是指具有几何轮廓形状并划分轮廓的基准线，它是评定表面结构参数值的一条参考线。中线分为如下两种：

1）轮廓最小二乘中线。指在取样长度内，使轮廓线上各点的纵坐标 $Z(X)$ 平方和为最小的线，即 $\sum_{i=1}^{n} Z_i^2$ 为最小。如图 4-3 所示 O_1O_1、O_2O_2 线为最小二乘中线。

2）轮廓算术平均中线。指在取样长度内，与轮廓走向一致并划分被测轮廓为上、下两部分，且使上部分面积之和与下部分面积之和相等的基准线，如图 4-4 所示。用公式表示，即

$$\sum_{i=1}^{n} F_i = \sum_{i=1}^{n} F_i'$$

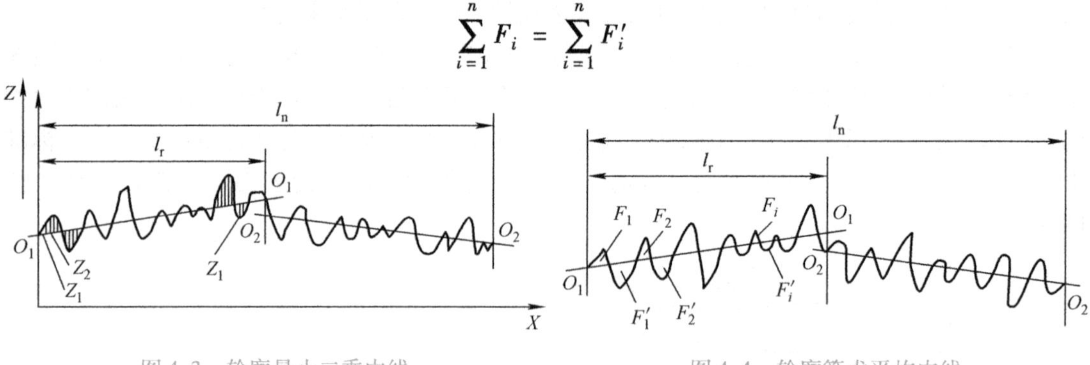

图 4-3　轮廓最小二乘中线　　　　图 4-4　轮廓算术平均中线

在轮廓图形上确定最小二乘中线的位置比较困难，通常用目测确定算术平均中线来代替最小二乘中线，因为二者差别很小。

（三）评定参数

GB/T 3505—2009 中规定的评定表面结构的参数有幅度参数、间距参数及其他相关参数。

1. 评定表面粗糙度的幅度参数

（1）轮廓算术平均偏差 Ra　在一个取样长度内，纵坐标 $Z(X)$ 绝对值的算术平均值称为轮廓算术平均偏差。如图 4-5 所示，用公式表示为

$$Ra = \frac{1}{l_r}\int_0^{l_r} |Z(X)|\,dx \tag{4-1}$$

或近似地

$$Ra = \frac{1}{n}\sum_{i=1}^{n} |Z_i| \tag{4-2}$$

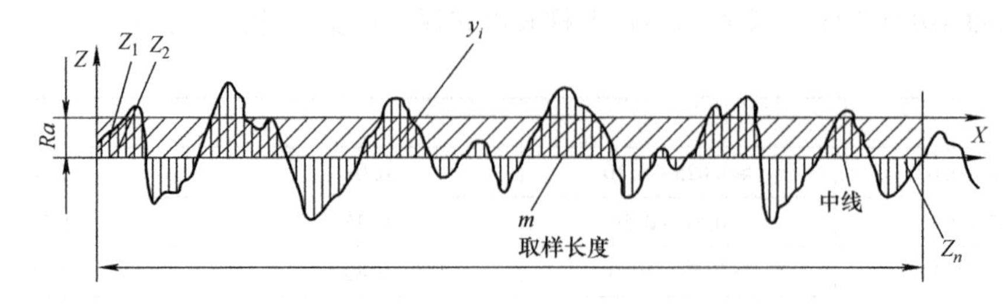

图 4-5　轮廓的算术平均偏差

测得的 Ra 值越大，则被测表面越粗糙。Ra 能客观地反映被测表面微观几何形状误差，但因受到计量器具的限制，不宜用作过于粗糙或要求太高的表面评定参数。

（2）轮廓最大高度 Rz　在一个取样长度内，轮廓最大峰高线 Z_{pmax} 和最大谷深线 Z_{vmax} 之和称为轮廓最大高度，如图 4-6 所示。用公式表示，即

$$Rz = Z_{pmax} + Z_{vmax} \tag{4-3}$$

式中，Z_{pmax}和 Z_{vmax}都取正值。

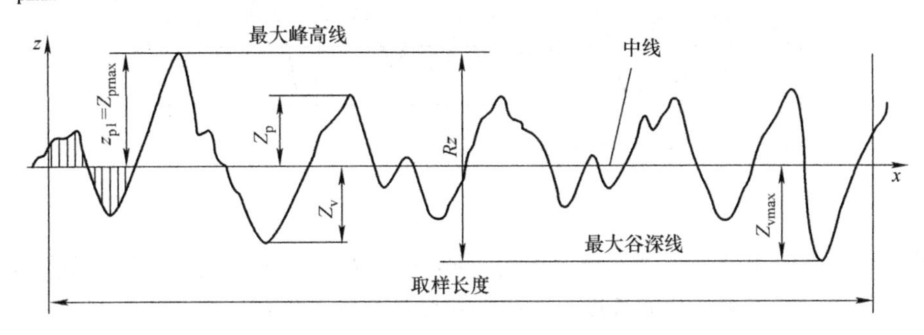

图 4-6　轮廓的最大高度

注意，在 GB/T 3505 以前的版本中，*Rz* 曾用于表示“微观不平度十点高度”。实际使用中，一些表面结构测量仪器大多测量的是旧版本规定的 *Rz* 参数。因此，当使用现行的技术文件和图样时必须注意这一点，因为使用不同类型的仪器、按照不同的定义计算所得到的结果也可能存在着不可忽略的差别。

幅度参数 *Ra* 和 *Rz* 是评定表面结构的基本参数，大多数零件的表面结构要求用幅度参数就可以控制其加工质量。但是对于少数有特殊使用要求的零件表面，可增加选用间距参数和其他相关参数。

2. 评定表面粗糙度的间距参数

国家标准规定的评定表面粗糙度的间距参数主要是轮廓单元平均宽度 *Rsm*。轮廓单元是指轮廓峰和相邻轮廓谷的组合。轮廓单元平均宽度 *Rsm* 指在一个取样长度内，轮廓单元宽度 X_s 的平均值。如图 4-7 所示。用公式表示，即

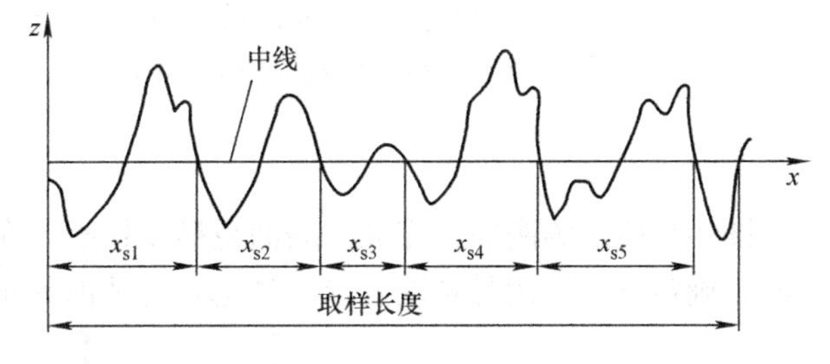

图 4-7　评定表面粗糙度间距参数

$$Rsm = \frac{1}{m}\sum_{i=1}^{m} X_{si} \tag{4-4}$$

式中　m——在取样长度内间距 X_{si}的个数。

Rsm 反映了表面加工痕迹的细密程度。其数值越小，说明在取样长度内轮廓峰数量越多，即加工痕迹细密。

3. 评定表面粗糙度的其他相关参数

其他相关参数主要介绍轮廓支承长度率 $Rmr(c)$。它是指轮廓的实体材料长度 $M_{l(c)}$ 与评定长度的比率。轮廓的实体材料长度 $M_{l(c)}$ 是指用平行于中线且和轮廓峰顶线相距为 c 的一条直线，相截轮廓峰所得的各段截线 b_i 之和，如图 4-8 所示。用公式表示，即

$$Rmr(c) = \frac{M_{l(c)}}{l_n} = \frac{1}{l_n}\sum_{i=1}^{n} b_i \tag{4-5}$$

注意，$Rmr(c)$ 值与截距 c 有关，c 值可用 μm 或它占轮廓最大高度 *Rz* 的百分数表示，如 $Rmr(c)$ 为 70，c 为 50μm，则表示在轮廓的最大高度 50% 的截面位置上，其轮廓的支承

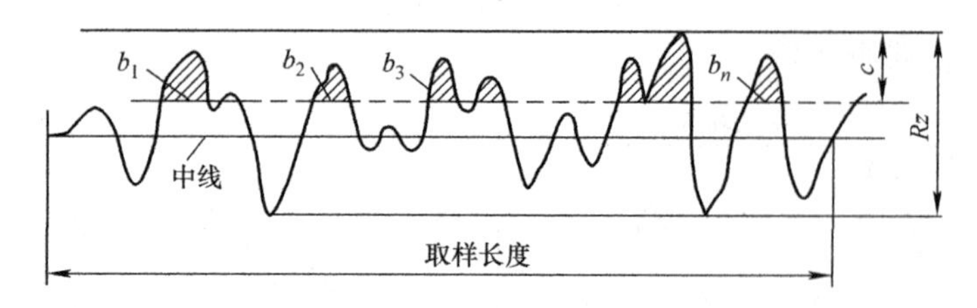

图 4-8　轮廓支承长度率

长度率的最小允许值为70%。当 c 值一定时，$Rmr(c)$ 数值越大，表示在某一截距下轮廓的凸起实体部分多，即支承载荷的长度长，接触刚度高，耐磨性好。

国家标准 GB/T 1031—2009 规定的轮廓单元平均宽度 Rsm 的数值见表 4-2，轮廓支承长度率 $Rmr(c)$ 的数值见表 4-3。

表 4-2　轮廓单元平均宽度 Rsm 的数值（摘自 GB/T 1031—2009）　（单位：mm）

基本系列	0.006,0.0125,0.025,0.05,0.1,0.2,0.4,0.8,1.6,3.2,6.3,12.5
补充系列	0.002,0.003,0.004,0.005,0.008,0.010,0.016,0.020,0.023,0.040,0.063,0.080,0.125,0.160,0.25,0.32,0.50,0.63,1.00,1.25,2.0,2.5,4.0,5.0,8.0,10.0

表 4-3　轮廓支承长度率 $Rmr(c)$ 的数值（摘自 GB/T 1031—2009）

90	80	70	60	50	40	30	25	20	15	10

注：选用轮廓支承长度率参数时，必须同时给出轮廓截面高度 c 的值，c 值可用微米（μm）或 Rz 的百分数表示。Rz 的百分数系列为5%，10%，15%，20%，25%，30%，40%，50%，60%，70%，80%，90%。

二、任务导入

图 4-9 所示为刚加工完成的表面粗糙度样板，在投入使用之前需要对其表面粗糙度进行检测，确定其是否满足精度要求。请选择合适的计量器具并根据工作任务单完成检测任务。

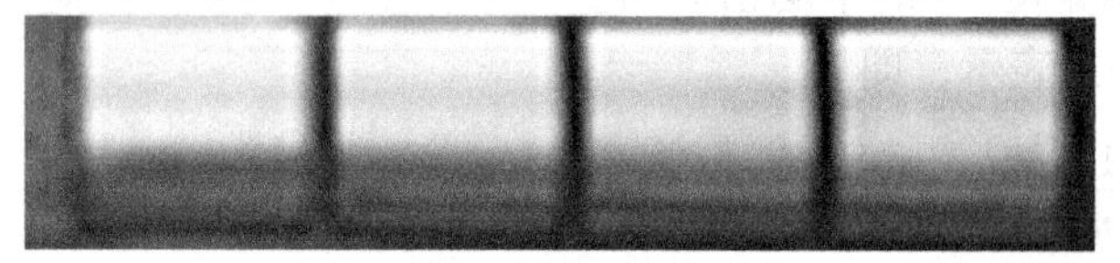

图 4-9　表面粗糙度样板

<table>
<tr><th colspan="7">工　作　任　务　单</th></tr>
<tr><td>姓名</td><td></td><td>学号</td><td></td><td>班级</td><td></td><td>指导老师</td></tr>
<tr><td>组别</td><td></td><td colspan="2">所属学习项目</td><td colspan="3">零件表面粗糙度检测</td></tr>
<tr><td colspan="2">任务编号</td><td>9</td><td>工作任务</td><td colspan="3">零件表面粗糙度检测</td></tr>
<tr><td colspan="2">工作地点</td><td colspan="2">表面粗糙度检测实训室</td><td>工作时间</td><td colspan="2"></td></tr>
<tr><td>待检对象</td><td colspan="6">表面粗糙度样板（图 4-9）</td></tr>
<tr><td>检测项目</td><td colspan="6">表面粗糙度样板的表面粗糙度值</td></tr>
<tr><td>使用工具</td><td colspan="3">1. 光切显微镜
2. 干涉显微镜
3. 表面粗糙度检查仪</td><td>任务要求</td><td colspan="2">1. 熟悉检测方法
2. 正确使用检测工具
3. 检测结果处理
4. 提交检测报告</td></tr>
</table>

三、任务分析

零件表面粗糙度可采用表面粗糙度比较样板进行比较测量，这种方法生产一线的工人、检验员用得较多，但测量精度较低。若表面粗糙度精度较高，则必须用仪器检测。光切显微镜主要测量参数 Rz，测量范围一般为 $Rz=0.8\sim80\mu m$，可测量平面和外圆表面。干涉显微镜主要测量 Rz，表面太粗糙则不能形成干涉条纹，所以测量范围一般为 $Rz=0.05\sim0.8\mu m$。表面粗糙度检查仪主要测量 Ra。

四、任务实施

(一) 比较法测量表面粗糙度

比较法测量表面粗糙度是生产中常用的方法之一。此方法是用表面粗糙度比较样板与被测表面比较，判断表面粗糙度的数值。尽管这种方法不够严谨，但它具有测量方便、成本低、对环境要求不高等优点，所以广泛应用于生产现场检验一般表面粗糙度。

图 4-10 所示为表面粗糙度比较样板，它是采用特定合金材料加工而成，具有不同的表面粗糙度参数值。通过触觉、视觉将被测件表面与之比较，以确定被测表面的表面粗糙度。

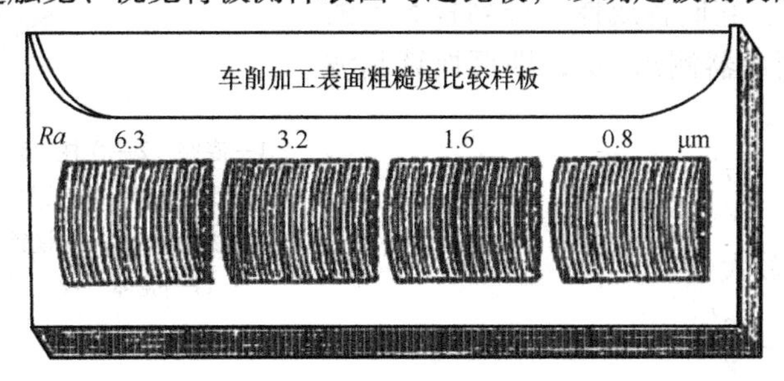

a)

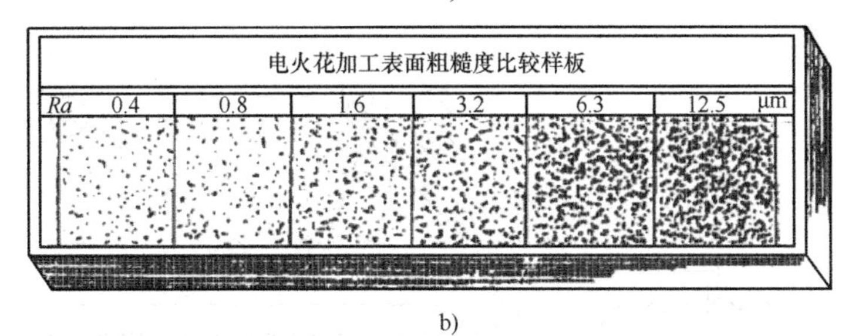

b)

图 4-10　表面粗糙度比较样板

视觉比较：就是用人的眼睛反复比较被测表面与比较样板间的加工痕迹异同、反光强弱、色彩差异，以判定被测表面的表面粗糙度大小。必要时可借用放大镜进行比较。

触觉比较：就是用手指分别触摸或划过被测表面和比较样板，根据手的感觉判断被测表面与比较样板在峰谷高度和间距上的差别，从而判断被测表面的表面粗糙度大小。

注意事项：

1）被测表面与表面粗糙度比较样板应具有相同的材质。不同的材质表面的反光特性和手感表面粗糙度不一样。例如，用一个钢质的表面粗糙度比较样板与一个铜质的加工表面相比较，将会导致误差较大的比较结果。

2）被测表面与表面粗糙度比较样板应具有相同的加工方法，不同的加工方法所获得的加工痕迹是不一样的。例如，车削加工的表面粗糙度不能用磨削加工的表面粗糙度比较样板去比较并得出结果。

3）用比较法检测工件的表面粗糙度时，应注意温度、照明方式等环境因素影响。

（二）光切法测量表面粗糙度

1. 仪器简介

光切显微镜是利用光切原理测量表面粗糙度。光切显微镜主要测量参数 Rz，测量范围一般为 $Rz=0.8\sim80\mu m$，测量平面和外圆表面。其外形结构如图 4-11 所示。

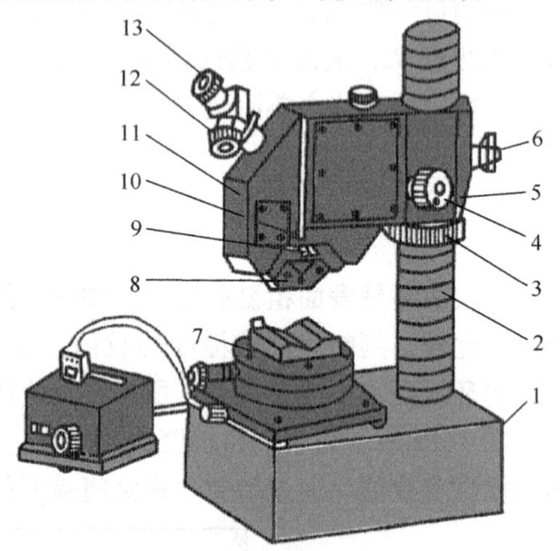

图 4-11　光切显微镜外形图

1—底座　2—立柱　3—升降螺母　4—微调手轮　5—支臂　6—支臂锁紧螺钉　7—工作台　8—物镜组　9—物镜锁紧机构　10—遮光板手轮　11—壳体　12—目镜测微器　13—目镜

其光学原理图如图 4-12 所示，光线经狭缝 3 后成一扁平光带通过物镜 4，顺着加工痕迹以 45°方向照射被测表面。具有微观不平的表面被照射后分别在其轮廓的波峰 s 点，波谷 s' 点产生反射，通过物镜 4，它们各成像在分划板 5 上的 a 和 a'。由目镜测微器测出 aa'，即可换算其波峰至波谷的高度 h。

因为 $$\frac{aa'}{V}=ss'$$

式中　V——物镜放大倍数。

所以 $h=ss'\cos45°=\frac{aa'}{V}\cos45°$。

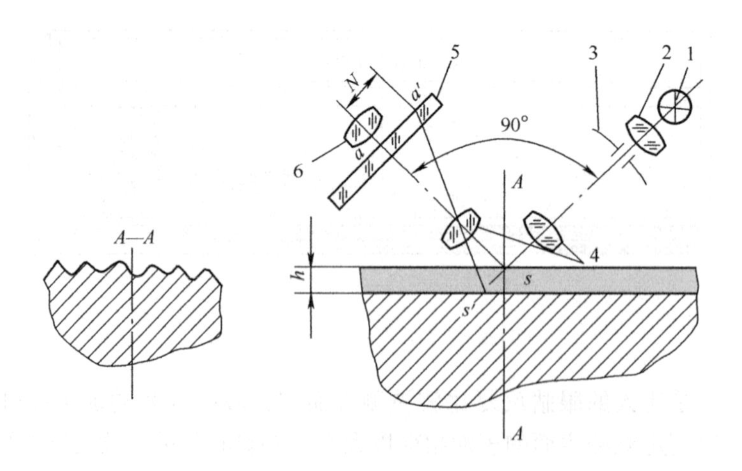

图 4-12　光学原理图

1—光源　2—聚光镜　3—狭缝　4—物镜　5—分划板　6—目镜测微器

由图 4-13 可知，测微十字线移动方向与 aa'方向是成 45°设计的。

因为 $aa'=H\cos45°$，而 $H=\Delta h_iK$。

所以 $h=\frac{H\cos45^\circ}{V}\cos45^\circ=\frac{\Delta h_i K}{V}\cos^2 45^\circ=\frac{\Delta h_i K}{2V}$。

令 $E=\frac{K}{2V}$，得

$$h=\Delta h_i E$$

式中　E——仪器的分度值；

H——十字线移动距离；

Δh_i——测微套筒转过的格数；

K——测微套筒每转过一格十字线实际移动的距离。

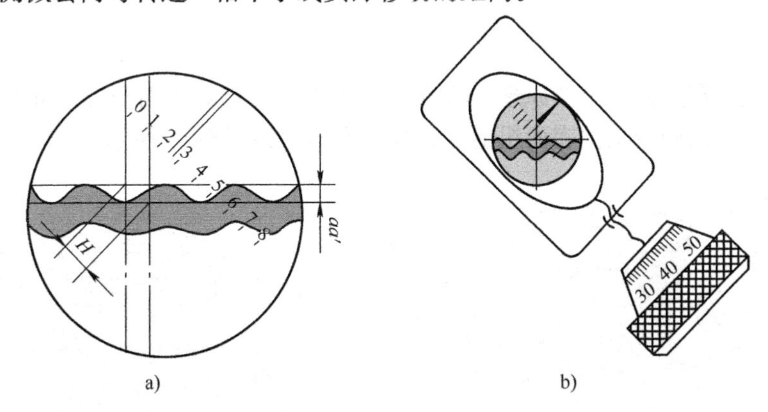

图 4-13　目镜测微器

表 4-4 中给出的 E 值是理论值，其实际值根据仪器附件标准刻度尺检定给出。

表 4-4　光切显微镜的分度值

物镜放大倍数	7×	14×	30×	60×
每转一格实际移动的距离/(μm/格)	17.5	17.5	17.5	17.5
仪器的分度值/(μm/格)	1.25	0.63	0.294	0.145

2. 测量方法

1）根据被测零件的表面粗糙度要求，参照仪器说明书正确选择物镜组，并装入仪器。

2）将被测零件擦净后放在工作台上，使加工纹路方向与光带方向垂直。

3）先粗调，看到光带后再细调，直到光带的一边非常清晰为止。

4）松开目镜上的紧固螺钉，旋转目镜 13，用目测法，使目镜中十字线的一根线与光带中线位置平行，再固紧目镜。

5）旋转测微套筒，按图 4-14 所示，在取样长度之内，分别测得 5 个波峰 z_{pi} 和 5 个波谷 z_{vi} 的读数，择其最大值，则轮廓最大高度 Rz 为

$$Rz=z_{pmax}+z_{vmax} \tag{4-6}$$

判断其合格性。

（三）干涉法测量表面粗糙度

1. 仪器原理

干涉显微镜主要测 Rz，表面太粗糙则不能形成干涉条纹，测量范围 Rz 值为

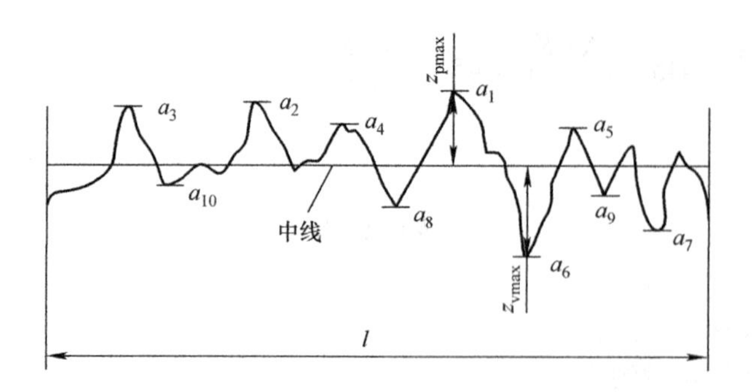

图 4-14　被测轮廓曲线

0.05 ~ 0.8μm。

干涉显微镜是利用光波干涉原理，将具有微观不平的被测表面与标准光学镜面相比较，以光波波长为基准来测量工件表面粗糙度，其外形结构如图 4-15 所示。

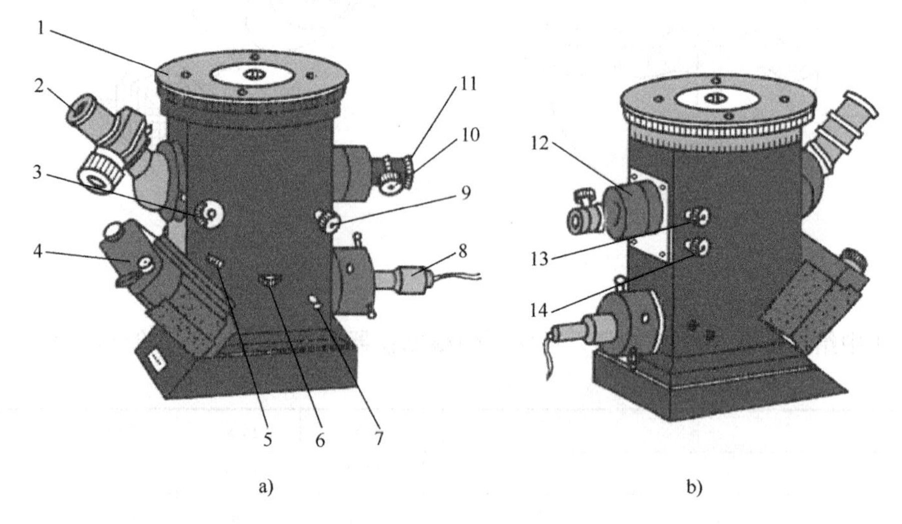

图 4-15　干涉显微镜外形图

1—工作台　2—目镜　3—照相与测量选择手轮　4—照相机　5—照相机锁紧螺钉
6—孔径光阑手轮　7—光源选择手轮　8—光源　9—宽度调节手轮　10—调焦手轮
11—光程调节手轮　12—物镜套筒　13—遮光板调节手轮　14—方向调节手轮

干涉显微镜的光学系统如图 4-16 所示。从光源 1 发出的光束，经过分光镜 9 分为两束光。一束透过分光镜 9、补偿板 10，射向被测工件表面，由工件反射后经原路返回至分光镜 9，射向观察目镜 20。另一束光通过分光镜 9 反射到标准参考镜 13，由标准参考镜 13 反射并透过分光镜 9，也射向观察目镜 20。这两束光线间存在光程差，相遇时，产生光波干涉，形成明暗相间的干涉条纹。

若工件表面为理想平面，则干涉条纹为等距离平行直纹；若工件表面存在着微观不平度，通过目镜将看到如图 4-17 所示的弯曲干涉条纹。测出干涉条纹的弯曲度 Δh_i 和间隔宽度 b_i。通过下式可计算出波峰至波谷的实际高度 Y_i：

$$Y_i = \frac{\Delta h_i}{b_i} \times \frac{\lambda}{2} \tag{4-7}$$

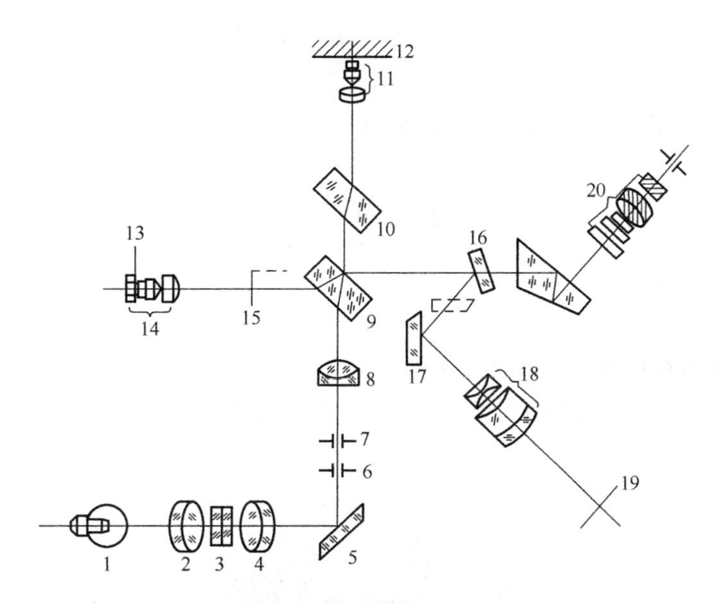

图 4-16　干涉显微镜的光学系统图

1—光源　2、4、8—聚光镜　3—滤光片　5—折射镜　6—视场光阑　7—孔径光阑
9—分光镜　10—补偿板　11—物镜　12—被测表面　13—标准参考镜　14—物镜组
15—遮光板　16—可调反光镜　17—折射镜　18—照相物镜　19—照相底片　20—观察目镜

式中　λ——光波波长，自然光（白光）$\lambda=0.66\mu m$，绿光（单色光）$\lambda=0.509\mu m$，红光（单色光）$\lambda=0.644\mu m$。

2. 测量步骤

1）将被测件表面向下置于仪器的工作台上，如图 4-15 所示。

2）照相与测量选择手轮 3 转到目镜的位置，松开目镜 2 的螺钉，拔出目镜 2，并从目镜管中观察。若看到两个灯丝像，则调节光源 8，使两个灯丝像重合。然后插上目镜，锁紧螺钉。

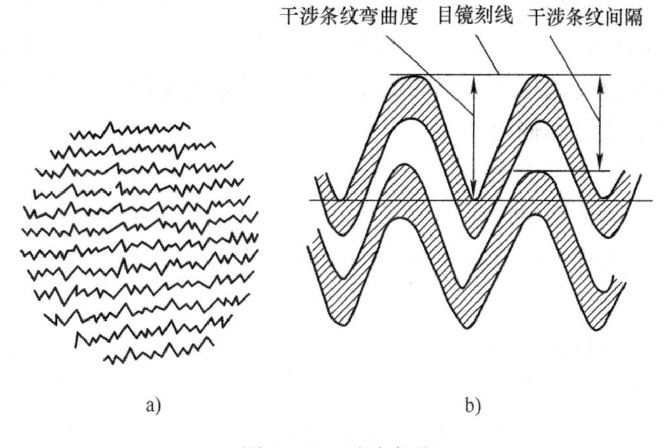

图 4-17　干涉条纹

3）旋转遮光板调节手轮 13，遮住一束光线，用手轮转动工作台滚花盘，对被测表面调焦，直至看到清晰的表面纹路为止，再旋转遮光板调节手轮 13，视场中出现干涉条纹。

4）缓慢调节手轮 9、10、11，直至得到清晰的干涉条纹。再旋转方向调节手轮 14，以改变干涉条纹的方向，使之垂直于加工痕迹，如图 4-17 所示。

5）在干涉条纹的取样长度内，选 1 个最高峰和 1 个最低谷进行测量、读数并记录。干涉条纹弯曲度 Δh 为

$$\Delta h = z_{\text{pmax}} + z_{\text{vmax}} \tag{4-8}$$

6）干涉条纹的间隔宽度，可取三个不同位置的平均值：

$$b = \frac{b_1 + b_2 + b_3}{3} \tag{4-9}$$

7）在5个取样长度上分别测出5个Δh值，将其平均值$\Delta \bar{h}$代入式（4-10）计算工件的表面粗糙度：

$$Rz = \frac{\Delta \bar{h}}{b} \times \frac{\lambda}{2} \tag{4-10}$$

8）作合格性判断。

（四）触针法测量表面粗糙度

1. 2205型表面粗糙度检查仪的工作原理

图4-18所示为2205型表面粗糙度检查仪外形结构图。

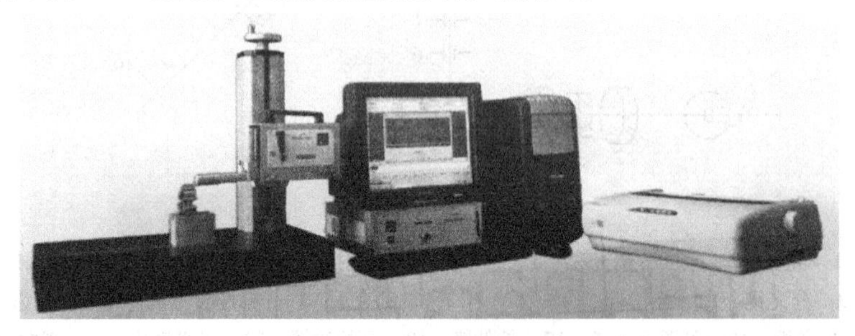

图4-18　2205型表面粗糙度检查仪外形图

当测量工件表面粗糙度时，将传感器搭在工件被测表面上，由传感器探出的极其尖锐的棱锥形金刚石触针，沿着工件被测表面滑行，此时工件被测表面的表面粗糙度引起金刚石测针的位移，该位移使线圈电感量发生变化，经过放大及电平转换之后进入数据采集系统，计算机自动地将其采集的数据进行数字滤波和计算，得出测量结果，测量结果及图形在显示器显示或打印输出。

2. 仪器的组成

表面粗糙度检查仪（电动轮廓仪）属于接触式测量，测量范围Ra值为0.01～10μm。

表面粗糙度检查仪主要由驱动箱、传感器、电气箱、支臂、底座、计算机等基本部件组成。

根据接触测量法，采用相应的触针式传感器，以触针沿被测表面做匀速直线或曲线滑行随机测取其表面微观轮廓值，经运算处理后由指示装置或打印机得到系统的表面粗糙度参数值和微观轮廓图，其原理如图4-19所示。便携式触针电动轮廓仪的功能较单一，测量精度适中，台式触针电动轮廓仪的功能较齐全，测量精度较高。

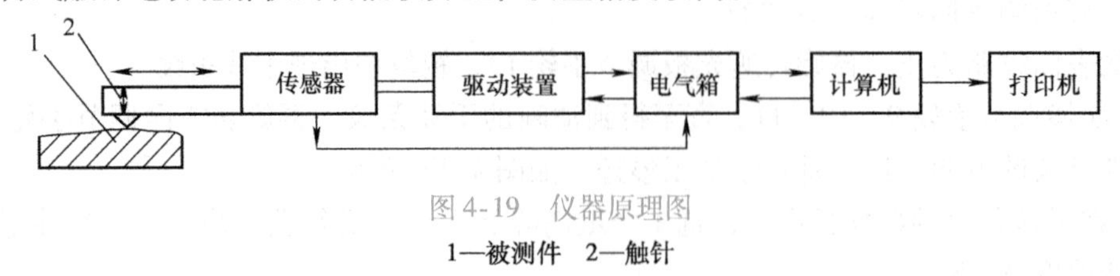

图4-19　仪器原理图

1—被测件　2—触针

（1）传感器　传感器是轮廓仪测量表面粗糙度的关键环节，它的核心部分是由金刚石触针、导头和测量信号变换器组成。传感器有两个作用，一是支承触针，二是将触针在被测表面法线方向的位移转换成电信号。

传感器按导头形式可分为有导头传感器和无导头传感器两类；按测量变换形式可分为电感式传感器、电压式传感器、激光干涉传感器等；按结构形式可分为标准传感器和专用传感器两类。

1）金刚石触针。标准金刚石触针锥角为90°，针尖半径为5μm或更小，安装在传感器端部，直接与被测表面接触。测力一般不超过4mN。

2）导头。导头在传感器中起支承触针、滤波和表面粗糙度测量基准的作用，图4-20所示为有导头与无导头两种传感器示意图。

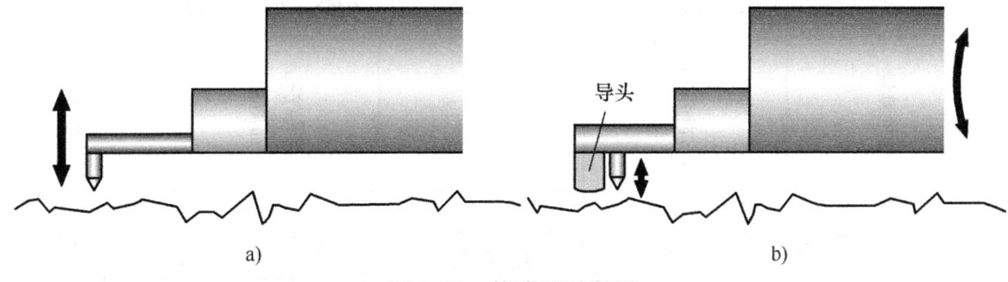

图4-20 传感器示意图

当传感器在被测表面滑行时，导头沿被测表面上升或下降。导头走过的轨迹是被测表面上下起伏变化的表面波纹度。触针针尖半径远小于导头半径，触针能进入微观轮廓的波谷，测得的是相对于导头运动轨迹的表面粗糙度，而不包括表面波纹度，这种现象称为导头的高通机械滤波器作用——保留频率高的表面粗糙度轮廓而去掉频率低的表面波纹度及宏观形状，使之成为触针测量表面粗糙度的基准。

有导头的传感器的优点在于，它可以使测量装置更简单。有导头的传感器测得的表面粗糙度是导头运动轨迹上的表面粗糙度，导头是基准，导头始终沿被测表面滑行，因而测量装置本身不需要测量基础，工件和驱动装置之间不必调水平（平行）。

3）传感器的结构。传感器的主要结构变化在导头部分。具体的结构形式取决于工件的结构（如键槽、线轴等）、表面形状（平面、圆柱面、球面、渐开线等）和测量要求（宏观形状、表面波纹度、表面粗糙度）三个因素。因此传感器的结构形式多种多样，以完成不同的测量要求。一些典型的传感器结构见表4-5。

（2）驱动装置　轮廓仪的驱动装置是使传感器触针沿被测表面做准确匀速直线或曲线滑行并测量取值的装置（图4-21），有内置基准平面的线性驱动装置、无内置基准平面的线性驱动装置和旋转驱动装置三种。此外还有用于配合形貌图检的 Z 向驱动工作台。

驱动装置的作用在于保证传感器与工作表面之间产生相对运动。相对运动有传感器动工件静止与工件动传感器静止两种。

（3）电气箱及模数转换器　电气箱是计算机和传感器之间的桥梁，它把源自传感器的模拟信号经滤波和相敏检波后转换成数字信号输入计算机。模数转换器是电气箱中的一部分。

（4）计算机、显示器和打印机　计算机的功能包括控制测量、数据处理和测量结果输出。由于计算机可以提供多种功能，一般测量一次就可以进行多个表面粗糙度参数的评定，而且当评定表面粗糙度的标准变更时，只需输入新的测量软件就可以了。

表 4-5　典型的传感器结构

标准配置		专用结构			
测量一般平面	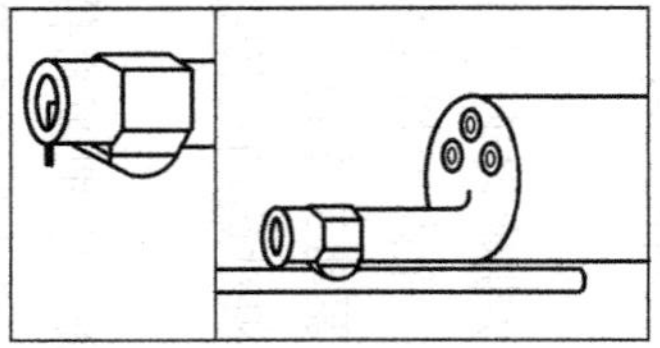	小孔测量	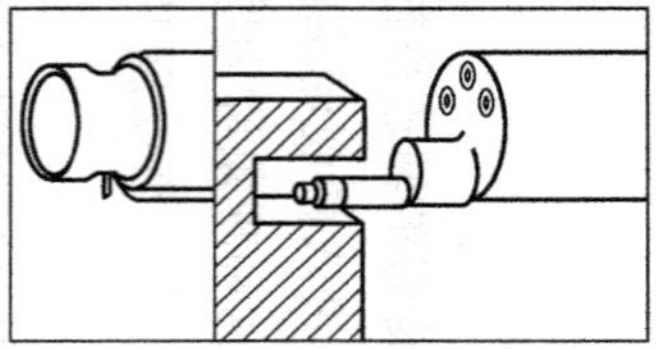	细轴测量	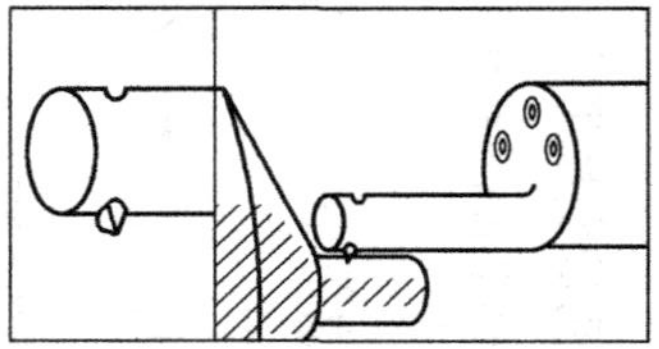
测量深的窄槽	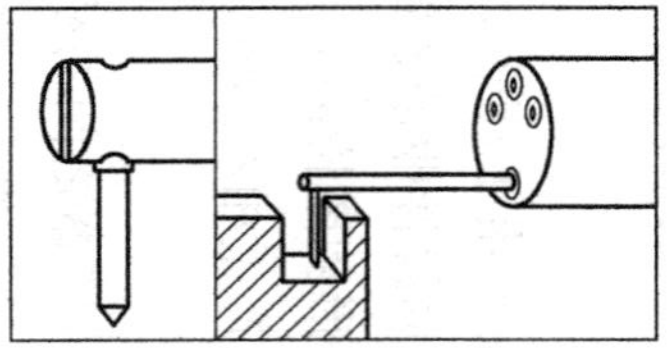	孔的测量	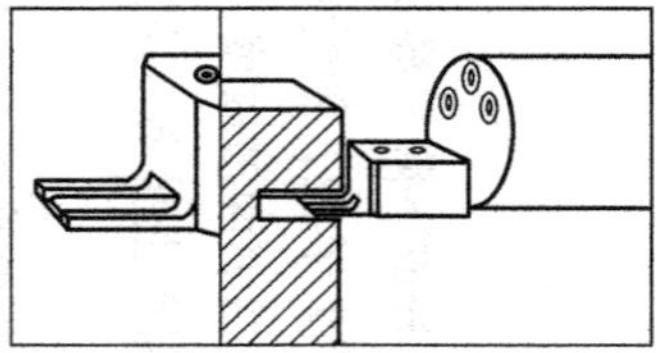	孔深槽测量	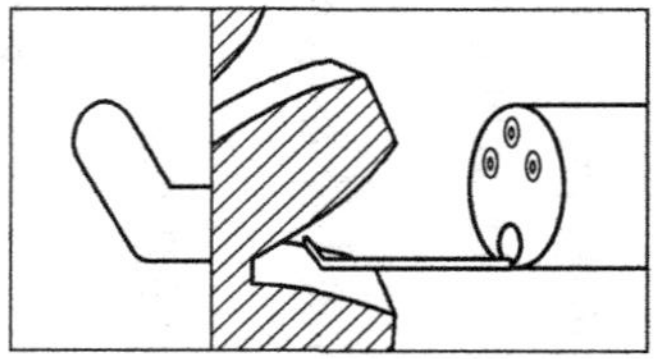
测量圆弧键槽	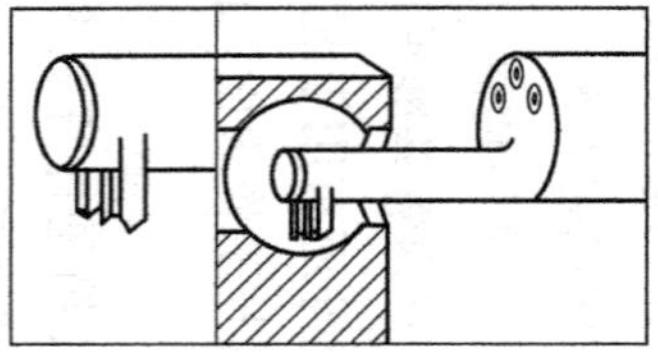	曲面测量	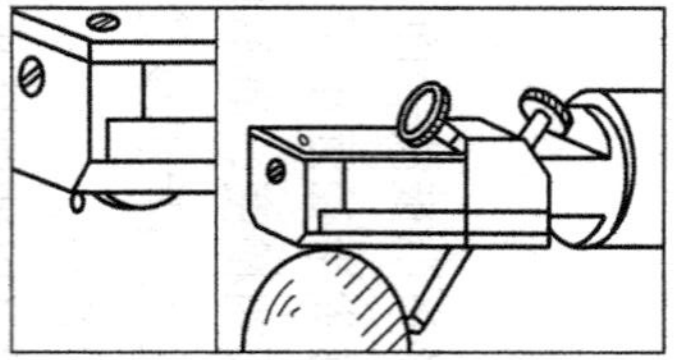	特殊槽测量	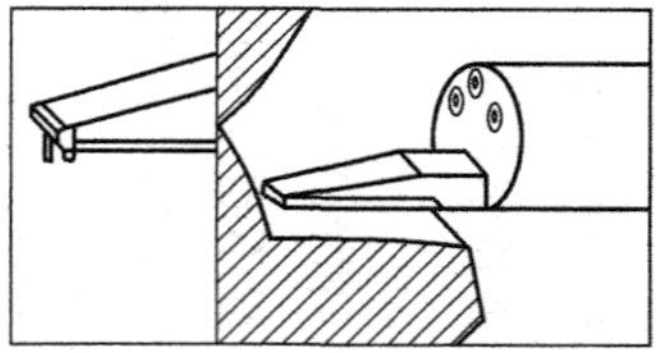
测量深孔	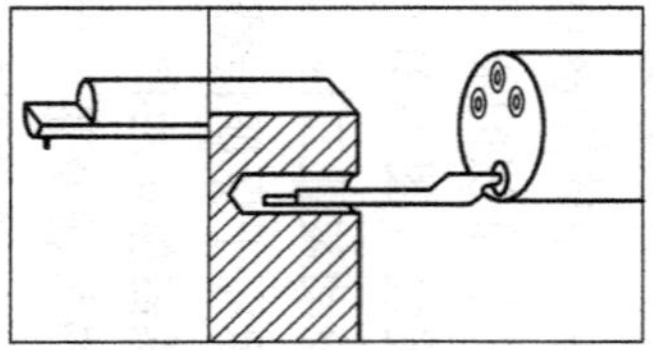	细槽测量	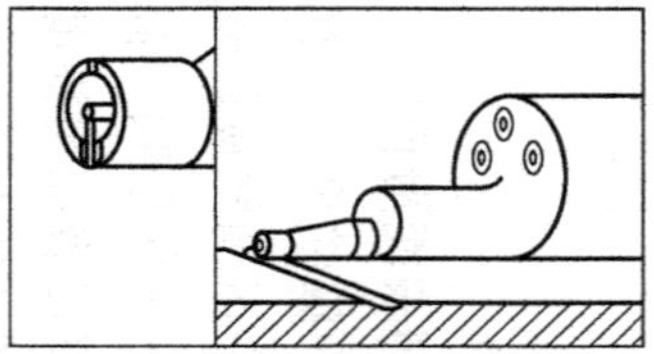	深孔挖孔面测量	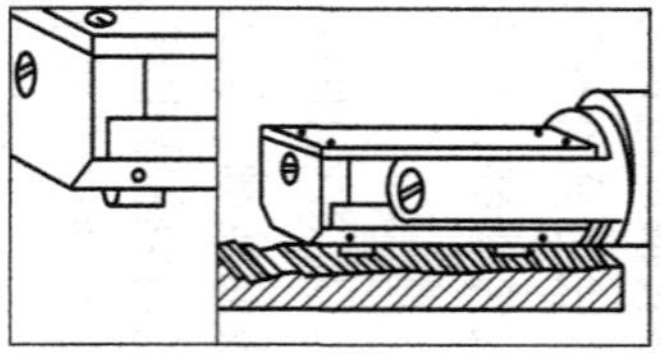
一般测量	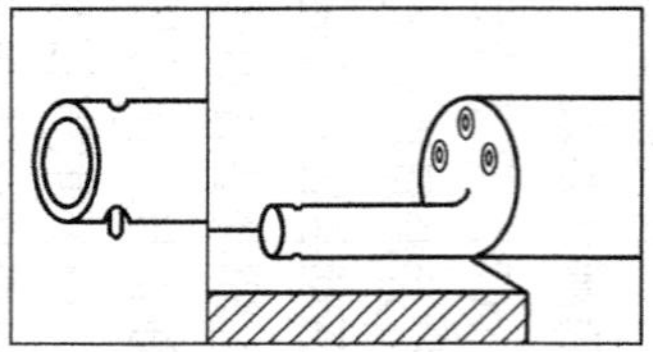	深槽测量	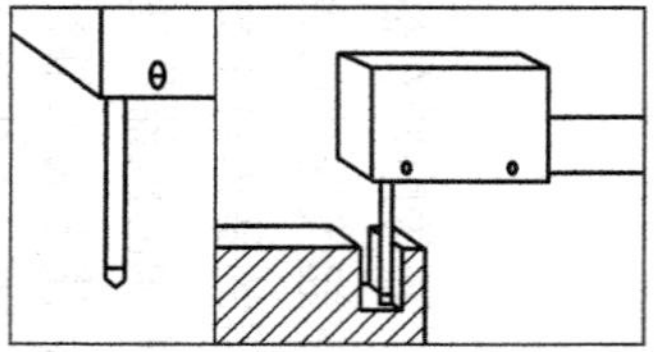	孔底测量	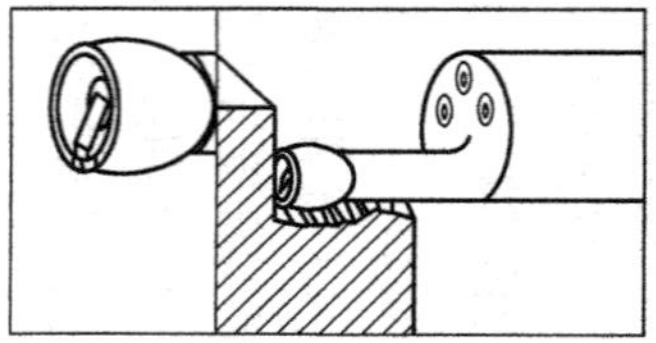

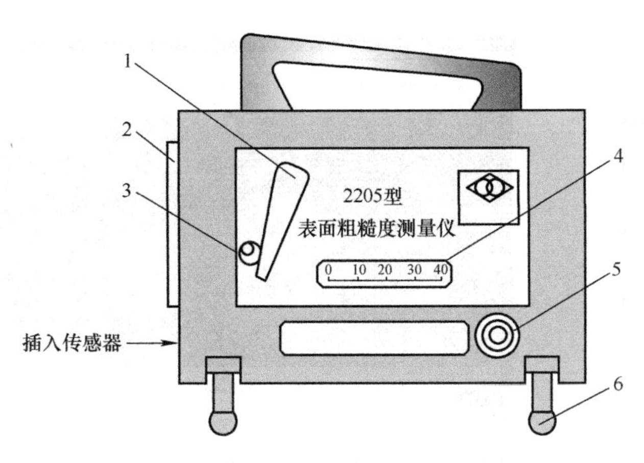

图 4-21　驱动装置

1—起动手柄　2—燕尾导轨　3—起动手柄限片　4—行程标尺　5—调节手轮　6—球形支承脚

3. 仪器操作

（1）使用前准备和检查　将驱动箱可靠地装在立柱横臂上，松开锁紧手轮，使横臂能沿立柱导轨自如升降。将传感器可靠地装在驱动箱上并锁紧，并连接好仪器的全部接插件，检查接线是否正确。然后将各开关旋钮和手柄按测量要求拨至所需要的位置。最后将电源插在220V、50Hz的电源上，开启电气箱电源开关，接通电源的顺序是：①电气箱；②显示器；③打印机；④计算机电源。测量完成后，首先将起动手柄扳到左端，然后关闭所有电源。

（2）大型工件的测量　将驱动箱从立柱上取下，直接放在大型工件上进行测量，驱动箱由四只可同步调整的球形支承脚支承在工件上，通过调整手轮调整球形支承脚的张角，以使驱动箱上升或下降，从而达到调零的目的，然后按前述操作步骤进行测量。

（3）校准　仪器附带有一块多刻线样板（图4-22），它用于校验仪器的 Ra 值。在玻璃样板上面标示着工作区域和 Ra 的鉴定值。使用样板对仪器进行校验时，应注意传感器运动方向必须与刻线方向垂直，并需要在样板所标示的工件区域内进行，否则不能保证校验结果的可靠性。每次使用样板前，必须将样板和传感器测针擦拭干净，以免有灰尘或其他脏物附着，以至对校验结果的准确性带来影响。

（4）软件运行　启动表面粗糙度测量软件。打开计算机，运行表面粗糙度测量软件。稍等片刻，程序将进行初始化工件，初始化完成以后，即可进入表面粗糙度测量主屏幕（图4-23），主要包括以下功能区：

1）测量工件的基本属性输入框。

2）测量图像显示的水平和垂直放大比选择框。

3）测量图像的显示窗口。

4）测量结果参数的显示框。

5）显示当前测量条件的状态栏。

6）启动测量按钮。

（5）测量控制　测量控制是对测量工件进行测量方式选择。有两种测量方式：单次测量和连续测量。

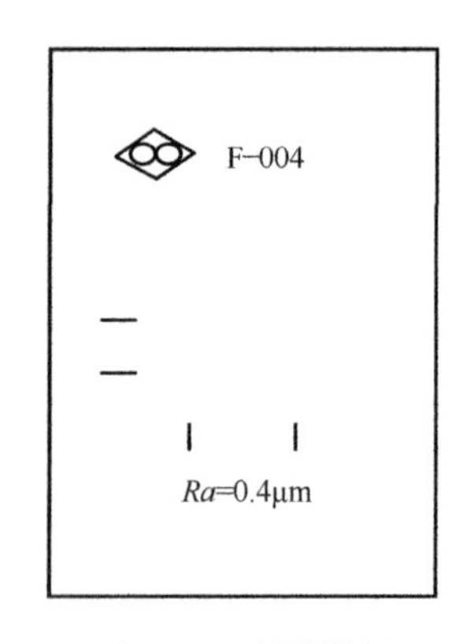

图 4-22　刻线样板

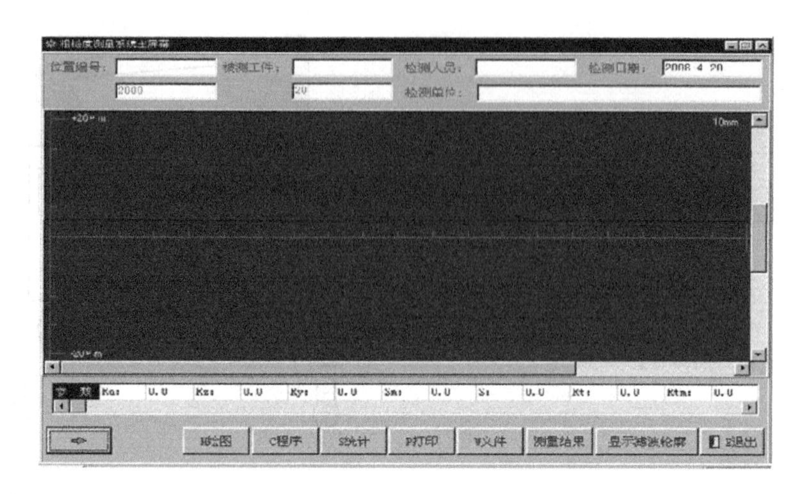

图 4-23　测量主屏幕

（6）零位调整　进行测量前，调整升降手轮，使传感器测针与工件表面接触最佳。调整过程有两种显示方法：

1）在表面粗糙度测量主屏幕窗口中，用鼠标左键单击“数显窗口”的还原按钮后，则显示图 4-24 所示窗口。这个窗口将显示当前指针的位置，调整到显示值为 0 即可。

2）使电气箱测针位移指示器的指示灯处于两个红带之间，即显示黄灯即可。

根据需要，用鼠标左键单击相应条件前面的白色选择框，这个条件就被选中，当选择完成后，用鼠标左键单击“确定”按钮，退出测量条件设置程序，程序将自动按所选择的测量条件完成设置，并可依据这个条件测量工件。

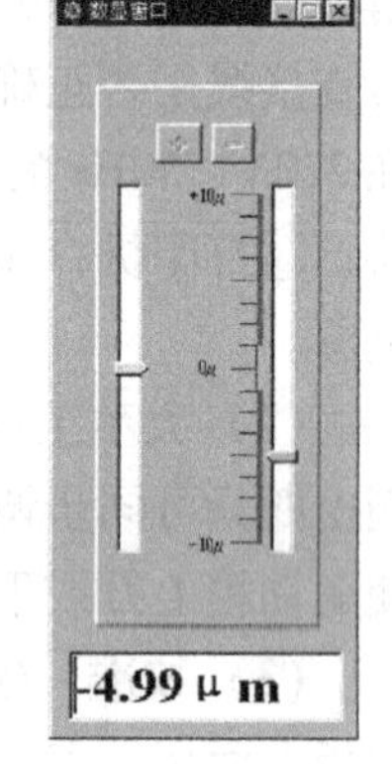

图 4-24　零位调整

（7）测量步骤　测量可分为单次测量和连续测量。

1）单次测量。

① 放置好被测工件。

② 调整升降手轮，使传感器测针与工件表面接触。

③ 将起动手柄向左扳到起动手柄限片位置，同时将传感器带回到初始位置，再把起动手柄转到右端。

④ 用鼠标左键单击“测量”按钮，显示如图 4-25 所示窗口。

注意：用鼠标左键单击“传感器滑行”按钮，传感器向前滑行；单击“传感器滑止”按钮，传感器停止滑行。

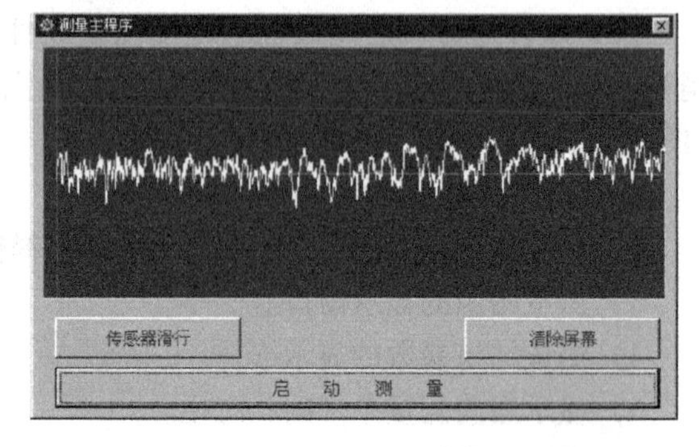

图 4-25　测量图像

⑤ 用鼠标左键单击“启动测量”按钮，屏幕上端的窗口显示被测对象的表面轮廓，采样完成后，退出“测量主程序”窗口，回到表面粗糙度测量主程序窗口，屏幕的中间区

域根据当前的水平和垂直放大比显示数据轮廓，自动计算所有的表面粗糙度参数，显示在“测量参数显示拦”中。

⑥ 如需打印，可连接打印机后，用鼠标左键单击“打印”按钮。

2）连续测量。前面与单次测量相同，只是在测量完成后，不需要把传感器返回到初始位置，可直接进行下一次测量。

注意事项：

实验结束时，应小心地抬起传感器，然后再旋转升降手轮，使传感器脱离工件。

（8）显示结果　测量结果主要包括以下四部分。

1）测量参数。测量结束后自动计算并显示在“测量参数显示栏”中。

2）滤波轮廓。测量结束后自动显示在“表面粗糙度测量主屏幕”中间的图像显示区域。

3）统计分析。如图4-26所示。

当进行测量时，每次测量自动进入统计数据分析。例如，第一次测量，被计入（1），第二次测量被计入（2），如此类推，但该系统只能统计最多10次数据，当超过10次时，将自动删除第一次的测量结果，把测量数据整体向前移动一位，把本次测量数据计入（10）。

“有效测量次数”显示框，显示当前有效的测量次数。用鼠标左键单击“删除本次测量”按钮时，系统自动删除当前的测量数据。

用鼠标左键单击“打印”按钮时，系统将自动打印统计结果。

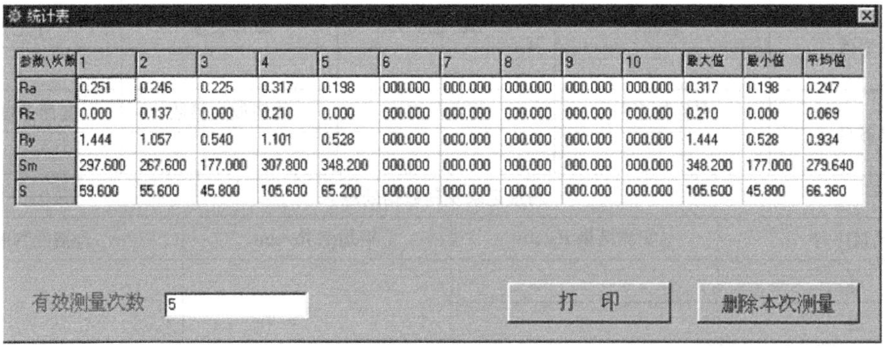

统计表

参数\次数	1	2	3	4	5	6	7	8	9	10	最大值	最小值	平均值
Ra	0.251	0.246	0.225	0.317	0.198	000.000	000.000	000.000	000.000	000.000	0.317	0.198	0.247
Rz	0.000	0.137	0.000	0.210	0.000	000.000	000.000	000.000	000.000	000.000	0.210	0.000	0.069
Ry	1.444	1.057	0.540	1.101	0.528	000.000	000.000	000.000	000.000	000.000	1.444	0.528	0.934
Sm	297.600	267.600	177.000	307.800	348.200	000.000	000.000	000.000	000.000	000.000	348.200	177.000	279.640
S	59.600	55.600	45.800	105.600	65.200	000.000	000.000	000.000	000.000	000.000	105.600	45.800	66.360

有效测量次数　5　　打　印　　删除本次测量

图4-26　测量数据统计表

4）特殊图像分析。在“表面粗糙度测量主屏幕”中用鼠标左键单击“绘图”按钮，屏幕显示：

C－B：重点为曲线和支承率曲线

A－B：重点为幅度分布和支承率曲线

C－N：重点为分析曲线和峰点个数

B：重点为大屏幕显示支承率

用鼠标左键单击“C－B：重点为曲线和支承率曲线”，即可进入相应的曲线分析绘图，如图4-27所示。

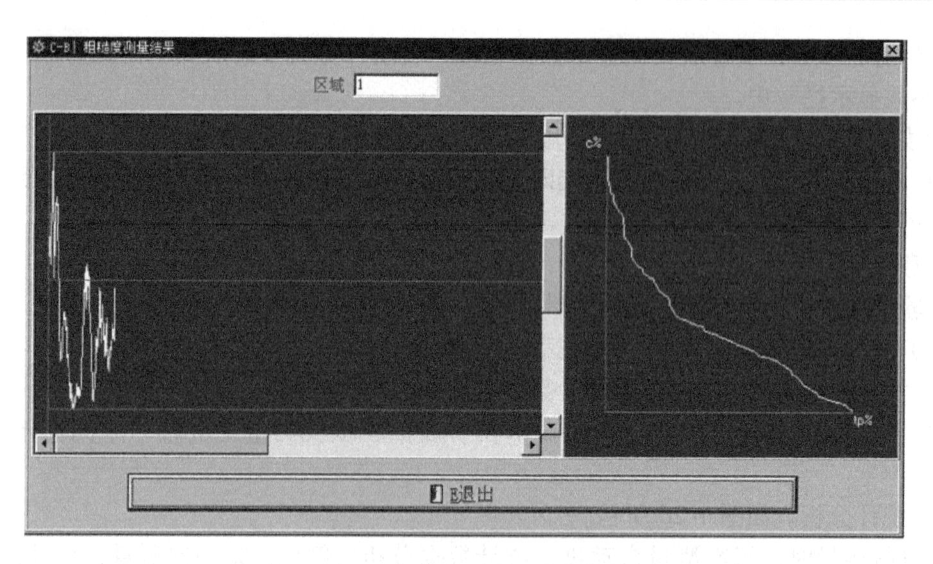

图 4-27　曲线和支承率曲线

五、检测结果的处理

检　测　报　告				
课程名称	工业产品几何量检测		项目名称	零件表面粗糙度检测
班级/组别			任务名称	零件表面粗糙度检测
被测零件	名称	$Rz/\mu m$	取样长度	评定长度
计量器具	名称与型号	测量范围	物镜放大倍数	套筒分度值/格

测量记录及其数据处理			
测量序号	实测结果 $R_i/\mu m$	平均值 $Rz/\mu m$	合格性判断
1			
2			
3			
4			
5			

记录图形及其数据处理

姓　名	班　级	学　号	审　核	成　绩

六、任务检查与评价

（一）小组互评表

课程名称	工业产品几何量检测	项目	零件表面粗糙度检测				
班级/组别		工作任务	零件表面粗糙度检测				
评价人签名（组长）：		评价时间：					
评价项目	评价指标	分值	组员成绩评价				
敬业精神（20分）	不迟到、不早退、不旷课	5					
	工作认真，责任心强	8					
	积极参与任务的完成	7					
专业能力（50分）	基础知识储备	10					
	对检测步骤的理解	7					
	检测工具的使用熟练程度	8					
	检测步骤的规范性	10					
	检测数据处理	6					
	检测报告的撰写	9					
方法能力（15分）	语言表达能力	4					
	资料的收集整理能力	3					
	提出有效工作方法的能力	4					
	组织实施能力	4					
社会能力（15分）	团队沟通	5					
	团队协作	6					
	安全、环保意识	4					
总分		100					

（二）教师对学生评价表

班　级		课程名称	工业产品几何量检测				
评价人签字：		学习项目	零件表面粗糙度检测				
工作任务	零件表面粗糙度检测		组别				
评价项目	评价指标	分数	成　员				
目标认知程度	工作目标明确，工作计划具体、结合实际，具有可操作性	10					
思想态度	工作态度端正，注意力集中，能使用各种资源进行相关资料收集	10					
团队协作	积极与团队成员合作，共同完成小组任务	10					
专业能力	正确理解检测原理 检测工具使用方法正确，检测过程规范	40					
	检测报告完成情况	30					
总分		100					

（三）教师对小组评价表

班级/组别		课程名称	工业产品几何量检测
学习项目	零件表面粗糙度检测	工作任务	零件表面粗糙度检测
评价项目	评价指标	评分	教师评语
资讯（15 分）	工作任务分析 查阅相关仪器结构图和检测原理		
计划（10 分）	小组讨论，达成共识，制订初步检测计划		
决策（15 分）	检测工具的选择 确定检测方案，分工协作		
实施（25 分）	对表面粗糙度样板进行检测，提交检测报告		
检查（15 分）	对检测过程进行检查，分析可能存在的问题		
评价（20 分）	小组成员轮流发言，提出优点和值得改进的地方		

课后练习

一、填空题

1. 微小的峰谷高低程度及其间距状况称为________________。

2. 轮廓算术平均偏差用________表示；轮廓最大高度用________表示。

3. 同一零件上，工作表面的表面粗糙度参数值________非工作表面的表面粗糙度参数值。

4. 表面粗糙度测量常用的测量方法有________、________、________、________。

5. 表面粗糙度测量常用的测量仪器有________、________、________、________。

6. 光切显微镜主要测量参数是________、________，测量范围为 $Rz =$________ 。

7. 干涉显微镜是利用____________________原理进行表面粗糙度的测量。

8. 表面粗糙度检查仪主要是由________、________、________、________、________、等基本部件组成。

二、综合题

1. 表面粗糙度的含义是什么？对零件的使用性能有什么影响？

2. 用表面粗糙度比较样板做比较检查工件表面粗糙度时应注意些什么？

3. 表面粗糙度的主要评定参数有哪些？优先采用哪个评定参数？

4. 光切显微镜和干涉显微镜的应用范围如何？能否互相替代？

5. 简述光切显微镜的操作步骤。

6. 为什么光切显微镜测量表面粗糙度时只测光带的一个边缘的凸峰和谷点？

7. 表面粗糙度检查仪能够测量哪些表面粗糙度参数？

8. 评定轮廓微观不平度间距特征的参数有哪些？可以用哪些仪器测量？

成语里的计量文化——尺有所短，寸有所长

“尺有所短，寸有所长”是一个与长度有关的成语，比喻不同事物各有长处，也各有短处，彼此都有可取之处。成语出自屈原的《卜居》：“夫尺有所短，寸有所长，物有所不足，智有所不明，数有所不逮，神有所不通”。在度量衡上尺要大于寸，尺比寸长；但若是尺跟里比，自然就显得短了；寸比尺短，但寸跟毫厘比，那自然也就显得长了。因此，世上没有绝对的东西，标准不同结果也不同。尺有所短说明再厉害的人也会有不足之处；寸有所长则是提醒人们要善于发现自己的优点，不能因为有短处而妄自菲薄。

项目五　螺纹误差检测

任务十　螺纹误差检测

❖ 教学目标

1）熟悉螺纹对互换性影响的主要几何参数。
2）掌握螺纹中径的检测方法。
3）掌握螺纹螺距的检测方法。
4）掌握螺纹牙型半角的检测方法。
5）掌握螺纹综合参数的检测方法。
6）掌握丝杠螺旋线误差的检测方法。
7）掌握螺纹检测的数据处理及结果评定方法。
8）坚定文化自信，发扬与传承传统文化。

一、知识准备

（一）螺纹的分类及使用要求

螺纹在机械制造及装配中应用广泛，按用途不同可分为以下几类：

（1）连接螺纹　主要用于紧固和连接零件，因此又称为紧固螺纹，如米制普通螺纹是使用最广泛的一种。连接螺纹具有良好的旋入性和连接的可靠性，牙型为三角形。

（2）传动螺纹　主要用于传递动力或精确位移，要求具有足够的强度和保证精确的位移。传动螺纹牙型有梯形、矩形等。机床中的丝杠常用梯形牙型，而滚动螺旋副（滚珠丝杠副）则采用单、双圆弧轨道。

（3）承载螺纹　其作用是传递动力或承受轴向载荷，如压力机和千斤顶中的螺旋增力机构，常用矩形或锯齿形牙型。对这类螺纹的主要要求是具有一定的承载能力，牙型侧面间接触良好，有的还要求有自锁作用。

本任务主要讨论普通螺纹，并简要介绍丝杠。

（二）普通螺纹的基本要求

普通螺纹常用于机械设备、仪器仪表中，用于连接和紧固零部件，为使其实现规定的功能，须满足以下要求：

1）可旋入性。指同规格的内、外螺纹在装配时不经挑选就能在给定的轴向长度内全部旋合。

2）连接可靠性。指用于连接和紧固时，应具有足够的连接强度和紧固性，确保机器或装置的使用性能。

（三）普通螺纹的基本牙型和几何参数

（1）普通螺纹的基本牙型　如图 5-1 所示，普通螺纹基本牙型是指按规定将原始三角形按 GB/T 192—2003 规定的削平高度，截去顶部和底部所形成的螺纹牙型。内、外螺纹的大径、中径、小径的公称尺寸都定义在基本牙型上。

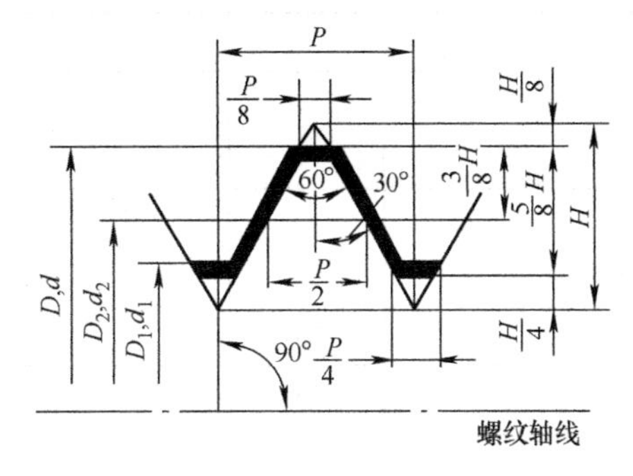

图 5-1　普通螺纹的基本牙型

（2）普通螺纹的几何参数

1）原始三角形高度 H。原始三角形高度为原始三角形的顶点到底边的垂直距离，如图 5-1 所示。原始三角形为一等边三角形，H 与螺距 P 的几何关系为

$$H = \frac{\sqrt{3}}{2}P$$

2）大径 D（d）。螺纹的大径指在基本牙型上，与外螺纹牙顶（内螺纹牙底）相重合的假想圆柱直径，如图 5-1 所示。内、外螺纹的大径分别用 D、d 表示。外螺纹的大径又称外螺纹的顶径。国标规定米制普通螺纹大径的公称尺寸即为内、外螺纹的公称直径。

3）小径 D_1（d_1）。螺纹的小径指在螺纹的基本牙型上，与内螺纹牙顶（外螺纹牙底）相重合的假想圆柱直径。内、外螺纹的小径分别用 D_1、d_1 表示。内螺纹的小径又称为内螺纹的顶径。

4）中径 D_2（d_2）。为一假想圆柱体直径，其素线在 $H/2$ 处，在此素线上牙体与牙槽的宽度相等。内、外螺纹中径分别用 D_2、d_2 表示。

5）螺距 P。在螺纹中径圆柱面的素线（即中径线）上，相邻两牙同侧面间的一段轴向长度称为螺距 P，如图 5-1 所示。国家标准中规定了普通螺纹的直径与螺距系列，见表 5-1。

表 5-1　普通螺纹的公称直径和螺距（摘自 GB/T 193—2003）　（单位：mm）

公称直径 D、d			螺距 P										
第 1 系列	第 2 系列	第 3 系列	粗　牙	细　牙									
				3	2	1.5	1.25	1	0.75	0.5	0.35	0.25	0.2
10			1.5				1.25	1	0.75				
		11	1.5			1.5		1	0.75				
12			1.75				1.25	1					
	14		2			1.5	1.25	1					
		15				1.5		1					
16			2			1.5		1					
		17				1.5		1					
	18		2.5		2	1.5		1					
20			2.5		2	1.5		1					

（续）

公称直径 D、d			螺距 P										
第 1 系列	第 2 系列	第 3 系列	粗　牙	细　牙									
				3	2	1.5	1.25	1	0.75	0.5	0.35	0.25	0.2
	22		2.5		2	1.5		1					
24			3		2	1.5		1					
		25			2	1.5		1					
		26				1.5							
	27		3		2	1.5		1					
		28			2	1.5		1					
30			3.5	(3)	2	1.5		1					
		32			2	1.5							
	33		3.5	(3)	2	1.5							

注：括号内螺距尽可能不用。

6）单一中径 $D_{2单一}$（$d_{2单一}$）。单一中径是指螺纹的牙槽宽度等于基本螺距一半处所在的假想圆柱的直径，如图 5-2 所示。当无螺距偏差时，单一中径与中径一致。因它在实际螺纹上可以测得，故用单一中径代表螺纹中径的实际尺寸。

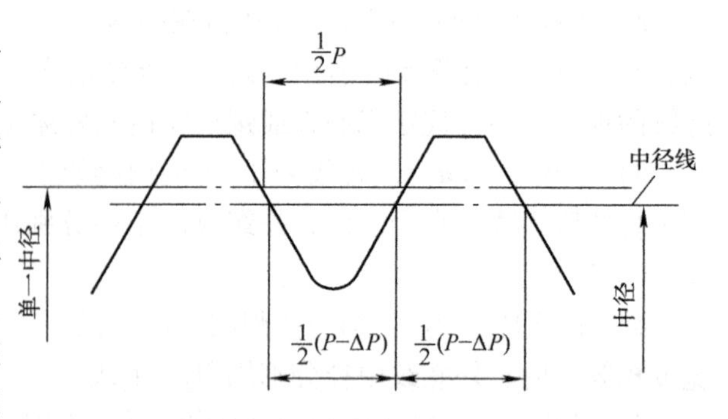

图 5-2　螺纹的单一中径与中径

7）牙型角 α。螺纹的牙型角是指在螺纹牙型上，相邻两个牙侧面的夹角，如图 5-1 所示。米制普通螺纹的基本牙型角为 60°。

8）牙型半角 $\alpha/2$。螺纹的牙型半角是指在螺纹牙型上，牙侧与螺纹轴线垂直线间的夹角，如图 5-1 所示。米制普通螺纹的基本牙型半角为 30°。

9）牙型高度 h。牙型高度是指螺纹牙顶与牙底间的垂直距离，$h=\frac{5}{8}H$。

10）螺纹的接触高度。螺纹的接触高度是指在两个相互旋合的螺纹的牙型上，牙侧重合部分在螺纹径向的距离，如图 5-3a 所示。

11）螺纹的旋合长度。螺纹的旋合长度是指两个相互旋合的螺纹，沿螺纹轴线方向相互旋合部分的长度，如图 5-3b 所示。

实际工作中，如要求某螺纹（已知公称直径即大径和螺距）中径、小径尺寸时，可根据基本牙型按下列公式计算：

$$D_2(d_2)=D(d)-2\times\frac{3}{8}H=D(d)-0.6495P$$

$$D_1(d_1)=D(d)-2\times\frac{5}{8}H=D(d)-1.0825P$$

如有资料，则不必计算，可直接查螺纹表格。

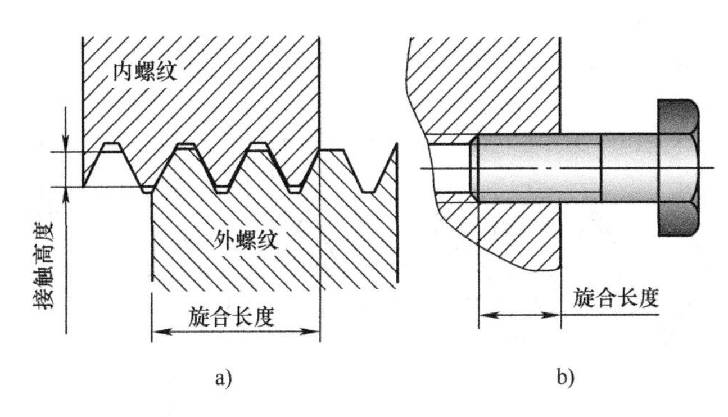

图 5-3 螺纹的接触高度与旋合长度

（四）普通螺纹几何参数对互换性的影响

（1）螺纹直径误差对互换性的影响 螺纹在加工过程中，不可避免地会有加工误差，对螺纹连接的互换性造成影响。就螺纹中径而言，若外螺纹的中径比内螺纹的中径大，内、外螺纹将因干涉而无法旋合从而影响螺纹的可旋合性；若外螺纹的中径与内螺纹的中径相比太小，又会使螺纹连接过松，同时影响接触高度，降低螺纹连接的可靠性。

螺纹的大径、小径对螺纹连接互换性的影响与螺纹中径的情况有所区别，为了使实际的螺纹连接避免在大小径处发生干涉而影响螺纹的可旋合性，在确定螺纹公差时，应保证在大径、小径的结合处具有一定量的间隙。

为了保证螺纹的互换性，普通螺纹公差标准对中径规定了公差，对大径、小径也规定了公差或极限尺寸。

（2）螺距误差对互换性的影响 普通螺纹的螺距误差可分为两种，一种是单个螺距误差 ΔP，另一种是螺距累积误差 ΔP_{Σ}。影响螺纹可旋合性的主要是螺距累积误差，故这里只讨论螺距累积误差的影响。

如图 5-4 所示，假设内螺纹无螺距误差和半角误差，并假设外螺纹无半角误差但存在螺距累积误差。因此内、外螺纹旋合时，牙侧面会干涉，且随着旋进牙数的增加，牙侧的干涉量会增大，最后无法再旋合进去，从而影响螺纹的可旋合性。由图 5-4 可知，为了让一个实际有螺距累积误差的外螺纹仍能在所要求的旋合长度内全部与内螺纹旋合，需要将外螺纹的中径减小一个量 f_p，该量称为螺距累积误差的中径当量，由图示关系可知，螺距累积误差的中径当量 f_p（单位为 μm）的值为

$$f_p = |\Delta P_{\Sigma}| \cot \frac{\alpha}{2}$$

当 $\alpha = 60°$ 时

$$f_p = \sqrt{3}\,|\Delta P_{\Sigma}| = 1.732\,|\Delta P_{\Sigma}| \tag{5-1}$$

同理，当内螺纹存在螺距累积误差时，为保证可旋合性，应将内螺纹的中径增大一个量 f_p。

（3）螺纹牙型半角误差对互换性的影响 螺纹牙型半角误差等于实际牙型半角与其理论牙型半角之差。螺纹牙型半角误差分两种，一种是螺纹的左、右牙型半角不相等，即 $\Delta \frac{\alpha}{2}_{(左)} \neq \Delta \frac{\alpha}{2}_{(右)}$，如图 5-5a 所示。车削螺纹时，若车刀未装正，便会造成这种结果。另一种是螺纹的左、右牙型半角相等，但不等于 30°，如图 5-5b 所示。这是由于螺纹加工刀

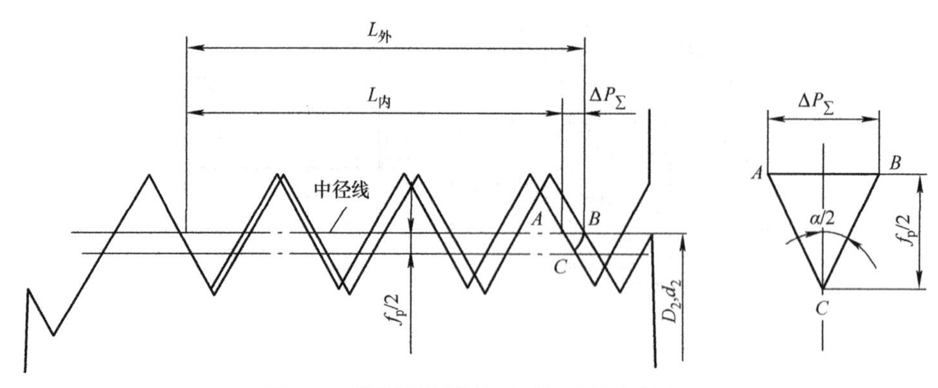

图 5-4　螺距累积误差对可旋合性的影响

具的角度不等于 60°所致。不论哪种牙型半角误差，都对螺纹的互换性有影响。图 5-6 所示为外螺纹存在半角误差时对螺纹旋合性的影响。假设内螺纹具有理想的牙型，且外螺纹无螺距误差，而外螺纹的左半角误差 $\Delta\frac{\alpha}{2}_{(左)}<0$，右半角误差 $\Delta\frac{\alpha}{2}_{(右)}>0$。

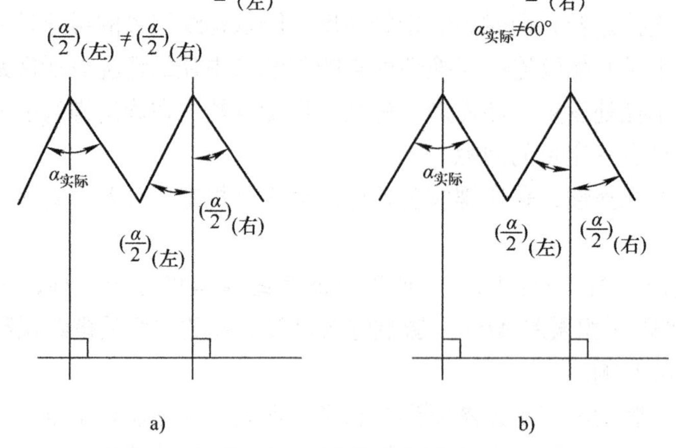

图 5-5　螺纹的半角误差

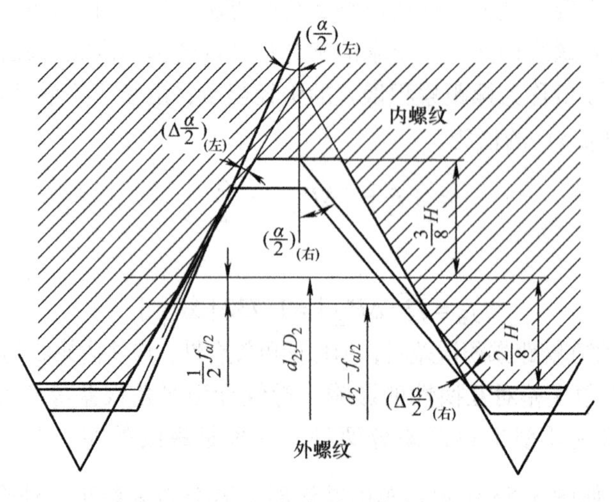

图 5-6　半角误差对螺纹可旋合性的影响

由图5-6可知，由于外螺纹存在半角误差，当它与具有理想牙型的内螺纹旋合时，将分别在牙的上半部3H/8处和下半部2H/8处发生干涉（用阴影示出），从而影响内、外螺纹的旋合性。为了让一个有半角误差的外螺纹仍能旋入内螺纹中，须将外螺纹的中径减小一个量，该量称为半角误差的中径当量$f_{\frac{\alpha}{2}}$。这样，阴影所示的干涉区就会消失，从而保证了螺纹的可旋合性。由图中的几何关系，可知在一定的半角误差情况下，外螺纹牙型半角误差的中径当量$f_{\frac{\alpha}{2}}$（单位为μm）为

$$f_{\frac{\alpha}{2}} = 0.073P\left[K_1\left|\Delta\frac{\alpha}{2}_{(左)}\right| + K_2\left|\Delta\frac{\alpha}{2}_{(右)}\right|\right] \tag{5-2}$$

式中　P——螺距（mm）；

$\Delta\frac{\alpha}{2}_{(左)}$——左半角误差（′）；

$\Delta\frac{\alpha}{2}_{(右)}$——右半角误差（′）；

K_1、K_2——系数（表5-2）。

式（5-2）是一个通式，是以外螺纹存在半角误差时推导整理出来的。当假设外螺纹具有理想牙型，而内螺纹存在半角误差时，就需要将内螺纹的中径加大一个$f_{\frac{\alpha}{2}}$，所以式（5-2）对内螺纹同样适用。关于式（5-2）中K_1、K_2两个系数的取法，规定如下：

不论是外螺纹还是内螺纹存在半角误差，当左半角误差（或右半角误差）导至干涉区在牙型的上半部（3H/8处）时，K_1（或K_2）取3。当左半角误差（或右半角误差）导至干涉区在牙型的下半部（2H/8处）时，K_1（或K_2）取2。为清楚起见，将K_1、K_2的取值列于表5-2，供选用。

表5-2　K_1、K_2值的取法

内螺纹				外螺纹			
$\Delta\frac{\alpha}{2}_{(左)}>0$	$\Delta\frac{\alpha}{2}_{(左)}<0$	$\Delta\frac{\alpha}{2}_{(右)}>0$	$\Delta\frac{\alpha}{2}_{(右)}<0$	$\Delta\frac{\alpha}{2}_{(左)}>0$	$\Delta\frac{\alpha}{2}_{(左)}<0$	$\Delta\frac{\alpha}{2}_{(右)}>0$	$\Delta\frac{\alpha}{2}_{(右)}<0$
K_1		K_2		K_1		K_2	
3	2	3	2	2	3	2	3

（五）普通螺纹互换性条件

（1）普通螺纹作用中径的概念　当普通螺纹没有螺距误差和牙型半角误差时，内、外螺纹旋合时起作用的中径便是螺纹的实际中径。但当螺纹存在误差时，如外螺纹有牙型半角误差，为了保证其可旋合性，须将外螺纹的中径减小一个当量$f_{\frac{\alpha}{2}}$，否则外螺纹将无法旋进具有理想牙型的内螺纹，即相当于外螺纹在旋合中真正起作用的中径比实际中径增大了一个$f_{\frac{\alpha}{2}}$值；同理，当该外螺纹同时又存在螺距累积误差时，该外螺纹真正起作用的中径又比原来增大了一个f_p值，即对于外螺纹而言，螺纹连接中起作用的中径（作用中径）为

$$d_{2作用} = d_{2单一} + (f_{\frac{\alpha}{2}} + f_p) \tag{5-3}$$

对于内螺纹而言，当存在牙型半角误差和螺距累积误差时，相当于内螺纹在旋合中起作用的中径值减小了，即内螺纹的作用中径为

$$D_{2作用} = D_{2单一} - (f_{\frac{\alpha}{2}} + f_p) \tag{5-4}$$

因此，螺纹在旋合时起作用的中径（作用中径）是由实际中径（单一中径）、螺距累积

误差、牙型半角误差三者综合作用的结果而形成的。

（2）螺纹中径合格性判断原则　螺纹中径合格性的判断原则是实际螺纹的作用中径不得超出最大实体牙型的中径，螺纹单一中径不得超出最小实体牙型的中径。

根据以上原则，对内螺纹来说，其中径的最大实体尺寸是中径的下极限尺寸 $D_{2\min}$，中径的最小实体尺寸是中径的上极限尺寸 $D_{2\max}$，在数值上

$$D_{2\min} = D_2 + EI$$

$$D_{2\max} = D_2 + ES$$

对外螺纹来说，其中径的最大实体尺寸是中径的上极限尺寸 $d_{2\max}$，中径的最小实体尺寸是中径的下极限尺寸 $d_{2\min}$，在数值上

$$d_{2\max} = d_2 + es$$

$$d_{2\min} = d_2 + ei$$

根据中径合格性判断原则，符合下列条件的螺纹为合格。

即对外螺纹：$d_{2作用} \leqslant d_{2\max}$，且 $d_{2单一} \geqslant d_{2\min}$。

对内螺纹：$D_{2作用} \geqslant D_{2\min}$，且 $D_{2单一} \leqslant D_{2\max}$。

（六）普通螺纹的公差与配合

要保证螺纹的互换性，必须对螺纹的几何精度提出要求。对普通螺纹，国家颁布了《普通螺纹　公差》GB/T 197—2018 标准，规定了供选用的螺纹公差带及具有最小保证间隙（包括最小间隙为零）的螺纹配合、旋合长度及公差等级。

对螺纹的牙型半角误差及螺距累积误差应加以控制，因为两者对螺纹的互换性有影响。但国家标准中没有对普通螺纹的牙型半角误差和螺距累积误差分别制定极限误差或公差，而是用中径公差综合控制，即中径相对于牙型半角的中径当量 $f_{\frac{\alpha}{2}}$、中径相对于螺距累积误差的中径当量 f_p 及中径实际误差三者均应在中径公差范围内。

（七）普通螺纹的公差带

普通螺纹的公差带是由基本偏差决定其位置，公差等级决定其大小的。普通螺纹的公差带是沿着螺纹的基本牙型分布的，如图 5-7 所示。图中 ES（es）、EI（ei）分别为内（外）

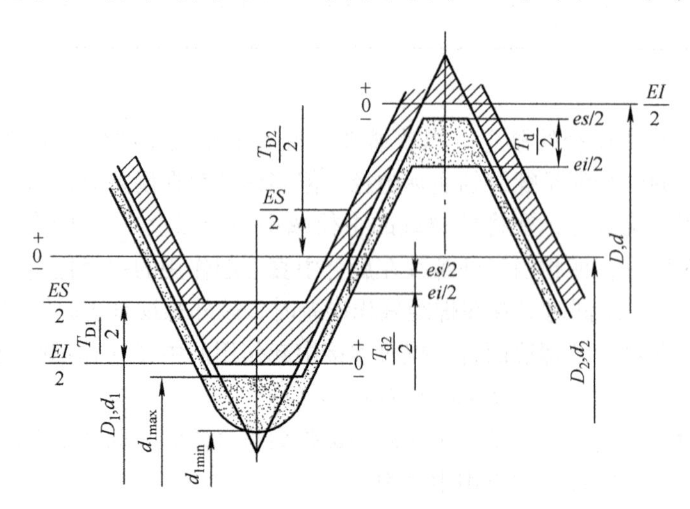

图 5-7　普通螺纹的公差带

螺纹的上、下极限偏差，T_D（T_d）分别为内（外）螺纹的中径公差。由图可知，除对内、外螺纹的中径规定了公差外，对外螺纹的顶径（大径）和内螺纹的顶径（小径）规定了公差，对外螺纹的小径规定了上极限尺寸，对内螺纹的大径规定了下极限尺寸，这样则可保证内外螺纹有一定间隙，避免螺纹旋合时在大径、小径处发生干涉，以保证螺纹的互换性。同时在外螺纹的小径处有刀具圆弧过渡，则可提高螺纹受力时的抗疲劳强度。

(1) 公差带的位置和基本偏差　国家标准分别对内、外螺纹规定了基本偏差，用以确定内、外螺纹公差带相对于基本牙型的位置。

对内螺纹规定了 2 种基本偏差，代号分别为 H、G。由这 2 种基本偏差决定的内螺纹公差带均在基本牙型之上，如图 5-8a、b 所示。对外螺纹规定了 8 种偏差，代号分别为 a、b、c、d、e、f、g、h，由这 8 种基本偏差决定的外螺纹公差带均在基本牙型之下，如图 5-8c、d 所示。

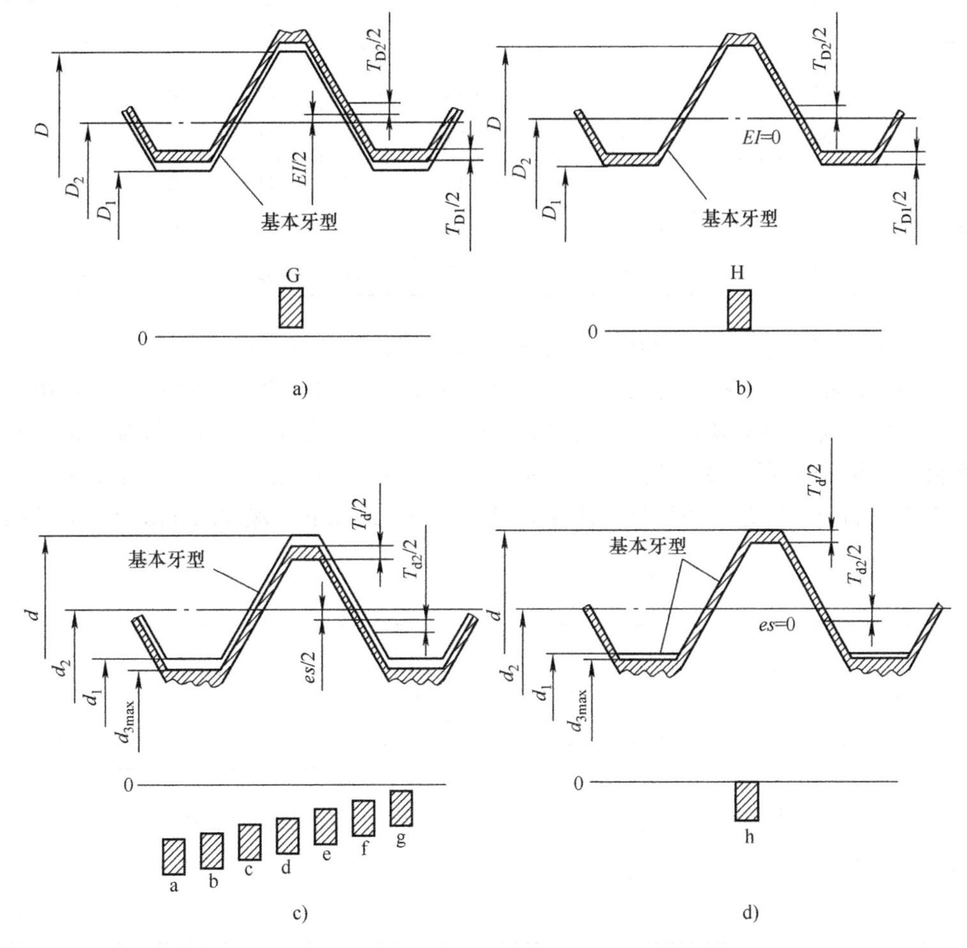

图 5-8　内、外螺纹的基本偏差

内、外螺纹基本偏差的含义和代号取自《产品几何技术规范（GPS）　极限与配合》国家标准中相对应的孔和轴，但内、外螺纹的基本偏差值系由经验公式计算而来，并经过一定的处理。除 H、h 两个对应的基本偏差值为 0 和孔、轴相同外，其余基本偏差代号所对应的基本偏差值和孔、轴均不同，而与其基本螺距有关。

规定诸如G、a～g这些基本偏差，主要是考虑应给螺纹配合留有最小保证间隙，以及为一些有表面镀涂要求的螺纹提供镀涂层余量，或为一些高温条件下工作的螺纹提供热膨胀余地。内、外螺纹的基本偏差值见表5-3。

表5-3　内、外螺纹的基本偏差

螺距 P/mm	基本偏差/μm									
	内螺纹		外螺纹							
	G EI	H EI	a es	b es	c es	d es	e es	f es	g es	h es
0.75	+22	0	—	—	—	—	-56	-38	-22	0
0.8	+24	0	—	—	—	—	-60	-38	-24	0
1	+26	0	-290	-200	-130	-85	-60	-40	-26	0
1.25	+28	0	-295	-205	-135	-90	-63	-42	-28	0
1.5	+32	0	-300	-212	-140	-95	-67	-45	-32	0
1.75	+34	0	-310	-220	-145	-100	-71	-48	-34	0
2	+38	0	-315	-225	-150	-105	-71	-52	-38	0
2.5	+42	0	-325	-235	-160	-110	-80	-58	-42	0
3	+48	0	-335	-245	-170	-115	-85	-63	-48	0

（2）公差带的大小和公差等级　国家标准规定了内、外螺纹的公差等级，它的含义和孔、轴公差等级相似，但有自己的系列和数值，见表5-4。普通螺纹公差带的大小由公差值决定。公差值除与公差等级有关外，还与基本螺距有关。考虑到内、外螺纹加工的工艺等价性，在公差等级和螺距的基本值均一样的情况下，内螺纹的公差值比外螺纹的公差值大32%。内螺纹的公差值是由经验公式计算而得的。一般情况下，螺纹的6级公差为常用公差等级。

表5-4　螺纹的公差等级

螺纹直径	公差等级	螺纹直径	公差等级
内螺纹小径 D_1	4、5、6、7、8	外螺纹中径 d_2	3、4、5、6、7、8、9
内螺纹中径 D_2	4、5、6、7、8	外螺纹大径 d	4、6、8

内螺纹小径公差见表5-5，外螺纹大径公差见表5-6，内螺纹中径公差见表5-7，外螺纹中径公差见表5-8。

表5-5　内螺纹小径公差（T_{D1}）　（单位：μm）

螺距 P/mm	公差等级				
	4	5	6	7	8
0.75	118	150	190	236	—
0.8	125	160	200	250	315
1	150	190	236	300	375

（续）

螺距 P/mm	公差等级				
	4	5	6	7	8
1.25	170	212	265	335	425
1.5	190	236	300	375	475
1.75	212	265	335	425	530
2	236	300	375	475	600
2.5	280	355	450	560	710
3	315	400	500	630	800

表 5-6　外螺纹大径公差（T_d）　　（单位：μm）

螺距 P/mm	公差等级		
	4	6	8
0.75	90	140	—
0.8	95	150	236
1	112	180	280
1.25	132	212	335
1.5	150	236	375
1.75	170	265	425
2	180	280	450
2.5	212	335	530
3	236	375	600

表 5-7　内螺纹中径公差（T_{D2}）　　（单位：μm）

基本大径 D/mm		螺距 P/mm	公差等级				
>	≤		4	5	6	7	8
5.6	11.2	0.75	85	106	132	170	—
		1	95	118	150	190	236
		1.25	100	125	160	200	250
		1.5	112	140	180	224	280
11.2	22.4	1	100	125	160	200	250
		1.25	112	140	180	224	280
		1.5	118	150	190	236	300
		1.75	125	160	200	250	315
		2	132	170	212	265	335
		2.5	140	180	224	280	355
22.4	45	1	106	132	170	212	—
		1.5	125	160	200	250	315
		2	140	180	224	280	355
		3	170	212	265	335	425
		3.5	180	224	280	355	450
		4	190	236	300	375	475
		4.5	200	250	315	400	500

表 5-8　外螺纹中径公差（T_{d2}）　（单位：μm）

基本大径 d/mm		螺距 P/mm	公差等级						
>	≤		3	4	5	6	7	8	9
5.6	11.2	0.75	50	63	80	100	125	—	—
		1	56	71	90	112	140	180	224
		1.25	60	75	95	118	150	190	236
		1.5	67	85	106	132	170	212	265
11.2	22.4	1	60	75	95	118	150	190	236
		1.25	67	85	106	132	170	212	265
		1.5	71	90	112	140	180	224	280
		1.75	75	95	118	150	190	236	300
		2	80	100	125	160	200	250	315
		2.5	85	106	132	170	212	265	335
22.4	45	1	63	80	100	125	160	200	250
		1.5	75	95	118	150	190	236	300
		2	85	106	132	170	212	265	335
		3	100	125	160	200	250	315	400
		3.5	106	132	170	212	265	335	425
		4	112	140	180	224	280	355	450
		4.5	118	150	190	236	300	375	475

（3）螺纹旋合长度　螺纹的旋合长度分为短旋合长度、中等旋合长度和长旋合长度三种，分别用 S、N、L 表示。中等旋合长度为螺纹公称直径的 0.5 ~1.5 倍。设计时一般选用中等旋合长度 N，只有当结构或强度有需要时，才选用短旋合长度 S 或长旋合长度 L。各种旋合长度的数值见表 5-9。

表 5-9　螺纹旋合长度　（单位：mm）

基本大径 D、d		螺距 P	旋合长度			
			S	N		L
>	≤		≤	>	≤	>
5.6	11.2	0.75	2.4	2.4	7.1	7.1
		1	3	3	9	9
		1.25	4	4	12	12
		1.5	5	5	15	15
11.2	22.4	1	3.8	3.8	11	11
		1.25	4.5	4.5	13	13
		1.5	5.6	5.6	16	16
		1.75	6	6	18	18
		2	8	8	24	24
		2.5	10	10	30	30
22.4	45	1	4	4	12	12
		1.5	6.3	6.3	19	19
		2	8.5	8.5	25	25
		3	12	12	36	36
		3.5	15	15	45	45
		4	18	18	53	53
		4.5	21	21	63	63

二、任务导入

图5-9所示为刚加工完成的螺纹塞规，在投入使用之前需要对其中径、螺距和牙型半角进行检测，确定其是否满足精度要求。图5-10所示为刚加工完成的丝杠，在投入使用之前需要对其螺旋线误差进行检测，确定其是否满足精度要求。请选择合适的计量器具并根据工作任务单完成检测任务。

图5-9　螺纹塞规

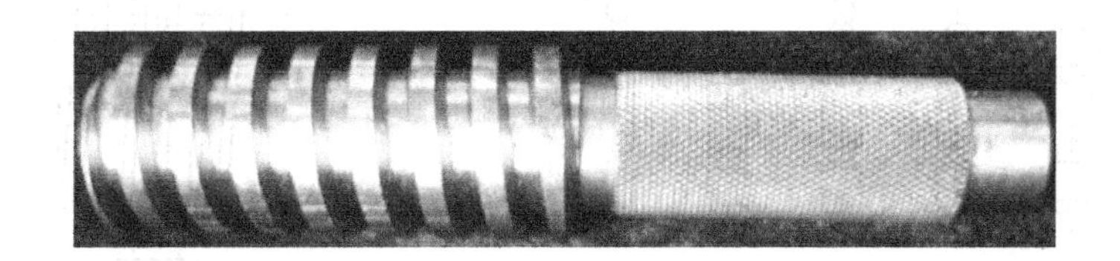

图5-10　丝杠

<table>
<tr><th colspan="8">工　作　任　务　单</th></tr>
<tr><td>姓名</td><td></td><td>学号</td><td></td><td>班级</td><td></td><td>指导老师</td><td></td></tr>
<tr><td>组别</td><td></td><td colspan="2">所属学习项目</td><td colspan="4">螺纹误差检测</td></tr>
<tr><td colspan="2">任务编号</td><td>10</td><td>工作任务</td><td colspan="4">螺纹误差检测</td></tr>
<tr><td colspan="2">工作地点</td><td colspan="2">精密检测实训室</td><td colspan="2">工作时间</td><td colspan="2"></td></tr>
<tr><td>待检对象</td><td colspan="7">螺纹塞规（图5-9）、丝杠（图5-10）</td></tr>
<tr><td>检测项目</td><td colspan="7">1. 螺纹塞规中径、螺距和牙型半角
2. 丝杠螺旋线误差</td></tr>
<tr><td>使用工具</td><td colspan="3">1. 量针
2. 测长仪
3. 工具显微镜</td><td>任务要求</td><td colspan="3">1. 熟悉检测方法
2. 正确使用检测工具
3. 检测结果处理
4. 提交检测报告</td></tr>
</table>

三、任务分析

圆柱螺纹的单项测量用于螺纹工件的工艺分析或螺纹量规及螺纹刀具的质量检查。所谓单项测量主要指螺纹中径、螺距、牙型半角和大径的测量。螺纹的单项测量可用量针法进行，也可以在工具显微镜上进行。圆柱螺纹的综合测量可用螺纹量规进行。生产一线的工人常采用综合测量法。

四、任务实施

（一）螺纹的单项测量

1. 螺纹的中径测量

（1）螺纹千分尺测量螺纹中径

1）测量原理。对于精度要求不高的螺纹，可用螺纹千分尺测量其中径。螺纹千分尺的使用方法与外径千分尺相同，不同之处是要选用专用测头。每对测头由一个V形测头和一个相应牙型的圆锥形测头组合而成，如图5-11所示，并且只能测量一定螺距范围的螺纹中径。

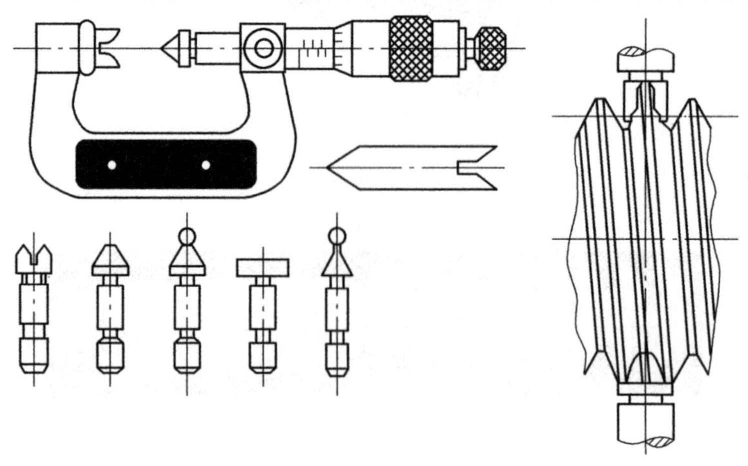

图5-11　螺纹千分尺

2）误差分析。用螺纹千分尺测量螺纹中径的测量误差主要来源于被测螺纹的螺距误差和牙型半角的误差以及螺纹千分尺本身的误差。螺纹千分尺本身的误差来源于测量压力、可换测头侧端角度的误差及千分尺螺旋机构的误差等。

由于上述误差因素，用螺纹千分尺测量螺纹中径的测量误差一般为0.10～0.15mm，用比较法测量误差可在0.03mm之内。

（2）三针法测量外螺纹中径

1）测量方法。把三根直径相同的量针放在被测螺纹的牙槽内，而且单根量针应放置在成对使用的两根量针对面的中间牙槽里。图5-12所示为三根量针放置在被测单线螺纹槽内位置的示意图。在一定的测量力作用下，三针与螺纹槽侧面可靠接触，测量出三针的外尺寸M值后，再通过公式计算，即可求得被测螺纹的中径d_2。测量M值时，可采用杠杆千分尺或测长仪进行绝对测量，也可用光学计或其他测微仪通过与量块比较进行相对测量。

用三针测量外螺纹中径时，测量尺寸M与螺纹中径d_2之间的关系可以通过图5-12所示关系推导出来。

$$M = d_2 + d_0 + 2(A - B)$$

$$A = \frac{d_0}{2\sin(\frac{\alpha}{2})}$$

$$B = \frac{P}{4}\cot\frac{\alpha}{2}$$

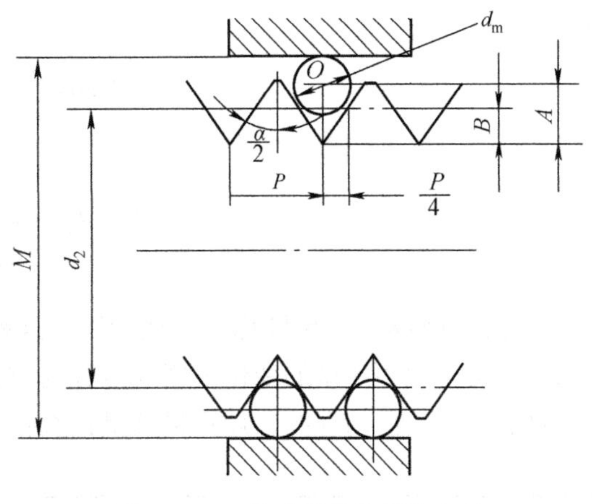

图 5-12　三针法测量外螺纹中径

因此：

$$M = d_2 + d_0 + 2\left[\frac{d_0}{2\sin(\frac{\alpha}{2})} - \frac{P}{4}\cot\frac{\alpha}{2}\right]$$

$$= d_2 + d_0\left[1 + \frac{1}{\sin(\frac{\alpha}{2})}\right] - \frac{P}{2}\cot\frac{\alpha}{2} \tag{5-5}$$

由式（5-5）即可获得被测螺纹的单一中径值：

$$d_2 = M - d_0\left[1 + \frac{1}{\sin\frac{\alpha}{2}}\right] + \frac{P}{2}\cot\frac{\alpha}{2} \tag{5-6}$$

式中　d_2——被测螺纹单一中径（mm）；

M——测量尺寸（mm）；

$\frac{\alpha}{2}$——牙型半角（°）；

P——螺距（mm）；

d_0——量针直径（mm）。

用三针法测量螺纹中径是一种间接测量的方法。将三针外尺寸的实际测量值 M，以及螺纹螺距 P_0、牙型角的公称值 α_0 和所选用三针直径的公称值 d_0 代入式（5-6），就得到被测螺纹中径 d_2 的间接测量值。

2）最佳三针的选择。根据式（5-6）可知：d_2 是关于测量尺寸 M、三针直径、螺距和牙型角的函数，即

$$d_2 = f(M, d_0, P, \frac{\alpha}{2})$$

对式（5-6）进行微分，就可得到它们偏差之间的关系式：

$$\Delta d_2 = \Delta M - \left(1 + \frac{1}{\sin\frac{\alpha}{2}}\right)\Delta d_0 + \frac{1}{2}\cot\frac{\alpha}{2}\Delta P + \frac{1}{2\sin^2\frac{\alpha}{2}}(d_0\cos\frac{\alpha}{2} - \frac{P}{2})\Delta\alpha \tag{5-7}$$

要使 ΔM 最小，则

$$\frac{1}{2\sin^2\frac{\alpha}{2}}\left(d_0\cos\frac{\alpha}{2} - \frac{P}{2}\right) = 0$$

即

$$d_0\cos\frac{\alpha}{2}-\frac{P}{2}=0$$

得

$$d_0=\frac{P}{2\cos\frac{\alpha}{2}} \tag{5-8}$$

满足式（5-8）的量针称为最佳量针。这种直径的量针正好在螺纹的单一中径处同螺纹牙侧面相切，因而牙型的变化不影响量针的位置。

对于不同类型的螺纹，计算最佳量针直径的公式见表5-10。

表5-10　计算最佳量针直径的公式

螺纹类型	牙型角	中径计算公式	最佳量针直径/mm
米制螺纹	60°	$d_2=M-3d_0+0.866P$	$0.577350P$
寸制螺纹	55°	$d_2=M-3.1657d_0+0.9605P$	$0.563691P$
梯形螺纹	30°	$d_2=M-4.8637d_0+1.866P$	$0.517638P$
阿基米德蜗杆	40°	$d_2=M-3.9238d_0+4.13576P$	$0.532089P$

由于不同类型、不同螺距的螺纹所需的最佳三针规格过多，国家标准GB/T 22522—2008《螺纹测量用三针》对具有对称牙型的几种螺纹，共规定了31种不同尺寸的量针。选用它们以代替最佳量针使用时，基本上能保证其与牙侧的接触点在中径与牙侧交点上下的$\frac{1}{8}$牙面长度范围内。

3）测量步骤。

① 根据被测螺纹的中径，正确选择最佳量针。

② 在尺座上安装好杠杆千分尺和三针，并校正仪器零位。

③ 将三针放入螺纹牙槽中，用杠杆千分尺进行测量，读出M值。

④ 在同一截面相互垂直的两个方向上，测出尺寸M，取其平均值。

⑤ 计算螺纹单一中径，并判断合格性。

（3）影像法测量螺纹中径　在工具显微镜上用影像法可测量螺纹的中径、螺距和牙型半角。

影像法是指由照明系统出来的平行光照射工件，然后通过物镜将螺纹轮廓成像在分划板上，用分划板上的米字线进行瞄准，并进行比较测量。

在工具显微镜上测量螺纹时，先用焦距规调好焦距，然后将螺纹零件装在顶尖上。在仪器说明书光圈表上选取适当的光圈，把仪器的光圈调整好，再把工具显微镜立柱倾斜一个螺纹升角ψ，倾斜方向视螺纹右旋还是左旋而定，目的是使平行光向上通过螺纹牙槽时与牙侧螺旋面相切。螺纹升角ψ按式（5-9）求得

$$\tan\psi=\frac{nP}{\pi d_2} \tag{5-9}$$

然后移动工具显微镜和被测件，使被测螺纹牙廓进入目镜视场，使目镜米字线的中心虚线和牙型边缘相压，如图5-13所示，记下横向读数。再横向移动工具显微镜到螺纹的另一

侧，并使立柱反向倾斜 ψ 角，在视野内引入另一面影像，使其边缘与米字线的中心虚线相压，记下第二次横向读数。测量中，工作台不许有纵向移动。此时两次横向读数之差即为被测螺纹的中径。

为消除螺纹定位时被测件轴线和横向导轨不垂直产生的误差，可以在牙型左、右两侧面各测一次，取其算术平均值作为中径的测量值。即

$$d_2 = \frac{d_{2左} + d_{2右}}{2} \tag{5-10}$$

（4）轴切法测量螺纹中径　为了实现在轴截面测量螺纹，可假想把螺纹沿轴截平面切一刀，然后在此截面上进行测量。轴切法可以实现此设想，轴切法的测量原理如图5-14所示。它用两把测量刀，且其刀刃在轴截平面内与牙型边缘相切，用测量刀上的细刻线来代替被遮住的牙型的边缘与米字线中相应的刻线对准进行测量。

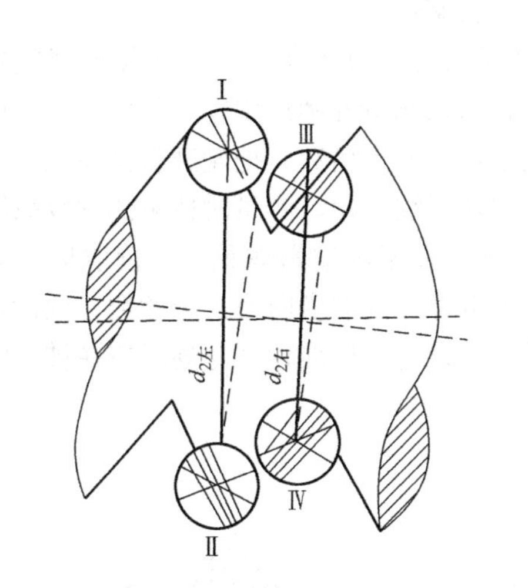

图5-13　影像法测量螺纹中径

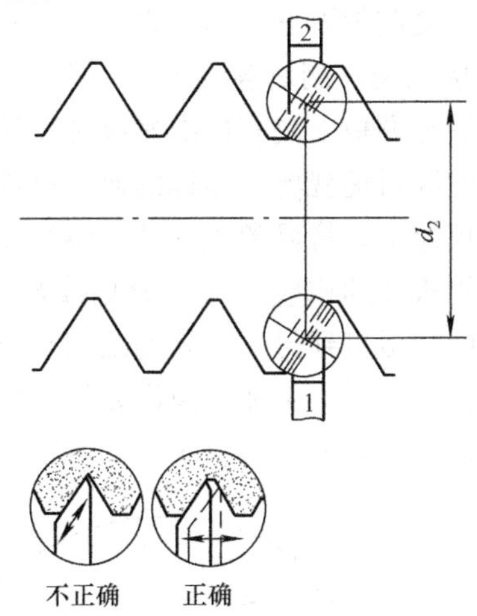

图5-14　轴切法测量螺纹中径

1）测量方法。用轴切法测量时，仪器中央显微镜不必倾斜螺纹升角，而且应换上3×物镜。测量刀的刃口到刻线之间的距离有0.3mm和0.9mm两种。为了能清楚地看到测量刀上的刻线，在物镜下端要装上半镀银反射镜，将光源来的一部分光反射到测量刀表面，照亮刻线，以便将刻线成像于瞄准显微镜的分划板上。

测量时用米字线两边虚线与测量刀上刻线相压，对被测螺纹进行瞄准。除此瞄准方法以外，其测量螺纹各参数的方法和影像法相同。为消除螺纹定位时被测件轴线和横向导轨不垂直产生的误差，依然在牙型左、右两侧面各测一次，取其算术平均值作为中径的测量值。

2）测量刀的选择。0.3mm的测量刀大体适用于螺距为0.5～3mm的螺纹；0.9mm的测量刀适用于螺距为3～6mm的螺纹。由于工具显微镜视场中心的成像质量比边缘要好些，应优先考虑使用0.3mm刻线的测量刀，如图5-15所示。

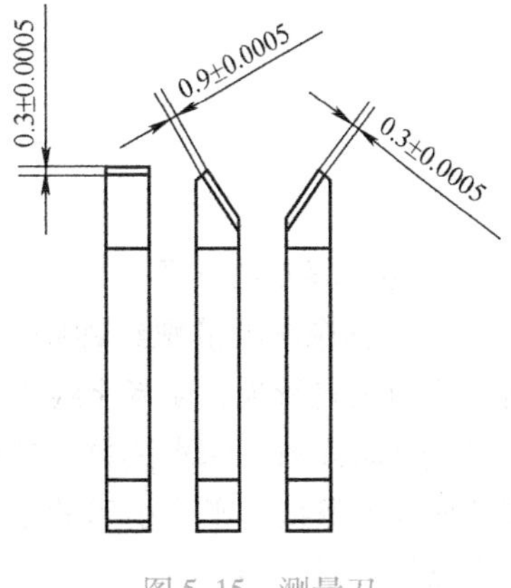

图5-15　测量刀

3）误差分析。轴切法的误差主要是测量刀刀刃的磨损 ΔL 所引起的，如图5-16所示，此时中径测量误差 Δd_2 为

$$\Delta d_2 = \frac{2}{\sin\frac{\alpha}{2}}\Delta L \qquad (5\text{-}11)$$

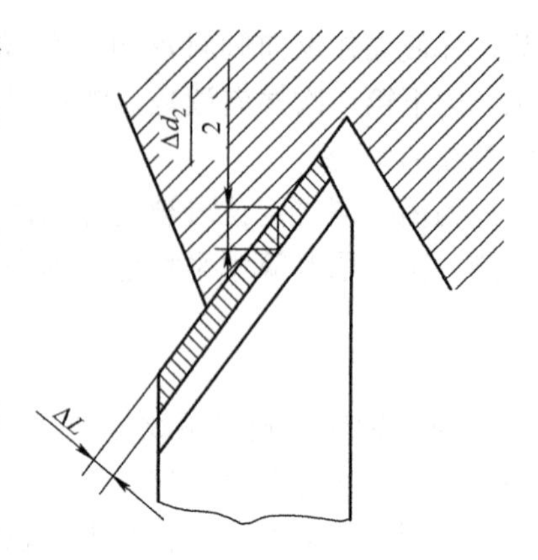

图5-16　测量刀误差分析

例如，磨损量为0.001mm时，对于米制螺纹，$\alpha = 60°$，由于磨损引起中径的测量误差为0.004mm，可见其误差之大。因此在使用中应仔细操作，尽量减少磨损。

轴切法由于实现了按定义在轴截平面内进行测量，而且采用了刻线影像和虚刻线重合瞄准，因而精度较高。轴切法的缺点是测量刀易磨损，以及安装和测量较麻烦。

（5）轮廓目镜法测量螺纹中径　万能工具显微镜带有米制、寸制及梯形螺纹轮廓目镜头，在目镜头分划板上刻有标准螺纹牙型轮廓，用来测量外螺纹中径，如图5-17a所示。

先根据轮廓目镜视场内标称的放大倍数选用目镜放大倍数，把轮廓目镜头和相应倍数的物镜安装在仪器上，将显微镜立柱按螺纹旋向偏转螺纹升角。测量时按被测螺纹螺距和牙型角，转动分划板找到相应的牙型分划线与被测螺纹牙型沟槽影像重合，读取横向第一个读数，移动横向划板直到另一边牙型凸起与分划线重合，读取横向第二个读数，两读数之差为被测螺纹中径。为了减少牙型角误差带来中径测量误差，标准轮廓分划线应在被测螺纹牙型影像中径附近重合对准，如图5-17b所示。

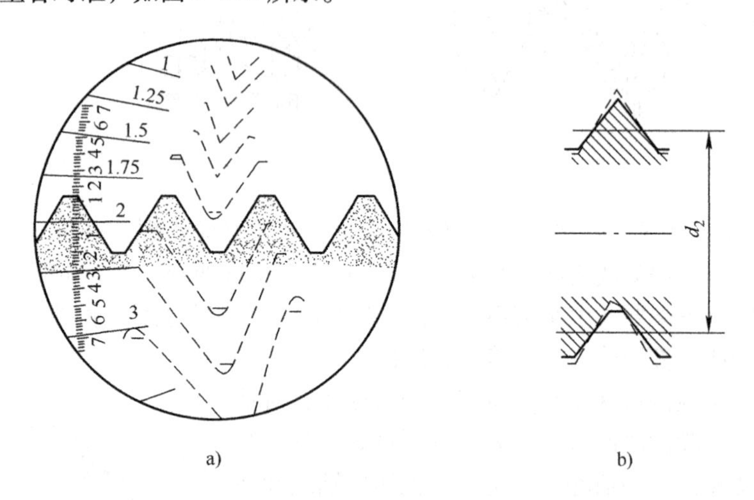

图5-17　轮廓目镜测量螺距

2. 螺纹螺距的测量

（1）影像法测量螺纹螺距　将米字线中心虚线压在牙型轮廓的边缘，记下纵向读数，然后移动纵向滑板，使米字线中心虚线与相邻的同名牙型边缘相压，如图5-18所示，记下第二次纵向读数，两次读数之差即为螺距的实际值。测量过程中横向不许移动。为了消除螺纹轴线和测量线不平行引起的系统误差，应将左右牙廓上的螺距分别测出，取其算术平均值作为测量结果，即

$$P = \frac{P_{左} + P_{右}}{2} \tag{5-12}$$

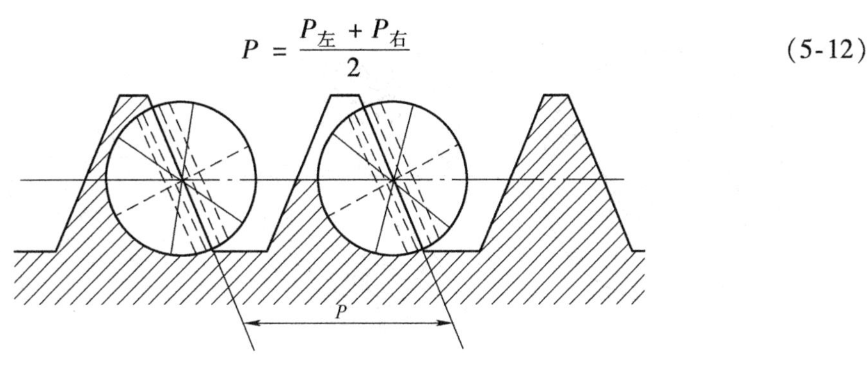

图 5-18 影像法测量螺距

（2）轴切法测量螺纹螺距 为了实现在轴截面测量螺纹螺距，可以用一把测量刀，用其刀刃在轴截平面内与某一牙型边缘相切，用测量刀上的细刻线来代替被遮住的牙型的边缘与米字线中相应的刻线对准进行测量，记下纵向读数，然后用其刀刃再与相邻的同名牙型边缘相切，记下第二次纵向读数，两次读数之差即为螺距的实际值。为了消除螺纹轴线和测量线不平行引起的系统误差，应将左右牙廓上的螺距分别测出，取其算术平均值作为测量结果。

（3）轮廓目镜法测量螺纹螺距 先根据轮廓目镜视场内标称的放大倍数选用目镜放大倍数，把轮廓目镜头和相应倍数的物镜安装在仪器上，将显微镜立柱按螺纹旋向偏转螺纹升角。测量时按被测螺纹螺距和牙型角，转动分划板找到相应的牙型分划线与被测螺纹牙型沟槽影像重合，读取纵向第一个读数，移动纵向划板直到另一相邻牙型凸起与分划线重合，读取纵向第二个读数，两读数之差为被测螺纹螺距。为了消除螺纹轴线和测量线不平行引起的系统误差，应将左右牙廓上的螺距分别测出，取其算术平均值作为测量结果。为了减少牙型角误差带来中径测量误差，标准轮廓分划线应在被测螺纹牙型影像中径附近重合对准。

3. 螺纹牙型半角的测量

螺纹牙型半角可以用影像法测量，把工具显微镜目镜米字线的中心虚线与牙型轮廓影像边缘相靠，即可在角度目镜内读取角度值。为了消除由于螺纹轴线与测量轴线不平行所引起的测量误差，还要在螺纹另一侧进行测量，如图 5-19 所示，取算术平均值作为测量结果，即

$$\Delta\frac{\alpha}{2}(左) = \frac{\frac{\alpha}{2}(\text{Ⅰ}) + \frac{\alpha}{2}(\text{Ⅳ})}{2} - \frac{\alpha}{2} \tag{5-13}$$

$$\Delta\frac{\alpha}{2}(右) = \frac{\frac{\alpha}{2}(\text{Ⅱ}) + \frac{\alpha}{2}(\text{Ⅲ})}{2} - \frac{\alpha}{2} \tag{5-14}$$

测出左、右牙型半角后，分别算出 $\Delta\frac{\alpha}{2}(左)$ 和 $\Delta\frac{\alpha}{2}(右)$，再根据式（5-2）最后算出牙型半角中径当量。

（二）螺纹的综合测量

1. 螺纹的综合测量方法

螺纹的综合测量，可以用投影仪或螺纹量规进行。生产中主要用螺纹极限量规来控制螺

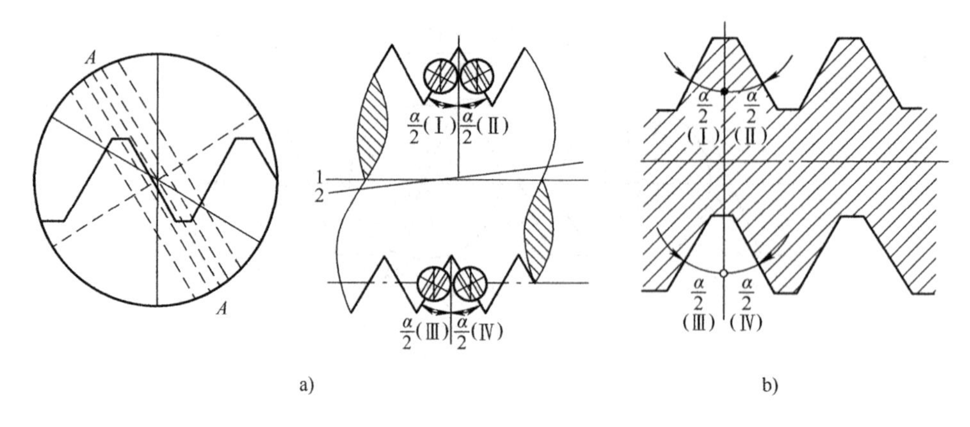

图 5-19　影像法测量螺纹的牙型半角

纹的极限轮廓。螺纹的综合测量的传递系统如图 5-20 所示。螺纹的极限量规是按照泰勒原则对工件进行两方面的检验：

1）旋合性，即检验螺纹的作用中径。

2）位置质量，即检验螺纹的单一中径。

根据螺纹量规的用途可分为工作量规、验收量规和校对量规。生产工人在制造螺纹工件过程中所用的量规称为工作量规。工厂检验员或用户代表验收螺纹工件时所用的量规称为验收量规。检验工作量规所用的量规称为校对量规。

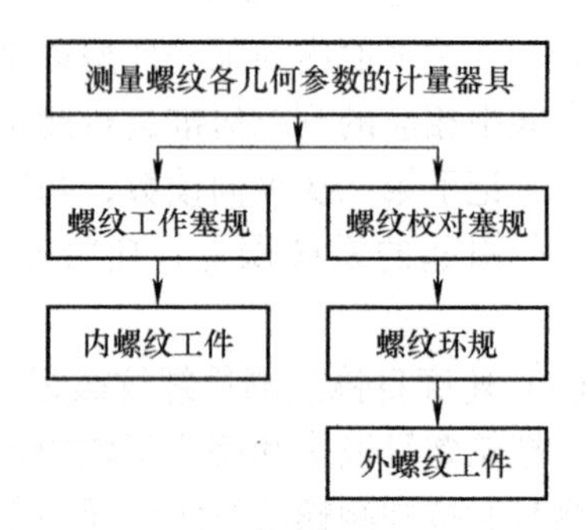

图 5-20　螺纹综合测量的传递系统

检验内螺纹所用的量规称为塞规。检验外螺纹所用的量规称为环规。同时为控制其公差范围，无论是塞规还是环规又有通端和止端之分。通端能旋合通过被检螺纹，止端不过，则零件合格，否则零件不合格。

2. 螺纹量规与校对量规

（1）通用螺纹量规

1）通端螺纹塞规，代号 T。用于检查工件内螺纹的作用中径和大径，控制内螺纹中径和大径下极限尺寸，牙型为完整形（图 5-21），其螺纹的长度与被检螺纹长度一样，应旋合通过被检验的螺纹工件。完整牙型就是量规牙型牙侧长度应大于或等于被检工件螺纹基本牙型牙侧长度。

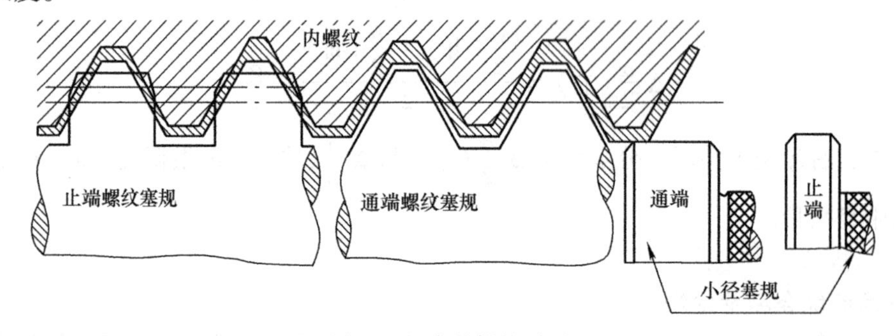

图 5-21　完整螺纹牙型

2）止端螺纹塞规，代号Z。检查内螺纹工件单一中径，控制中径上极限尺寸，止端螺纹塞规制成截短牙型，如图5-22所示，以缩短牙侧接触长度来减小牙型半角误差的影响。所谓截短牙型就是将量规牙型牙侧做对称的缩短。为了减小螺距误差的影响，螺牙扣数也只有2.5～3.5扣。使用时不应旋合通过被检内螺纹工件，但标准允许与内螺纹工件两端的螺纹部分旋合，旋合量不应超过两个螺距；对于三扣或少于三扣螺距的工件内螺纹，不应完全旋合通过。但严格来说，单一中径用止端螺纹量规检查是不合适的，因为牙型角误差和螺距误差还是有一定影响，只是所产生的误差要小一些。

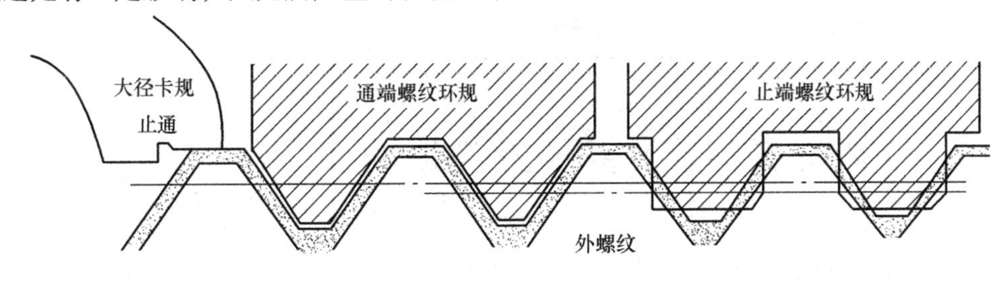

图5-22　截短螺纹牙型

3）通端螺纹环规，代号T。检查外螺纹工件的作用中径和小径，控制中径和小径的上极限尺寸，为完整牙型，螺纹的长度和被检工件螺纹旋合长度相当，应旋合通过外螺纹工件。

4）止端螺纹环规，代号Z。检查外螺纹工件单一中径，控制中径下极限尺寸，为截短牙型，扣数为2.5～3.5扣，不应旋合通过外螺纹工件。标准规定允许工件外螺纹两端的螺纹部分旋合，旋合量不应超过两个螺距；对于三扣或少于三扣螺距的与外螺纹工件，不应完全旋合通过。

（2）验收螺纹量规

1）通端验收螺纹量规。使用磨损较多或接近磨损极限的通端螺纹量规，作为通端验收螺纹量规。此量规由检验员使用。

2）止端验收螺纹量规。使用新的或者磨损较少的止端螺纹量规，作为止端验收螺纹量规。

（3）校对量规

1）校通——通螺纹塞规，代号TT。用于检查新的通端螺纹环规的作用中径。牙型形状为完整的外螺纹牙型，应旋合通过新的通端螺纹环规。

2）校通——止螺纹塞规，代号TZ。检查新的通端螺纹环规的单一中径。牙型形状为截短的外螺纹牙型，允许与新的通端螺纹环规两端的螺纹部分旋合，但旋合量不应超过一扣螺距。

3）校通——损螺纹塞规，代号TS。检查使用中通端螺纹环规的单一中径。牙型形状为截短的外螺纹牙型，允许与新的通端螺纹环规两端的螺纹部分旋合，但旋合量不应超过一扣螺距。

4）校止——通螺纹塞规，代号ZT。检查新的止端螺纹环规的单一中径。牙型形状为完整的外螺纹牙型，应旋合通过新的止端螺纹环规。

5）校止——止螺纹塞规，代号ZZ。检查新的止端螺纹环规的单一中径。牙型形状为完整的外螺纹牙型，允许与新的止端螺纹环规两端的螺纹部分旋合，但旋合量不应超过一扣螺距。

6）校止——损螺纹塞规，代号ZS。检查使用中止端螺纹环规的单一中径。牙型形状为完整的外螺纹牙型，允许与止端螺纹环规两端的螺纹部分旋合，但旋合量不应超过一扣螺距。

外螺纹的综合测量如图5-23所示。内螺纹的综合测量如图5-24所示。通端过，止端不过，则零件合格。

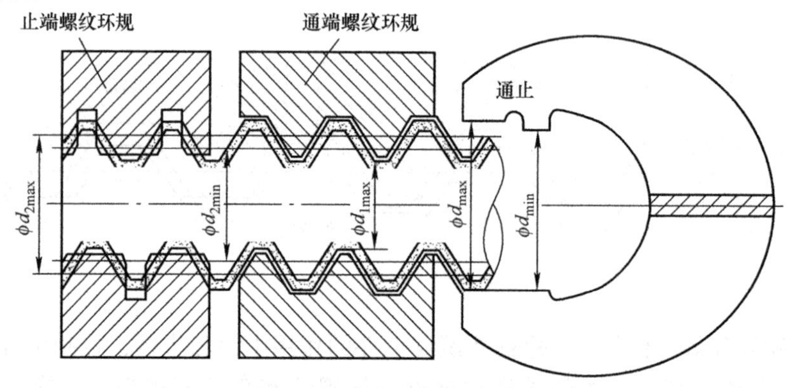

图5-23　外螺纹的综合测量

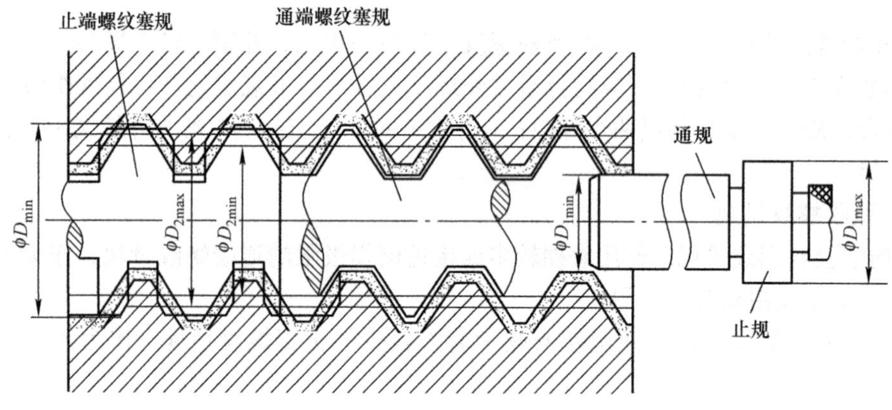

图5-24　内螺纹的综合测量

（三）螺旋线误差的测量

1. 测量原理

丝杠是起传递运动和精确移动的元件，所以其轴线方向的误差是影响其工作精度的主要参数。

螺旋线误差是一个综合误差，它综合地反映出丝杠的螺距，齿形误差及牙槽的径向跳动。丝杠螺旋线误差的测量方法是建立在螺旋线运动规律的基础上的。其规律可表示为

$$X_{理} = \frac{T}{2\pi}Q$$

式中　T——丝杠的导程；

Q——丝杠转过的角度；

$X_{理}$——丝杠转过Q角时螺旋线的理论轴向位移。

当被测丝杠的转角 Q 以精确角度标准量系统来实现时，如果又有线值标准量系统来测量其响应的实际轴向位移 X_i，那么 X_i 与其理论轴向位移 $X_{理}$ 之差即响应转角 Q 的螺旋线误差 ΔX：

$$\Delta X = X_i - X_{理}$$

这样每转过一个 Q 理论角便可得到 X_i 值，此种决定空间一个动点位置的方法，称为"圆柱坐标法"。

如果将各点的 X_i 与 $X_{理}$ 之差值与相应的 Q 以图示记录形式显示，即可得到误差曲线。显然，标准量系统的精确度越高，转角分得越小，既被测丝杠的点数越多，误差反映越真实，测量精度也越高。

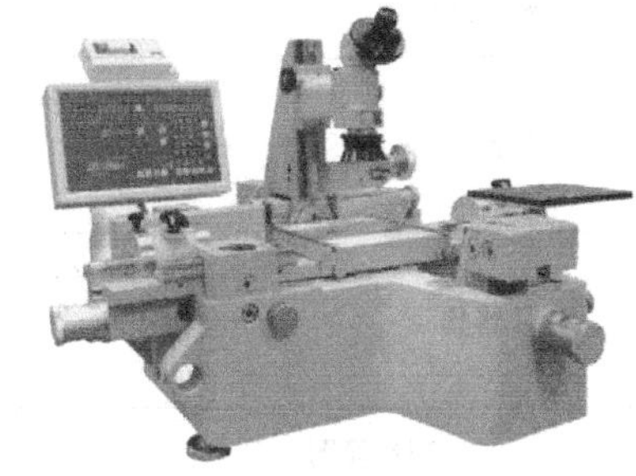

图 5-25　万能工具显微镜

在万能工具显微镜（图 5-25）上测量螺旋线误差是属于静态测量，其角度标准量系统是一个分度头，线值标准量系统是精密刻线尺（用光学灵敏杠杆定位）。通过测量，可取各点的误差 ΔX。以 $X_{理}$ 为横坐标，以 ΔX 为纵坐标画出误差曲线。此误差曲线能否反映实际情况，以选取的测量点数有关。选取点数太少时，测量出的误差曲线会产生较大的畸变，一般不少于 8 点，如图 5-26 所示。

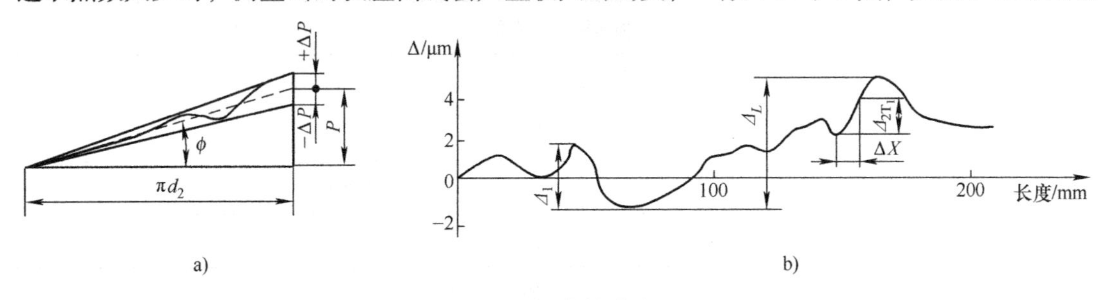

图 5-26　误差曲线

2. 测量方法

1）擦洗丝杠、仪器附件、安装灵敏杠杆、测角目镜等。

2）把光学分度头安放到万能工具显微镜纵向滑板左边，并用固定手轮固紧，将顶针装进主轴端锥孔内。

3）在丝杠轴颈上装上夹头片，将丝杠装在两顶针间，并使球形头置于夹头中间，以便带动丝杠转动。

4）下降立柱升降手轮，使灵敏杠杆测头位于丝杠中径处，并使测头靠住螺牙右侧进行瞄准。

5）记下分度头读数 Q 及纵向读数显微镜的读数 X。

6）顺时针方向转动分度头上手轮，使分度头顺时针方向转过一理论角度，使测头继续靠上螺杆右侧并瞄准，此时读出纵向读显数 X_1，重复此操作可得 X_2、X_3、…，直至测量完毕。必须注意在整个测量过程中，万能工具显微镜支臂（既灵敏杠杆测头）不得上下移动。

注：以上适用于螺牙右侧测量。螺牙左侧测量方法相同，旋转方向相反。

7）测量丝杠的 2 ~ 3 个导程，将数据记录下来，进行数据处理，并绘出螺旋线误差曲线。

五、检测结果的处理

<table>
<tr><td colspan="8">检　测　报　告（一）</td></tr>
<tr><td colspan="2">课程名称</td><td colspan="2">工业产品几何量检测</td><td colspan="2">项目名称</td><td colspan="2">螺纹误差检测</td></tr>
<tr><td colspan="2">班级/组别</td><td colspan="2"></td><td colspan="2">任务名称</td><td colspan="2">螺纹误差检测</td></tr>
<tr><td colspan="2" rowspan="2">被测螺纹</td><td colspan="2">螺纹标注</td><td colspan="2">中径上极限尺寸</td><td colspan="2">中径下极限尺寸</td></tr>
<tr><td colspan="2"></td><td colspan="2"></td><td colspan="2"></td></tr>
<tr><td colspan="2" rowspan="2">计量器具</td><td colspan="2">名称</td><td colspan="2">分度值</td><td colspan="2">角分度值</td></tr>
<tr><td colspan="2"></td><td colspan="2"></td><td colspan="2"></td></tr>
<tr><td colspan="3">测量简图</td><td colspan="5">测量记录</td></tr>
<tr><td colspan="3" rowspan="16"></td><td colspan="5">中径测量</td></tr>
<tr><td colspan="2">横向第一次读数</td><td colspan="2"></td><td></td></tr>
<tr><td colspan="2">横向第二次读数</td><td colspan="2"></td><td></td></tr>
<tr><td colspan="2">平均值</td><td colspan="2"></td><td></td></tr>
<tr><td colspan="2">实际值</td><td colspan="2"></td><td></td></tr>
<tr><td colspan="5">螺距测量</td></tr>
<tr><td colspan="2">左边螺距</td><td colspan="2"></td><td></td></tr>
<tr><td colspan="2">右边螺距</td><td colspan="2"></td><td></td></tr>
<tr><td colspan="2">平均值</td><td colspan="2"></td><td></td></tr>
<tr><td colspan="2">实际值</td><td colspan="2"></td><td></td></tr>
<tr><td colspan="5">牙型半角测量</td></tr>
<tr><td colspan="2">测量记录</td><td colspan="2">右侧牙型半角</td><td>左侧牙型半角</td></tr>
<tr><td colspan="2">第一次读数</td><td colspan="2"></td><td></td></tr>
<tr><td colspan="2">第二次读数</td><td colspan="2"></td><td></td></tr>
<tr><td colspan="2">平均值</td><td colspan="2"></td><td></td></tr>
<tr><td colspan="2">半角偏差 Δ</td><td colspan="2"></td><td></td></tr>
<tr><td colspan="3">合格性判断</td><td colspan="5"></td></tr>
<tr><td>姓　名</td><td colspan="2">班　级</td><td colspan="2">学　号</td><td colspan="2">审　核</td><td>成　绩</td></tr>
<tr><td></td><td colspan="2"></td><td colspan="2"></td><td colspan="2"></td><td></td></tr>
</table>

检 测 报 告（二）

课程名称	工业产品几何量检测	项目名称	螺纹误差检测
班级/组别		任务名称	螺纹误差检测
计量器具名称	纵向测量范围	横向测量范围	分度值
名　称	测量范围		分度值

被测件名称	标　注	螺纹线数	牙型半角	最小测量长度

测量记录

序号	分度头转角读数	纵向读数 X_i	$X_{i理}$	$\Delta X_i = X_i - X_{i理}$
1				
2				
3				
4				
5				
6				
7				
8				
9				
10				
11				
12				
13				
14				
15				
16				
17				
18				
19				
20				
21				
22				
23				
24				

画出螺旋线误差的曲线

合格性判断				
姓　名	班　级	学　号	审　核	成　绩

六、任务检查与评价

（一）小组互评表

课程名称	工业产品几何量检测	项目	螺纹误差检测				
班级/组别		工作任务	螺纹误差检测				
评价人签名（组长）：		评价时间：					
评价项目	评价指标	分值	组员成绩评价				
敬业精神（20分）	不迟到、不早退、不旷课	5					
	工作认真，责任心强	8					
	积极参与任务的完成	7					
专业能力（50分）	基础知识储备	10					
	对检测步骤的理解	7					
	检测工具的使用熟练程度	8					
	检测步骤的规范性	10					
	检测数据处理	6					
	检测报告的撰写	9					
方法能力（15分）	语言表达能力	4					
	资料的收集整理能力	3					
	提出有效工作方法的能力	4					
	组织实施能力	4					
社会能力（15分）	团队沟通	5					
	团队协作	6					
	安全、环保意识	4					
总分		100					

（二）教师对学生评价表

班　级		课程名称	工业产品几何量检测				
评价人签字：		学习项目	螺纹误差检测				
工作任务	螺纹误差检测		组别				
评价项目	评价指标	分数	成　员				
目标认知程度	工作目标明确，工作计划具体、结合实际，具有可操作性	10					
思想态度	工作态度端正，注意力集中，能使用各种资源进行相关资料收集	10					
团队协作	积极与团队成员合作，共同完成小组任务	10					
专业能力	正确理解检测原理 检测工具使用方法正确，检测过程规范	40					
	检测报告完成情况	30					
总分		100					

（三）教师对小组评价表

班级/组别		课程名称	工业产品几何量检测
学习项目	螺纹误差检测	工作任务	螺纹误差检测
评价项目	评价指标	评分	教师评语
资讯（15分）	工作任务分析 查阅相关仪器结构图和检测原理		
计划（10分）	小组讨论，达成共识，制订初步检测计划		
决策（15分）	检测工具的选择 确定检测方案，分工协作		
实施（25分）	对螺纹塞规的中径、螺距、牙型角和丝杠的螺旋线误差检测，提交检测报告		
检查（15分）	对检测过程进行检查，分析可能存在的问题		
评价（20分）	小组成员轮流发言，提出优点和值得改进的地方		

课后练习

一、填空题

1. 普通螺纹中径公差可以同时限制________、________和________三个参数的误差。

2. 普通螺纹中径名称有________种，其中用最佳三针法测得的中径为________中径。

3. 从互换性角度来看，螺纹的基本要素为________、________、________、________和________。

4. 影响螺纹互换性的主要因素有________、________、________三个。

5. 国家标准将螺纹精度分为________、________、________三种。

6. 通端螺纹塞规主要用于检查螺纹的________中径，而止端螺纹塞规则用于检查螺纹的________中径。

7. 根据用途不同，螺纹分为________、________和________三类。

8. 螺纹量规按泰勒原则设计，分为________和________。

9. 用螺纹千分尺测量螺纹中径的测量误差主要来源于________、________、________。

10. 用三针法测量螺纹中径时的误差主要是________、________、________。

11. 测量刀的刃口到刻线之间的距离有两种，为________和________。

二、综合题

1. 普通螺纹的精度是怎么分类的？试述各种精度螺纹的用途。

2. 普通螺纹的中径与单一中径之间有何区别？

3. 影响螺纹互换性的主要因素有哪些？

4. 如何判断中径的合格性？

5. 用量规检验合格的螺纹零件为什么有时用三针检验不合格？

6. 什么是单个螺距误差和螺距累积误差？

7. 用三针测量圆柱螺纹中径时，怎样选择使用三针直径？

8. 用轴切法测量螺距时如何正确对刀？

9. 用光学灵敏杠杆测量螺旋线时需要注意哪些问题？

10. 用轴切法测量螺纹参数时要注意哪些问题？

11. 测量一螺纹螺距，其读数分别为 20.500mm、23.501mm、26.502mm、29.500mm、32.497mm、35.499mm、38.501mm、42.502mm。试求螺距误差和最大累积误差。

12. 有一个 M16×2－5h 的螺纹塞规，$d_2=14.701_{-0.125}^{\ 0}$mm，$P=2$mm，$\alpha/2=30°$，试求用三针法测量中径时，三针直径应选多少？

13. 设有一米制普通外螺纹 $d=20$mm，螺距 $P=2.5$mm，如何选择最佳三针直径？M 值如何计算？

14. 用三针（$d_0=1.732$mm）测量 M24 外螺纹的中径时，测得 $M=24.57$mm，问该螺纹的实际中径为多少？

15. 工厂常用的计量器具对外螺纹螺距进行测量有哪几种方法？哪种方法测量精度最高？

“永不松动”螺母

在进行产品设计时，经常会用到螺纹连接。在有些特定的场所，如高速飞奔的列车上，要求螺纹连接一定不能松动。但是如何做出永不松动的螺纹连接呢？

在 20 世纪 80 年代末，日本开始大规模发展工业技术，当时日本制造出来的工业产品以质量优秀、耐用而闻名于世界，欧美各国当时均从日本引进了大量的工业产品，而“永不松动”螺母便是在这一时期诞生的，凭借着这种性能优异的螺母，哈德洛克公司可谓是大赚了一笔，直至今天，这种螺母仍然被用于欧美国家列车、汽车制造领域。而对于中国这个工业大国来说，要制造一款性能与哈德洛克螺母类似的“永不松动”螺母，其实也并不存在什么技术难题。

哈德洛克螺母之所以能够“永不松动”，主要还是因为这款螺母能够依靠上下两个螺母共同作用，并产生偏心压力来加强螺母的预紧度，虽然依靠偏心力的方式可以使螺母不容易松动，但这也使得哈德洛克螺母的使用寿命较低，需要定期更换，制造这样一款螺母，对于中国工业来说几乎没有任何难点，只不过因为中国当时并没有相关需求，所以“永不松动”螺母的研究一直被搁置。

在青藏铁路开始建造后，中国立刻对“永不松动”螺母进行研究，并最终设计出了自锁式螺母，与哈德洛克螺母不同，中国的自锁式螺母主要依靠螺母与垫片上的吻合结构来实现自锁，一旦螺母出现松动，螺母与垫片间就会产生摩擦力，从而再次紧固整颗螺母，由于自锁能力强大以及具备防振能力，这种自锁式螺母被广泛应用于青藏铁路上，相比哈德洛克螺母，中国的自锁式螺母性能更好，成本更低，使用寿命更是哈德洛克螺母的数倍。

项目六　齿轮误差检测

任务十一　齿轮误差检测

❖ 教学目标

1）熟悉齿轮及其公差的基础知识。

2）掌握强制性检测项目的检测方法。

3）掌握齿轮齿圈径向跳动误差的检测方法。

4）掌握齿轮公法线长度偏差及齿距累积偏差的检测方法。

5）掌握齿厚误差、基节偏差和齿形误差的检测方法。

6）掌握齿轮综合参数的检测方法。

7）掌握齿轮检测的数据处理及结果评定。

8）坚定文化自信，发扬与传承传统文化。

一、知识准备

（一）圆柱齿轮传动的基本要求

各种机器和仪表中使用的传动齿轮因使用场合不同对齿轮传动的要求也各不相同，综合各种使用要求，可归纳为以下四个主要方面：

（1）传递运动的准确性（运动精度）　要求齿轮在一转范围内的传动比要恒定，即最大转角误差限制在一定范围内，以保证传递运动准确。

（2）传递运动的平稳性（工作平稳性）　要求齿轮在一齿距或瞬时内传动比的变化限制在一定范围内，以减少齿轮转动的冲击、振动和噪声。

（3）载荷分布的均匀性（接触精度）　要求传动中的工作齿面接触良好、承载均匀，避免应力集中。

（4）传动侧隙的合理性　在齿轮传动中，为储存润滑油、补偿齿轮受力变形和热变形以及齿轮制造和安装误差，齿轮相啮合的非工作面应留有一定的齿侧间隙，以防止卡死和烧伤，要合理地确定侧隙的数值。

对齿轮传动的上述四项使用要求，将随齿轮使用场合不同而有所侧重，见表6-1。

表 6-1 齿类传动的分类及要求

分类	使用场合	特点	要求
低速动力齿轮	矿山机械、起重机械等	传递动力大、转速低	接触精度高，侧隙较大
高速动力齿轮	汽轮机、减速器等	传递动力大、转速高	传动平稳，接触精度高
读数分度齿轮	测量仪器、分度机构等	传递动力小、转速低	运动要求准确，侧隙小

（二）齿轮加工误差简述

齿轮的加工误差主要来源于组成工艺系统的机床、刀具、夹具和齿轮坯的误差及其安装误差。由于齿轮的齿形较复杂，故引起齿轮加工误差的因素也较多。下面以滚切直齿圆柱齿轮为例，来分析在切齿过程中产生的主要加工误差。图 6-1 所示为滚齿加工示意图，齿轮加工和安装误差的来源和对齿轮传动的影响见表 6-2。由表 6-2 可知影响齿轮传递运动准确性的主要误差是以齿轮一转为周期的误差，称为长周期误差，这类误差来源于齿坯安装的几何偏心和机床的运动偏心。齿轮的一齿转角误差是以齿轮转过一齿距角为周期，一转中定期地多次重复出现，称为短周期误差或高频误差，该误差影响传动的平衡性。

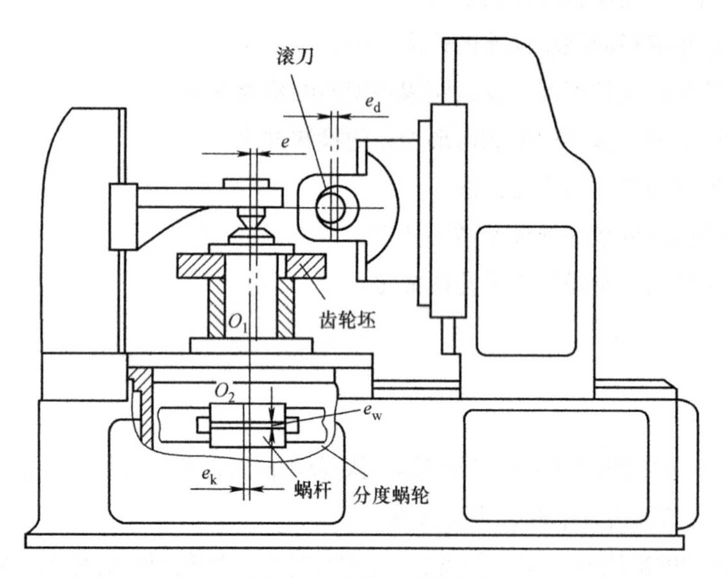

图 6-1 滚齿加工示意图

表 6-2 齿轮加工和安装误差

类 别	来 源	周期	影 响
运动误差	运动偏心：在滚切加工中，机床分度蜗轮对主轴有偏心，引起齿坯运动不均，呈周期性变化（图 6-1 偏距 e_k） 几何偏心：在加工中齿坯与机床主轴有间隙，或端面有跳动，或使用中齿轮与传动轴有间隙，都会造成偏心（图 6-1 偏距 e）	一转	引起切向误差，使轮齿在齿圈上分布不均，表现为公法线长度变动，齿距累积误差等 引起径向误差，表现为齿距不均，齿槽宽度不均，齿圈径向跳动等，因而在传动中侧隙发生周期性变化

（续）

类　别	来　源	周期	影　响
平稳性误差	在加工中机床分度蜗杆的几何偏心 e_w（图 6-1）和轴向圆跳动，刀具的偏心 e_d（图 6-1）倾斜及刀具本身的制造误差	一齿	引起小周期的误差，即在一转中多次重复出现的高频误差，导致齿轮瞬时传动比产生变化，从而使齿轮在转动中产生冲击、噪声和振动。表现为基节偏差，齿距偏差，一齿切向、径向综合误差，齿形误差等
载荷分布不均	在齿轮加工和安装上的误差		使齿轮不能每瞬间都沿全齿宽接触。表现为齿向误差、轴向齿距偏差等
齿轮副安装误差	齿轮副安装不正确，如轴线不平行等		引起接触不好，载荷不均，表现为轴线不平行、接触斑点不足

（三）圆柱齿轮精度

我国颁布的关于圆柱齿轮精度的国家标准有：GB/T 10095.1—2022《圆柱齿轮 ISO 尺面公差分级制 第 1 部分：齿面偏差的定义和允许值》、GB/T 10095.2—2023《圆柱齿轮 ISO 尺面公差分级制 第 2 部分：径向综合偏差的定义和允许值》。另外还有四个国家标准化指导性文件：GB/Z 18620.1—2008《圆柱齿轮 检验实施规范 第 1 部分：轮齿同侧齿面的检验》GB/Z 18620.2—2008《圆柱齿轮 检验实施规范 第 2 部分：径向综合偏差、径向跳动、齿厚和侧隙的检验》、GB/Z 18620.3—2002《圆柱齿轮 检验实施规范 第 3 部分：齿轮坯、轴中心线和轴线平行度的检验》、GB/Z 18620.4—2002《圆柱齿轮 检验实施规范 第 4 部分：表面结构和轮齿接触斑点的检验》。

GB/T 10095.1—2022 与 GB/T 10095.2—2023 对圆柱齿轮精度指标的公差（除了 F''_i 和 f''_i 规定了 9 个等级）分别规定了 13 个等级，用 0、1、2、…、12 表示。其中 0 级最高、12 级最低。0～2 级目前工艺方法和测量条件还很难达到，所以很少采用。3～5 级为高精度等级、6～9 级为中等精度等级、10～12 级为低精度等级。对 F''_i 和 f''_i 分别规定了 9 个精度等级（4、5、…、12）。5 级精度是各级精度中的基础级。

（四）渐开线齿轮的基本参数

齿数 z、模数 m、压力角 α 是渐开线齿轮的三个基本参数。

（1）分度圆　齿轮上齿厚与齿槽宽度相等处的假想圆称为分度圆，其直径 $d=zm$。

分度圆上的齿距 p：

$$p=\pi d/z=\pi m \tag{6-1}$$

（2）模数　一般用参数 p/π 表示轮齿的大小，称此参数为模数，用 m 表示，单位为 mm。模数大轮齿就大，模数小轮齿就小。当齿轮的分度圆直径相同时，模数大时轮齿数少，模数小时轮齿数多。

$$\frac{d}{z}=\frac{p}{\pi}=m \tag{6-2}$$

(3) 压力角　渐开线上某点的压力角是指该点作用力的方向与其运动方向之间的夹角。在图6-2中，渐开线上的 K 点的压力角就是 α_K。渐开线上不同点处的压力角 α 的大小不同，分度圆上的压力角称为标准压力角，用 α_0 表示。标准齿轮的压力角 α_0 一般取20°。

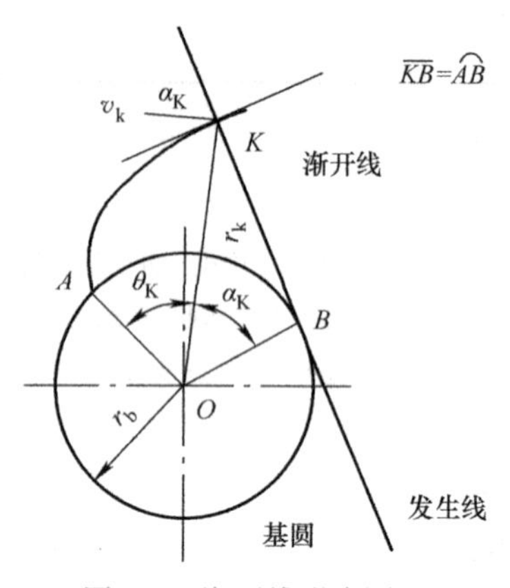

图6-2　渐开线形成原理

(五) 测量方法分类

齿轮测量方法可分为单项测量、综合测量和整体误差测量三大类，见表6-3。

表6-3　齿轮测量分类

类别	基本原理和使用场合	说明
单项测量	对被测齿轮的单个被测项目进行个别测量。除用于成品检验外，常用于工艺检测，以便判断加工过程是否正常，分析出加工过程中产生误差的原因，必要时对工艺过程进行调整 例如，通过测量齿厚、公法线长度等，判断该齿轮是否加工到所需尺寸；磨齿时，通过测量基节偏差或齿形误差，校正砂轮修整的角度或安装的角度；插齿时，通过测量齿圈径向跳动，判断齿坯在机床上安装是否正确等	当进行工艺检查时，应注意使测量基准与工艺基准相重合，否则定位误差将会影响测量结果
综合测量	被测齿轮与基准元件（精确齿轮、蜗杆或齿条等）在综合检查仪上进行双面或单面啮合测量 由于被测齿轮的各单项误差之间存在着一定的联系，因此当被测齿轮旋转一周以后，这些项目的误差便能综合地反映出来，有的误差相互叠加，有的误差相互补偿。通过对测量所得读数或记录曲线进行分析，便能综合地判断被测齿轮的精度是否合格 综合测量不仅效率高，而且比单项测量更加接近齿轮的实际使用状态，故适宜于成批或大量生产中对完工后的齿轮进行验收检查	在综合测量过程中，由于齿轮的啮合系数通常均大于1，被测齿轮与精确测量齿轮（或蜗杆、齿条）经常有两对齿参与啮合，因此通过综合测量误差曲线，确切地分析出各个单项误差的影响是有一定困难的
整体误差测量	将每个齿的齿形误差以及各齿的相互位置（即分度间隔）误差用整体误差曲线图形反映出来。可读出各单项误差以及它们之间的相互关系，从而可对齿轮的工艺过程进行分析研究，不存在啮合系数的影响	此类仪器较昂贵，操作时应非常细心 对图形的分析应有一定的技术水平和经验

二、任务导入

图6-3所示为刚加工完成的齿轮，在装配使用之前需要对其齿距偏差和齿距累积误差、齿圈径向跳动、齿厚偏差、公法线平均长度偏差及公法线长度变动量进行检测，判断其是否满足精度要求，请选择合适的计量器具并根据工作任务单完成检测任务。

图6-3　齿轮

<table>
<tr><th colspan="8">工　作　任　务　单</th></tr>
<tr><td>姓名</td><td></td><td>学号</td><td></td><td>班级</td><td></td><td>指导老师</td><td></td></tr>
<tr><td>组别</td><td></td><td colspan="2">所属学习项目</td><td colspan="4">齿轮误差检测</td></tr>
<tr><td colspan="2">任务编号</td><td>11</td><td>工作任务</td><td colspan="4">齿轮误差检测</td></tr>
<tr><td colspan="2">工作地点</td><td colspan="2">齿轮误差检测实训室</td><td colspan="2">工作时间</td><td colspan="2"></td></tr>
<tr><td>待检对象</td><td colspan="7">齿轮（图6-3）</td></tr>
<tr><td>检测项目</td><td colspan="7">1. 齿距偏差和齿距累积误差
2. 齿圈径向跳动
3. 齿厚偏差
4. 公法线平均长度偏差及公法线长度变动量</td></tr>
<tr><td>使用工具</td><td colspan="3">1. 万能测齿仪
2. 齿圈径向跳动检查仪
3. 游标齿厚卡尺
4. 公法线千分尺</td><td>任务要求</td><td colspan="3">1. 熟悉检测方法
2. 正确使用检测工具
3. 检测结果处理
4. 提交检测报告</td></tr>
</table>

三、任务分析

齿轮和齿轮副的误差项目繁多，产生误差的因素较多并且复杂，制造中不可能也没有必要对全部参数进行测量。现行国家标准将齿轮精度检测项目分成强制性检测项目和非强制性检测项目二类。强制性检测项目可以客观地评定齿轮的加工质量，而对于非强制性检测项目可由供需双方协商确定。另外，有些项目可以代替另一些项目，如切向综合偏差 F'_i检验能代替齿距偏差 F_p 检验，径向综合偏差 F''_i检验能代替齿圈径向跳动 F_r 检验。为了保证质量，对于齿轮检测项目的减少，必须由供需双方协商确定。

在现行国家标准中，把偏差、公差都称为偏差，为了能从符号上区分偏差、公差与极限偏差，在符号前加“Δ”的为偏差或极限偏差，不加“Δ”的为公差。

四、任务实施

（一）影响齿轮传递运动准确性的偏差及检测

1. 影响齿轮传递运动准确性的强制性检测精度指标及其检测

影响齿轮传递运动准确性的精度指标是齿距累积总偏差 F_p，对于齿数较多且精度要求很高的齿轮、非圆整齿轮或高速齿轮，还要评定一段齿范围内（k 个齿距范围内）的齿距累积偏差 ΔF_{pk}。

齿距累积偏差 ΔF_{pk}是指在分度圆上，k 个齿距的实际弧长与公称弧长之差的最大绝对值。k 为 $z/2$ 到 z 之间的整数，其中 z 为被测齿轮的齿数。

齿距累积总偏差 F_p是指在分度圆上（允许在齿高中部测量），任意两个同侧齿面的实际弧长与公称弧长之差的最大绝对值，即最大齿距累积误差（ΔF_{pmax}）与最小齿距累积误差（ΔF_{pmin}）的代数差，如图 6-4 所示。

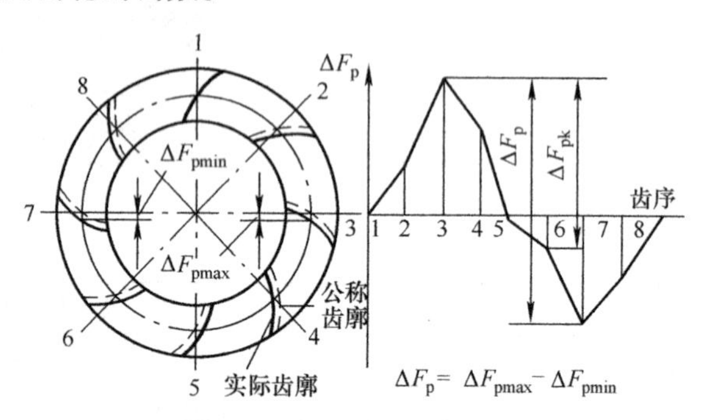

图 6-4　齿距累积总偏差 F_p

F_p反映了齿轮几何偏心和运动偏心使齿轮齿距不均匀所产生的齿距累积误差。由于能反映齿轮一转中偏心误差引起的转角误差，所以 ΔF_p可代表 $\Delta F_i'$作为评定齿轮传递运动准确性项目。两者的区别是：ΔF_p是分度圆上逐齿测得的有限个点的误差情况，不能反映两齿间传动比的变化。而 $\Delta F_i'$是在单面连续转动中测得的一条连续误差曲线，能反映瞬时传动比变化情况，与齿轮工作情况相近。

齿距累积总偏差 F_p反映了分度圆上齿距的不均匀性。F_p越大，则齿廓间的相互位置误差就越大，齿轮一周内的最大转角误差也就越大，传递运动的准确性就越差。

用齿距累积总偏差 F_p和齿距累积偏差 F_{pk}来限制齿距累积误差 ΔF_p和 k 个齿距累积误差 ΔF_{pk}，其合格条件为

$$F_p \geqslant \Delta F_p \qquad F_{pk} \geqslant \Delta F_{pk}$$

齿距累积总偏差 F_p可按表 6-4 查取。

表 6-4　齿距累积总偏差 F_p　（单位：μm）

分度圆直径 d/mm	模数 m/mm	精度等级												
		0	1	2	3	4	5	6	7	8	9	10	11	12
$5 \leqslant d \leqslant 20$	$0.5 \leqslant m \leqslant 2$	2.0	2.8	4.0	5.5	8.0	11.0	16.0	23.0	32.0	45.0	64.0	90.0	127.0
	$2 < m \leqslant 3.5$	2.1	29	4.2	6.0	8.5	12.0	17.0	23.0	33.0	47.0	66.0	94.0	133.0
$20 < d \leqslant 50$	$0.5 \leqslant m \leqslant 2$	2.5	3.6	5.0	7.0	10.0	14.0	20.0	29.0	41.0	57.0	81.0	115.0	162.0
	$2 < m \leqslant 3.5$	2.6	3.7	5.0	7.5	10.0	15.0	21.0	30.0	42.0	59.0	84.0	119.0	168.0
	$3.5 < m \leqslant 6$	2.7	3.9	5.5	7.5	11.0	15.0	22.0	31.0	44.0	62.0	87.0	123.0	174.0
	$6 < m \leqslant 10$	2.9	4.1	6.0	8.0	12.0	16.0	23.0	33.0	46.0	65.0	93.0	131.0	185.0
$50 < d \leqslant 125$	$0.5 \leqslant m \leqslant 2$	3.3	4.6	6.5	9.0	13.0	18.0	26.0	37.0	52.0	74.0	104.0	147.0	208.0
	$2 < m \leqslant 3.5$	3.3	4.7	6.5	9.5	13.0	19.0	27.0	38.0	53.0	76.0	107.0	151.0	214.0
	$3.5 < m \leqslant 6$	3.4	4.9	7.0	9.5	14.0	19.0	28.0	39.0	55.0	78.0	110.0	156.0	220.0
	$6 < m \leqslant 10$	3.6	5.0	7.0	10.0	14.0	20.0	29.0	41.0	58.0	82.0	116.0	164.0	231.0
	$10 < m \leqslant 16$	3.9	5.5	7.5	11.0	15.0	22.0	31.0	44.0	62.0	88.0	124.0	175.0	248.0
	$16 < m \leqslant 25$	4.3	6.0	8.5	12.0	17.0	24.0	34.0	48.0	68.0	96.0	136.0	193.0	273.0

（续）

分度圆直径 d/mm	模数 m/mm	精度等级												
		0	1	2	3	4	5	6	7	8	9	10	11	12
$125<d\leqslant 280$	$0.5\leqslant m\leqslant 2$	4.3	6.0	8.5	12.0	17.0	24.0	35.0	49.0	69.0	98.0	138.0	195.0	276.0
	$2<m\leqslant 3.5$	4.4	6.0	9.0	12.0	18.0	25.0	35.0	50.0	70.0	100.0	141.0	199.0	282.0
	$3.5<m\leqslant 6$	4.5	6.5	9.0	13.0	18.0	25.0	36.0	51.0	72.0	102.0	144.0	204.0	288.0
	$6<m\leqslant 10$	4.7	6.5	9.5	13.0	19.0	26.0	37.0	53.0	75.0	106.0	149.0	211.0	299.0
	$10<m\leqslant 16$	4.9	7.0	10.0	14.0	20.0	28.0	39.0	56.0	79.0	112.0	158.0	223.0	316.0
	$16<m\leqslant 25$	5.5	7.5	11.0	15.0	21.0	30.0	43.0	60.0	85.0	120.0	170.0	241.0	341.0
	$25<m\leqslant 40$	6.0	8.5	12.0	17.0	24.0	34.0	47.0	67.0	95.0	134.0	190.0	269.0	380.0

ΔF_p和ΔF_{pk}的测量方法有直接比较测量法、微差比较测量法、跨齿测量法和对径测量法，见表6-5。

表6-5　测量方法分类

分类	测量方法	典型测量手段
直接比较测量法	直接比较测量法主要是进行角分度测量，即直接测出齿轮各齿面的实际位置对其理论位置的角度偏差，然后计算出线值齿距误差。因此，只要有相应准确度的定位装置，几乎所有用于圆周分度的仪器或分度装置以及多面棱体、分度盘等，都可用来测量齿距误差	组合式测量装置、光电定位测量装置、GYQ-80型光栅式齿距仪、AP-40型自动周节仪和双测头自动周节仪等
微差比较测量法	不需任何分度基础，利用圆周封闭原则，被测齿轮的齿距通过自身齿距的逐齿相互比较，经过数据处理，便可求出齿距误差以及齿距累积误差值 测量准确度在很大程度上决定于所用量仪的读数精度和被测齿轮的齿数	各类手持式周节仪和万能测齿仪等
跨齿测量法	也属微差比较测量法，为了减少测量误差，每次以测量k个齿距进行相互比较，对测量ΔF_{pk}最为适合	所用量仪同上
对径测量法	是微差比较测量法的特例，每次测量半周齿（即对径）齿距，测量效率较高	专用半自动对径测量仪等

（1）直接比较测量法

1）用分度盘进行测量。分度盘4的槽数应等于被测齿数或为其整数倍，如图6-5所示。当分度盘4转过一齿时（等于1个或n个理论齿距角），用与齿面接触的定位装置上的指示表5可直接读出对起始位置（零齿面）的实际转角误差ΔF_{pi}（以长度量表示）。

$$\Delta F_p=\Delta F_{pimax}-\Delta F_{pimin} \tag{6-3}$$

2）用测角仪器度盘进行测量。如图6-6所示，与仪器同轴安装的被测齿轮2可与刻度盘1一起逐齿回转，定位装置4可前后做径向移动，每次与齿面接触指零时，通过读数装置可读得每齿对起始位置（零齿面）的实际转角，由此可求得与理论转角之差 $\Delta\varphi_{\Sigma}$。用此方法测量，齿距累积总偏差值的测量结果以角度表达为

$$\Delta\varphi_{\Sigma}=\Delta\varphi_{max}-\Delta\varphi_{min}$$

可按下式换算成线值（单位为 μm）：

$$\Delta F_{p}=r\frac{\Delta\varphi_{\Sigma}}{206.3}$$

式中　r——测量时所取半径，即分度圆半径（mm）。

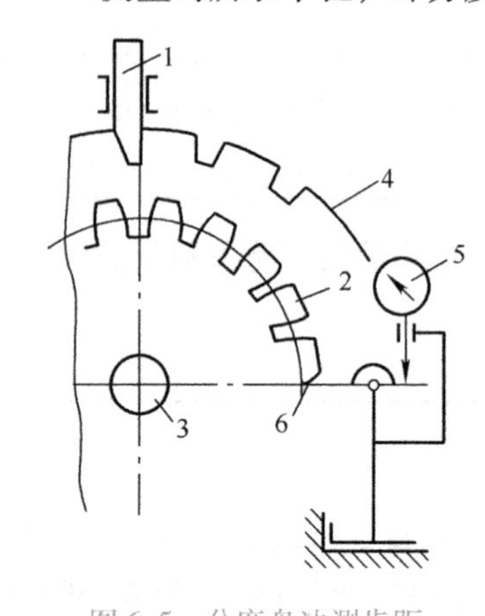

图 6-5　分度盘法测齿距

1—限位装置　2—被测齿轮　3—齿轮孔　4—分度盘　5—指示表　6—定位装置

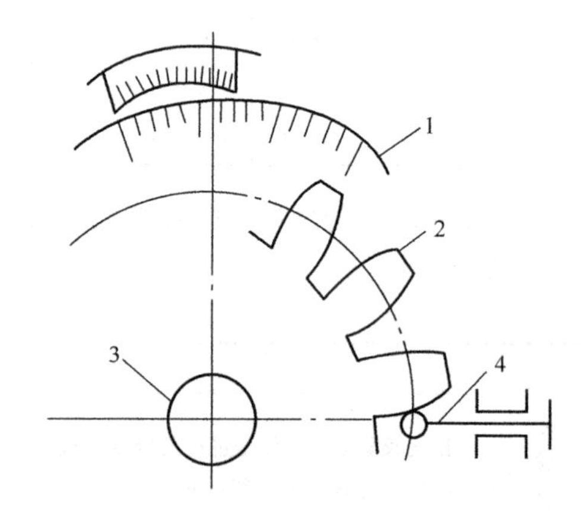

图 6-6　测角仪器度盘测齿距

1—刻度盘　2—被测齿轮　3—齿轮孔　4—定位装置

（2）微差比较测量法　微差比较测量法常用手持式齿距仪和万能测齿仪测量齿距误差。

1）用齿距仪测量齿距误差。齿距仪一般用于测量 7 级以下精度的齿轮，并可测量较大模数及直径的齿轮。其结构如图 6-7 所示。

测量时，以两定位杆 3、4 顶在被测齿轮的齿顶圆或齿根圆上作为测量基准，将固定量爪 1 按被测齿轮模数 m 调至模数标尺的相应刻线上，再使活动量爪 2 经杠杆与指示表 5 接触，并使两量爪间距离大致等于被测齿轮分度圆附近的一个齿距。

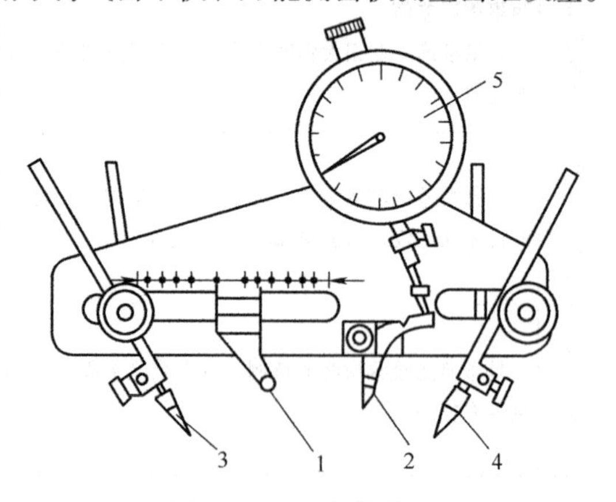

图 6-7　齿距仪外形图

1—固定量爪　2—活动量爪　3、4—定位杆　5—指示表

将齿距仪与齿轮平置于平板上，以任意一齿距为基准，将指示表 5 调至零位。在整个齿轮圆周上逐齿进行测量，记下读数值，进行数据处理，便可得到 ΔF_{p} 与 ΔF_{pk} 值（计算方法与下节在万能测齿仪上方法相同）。

通常以齿顶圆、齿根圆或内孔作为测量基准（图 6-8）。对于成批生产的齿轮，由于多以内孔作工艺基准，测量时最好以内孔定位。

2）在万能测齿仪上测量齿距误差。万能测齿仪测量齿距累积总偏差 ΔF_{p} 也是常用的方法之一。万能测齿仪是一种纯机械式的齿轮测量仪器，由于它具有测量效率高，通用性强等

优点，至今仍被广泛使用。由于该仪器带有各种附件，因此用它测量的项目有齿距偏差、齿圈径向跳动、基节偏差、公法线长度和齿厚偏差等。此外，仪器还带有测量齿轮基圆螺旋角偏差和齿轮双面啮合综合测量的附件。其外观如图 6-9 所示，万能测齿仪由底座 8、工件安装装置和测量装置 3（包括拖板 1、2 和切向测量装置以及径向装置）组成。切向测量装置可轻便地沿径向移动，并沿切向游动。径向测量装置也可随滑板轻便地沿径向移动。切向装置与径向装置上都有一只测微表，以显示度量数值。在万能测齿仪上测量齿距累积误差原理图如图 6-10 所示。

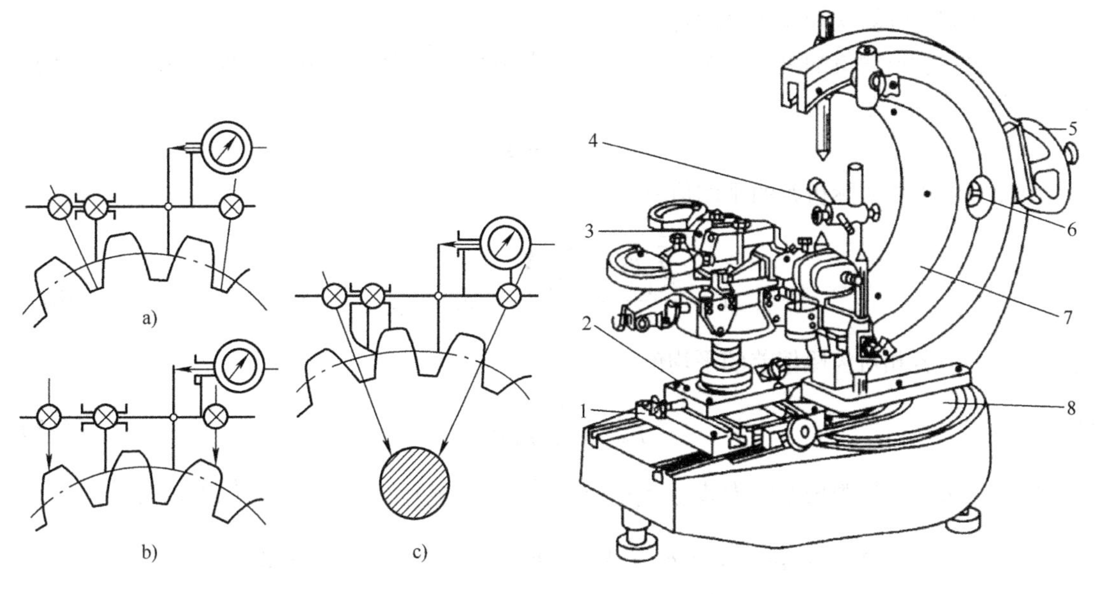

图 6-8 测量定位

图 6-9 万能测齿仪外观图

1—横向拖板 2—纵向拖板 3—测量装置 4—重力支架
5—支臂转动手轮 6—转动刻度尺 7—支臂 8—底座

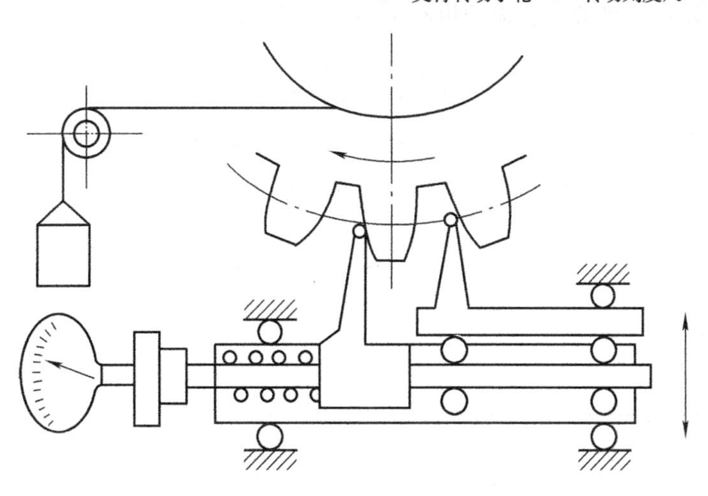

图 6-10 在万能测齿仪上测量齿距累积误差原理图

将被测齿轮安装在工件安装装置的上下顶尖间，选用一对球形测头分别装在左右两相应夹子中。调整支座、工作台和径向滑板，以及测头的相应位置，使两测头分别位于齿宽中部，分度圆附近同一个圆周上的两相邻同侧齿廓上。再通过重力支架上的滑轮，在齿轮上（或心轴上）系一重锤，使其在测量过程中能得到一个恒定的旋转力矩，以保证固定测头能与齿面可靠接触。以任意一个齿距（实际为一相应的弦长）为基准，将测微表调至零位，即第一个测得值 $\Delta_1=0$。然后依次将其他各实际齿距与基准齿距进行比较，测得各相对齿距偏差值 Δ_i。待一周测完后，再回到调零基准齿距时，应检查测微表零位，看是否有显著变化（其变化量不应大于一个分度值），若超过一定范围，应重新测量。将上述读数值经数据处理后便求出 ΔF_p 与 ΔF_{pk} 值。

数据处理有计算法和作图法两种方法。

计算法：设所测得的测量值为 Δ_i，它为各齿距相对于第一个基准齿距的偏差值，因此第 i 齿的齿距值应为

$$p_i=p_1+\Delta_i$$

由此可求出各实际齿距的平均值 $\bar{p}$ 为

$$\bar{p}=\frac{\sum_{i=1}^{z}p_1}{z}+\frac{\sum_{i=1}^{z}\Delta_i}{z}=p_1+p_m \tag{6-4}$$

式中　p_m——各相对齿距偏差的平均值。

则

$$p_m=\frac{1}{z}\sum_{i=1}^{z}\Delta_i \tag{6-5}$$

根据定义，各齿距偏差应为 $\Delta f_{pti}=p_i-\bar{p}$，将式（6-4）和式（6-5）代入，则得

$$\Delta f_{pti}=p_i-\bar{p}=p_1+\Delta_i-(p_1+p_m)=\Delta_i-\frac{1}{z}\sum_{i=1}^{z}\Delta_i$$

将 Δf_{pti} 中绝对值最大者再带上“+”“-”号即为被测齿轮的齿距偏差，即

$$\Delta f_{pt}=\pm|\Delta f_{pti}|_{max}$$

将 Δf_{pti} 逐齿累积即可求得各齿的齿距偏差累积值 ΔF_p，即

$$\Delta F_{pi}=\sum_{i=1}^{z}\Delta f_{pti} \tag{6-6}$$

取齿轮上各齿的齿距偏差累积值中之最大值与最小值的代数差，即被测齿轮的齿距累积偏差 ΔF_p。以上计算过程常以列表形式进行，见表6-6。

表6-6　齿距累积偏差计算过程

齿序 i	测微器读数值 $\Delta_i/\mu m$	测微器读数值累计 $\sum_{i=1}^{z}\Delta_i/\mu m$	齿距偏差 $\Delta f_{pti}/\mu m$ $\Delta f_{pti}=\Delta_i-p_m$	齿距偏差累积值 $\Delta F_p/\mu m$ $\Delta F_{pi}=\sum_{i=1}^{z}\Delta f_{pti}$
1	0	0	-1.5	-1.5
2	+1	+1	-0.5	-2
3	+2	+3	+0.5	-1.5
4	+3	+6	+1.5	0
5	+1	+7	-0.5	-0.5

（续）

齿序 i	测微器读数值 $\Delta_i/\mu m$	测微器读数值累计 $\sum_{i=1}^{z}\Delta_i/\mu m$	齿距偏差 $\Delta f_{pti}/\mu m$ $\Delta f_{pti}=\Delta_i-p_m$	齿距偏差累积值 $\Delta F_p/\mu m$ $\Delta F_{pi}=\sum_{i=1}^{z}\Delta f_{pti}$
6	-1	+6	-2.5	-3
7	-3	+3	-4.5	-7.5
8	+3	+6	+1.5	-6
9	+5	+11	+3.5	-2.5
10	+3	+14	+1.5	-1
11	+4	+18	+2.5	+1.5
12	+1	+19	-0.5	+1
13	0	+19	-1.5	-0.5
14	+1	+20	-0.5	-1
15	+1	+21	-0.5	-1.5
16	+3	+24	+1.5	0
17	+4	+28	+2.5	+2.5
18	-1	+27	-2.5	0
计算结果		$p_m=\frac{\sum_{i=1}^{z}\Delta_i}{z}=\frac{+27}{18}=1.5$	$\Delta f_{pt}=-4.5$	$\Delta F_p=+2.5-(-7.5)=10$

作图法：在计算法中，多数情况下 p_m 不是整数，计算较麻烦。图解法较为简单、直观，但作图的准确性将直接影响测量结果的准确性。建立直角坐标系，以横轴代表序 i，纵轴表示齿距偏差累积值 ΔF_{pi}。将读数值直接标于坐标纸上，已知齿序1的坐标值为零，齿序2的读数值是以齿序1的读数值为零点而画出坐标值的，同理，齿序3的读数值也应以齿序2的读数值为零点来画出坐标值，依此类推。最后，把各齿的坐标点用直线顺序相连，便取得相对累积误差曲线之首尾两端点，便得到计算齿轮齿距累积误差的基准线。取误差曲线相对于该基准线最远两点间沿纵坐标方向的距离之和，即为齿距累积总偏差值 ΔF_p。表6-6中的测量数据，以作图法得误差曲线，如图6-11所示。

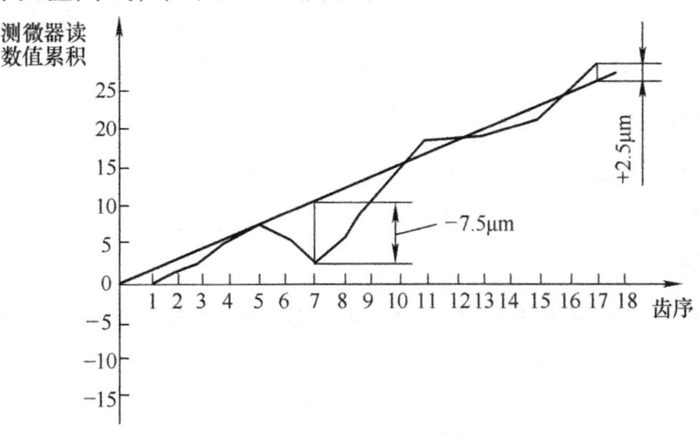

图6-11　作图法求齿距累积偏差

以上是单齿相对法测量齿轮的齿距累积偏差 ΔF_p 值。但齿数较多时，测量繁琐，每个测量值均会影响 ΔF_p 的测量精度。为了提高其测量精度，对于齿数多于 60 的齿轮可采用跨齿测量法（只讨论非质数齿轮）。

以相对法在万能测齿仪上测量齿轮的齿距累积误差，除前述以绳子一端缠于齿轮或心轴上，另一端通过滑轮挂一重锤使齿廓与固定测头紧密接触来定位外，还可采用定位球定位。

万能测齿仪上附有一套大小不同的定位球。测量时由测量架侧面挂重锤使测头到位，再将弹簧定位杆 4 插入齿槽中使齿轮保持不动，便可进行测量，如图 6-12 所示。

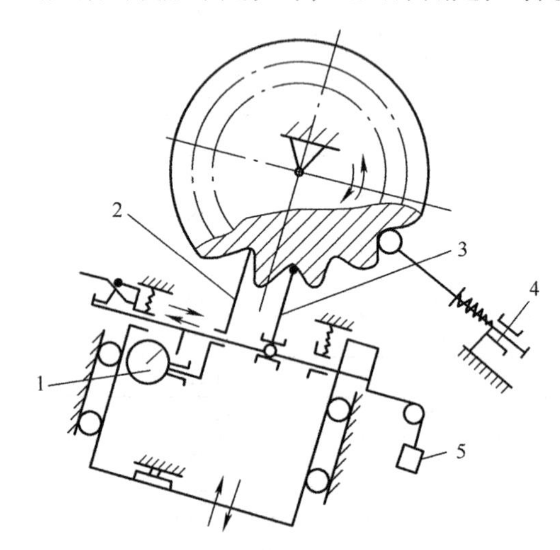

图 6-12　测量示意图

1—指示表　2—活动测头　3—固定测头

4—弹簧定位杆　5—重锤

用该种定位方式测量效率较前者无甚差别，但是由于它属于过定位形式，精度较前者为低。而用前种定位方式，由于齿廓与测头接触，只靠重锤拉住齿轮，当在测量过程中测头退出齿槽的瞬间，齿轮会自动快速旋转，稍不注意就可能损坏测头而影响测量的正常进行。所以，一般在用后一种定位方法能够满足精度要求的情况下，尽量不用前一种定位方法测量。

绝对法测量不受测量误差累积的影响，可达很高精度，其测量精度主要取决于分度装置，缺点是检查麻烦费时，效率低，故应用很少。

（3）跨齿测量法　跨齿测量法的测量原理是根据被测齿轮齿数 z 选择适当的跨齿数 N，使 $M=\frac{z}{N}$，M 为所分的组数，它们都应是整数。跨齿法测量齿距累积误差 ΔF_p，可分两步进行，即分组跨齿测量和单齿补点测量。

跨齿测量：将仪器测头按跨齿数 N 调整，以第一组的跨齿距离调整零位。同单齿测量法类似，依次测量其他各组齿距，并计算其各组齿距偏差累积值 $\Delta F'_{p(J)}$。也可用作图法求得分组的齿距偏差累积曲线。由于分组测量只涉及 M 个跨齿点，很可能将齿轮上齿距偏差累积值的极值点遗漏掉。故还须在分组齿距偏差累积曲线上的最高点与最低点附近四组内进行单齿补点测量。根据单齿测量结果，计算该组内各齿的齿距偏差累积值，继而再求出被测齿轮的齿距累积误差值。

补点测量：跨齿法处理数据的关键，是如何将组内逐齿齿距偏差累积值加到跨距累积误差上去。组内逐齿齿距偏差累积值为

$$\Delta F'_{p(J)} = \sum_{1}^{M} f'_{p(J)} \tag{6-7}$$

在进行组内逐齿齿距偏差累积值计算时，是设定组内之 0 齿与 N 齿的齿距偏差累积值

都为零。但对整个齿轮来讲，该组为第 J 组，故该组的 0 齿的齿距偏差累积值应是全齿轮上第 $J-1$ 组中的跨距偏差累积值 $\Delta F'_{p(J-1)}$，而第 N 齿的齿距累积值应是全齿轮上第 J 组的跨距偏差累积值 $\Delta F'_{p(J)}$。所以补测组内各齿的齿距偏差累积值 $\Delta F_{p(J)}$ 相对于整个齿轮来讲，可按下式计算：

$$\Delta F_{p(J)} = \Delta F'_{p(J-1)} + nE + \Delta F'_{p(J)} \tag{6-8}$$

$$E = \frac{\Delta F'_{p(J)} - \Delta F'_{p(J-1)}}{N}$$

式中　n——组内齿的序号，分别对应 $1 \sim N$；

$\Delta F_{p(J)}$——组内逐齿对全齿轮来讲的齿距偏差累积值；

$\Delta F'_{p(J)}$，$\Delta F'_{p(J-1)}$——跨齿测量第 J 组和第 $J-1$ 组跨距偏差累积值。

最佳跨齿数：确定跨齿数的原则是使其产生的测量误差为最小，称满足此条件的跨齿数为最佳跨齿数。计算式为

$$0.5\sqrt{z} \leqslant N \leqslant 1.0\sqrt{z} \tag{6-9}$$

若求出的 N 不能整除齿数 z 时，则计算式为

$$0.35\sqrt{z} \leqslant N \leqslant 1.5\sqrt{z}$$

跨齿测量法举例：

被测齿轮齿数 $z=48$，跨齿数 $N=6$，分组数 $M=\frac{z}{N}=8$。

第一步做跨齿分组测量，数据与计算结果列于表 6-7。

表 6-7　跨齿测量数据与计算结果

组序号 M	测微器读数 Δ_i/μm	跨距偏差值 $f'_{p(J)}$/μm	跨距偏差累计值 $\Delta F'_{p(J)}$/μm
1	0	−1	−1
2	+9	+8	7
3	+5	+4	+11
4	+6	+5	+16
5	+2	+1	+17
6	−3	−4	+13
7	−7	−8	+5
8	−4	−5	0
	$p'_m=\frac{+8}{8}=+1$		

从计算结果中看出，最大值在第 5 组，而最小值在第 1 组。第二步则应对 1、2 组和 5、6 组进行单齿补点测量，求出组内各齿对于全齿轮的齿距偏差累积值 $\Delta F_{p(J)}$。最后再求出被测齿轮的齿距偏差累积值 ΔF_p。单齿补点测量数据列于表 6-8。

表 6-8 单齿补点测量数据

组序号 M	齿序号		组内齿距偏差累积值			坐标转换计算		全齿轮上齿距偏差累积值 $\Delta F_{p(J)}/\mu m$
	组内 N	全齿轮 z	读数值 Δ_J	组内齿距偏差 $\Delta f'_{p(J)}/\mu m$	偏差值 $\Delta F'_{p(J)}/\mu m$	$nE/\mu m$	$\Delta F'_{p(J-1)}/\mu m$	
1	1	1	0	−0.5	−0.5	−0.167	0	−0.667
	2	2	+2	+1.5	+1	−0.333		+0.667
	3	3	+1	+0.5	+1.5	−0.500		+1.000
	4	4	+3	+2.5	+4.0	−0.667		+3.333
	5	5	−2	−2.5	+1.5	−0.833		−0.667
	6	6	−1	−1.5	0	−1.000		−1.000
			$p'_m=\frac{+3}{6}=+0.5$			$E=\frac{-1-0}{6}=-0.167$		
2	1	7	0	−0.5	−0.5	+1.333	−1	−0.167
	2	8	+1	+0.5	0	+2.666		+1.666
	3	9	+2	+1.5	+1.5	+3.999		+4.499
	4	10	+3	+2.5	+4.0	+5.332		+8.332
	5	11	−2	−2.5	+1.5	+6.666		+7.166
	6	12	−1	−1.5	0	+8.000		+7.000
			$p'_m=\frac{+3}{6}=+0.5$			$E=\frac{+7-(-1)}{6}=+1.333$		
5	1	25	0	+0.5	+0.5	+0.167	+16	+16.667
	2	26	−3	−2.5	−2.0	+0.333		+14.333
	3	27	−3	−2.5	−4.5	+0.500		+12.000
	4	28	+1	+1.5	−3.0	+0.667		+13.667
	5	29	0	+0.5	−2.5	+0.833		+14.333
	6	30	+2	+2.5	0	+1.000		+17.000
			$p'_m=\frac{-3}{6}=-0.5$			$E=\frac{17-16}{6}=+0.167$		
6	1	31	0	−0.5	−0.5	−0.667	17	+15.883
	2	32	+1	+0.5	0	−1.334		+15.666
	3	33	+4	+3.5	+3.5	−2.001		+18.499
	4	34	+2	+1.5	+5.0	−2.668		+19.332
	5	35	−2	−2.5	+2.5	−3.334		+16.166
	6	36	−2	−2.5	0	−4.000		+13.000
			$p'_m=\frac{+3}{6}=+0.5$			$E=\frac{13-17}{6}=-0.667$		

从表 6-8 计算结果中得出被测齿轮的齿距累积误差 $\Delta F_p=19.332\mu m-(-1.000)\mu m=20.332\mu m$。

用作图法所得误差曲线如图 6-13 所示。

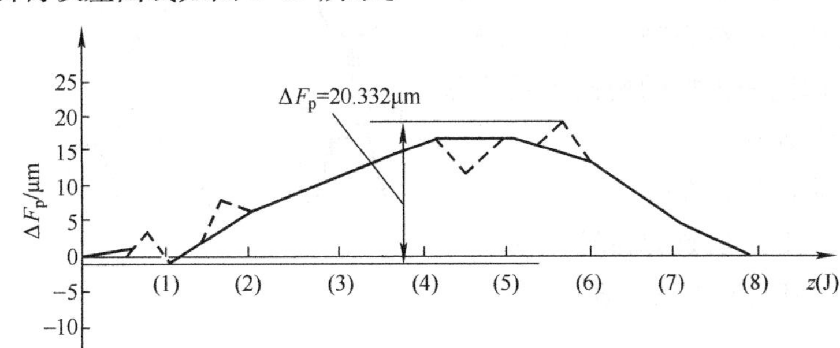

图 6-13　误差曲线图

2. 影响齿轮传递运动准确性的非强制性检测精度指标及其检测

（1）齿圈径向跳动 F_r　F_r 主要是由几何偏心引起的。切齿时由于齿坯孔与心轴间有隙，使两旋转轴线不重合而产生偏心，造成齿圈上各点到孔轴线距离不等，形成以齿轮一转为周期的径向长周期误差，齿距或齿厚也不均匀。此外，齿坯端面跳动也会引起附加偏心。

齿圈径向跳动 F_r 的测量可在齿圈径向跳动检查仪上或普通偏摆检查仪上测量，如图 6-14所示。在齿轮一转范围内，测头在齿槽内或轮齿上，与齿高中部双面接触，测头相对于齿轮轴线的最大变动量称为齿圈径向跳动，代号为 ΔF_r，如图 6-15 所示。测量时，被测齿轮 1 装在两顶尖 2、3 之间，然后将锥形测头或球形测头 4 逐齿放入齿槽并沿齿槽测量一周，指示表 5 最大读数与最小读数之差即为齿圈径向跳动 ΔF_r。齿圈径向跳动用于评定由齿轮几何偏心引起的径向误差，是评定传动准确性的参数之一。

被测齿轮在仪器上的定位精度直接影响测量的准确性。如带孔的齿轮采用与内孔配合的锥度心轴在仪器顶尖间定位时，心轴锥度应为（0.01/100）~（0.01/50），径向跳动误差不大于 0.002mm。

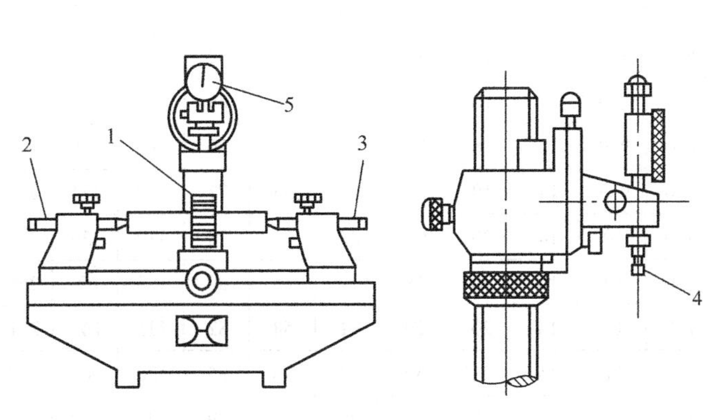

图 6-14　齿圈径向跳动检查仪

1—被测齿轮　2、3—顶尖　4—测头　5—指示表

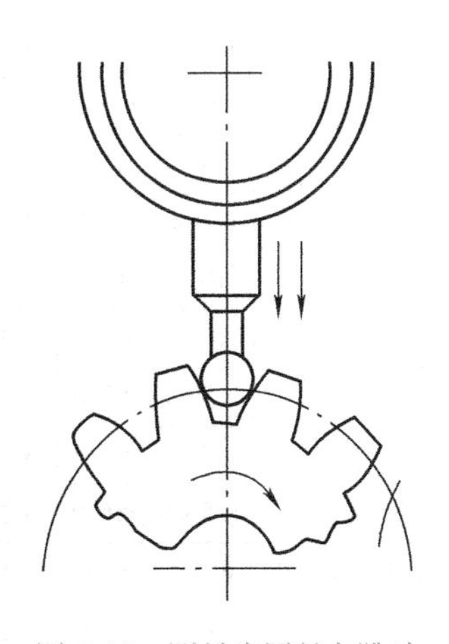

图 6-15　测量齿圈径向跳动

为了消除心轴跳动的影响，在沿齿圈进行第二次测量之前，需在心轴上将齿轮绕本身的轴线180°，取同一齿槽的两次读数的算术平均值作为测量结果。

齿圈径向跳动测头有锥形、球形和V形三种（图6-16）。不同模数的齿轮，应选用不同直径的测头，其对应关系见表6-9。

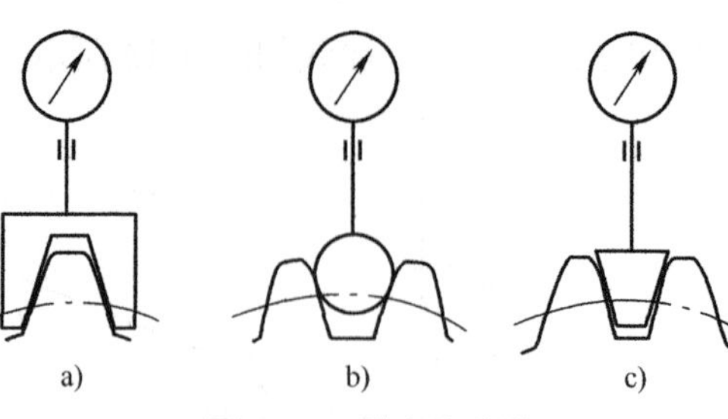

图6-16　测头的种类

表6-9　测头推荐值

模数/mm	0.3	0.5	0.7	1	1.25	1.5	1.75	2	3	4	5
测头直径/mm	0.5	0.8	1.2	1.7	2.1	2.5	2.9	3.3	5	6.7	8.3

齿圈径向跳动还可在万能测齿仪、万能工具显微镜或投影仪上测量，也可在普通顶尖架上借用专用量棒进行测量。齿圈径向跳动公差 F_r 用于限制齿圈径向跳动 ΔF_r，其合格条件为

$$F_r \geqslant \Delta F_r$$

齿圈径向跳动公差 F_r 可按表6-10查取。

表6-10　齿圈径向跳动公差 F_r　（单位：μm）

分度圆直径 d/mm	法向模数 m_n/mm	精度等级												
		0	1	2	3	4	5	6	7	8	9	10	11	12
$5 \leqslant d \leqslant 20$	$0.5 \leqslant m_n \leqslant 2.0$	1.5	2.5	3.0	4.5	6.5	9.0	13	18	25	36	51	72	102
	$2.0 < m_n \leqslant 3.5$	1.5	2.5	3.5	4.5	6.5	9.5	13	19	27	38	53	75	106
$20 < d \leqslant 50$	$0.5 < m_n \leqslant 2.0$	2.0	3.0	4.0	5.5	8.0	11	16	23	32	46	65	92	130
	$2.0 < m_n \leqslant 3.5$	2.0	3.0	4.0	6.0	8.5	12	17	24	34	47	67	95	134
	$3.5 < m_n \leqslant 6.0$	2.0	3.0	4.5	6.0	8.5	12	17	25	35	49	70	99	139
	$6.0 < m_n \leqslant 10$	2.5	3.5	4.5	6.5	9.5	13	19	26	37	52	74	105	148
$50 < d \leqslant 125$	$0.5 \leqslant m_n \leqslant 2.0$	2.5	3.5	5.0	7.5	10	15	21	29	42	59	83	118	167
	$2.0 < m_n \leqslant 3.5$	2.5	4.0	5.5	7.5	11	15	21	30	43	61	86	121	171
	$3.5 < m_n \leqslant 6.0$	3.0	4.0	5.5	8.0	11	16	22	31	44	62	88	125	176
	$6.0 < m_n \leqslant 10$	3.0	4.0	6.0	8.0	12	16	23	33	46	65	92	131	185
	$10 < m_n \leqslant 16$	3.0	4.5	6.0	9.0	12	18	25	35	50	70	99	140	198
	$16 < m_n \leqslant 25$	3.5	5.0	7.0	9.5	14	19	27	39	55	77	109	154	218
$125 < d \leqslant 280$	$0.5 \leqslant m_n \leqslant 2.0$	3.5	5.0	7.0	10	14	20	28	39	55	78	110	156	221
	$2.0 < m_n \leqslant 3.5$	3.5	5.0	7.0	10	14	20	28	40	56	80	113	159	225
	$3.5 < m_n \leqslant 6.0$	3.5	5.0	7.0	10	14	20	29	41	58	82	115	163	231
	$6.0 < m_n \leqslant 10$	3.5	5.5	7.5	11	15	21	30	42	60	85	120	169	239
	$10 < m_n \leqslant 16$	4.0	5.5	8.0	11	16	22	32	45	63	89	126	179	252
	$16 < m_n \leqslant 25$	4.5	6.0	8.5	12	17	24	34	48	68	96	136	193	272
	$25 < m_n \leqslant 40$	4.5	6.5	9.5	13	19	27	36	54	76	107	152	215	304

(2) 切向综合总偏差 F_i'　切向综合总偏差 F_i' 是指被测齿轮与理想精确的测量齿轮（允许用齿条、蜗杆、测头等测量元件代替）单面啮合转动时，在被测齿轮一转内，被测齿轮实际转角与理论转角的最大差值，如图6-17所示。切向综合误差反映出齿轮的径向误差、切向误差、基圆齿距偏差、齿形误差等综合结果，通过分度圆切线方向反映出来，以分度圆弧长计值。

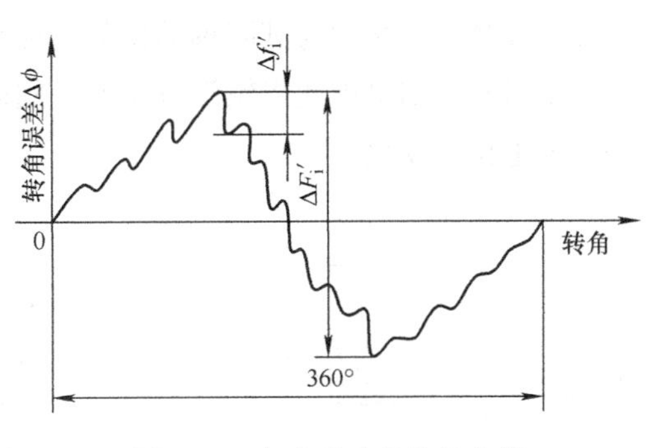

图6-17　切向综合总偏差曲线

切向综合总偏差 F_i' 是评定传递运动准确性的综合指标，是以齿轮一转为周期的转角误差，每转出现一次，用切向综合总偏差 F_i' 来限制切向综合误差。其合格条件为

$$F_i' \geqslant \Delta F_i'$$

F_i' 的值可按下式计算

$$F_i' = F_p + f_i'$$

式中　F_p——齿距累积总偏差；

f_i'——一齿切向综合偏差。

切向综合总偏差 F_i' 是用齿轮单面啮合检查仪（简称单啮仪）测量的，单啮仪的种类很多，如机械式、光栅式和磁分度式等。下面主要介绍双圆盘式单啮仪和光栅式单啮仪的测量原理。

1）双圆盘式单啮仪测量原理。如图6-18所示，由摩擦盘3、4组成标准转动链，基准齿轮1与被测齿轮2啮合组成实际传动，它对于标准传动链的转角误差由电感式传感器测量。摩擦盘3、4做纯滚动，其直径分别等于基准齿轮1与被测齿轮2的分度圆直径 d_1、d_2。因此传动比为

$$i = d_1/d_2 = z_1/z_2$$

当被测齿轮2存在误差时，基准齿轮1与摩擦盘3（空套于基准齿轮1的转轴上，由摩擦盘4带动做纯滚动），产生相对角位移，则安装在轴上的衔铁5与摩擦盘3上的电磁铁6随之感应出交流电流，借电表和记录器便可指示或记录其转角误差的大小。

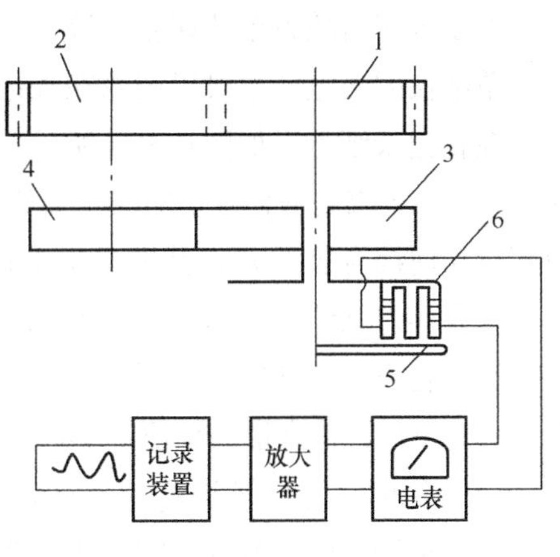

图6-18　双圆盘式单啮仪测量原理
1—基准齿轮　2—被测齿轮
3、4—摩擦盘　5—衔铁　6—电磁铁

2）光栅式单啮仪测量原理。如图6-19a所示，两光栅头7、10分别与标准蜗杆8和被测齿轮9相连。光栅利用光电效应将连续的转角位移精确地转换为正弦电信号。

测量时，使标准蜗杆8与被测齿轮9单面啮合，微电动机3通过蜗杆2和蜗轮1，再通过带轮4、6和传动带5组成的传动系统，带动标准蜗杆8与同轴的高频光栅头7一起移动，

同时带动被测齿轮 9 和与其同轴的低频光栅头 10 转动。此时，高、低频光栅头同时产生精确的正弦信号，如果被测齿轮没有误差，则齿轮与标准蜗杆的速比是恒定的，两路信号的相位差不发生相对变化。

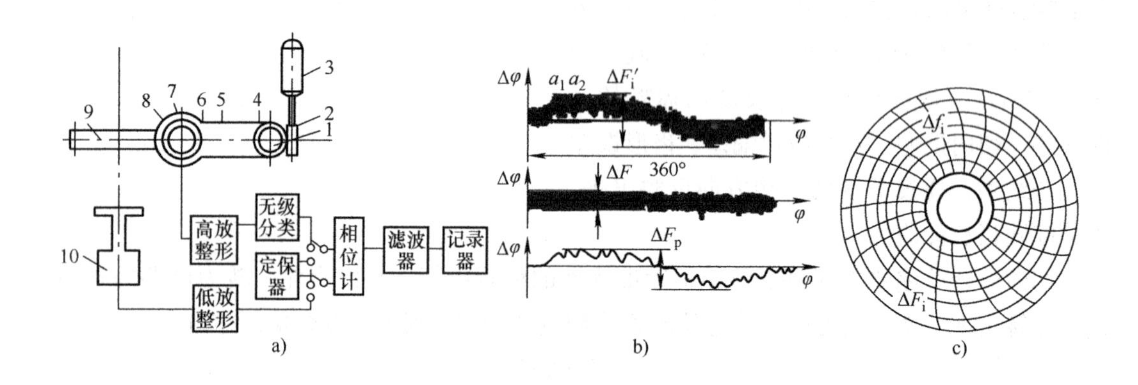

图 6-19　光栅式单啮仪测量原理

1—蜗轮　2—蜗杆　3—微电动机　4、6—带轮

5—传动带　7、10—光栅头　8—标准蜗杆　9—被测齿轮

实际上，由于被测齿轮存在误差，它与标准蜗杆与啮合过程中的瞬时速比总是变化的，所以两路信号必然要产生相应于瞬时速比变化的相位差，再通过相位计比相后，便得到相位差的电压（电流）变化。应该指出，被测齿轮与标准蜗杆的相对转角误差信号（相位差），反映的是被测齿轮各单项误差的综合作用的结果，所以称为综合测量。

单啮仪的测量结果可以记录在长记录纸上，也可记录在圆记录纸上。

在长记录纸上，如图 6-19b 所示，其横坐标表示被测齿轮的理论转角，纵坐标表示它的转角误差 $\Delta\varphi$ 或是啮合线上的增量 ΔF。总幅度值为切向综合误差 $\Delta F_i'$，左右齿廓的 $\Delta F_i'$都不应超过切向综合公差 F_i'，其中多次出现的小波形转角误差的最大幅值即为被测齿轮的一齿切向综合误差 $\Delta f_i'$，同时也可求出齿距误差 ΔF_p。在圆记录纸上，如图 6-19c 所示，记录纸和被测齿轮应以相同的方向同步回转，误差曲线上沿半径坐标方向的最高点与最低点间的高度差即为 $\Delta F_i'$，具有最大幅值的小波形即为 $\Delta f_i'$。

（3）径向综合总偏差 F_i''　径向综合总偏差 F_i''是被测齿轮与理想精确的测量齿轮双面啮合时，在被测齿轮一转内，啮合中心距的最大变动量。F_i''主要反映了齿坯偏心和刀具安装调整造成的齿形误差、基节偏差，使啮合中心距发生变化，属于齿轮径向综合误差。

用径向综合总偏差值 F_i''来限制径向综合误差，其合格条件为

$$F_i'' \geqslant \Delta F_i''$$

径向综合总偏差值 F_i''可按表 6-11 查取。

径向综合误差采用齿轮双面啮合检查仪测量（图 6-20），被测齿轮与标准元件做紧密无侧隙的啮合，通过中心距的变动来反映齿轮的误差。

如图 6-20 所示，被测齿轮安装在固定拖板 2 的心轴上，精确齿轮（比被测齿轮高 2～3

级）安装在浮动拖板3的心轴上，在弹簧的作用下，两者做紧密无侧隙双面啮合。当齿轮传输线回转时，由于被测齿轮存在误差，啮合中心距 a 将不断地变动，可由指示表1读出，或用记录装置绘出连续曲线（图6-21）。

表6-11　径向综合总偏差 F_i'' 值　（单位：μm）

分度圆直径 d/mm	法向模数 m_n/mm	精度等级								
		4	5	6	7	8	9	10	11	12
$5 \leqslant d \leqslant 20$	$0.2 \leqslant m_n \leqslant 0.5$	7.5	11	15	21	30	42	60	85	120
	$0.5 < m_n \leqslant 0.8$	8	12	16	23	33	46	66	93	131
	$0.8 < m_n \leqslant 1.0$	9	12	18	25	35	50	70	100	141
	$1.0 < m_n \leqslant 1.5$	10	14	19	27	38	54	76	108	153
	$1.5 < m_n \leqslant 2.5$	11	15	22	32	45	63	89	126	179
	$2.5 < m_n \leqslant 4.0$	14	20	28	39	56	29	112	158	223
$20 < d \leqslant 50$	$0.2 \leqslant m_n \leqslant 0.5$	9	13	19	26	37	52	74	105	148
	$0.5 \leqslant m_n \leqslant 0.8$	10	14	20	28	40	56	80	113	160
	$0.8 < m_n \leqslant 1.0$	11	15	21	30	42	60	85	120	169
	$1.0 < m_n \leqslant 1.5$	11	16	23	32	45	64	91	128	181
	$1.5 < m_n \leqslant 2.5$	13	18	26	37	52	73	103	146	207
	$2.5 < m_n \leqslant 4.0$	16	22	31	44	63	89	126	178	251
	$4.0 < m_n \leqslant 6.0$	20	28	39	56	79	111	157	222	314
	$6.0 < m_n \leqslant 10$	26	37	52	74	104	147	209	295	417
$50 < d \leqslant 125$	$0.2 \leqslant m_n \leqslant 0.5$	12	16	23	33	46	66	93	131	185
	$0.5 < m_n \leqslant 0.8$	12	17	25	35	49	70	98	139	197
	$0.8 < m_n \leqslant 1.0$	13	18	26	36	52	73	103	146	206
	$1.0 < m_n \leqslant 1.5$	14	19	27	39	55	77	109	154	218
	$1.5 < m_n \leqslant 2.5$	15	22	31	43	61	86	122	173	244
	$2.5 < m_n \leqslant 4.0$	18	25	36	51	72	102	144	204	288
	$4.0 < m_n \leqslant 6.0$	22	31	44	62	88	124	176	248	351
	$6.0 < m_n \leqslant 10$	28	40	57	80	114	161	227	321	454
$125 < d \leqslant 280$	$0.2 < m_n \leqslant 0.5$	15	21	30	42	60	85	120	170	240
	$0.5 < m_n \leqslant 0.8$	16	22	31	44	63	89	126	178	252
	$0.8 < m_n \leqslant 1.0$	16	23	33	46	65	92	131	185	261
	$1.0 < m_n \leqslant 1.5$	17	24	34	48	68	97	137	193	273
	$1.5 < m_n \leqslant 2.5$	19	26	37	53	75	106	149	211	299
	$2.5 < m_n \leqslant 4.0$	21	30	43	61	86	121	172	243	343
	$4.0 < m_n \leqslant 6.0$	25	36	51	72	102	144	203	287	406
	$6.0 < m_n \leqslant 10$	32	45	64	90	127	180	255	360	509

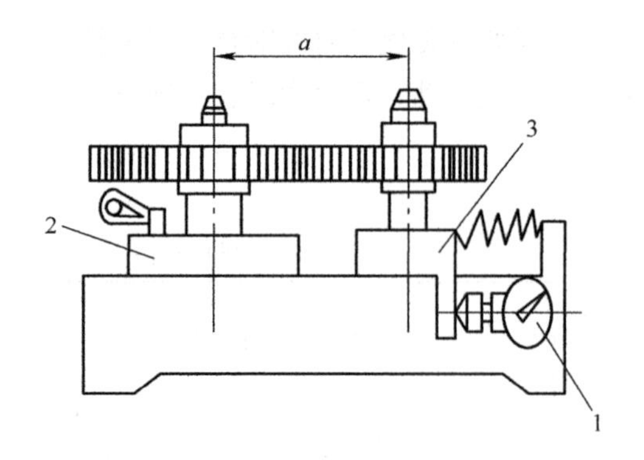

图 6-20 双面啮合综合测量仪

1—指示表 2—固定拖板 3—浮动拖板

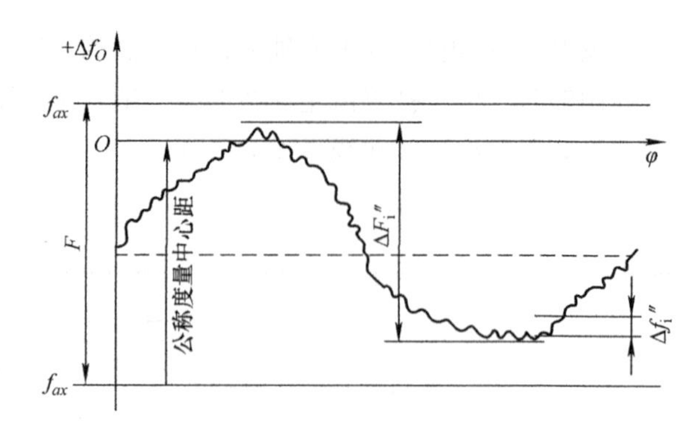

图 6-21 径向综合总偏差曲线

在齿轮双啮仪上可以测定：

1）齿轮转动一圈时，啮合中心距的最大变动量，可测得径向综合偏差 $\Delta F_i''$，它反映齿轮转递运动的准确性精度中的径向误差部分。

2）齿轮转过一个齿距角时，通过啮合中心距的变动量，可测得一齿径向综合偏差 $\Delta f_i''$，取误差曲线上重复出现的小波纹的最大幅值，用以评定齿轮的工作平稳性准确度。双面啮合综合测量与齿轮传输线工作时的状态不符合，故不能很好地反映运动偏心等切向误差的影响，仅按此种方法来评定齿轮质量是不够充分的。另外，由于仪器及测量方法准确度的限制，不适用于高精度齿轮的测量。但由于测量时精确齿轮的每个齿相当于测量齿轮径向跳动的测头，依次进入被测齿轮齿槽连续测量，所测得的 $\Delta F_i''$主要反映几何偏心等径向误差影响，而切向误差只有在测量与加工的啮合角不相等时才能部分地有所反映。这个特性正是双面啮合综合测量的优点。因为几何偏心是加工中最不稳定的因素，可在切齿时先行检查予以控制。由于双啮仪使用方便、成本低、测量效率高、易于实现自动化等，故在齿轮生产线上得到广泛的应用。通常双啮仪能测量≥7 级精度的齿轮，如对双啮仪导轨、记录装置等加以改进和提高，则可能得到更满意的测量结果。

（二）影响齿轮传递运动平稳性的偏差及检测

1. 影响齿轮传动平稳性的强制性检测精度指标及其检测

（1）单个齿距极限偏差 f_{pt}　单个齿距极限偏差 f_{pt} 是指在分度圆上，相邻齿距的实际弧长与公称弧长之差的最大绝对值，如图 6-22 所示。公称齿距是指所有实际齿距的平均值。滚齿加工时，f_{pt} 主要是由分度蜗杆跳动及轴向跳动，即机床传动链误差所造成的。

用齿距极限偏差 $\pm f_{pt}$ 来限制齿距偏差 Δf_{pt}，其合格条件为

$$-f_{pt} \leqslant \Delta f_{pt} \leqslant +f_{pt}$$

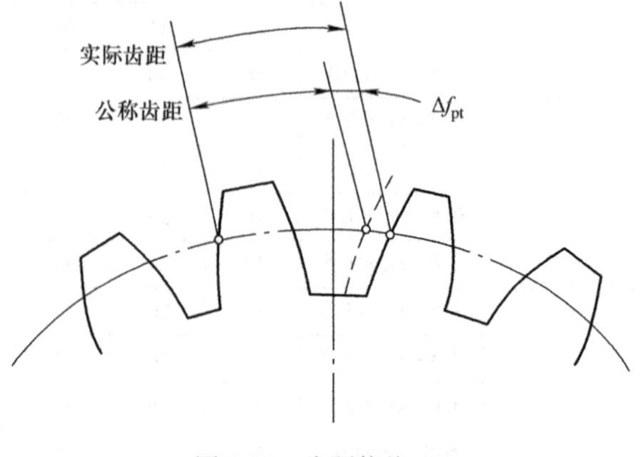

图 6-22 齿距偏差 Δf_{pt}

单个齿距极限偏差f_{pt}值按表 6-12 查取。

单个齿距极限偏差可用测量齿距累积偏差的齿距仪来测量，测量方法相同。

表 6-12　单个齿距极限偏差f_{pt}值　　　（单位：μm）

分度圆直径 d/mm	模数 m/mm	精度等级												
		0	1	2	3	4	5	6	7	8	9	10	11	12
$5\leqslant d\leqslant 20$	$0.5\leqslant m\leqslant 2$	0.8	1.2	1.7	2.3	3.3	4.7	6.5	9.5	13.0	19.0	26.0	37.0	53.0
	$2<m\leqslant 3.5$	0.9	1.3	1.8	26	3.7	5.0	7.5	10.0	15.0	21.0	29.0	41.0	59.0
$20<d\leqslant 50$	$0.5\leqslant m\leqslant 2$	0.9	1.2	1.8	2.5	3.5	5.0	7.0	10.0	14.0	20.0	28.0	40.0	56.0
	$2<m\leqslant 3.5$	1.0	1.4	1.9	2.5	3.9	5.5	7.5	11.0	15.0	22.0	31.0	44.0	62.0
	$3.5<m\leqslant 6$	1.1	1.5	2.1	2.7	4.3	6.0	8.5	12.0	17.0	24.0	34.0	48.0	68.0
	$6<m\leqslant 10$	1.2	1.7	2.5	3.0	4.9	7.0	10.0	14.0	20.0	28.0	40.0	56.0	79.0
$50<d\leqslant 125$	$0.5\leqslant m\leqslant 2$	0.9	1.3	1.9	3.5	3.8	5.5	7.5	11.0	15.0	21.0	30.0	43.0	61.0
	$2<m\leqslant 3.5$	1.0	1.5	2.1	2.7	4.1	6.0	8.5	12.0	17.0	23.0	33.0	47.0	66.0
	$3.5<m\leqslant 6$	1.1	1.6	2.3	2.9	4.6	6.5	9.0	13.0	18.0	26.0	36.0	52.0	73.0
	$6<m\leqslant 10$	1.3	1.8	2.6	3.2	5.0	7.5	10.0	15.0	21.1	30.0	42.0	59.0	84.0
	$10<m\leqslant 16$	1.6	2.2	3.1	3.7	6.5	9.0	13.0	18.0	25.0	35.0	50.0	71.0	100.0
	$16<m\leqslant 25$	2.0	2.8	3.9	4.4	8.0	11.0	16.0	22.0	31.0	44.0	63.0	89.0	125.0
$125<d\leqslant 280$	$0.5\leqslant m\leqslant 2$	1.1	1.5	2.1	5.5	4.2	6.0	8.5	12.0	17.0	24.0	34.0	48.0	67.0
	$2<m\leqslant 3.5$	1.1	1.6	2.3	3.0	4.6	6.5	9.0	13.0	18.0	26.0	36.0	51.0	73.0
	$3.5<m\leqslant 6$	1.2	1.8	2.5	3.5	5.0	7.0	10.0	14.0	20.0	28.0	40.0	56.0	79.0
	$6<m\leqslant 10$	1.4	2.0	2.8	4.0	5.5	8.0	11.0	16.0	23.0	32.0	45.0	64.0	90.0
	$10<m\leqslant 16$	1.7	2.4	3.3	4.7	6.5	9.5	13.0	19.0	27.0	38.0	53.0	75.0	107.0
	$16<m\leqslant 25$	2.1	2.9	4.1	6.0	8.0	12.0	16.0	23.0	33.0	47.0	66.0	93.0	132.0
	$20<m\leqslant 40$	2.7	3.8	5.5	7.5	11.0	15.0	21.0	30.0	43.0	61.3	86.0	120.0	171.0

（2）齿廓总偏差 F_{α}　齿廓偏差是指实际齿廓偏离设计齿廓的量，该量在端平面内且垂直于渐开线齿廓的方向计值，如图 6-23 所示。齿廓总偏差 F_{α} 是指在计算范围 L_{α} 内，包容实际齿廓迹线的两条齿廓间的距离。齿廓总偏差 F_{α} 值见表 6-13。齿廓总偏差 F_{α} 包含了齿廓形状偏差 $f_{f\alpha}$ 和齿廓倾斜偏差 $f_{h\alpha}$。

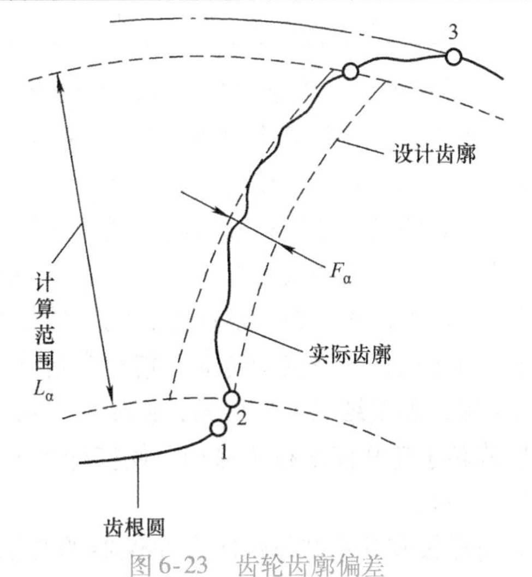

图 6-23　齿轮齿廓偏差

1—齿根圆角或挖根的起点　2—相配齿轮的齿顶圆

3—齿顶、齿顶倒棱或齿顶倒圆的起点

齿廓总偏差 ΔF_{α} 的测量一般用渐开线检查仪来检测，渐开线检查仪有单盘式和万能式两类。对于无法在上述计量仪器检测的小模数齿轮则可在投影仪上，用标准齿形与放大的实际齿形进行比较测量，但此种方法依赖于实物标准齿形。现代电子展成法则将标准齿形以数码形式存储于计算机中，测量时与被测实际齿形的数码相比较，按一定程序即可计算出齿形误差。

表 6-13　齿廓总偏差 F_{α} 允许值　（单位：μm）

分度圆直径	模数	精度等级												
d/mm	m/mm	0	1	2	3	4	5	6	7	8	9	10	11	12
$5 \leq d \leq 20$	$0.5 \leq m \leq 2$	0.8	1.1	1.6	2.3	3.2	4.6	6.5	9.0	13.0	18.0	26.0	37.0	52.0
	$2 < m \leq 3.5$	1.2	1.7	2.3	3.3	4.7	6.5	9.5	13.0	19.0	26.0	37.0	53.0	75.0
$20 < d \leq 50$	$0.5 \leq m \leq 2$	0.9	1.3	1.8	2.6	3.6	5.0	7.5	10.0	15.0	21.0	29.0	41.0	58.0
	$2 < m \leq 3.5$	1.3	1.8	2.5	3.6	5.0	7.0	10.0	14.0	20.0	29.0	40.0	57.0	81.0
	$3.5 < m \leq 6$	1.6	22	3.1	4.4	6.0	9.0	12.0	18.0	25.0	35.0	50.0	70.0	99.0
	$6 < m \leq 10$	1.9	2.7	3.8	5.5	7.5	11.0	15.0	22.0	31.0	43.0	61.0	87.0	123.0
$50 < d \leq 125$	$0.5 \leq m \leq 2$	1.0	1.5	2.1	2.9	4.1	6.0	8.5	12.0	17.0	23.0	33.0	47.0	66.0
	$2 < m \leq 3.5$	1.4	2.0	2.8	3.9	5.5	8.09	11.0	16.0	22.0	31.0	44.0	63.0	89.0
	$3.5 < m \leq 6$	1.7	2.4	3.4	4.8	6.5	9.5	13.0	19.0	17.0	38.0	54.0	76.0	108.0
	$6 < m \leq 10$	2.0	2.9	4.1	6.0	8.0	12.0	16.0	23.0	33.0	46.0	65.0	92.0	131.0
	$10 < m \leq 16$	2.5	3.5	5.0	7.0	10.0	14.0	20.0	28.0	40.0	56.0	79.0	112.0	159.0
	$16 < m \leq 25$	3.0	4.2	6.0	8.5	12.0	17.0	24.0	34.0	48.0	68.0	96.0	136.0	192.0
$125 < d \leq 280$	$0.5 \leq m \leq 2$	1.2	1.7	2.4	3.5	4.9	7.0	10.0	14.0	20.0	28.0	39.0	55.0	78.0
	$2 < m \leq 3.5$	1.6	2.2	3.2	4.5	6.5	9.0	13.0	18.0	25.0	36.0	50.0	71.0	101.0
	$3.5 < m \leq 6$	1.9	2.6	3.7	5.5	7.5	11.0	15.0	21.0	30.0	42.0	60.0	84.0	119.0
	$6 < m \leq 10$	2.2	3.2	4.5	6.5	9.0	13.0	18.0	25.0	36.0	50.0	71.0	101.0	143.0
	$10 < m \leq 16$	2.7	3.8	5.5	7.5	11.0	15.0	21.0	30.0	43.0	60.0	85.0	121.1	171.0
	$16 < m \leq 25$	3.2	4.5	6.5	9.0	13.0	18.0	25.0	36.0	51.0	72.0	102.0	144.0	204.0
	$20 < m \leq 40$	3.8	5.5	7.5	11.0	15.0	22.0	31.0	43.0	61.0	87.0	123.0	174.0	246.0

1）比较法测量。单盘式渐开线齿形检查仪外形结构如图 6-24 所示。

渐开线检查仪的测量原理如图 6-25 所示。仪器的相对运动关系实际是根据渐开线形成原理设计的。测量时，将被测齿轮与基圆尺寸相同的基圆盘装在同一心轴上，和直尺固定在一起的千分表的测头通过杠杆与齿面紧密接触。当直尺和基圆盘做纯滚动时，如果没有齿形误差，位于直尺上的测头的相对运动轨迹应为理论渐开线，测头与直尺同步运动，指示表指针不动。当被测齿轮存在齿形误差，测头的相对运动轨迹偏离理论渐开线，测头与直尺运动不同步，迫使杠杆 5 绕其轴转动，指示表指针产生偏摆。

为了保证测量结果准确可靠，使用前对仪器要进行校正和调整，其步骤如下：

① 旋转手轮 9 使滑板 7 移动，使杠杆 5（图 6-25）的摆动中心对准仪器底座背面的标记（图 6-26）。

② 将样板和锁紧螺母依次套在仪器的心轴上，转动样板至图 6-27a 所示的位置，调整测头的径向位置，使测头的端点与基圆样板接触但不干涉。拧紧测头调整螺母，使测头径向固定。

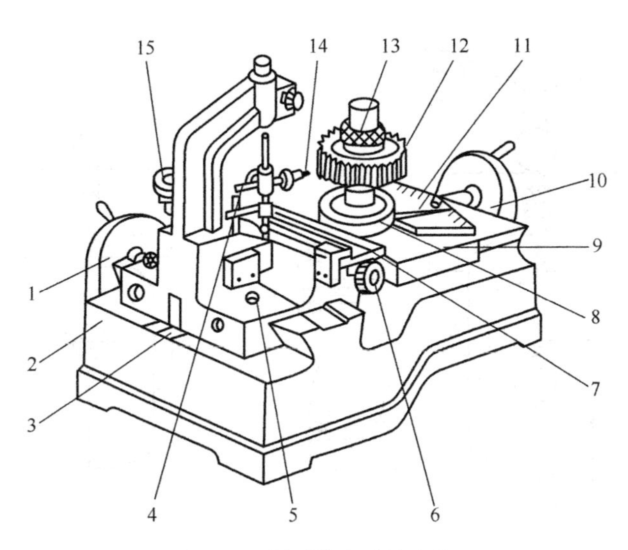

图 6-24　渐开线齿形检查仪

1—手轮　2—底座　3—横向位置标志　4—杠杆　5—横向拖板　6—调节螺钉　7—直尺　8—基圆盘　9—纵向拖板　10—手轮　11—刻度盘　12—被测齿轮　13—压紧螺母　14—测头　15—指示表

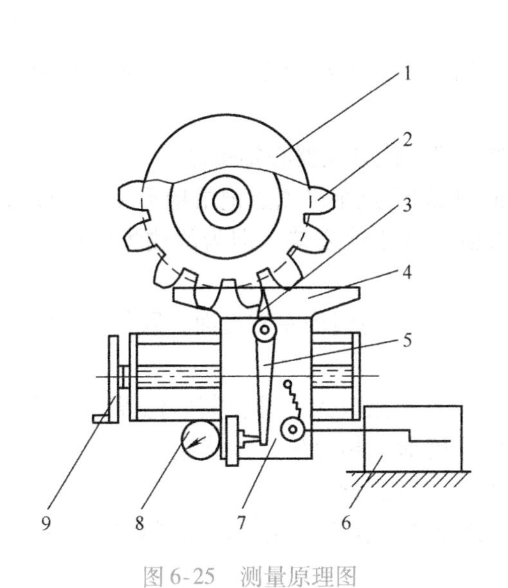

图 6-25　测量原理图

1—基圆盘　2—被测齿轮　3—测头　4—直尺　5—杠杆　6—记录器　7—滑板　8—指示表　9—手轮

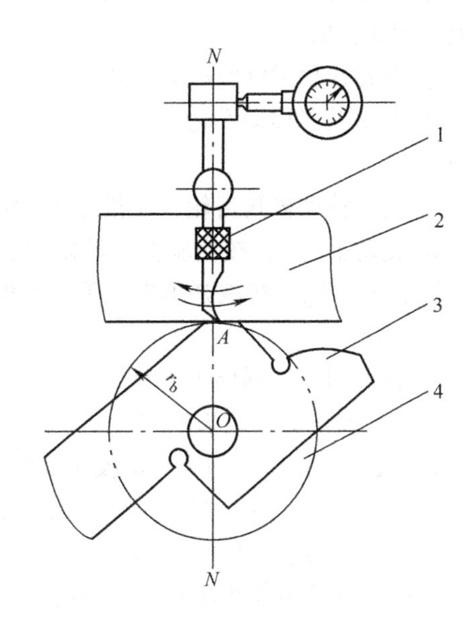

图 6-26　仪器调整

1—测量螺母　2—直尺　3—样板　4—基圆盘

③ 转动样板使 $N'-N'$ 垂直于直尺，如图 6-27a 所示。将指示表压缩 1 ~ 2 圈，使指针对准零位，并使指针在样板沿纵向逐渐与测头脱离时保持不动（即 $N'-N'$ 与 $N-N$ 重合）。

④ 为校对仪器调整的正确性，应测量样板上的标准渐开齿形，如图 6-27b 所示。其实测齿形误差值应与样板固有齿形误差相符，否则应重新调整和校对。

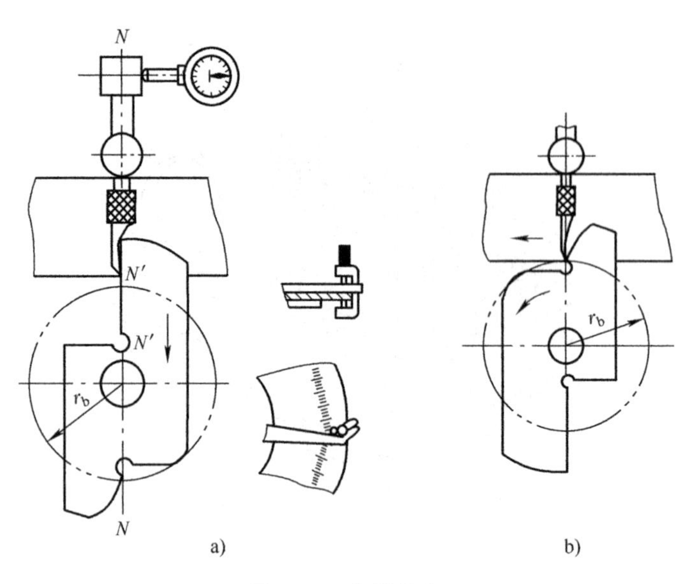

图 6-27 仪器校准

测量步骤:

① 仪器调整好后，取下样板，装上被测齿轮（不必先锁紧螺母），应使测头在齿宽中部附近与齿轮接触。

② 将展开角指针对准刻度盘 0°，并锁紧。

③ 转动纵向移动手轮，使基圆盘与直尺接触，接触压力大小适度，以保证基圆盘做纯滚动。

④ 用手转动被测齿轮，使指示表指针回到调整位置，旋紧仪器心轴螺母。

⑤ 旋动手轮 1，按实验报告给定的展开角间隔，从起测点至终测点记录指示表上的读数 X_1，X_2，…，X_n。在展开角内，千分表度数的最大值与最小值之差，即为所测齿轮的齿形误差。

⑥ 在被测齿轮圆周上，每隔大约 90°的位置选测一齿，每齿测左右齿面，取各齿轮齿形误差的最大值作为被测齿轮的齿形误差。

2）投影比较法。利用光学投影仪将被测齿廓按一定倍数放大，并将其影像投射到影屏上，与放在影屏上的预先按同样放大倍数绘制的标准齿形图相比较，以确定齿形误差，如图 6-28a所示。此法常用于钟表工业中的小模数齿轮的齿形测量。

此外，也可用刚性样板，靠在被测齿廓上，以透光法检验齿形误差，如图 6-28b 所示。但刚性样板制造困难，测量准确度也低。

3）坐标法。坐标法是测量渐开线上各展开角对应点的曲率半径与理论值之差，把渐开线测量分解成长度与角度的测量。这样可使测量链设计得较短，因而能够进行准确度较高的测量。

对于较小的齿轮可在万能工具显微镜上进行测量。其方法是将被测齿轮放在回转工作台上，并使之与回转工作台的旋转轴线重合，然后将主显微镜目镜中米字线的水平虚线在横向调整到齿轮基圆半径处，同时旋转分度台，使齿轮上某一齿廓近齿根处与垂直虚线相切，记下纵向读数 p_0，然后依次将齿轮每转过一已知角度 θ，同时移动仪器纵向滑板进行一系列读

数 p_1，p_2，…，直至齿顶，如图 6-29 所示。

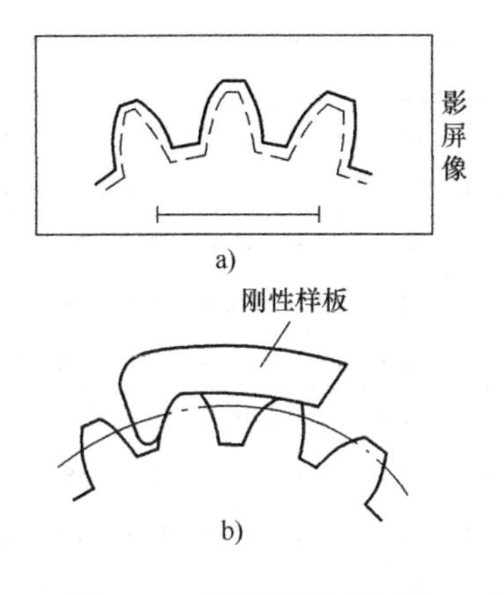

图 6-28　投影仪测量齿廓

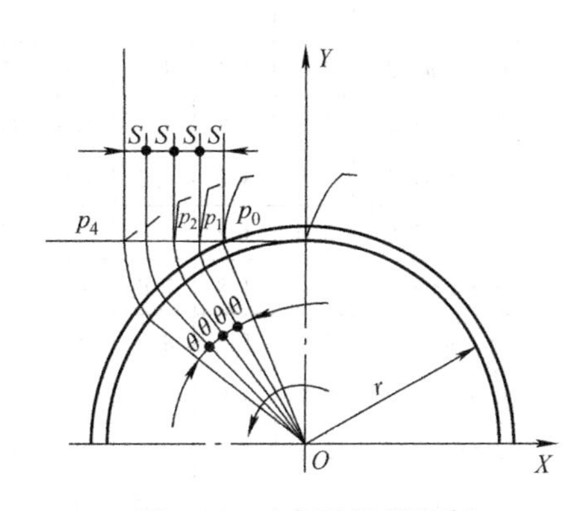

图 6-29　坐标法测量齿廓

由渐开线原理可知，如果齿形无误差，则相邻两读数差均应为

$$S = r_b\theta$$

如测得结果与上式不符，其差值即该点的齿形误差值，r_b 为基圆半径。

此法可用通用仪器组合进行测量，其准确度主要取决于回转工作台的精度、对中心的精度、基圆调整精度及线位移的测量准确度等。缺点是测量效率较低，但是随电子计算机的广泛应用，上述测量过程均可在相应的新型仪器上按编制的程序自动进行。这样不仅效率高，准确度也很高，可以将全部轮齿测出，所以坐标法在齿轮测量中已成为应用最广泛的方法之一。

2. 影响齿轮传动平稳性的非强制性检测精度指标及其检测

（1）一齿切向综合偏差 f_i'　一齿切向综合误差是指被测齿轮与理想精确的测量齿轮单面啮合时，在被测齿轮一齿距角内，实际转角与理论转角之差的最大幅度值，以分度圆弧计值。即图 6-17 所示曲线上，小波纹的最大幅值属于切向短周期综合误差。它是齿轮径向误差、切向误差、基节偏差和齿形误差综合作用的结果。

一齿切向综合公差 f_i' 可按下式计算：

$$f_i' = k(4.3 + f_{pt} + F_\alpha)$$

$$f_i' = k(9 + 0.3m + 3.2\sqrt{m} + 0.34\sqrt{d})$$

其中，当 $\varepsilon_r < 4$ 时，$k = 0.2\left(\frac{\varepsilon_r + 4}{\varepsilon_r}\right)$；当 $\varepsilon_r \geqslant 4$ 时，$k = 0.4$；ε_r 为总重合度。

一齿切向综合公差 f_i' 也可由表 6-14 中给出的 f_i'/k 的数值乘以系数 k。

在单面啮合检查仪上测量切向综合误差的同时，可以测出一齿切向综合偏差。

（2）一齿径向综合偏差 f_i''　一齿径向综合偏差 f_i'' 是指被测齿轮与理想精确的测量齿轮双面啮合时，在被测齿轮一齿距角内，啮合中心距的最大变动量，如图 6-21 中的 $\Delta f_i''$。f_i'' 主要反映由刀具制造和安装误差（如齿距、齿形误差及偏心等）所造成的径向短周期综合误差。

一齿径向综合偏差 f_i'' 值可按表 6-15 查取。

表 6-14　f_i'/k 的比值　　（单位：μm）

分度圆直径 d/mm	模数 m/mm	精度等级												
		0	1	2	3	4	5	6	7	8	9	10	11	12
$5 \leqslant d \leqslant 20$	$0.5 \leqslant m \leqslant 2$	2.4	3.4	4.8	7.0	9.5	14.0	19.0	27.0	38.0	54.0	77.0	109.0	154.0
	$2 < m \leqslant 3.5$	2.8	4.0	5.5	8.0	11.0	16.0	23.0	32.0	45.0	64.0	91.0	129.0	182.0
$20 < d \leqslant 50$	$0.5 \leqslant m \leqslant 2$	2.5	3.6	5.0	7.0	10.0	14.0	20.0	29.0	41.0	41.0	82.0	115.0	163.0
	$2 < m \leqslant 3.5$	3.0	4.2	6.0	8.5	12.0	17.0	24.0	34.0	48.0	68.0	96.0	135.0	191.0
	$3.5 < m \leqslant 6$	3.4	4.8	7.0	9.5	14.0	19.0	27.0	38.0	54.0	77.0	108.0	153.0	217.0
	$6 < m \leqslant 10$	3.9	5.5	8.0	11.0	16.0	22.0	31.0	44.0	63.0	89.0	125.0	177.0	251.0
$50 < d \leqslant 125$	$0.5 \leqslant m \leqslant 2$	2.7	3.9	5.5	8.0	11.0	16.0	22.0	31.0	44.0	62.0	88.0	124.0	176.0
	$2 < m \leqslant 3.5$	3.2	4.5	6.5	9.0	13.0	18.0	25.0	36.0	51.0	72.0	102.0	144.0	204.0
	$3.5 < m \leqslant 6$	3.6	5.0	7.0	10.0	14.0	20.0	29.0	40.0	57.0	81.0	115.0	162.0	229.0
	$6 < m \leqslant 10$	4.1	6.0	8.0	12.0	16.0	23.0	33.0	47.0	66.0	93.0	132.0	186.0	263.0
	$10 < m \leqslant 16$	4.8	7.0	9.5	14.0	19.0	27.0	38.0	54.0	77.0	109.0	154.0	218.0	308.0
	$16 < m \leqslant 25$	5.5	8.0	11.0	16.0	23.0	32.0	46.0	65.0	91.0	129.0	183.0	259.0	366.0
$125 < d \leqslant 280$	$0.5 \leqslant m \leqslant 2$	3.0	4.3	6.0	8.5	12.0	17.0	24.0	34.0	49.0	69.0	97.0	137.0	194.0
	$2 < m \leqslant 3.5$	3.5	4.9	7.0	10.0	14.0	20.0	28.0	39.0	56.0	79.0	111.0	157.0	222.0
	$3.5 < m \leqslant 6$	3.9	5.5	7.5	11.0	15.0	22.0	31.0	44.0	62.0	88.0	124.0	175.0	247.0
	$6 < m \leqslant 10$	4.4	6.0	9.0	12.0	18.0	25.0	35.0	50.0	70.0	100.0	141.0	199.0	281.0
	$10 < m \leqslant 16$	5.0	7.0	10.0	14.0	20.0	29.0	41.0	58.0	82.0	115.0	163.0	231.0	326.0
	$16 < m \leqslant 25$	6.0	8.5	12.0	17.0	24.0	34.0	48.0	68.0	96.0	136.0	192.0	272.0	384.0
	$20 < m \leqslant 40$	7.5	10.0	15.0	21.0	29.0	41.0	58.0	82.0	116.0	165.0	233.0	329.0	465.0

表 6-15　一齿径向综合偏差 f_i'' 值　　（单位：μm）

分度圆直径 d/mm	法向模数 m_n/mm	精度等级								
		4	5	6	7	8	9	10	11	12
$5 \leqslant d \leqslant 20$	$0.2 \leqslant m_n \leqslant 0.5$	1.0	2.0	2.5	3.5	5.0	7.0	10	14	20
	$0.5 < m_n \leqslant 0.8$	2.0	2.5	4.0	5.5	7.5	11	15	22	31
	$0.8 < m_n \leqslant 1.0$	2.5	3.5	5.0	7.0	10	14	20	28	39
	$1.0 < m_n \leqslant 1.5$	3.0	4.5	6.5	9.0	13	18	25	36	50
	$1.5 < m_n \leqslant 2.5$	4.5	6.5	9.5	13	19	26	37	53	74
	$2.5 < m_n \leqslant 4.0$	7.0	10	14	20	29	41	58	82	115
$20 < d \leqslant 50$	$0.2 \leqslant m_n \leqslant 0.5$	1.5	2.0	2.5	3.5	5.0	7.0	10	14	20
	$0.5 \leqslant m_n \leqslant 0.8$	2.0	2.5	4.0	5.5	7.5	11	15	22	31
	$0.8 < m_n \leqslant 1.0$	2.5	3.5	5.0	7.0	10	14	20	28	40
	$1.0 < m_n \leqslant 1.5$	3.0	4.5	6.5	9.0	13	18	25	36	51
	$1.5 < m_n \leqslant 2.5$	4.5	6.5	9.5	13	19	26	37	53	75
	$2.5 < m_n \leqslant 4.0$	7.0	10	14	20	29	41	58	82	116
	$4.0 < m_n \leqslant 6.0$	11	15	22	31	43	31	87	123	174
	$6.0 < m_n \leqslant 10$	17	24	34	48	67	95	135	190	269

（续）

分度圆直径 d/mm	法向模数 m_n/mm	精度等级								
		4	5	6	7	8	9	10	11	12
$50<d\leqslant125$	$0.2\leqslant m_n\leqslant0.5$	1.5	2.0	2.5	3.5	5.0	7.5	10	15	21
	$0.5<m_n\leqslant0.8$	2.0	3.0	4.0	5.5	8.0	11	16	22	31
	$0.8<m_n\leqslant1.0$	2.5	3.5	5.0	7.0	10	14	20	28	40
	$1.0<m_n\leqslant1.5$	3.0	4.5	6.5	9.0	13	18	26	36	51
	$1.5<m_n\leqslant2.5$	4.5	6.5	9.5	12	19	26	37	53	75
	$2.5<m_n\leqslant4.0$	7.0	10	14	20	29	41	58	82	116
	$4.0<m_n\leqslant6.0$	11	15	22	31	44	62	87	123	174
	$6.0<m_n\leqslant10$	17	24	34	48	67	95	135	191	269
$125<d\leqslant280$	$0.2<m_n\leqslant0.5$	1.5	2.0	2.5	3.5	5.5	7.5	11	15	21
	$0.5<m_n\leqslant0.8$	2.0	3.0	4.0	5.5	8.0	11	16	22	32
	$0.8<m_n\leqslant1.0$	2.5	3.5	5.0	7.0	10	14	20	29	41

（3）基节偏差 Δf_{pb}（基节齿距极限偏差 $\pm f_{pb}$） 基节偏差是指实际基节与公称基节之差。实际基节是指基圆柱切平面所截两相邻同侧齿面的交线之间的距离，如图 6-30 所示。Δf_{pb} 主要是由刀具的基节和齿形误差造成的。

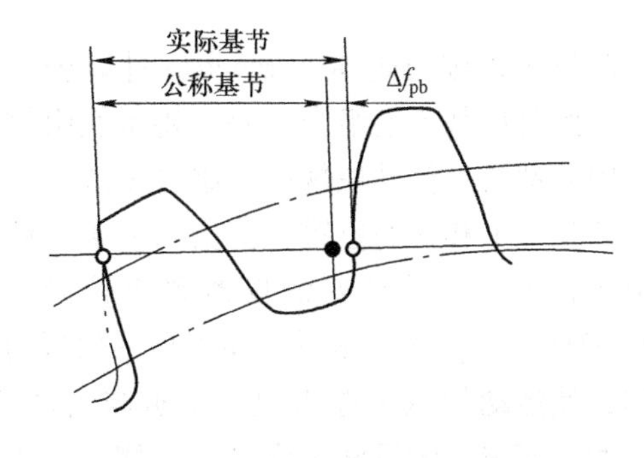

图 6-30　基节偏差 f_{pb}

为了保证齿轮传动换齿过程的平稳性，必须用基节极限偏差 $\pm f_{pb}$ 来限制基节偏差 Δf_{pb}，其合格条件为

$$-f_{pb}\leqslant\Delta f_{pb}\leqslant+f_{pb}$$

基节极限偏差 $\pm f_{pb}$ 值按表 6-16 查取。

基节偏差对传动的影响是由啮合的基节不等引起的。理想的啮合过程中，啮合点应在理论啮合线上。当基节不等时，若 $p_{b2}<p_{b1}$，在轮齿交接过程中，啮合点将脱离啮合线，如图 6-31a 所示。反之则将出现齿顶啮合现象，后续齿将提前进入啮合，如图 6-31b 所示。故瞬时传动比将发生变化，影响齿轮传动的平稳性。

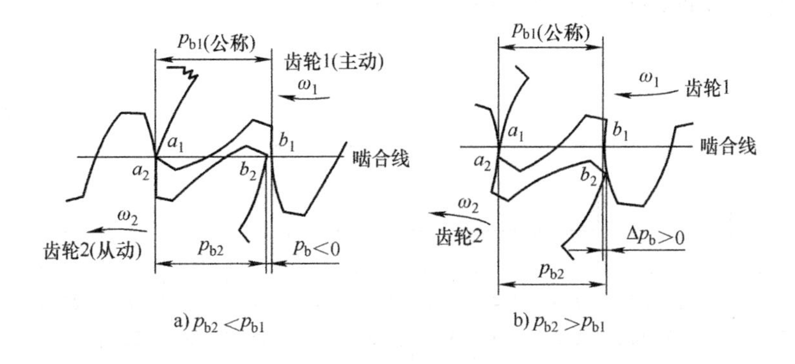

图 6-31　基节偏差对传动的影响

1）手持式基节仪测量法。基节仪有手持式和台式两种，图6-32所示为手持式基节仪的一种，它是利用基节仪与量块（图6-33）比较进行测量，其分度值为0.001mm，可测量模数为2～16mm的齿轮。

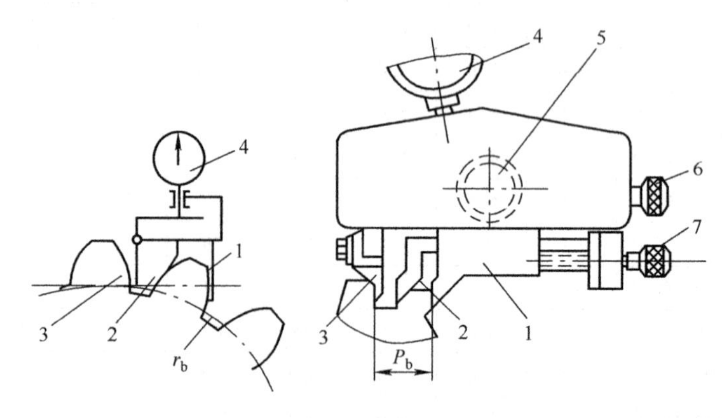

图6-32　手持切线接触式基节仪

1—固定量爪　2—辅助支承爪　3—活动量爪　4—指示表　5—固定量爪锁紧螺钉
6—固定量爪调节螺钉　7—辅助支承爪调节螺钉

测量时，按公式 $p_b=\pi m\cos\alpha$ 计算公称基节值。按此公称基节值组合量块，将量块组放入块规座内并锁紧，借助块规座的组合量块，调整基节仪两量爪1和3的位置，使指示表4指针在示值范围内对零。将调好的仪器置于轮齿上，如图6-32所示。使固定量爪1在齿顶圆附近与齿廓相切，使活动量爪3在齿根圆附近与齿廓相切，并在两相邻齿面的重叠区内沿齿廓摆动，指示表4的最小读数即为基节偏差值。

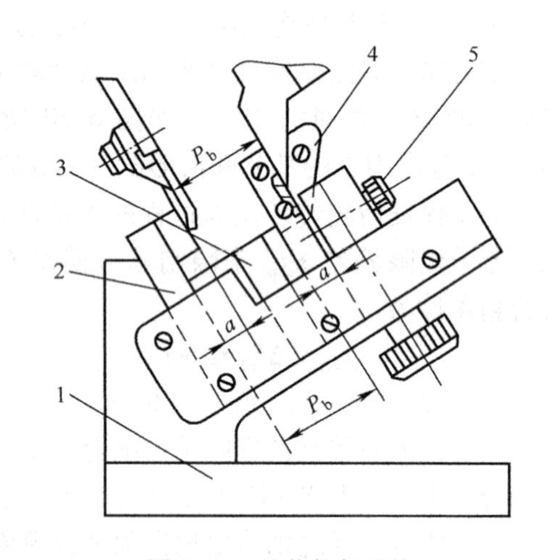

图6-33　基节仪与量块

1—块规座　2、4—校对块　3—量块　5—固紧螺钉

测量基节时，至少应在齿轮每隔120°的三个部位，并在轮齿的左右两侧测量。取两侧偏差绝对值最大的示值作为实际基节偏差 Δf_{pb}。考虑齿顶修缘时，其修缘高度一般不超过0.45mm，所以量爪与齿形接触点的位置一般应离开齿顶约0.5mm。

表6-16　基节极限偏差 $\pm f_{pb}$ 值　（单位：μm）

分度圆直径/mm		法向模数/mm	精度等级											
大于	到		1	2	3	4	5	6	7	8	9	10	11	12
—	125	≥1～3.5	1.0	1.4	2.4	3.6	5	9	13	18	25	36	50	71
		>3.5～6.3	1.2	1.8	3.0	4.5	7	11	16	22	32	45	63	90
		>6.3～10	1.4	2.0	3.2	5.0	8	13	18	25	36	50	71	100

（续）

分度圆直径/mm		法向模数/mm	精度等级											
大于	到		1	2	3	4	5	6	7	8	9	10	11	12
125	400	≥1～3.5	1.0	1.6	2.4	4.2	6	10	14	20	30	40	60	80
		>3.5～6.3	1.2	2.0	3.2	5.0	8	13	18	25	36	50	71	100
		>6.3～10	1.4	2.4	3.6	5.5	9	14	20	30	40	60	80	112
		>10～16	1.6	2.6	4.2	6.5	10	16	22	32	45	63	90	125
		>16～25	2.0	3.4	5.0	8.5	13	20	30	40	60	80	112	160
400	800	≥1～3.5	1.2	1.8	3.0	4.5	7	11	16	22	32	45	63	90
		>3.5～6.3	1.4	2.0	3.2	5.0	8	13	18	25	36	50	71	100
		>6.3～10	1.6	2.6	4.2	6.5	10	16	22	32	45	63	90	125
		>10～16	1.8	3.0	4.5	7.5	11	18	25	36	50	71	100	140
		>16～25	2.4	3.6	5.5	9.5	14	22	32	45	63	90	125	180
		>25～40	3.0	4.5	7.5	11	18	30	40	60	80	112	160	224
800	1600	≥1～3.5	1.2	1.8	3.2	5.0	8	13	18	25	36	50	71	100
		>3.5～6.3	1.4	2.4	3.6	5.5	9	14	20	30	40	60	80	112
		>6.3～10	1.6	2.6	4.2	6.5	10	16	22	32	45	67	90	125
		>10～16	1.8	3.0	4.5	7.0	11	18	25	36	50	71	100	140
		>16～25	2.4	3.6	5.5	9.5	14	22	32	45	63	90	125	180
		>25～40	3.0	4.5	7.5	11	18	30	40	60	80	112	160	224
1600	2500	≥1～3.5	1.4	2.4	3.6	5.5	9	14	20	30	40	60	80	112
		>3.5～6.3	1.6	2.6	4.2	6.5	10	16	22	32	45	67	90	125
		>6.3～10	1.8	3.0	4.5	7.5	11	18	25	36	50	71	100	140
		>10～16	2.0	3.2	5.0	8.5	13	20	30	40	60	80	112	160
		>16～25	2.4	4.2	6.5	10	16	25	36	50	71	100	140	200
		>25～40	3.4	5.0	8.5	13	20	32	45	63	90	125	180	250
2500	4000	≥1～3.5	1.6	2.6	4.2	6.5	10	16	22	32	45	63	90	125
		>3.5～6.3	1.8	3.0	4.5	7.5	11	18	25	36	50	71	100	140
		>6.3～10	2.0	3.2	5.0	8.5	13	20	30	40	60	80	112	160
		>10～16	2.4	3.6	5.5	9.5	14	22	32	45	67	90	125	180
		>16～25	2.6	4.2	6.5	10	16	25	36	50	71	100	140	200
		>25～40	3.4	5.0	8.5	13	20	32	45	63	90	125	180	250

2）用万能测齿仪测量基节。在万能测齿仪上测量基节，选用一对同侧的刀口量爪，两量爪之间的平行距离，应用与侧块组合在一起的量块组来调整，如图 6-34 所示。

将量块组连同其附件，置于专用的仪器浮动工作台上自由找正，使两量爪的距离为最小（等于量块组尺寸）。取下量块组及工作台，在顶尖间装上齿轮便可进行测量（图 6-35）。

量块组尺寸计算公式为

$$M = p_{\mathrm{b}} - L$$

式中　M——量块组尺寸；

L——侧块尺寸；

p_{b}——基节公称值。

当调整量爪时，应注意下列事项：

① 当活动测量架径向移动到达终点时，右量爪不应触及齿底。

② 齿轮位置固定后，移动工作位置时左量爪与齿廓在距轮齿边缘一定的距离处（不是在边缘上）接触；应在齿的中部（沿齿宽方向）进行测量。

③ 测量斜齿轮时，借助转动弓形架，使齿轮倾斜成基圆柱面上的倾斜角，再在水平方向转动弓形架到适当位置，以便在沿轮齿的法线方向测量；当测量架向后移并被止动机构挡住后，两量爪顶端应离开齿顶 2～3mm。测量前后都要用量块组检查仪器零位，以及最初和最后的读数，保证仪器稳定在 ±0.001mm。

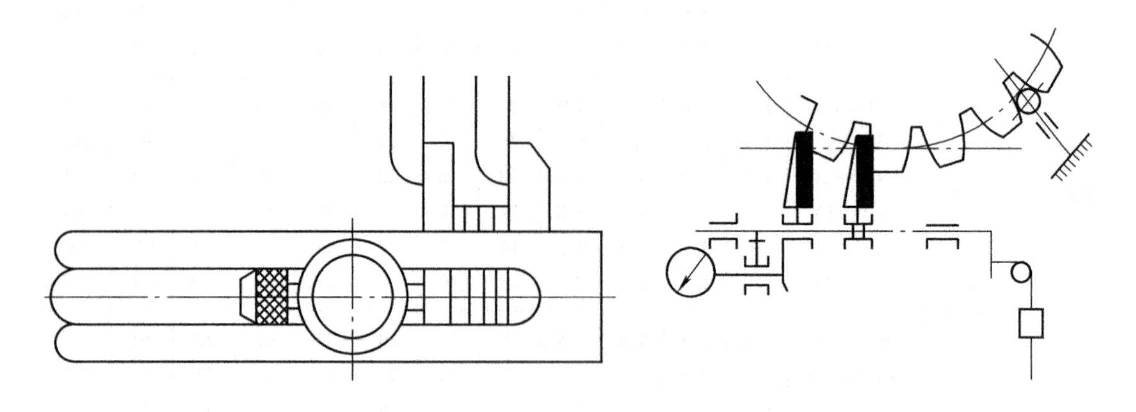

图 6-34　调节基节基准　　　图 6-35　在万能测齿仪上测量基节

3）用万能工具显微镜测量基节。在万能工具显微镜上测量基节示意图如图 6-36 所示。

测量前应将主显微镜中的角度分划板调整到零位，使十字虚线分别与纵横坐标方向平行。将齿轮置于仪器的光学圆分度盘上，转动分度盘，将齿轮上 3～5 个齿的影像投射到测角目镜视场内。并使齿轮上一个齿轮的齿面与水平虚线相切，如图 6-36 中位置 a，在横向读数显微目镜上读取第 1 个读数值。然后，移动横向滑架，使下一齿轮的同侧齿面再与水平虚线相切，如图 6-36 中位置 b，再读取第 2 个读数，两次读数之差即为实际基节，其与理论基节之差便为基节偏差。应在圆周均布的 6 处进行测量，取其最大偏差值作为测量结果。

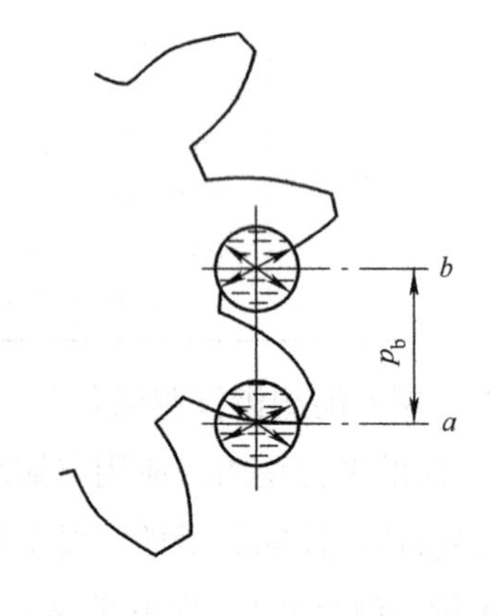

图 6-36　万能工具显微镜测量基节

（三）影响轮齿载荷分布均匀性的偏差及检测

1. 影响轮齿载荷分布均匀性的强制性检测精度指标及其检测

评定轮齿载荷分布均匀性的强制性检测精度指标，在齿宽方向是螺旋线总偏差 ΔF_{β}，在齿高方向齿廓总偏差 F_{α} 是其传动平稳性的强制性检测精度指标。

螺旋线偏差是指在端面基圆切线方向上测得的实际螺旋线与设计螺旋线的偏离量。螺旋线总偏差 ΔF_{β} 是指在螺旋线计值范围 L_{β} 内，包容实际螺旋线轨迹的两条设计螺旋线轨迹间的距离，如图 6-37 所示。螺旋线总偏差包括螺旋线形状偏差 $f_{f\beta}$ 和螺旋线倾斜偏差 $f_{h\beta}$。

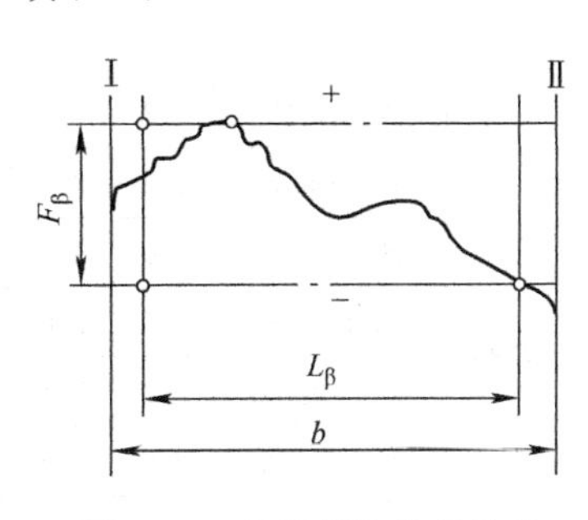

图 6-37　齿轮螺旋线总偏差

实线—实际螺旋线　点画线—设计螺旋线　b—齿宽

ΔF_{β} 主要是由滚齿机分度蜗杆和进给机构的跳动引起的短周期误差。该项目用以评定传动功率大，转速高的 6 级精度以上的宽斜齿轮。ΔF_{β} 可用螺旋线检查仪和三坐标测量机等测量。螺旋线总偏差允许值 F_{β} 见表 6-17。

表 6-17　螺旋线总偏差允许值 F_{β}　（单位：μm）

分度圆直径 d/mm	齿宽 b/mm	精度等级												
		0	1	2	3	4	5	6	7	8	9	10	11	12
$5 \leq d \leq 20$	$4 \leq b \leq 10$	1.1	1.5	2.2	3.1	4.3	6.0	8.5	12.0	17.0	24.0	35.0	49.0	69.0
	$10 < b \leq 20$	1.2	1.7	2.4	3.4	4.9	7.0	9.5	14.0	19.0	28.0	39.0	55.0	78.01
	$20 < b \leq 40$	1.4	2.0	2.8	3.9	5.5	8.0	11.0	16.0	22.0	31.0	45.0	63.0	89.0
	$40 < b \leq 80$	1.4	2.3	3.3	4.6	6.5	9.5	13.0	19.20	26.0	37.0	52.0	74.0	105.0
$20 < d \leq 50$	$4 \leq b \leq 10$	1.1	1.6	2.2	3.2	4.5	6.5	9.0	13.0	18.0	25.0	36.0	51.0	72.0
	$10 < b \leq 20$	1.3	1.8	2.5	3.6	5.0	7.0	10.0	14.0	20.0	29.0	40.0	57.0	81.0
	$20 < b \leq 40$	1.4	2.0	2.9	4.1	5.5	8.0	11.0	16.0	23.0	32.0	46.0	65.0	92.0
	$40 < b \leq 80$	1.7	2.4	3.4	4.8	6.5	9.5	13.0	19.0	27.0	38.0	54.0	76.0	107.0
	$80 < b \leq 160$	2.0	2.9	4.1	5.5	8.0	11.0	16.0	23.0	32.0	46.0	65.0	92.0	130.0
$50 < d \leq 125$	$4 \leq b \leq 10$	1.2	1.7	2.4	3.3	4.7	6.5	9.5	13.0	19.0	27.0	38.0	53.0	76.0
	$10 < b \leq 20$	1.3	1.9	2.6	3.7	5.5	7.5	11.0	15.0	21.0	30.0	42.0	60.0	84.0
	$20 < b \leq 40$	1.5	2.1	3.0	4.2	6.0	8.5	12.0	17.0	24.0	34.0	48.0	68.0	95.0
	$40 < b \leq 80$	1.7	2.5	3.5	4.9	7.0	100	14.0	20.0	28.0	39.0	56.0	79.0	111.0
	$80 < b \leq 160$	2.1	2.9	4.2	6.0	8.5	12.0	17.0	24.0	33.0	47.0	67.0	94.0	133.0
	$160 < b \leq 250$	2.5	3.5	4.9	7.0	10.0	14.0	20.0	28.0	40.0	56.0	79.0	112.0	158.0
	$250 < b \leq 400$	2.9	4.1	6.0	8.0	12.0	16.0	23.0	33.0	45.0	65.0	92.0	130.0	184.0

（续）

分度圆直径 d/mm	齿宽 b/mm	精度等级												
		0	1	2	3	4	5	6	7	8	9	10	11	12
125 < d≤280	4 < b≤10	1.3	1.8	2.5	3.6	5.0	7.0	10.0	14.0	20.0	29.0	40.0	57.0	81.0
	10 < b≤20	1.4	2.0	2.8	4.0	5.5	8.0	11.0	16.0	22.0	32.0	45.0	63.0	90.0
	20 < b≤40	1.6	2.2	3.2	4.5	6.5	9.0	13.0	18.0	25.0	36.0	50.0	71.0	101.0
	40 < b≤80	1.8	2.6	3.6	5.0	7.5	10.0	15.0	21.0	29.0	41.0	58.0	82.0	117.0
	80 < b≤160	2.2	3.1	4.3	6.0	8.5	12.0	17.0	25.0	35.0	49.0	69.0	98.0	139.0
	160 < b≤250	2.6	3.6	5.0	7.0	10.0	14.0	20.0	29.0	41.0	58.0	82.0	116.0	164.0
	250 < b≤400	3.0	4.2	6.0	8.5	12.0	17.0	24.0	34.0	47.0	67.0	95.0	134.0	190.0
	400 < b≤650	3.5	4.9	7.0	10.0	14.0	20.0	28.0	40.0	56.0	79.0	112.0	158.0	224.0

评定轮齿载荷分布均匀性的精度时，应在被测轮齿圆周上测量均匀分布的三个轮齿或更多的轮齿左、右齿面的螺旋线总偏差，取其中的最大值 $\Delta F_{\beta\max}$ 作为评定值。如果 $\Delta F_{\beta\max}$ 不大于螺旋线总偏差允许值 F_β（$\Delta F_{\beta\max} \leq F_\beta$），则表示合格。

2. 影响轮齿载荷分布均匀性的非强制性检测精度指标及其检测

（1）轴向齿距偏差 ΔF_{px}　轴向齿距偏差是指在与齿轮基准轴线平行而大约通过齿高中部的一条直线上，任意两个同侧齿面间的实际距离与公称距离之差，沿齿面法线方向计算（图 6-38）。

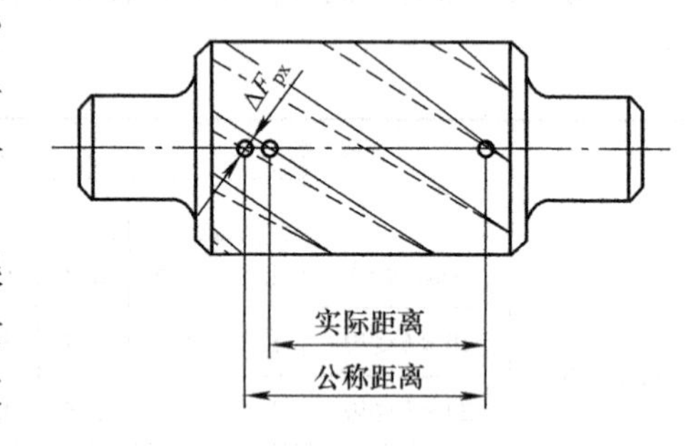

图 6-38　轴向齿距偏差 ΔF_{px}

ΔF_{px} 主要反映斜齿轮的螺旋角误差。此项误差影响轮齿齿长方向的接触长度，并使宽斜齿轮有效接触齿数减少，从而影响齿轮承载能力，故宽斜齿轮应控制该项误差。

直齿轮轴向齿距误差的测量比较简单，凡有顶尖架并能相对测量架做轴向移动的装置都可用于测量齿向误差。斜齿轮的轴向齿距误差的测量比较复杂，常用的仪器有齿向检查仪、导程检查仪和螺旋线检查仪等。在此仅介绍直齿轮轴向齿距误差的测量。

1）用万能工具显微镜测量。在万能工具显微镜上，可用影像法测量齿顶边缘对中心线的平行度误差。这种方法的测量准确度不高，适用于齿宽不大的小模数齿轮。对于中模数齿轮，可用光学灵敏杠杆或千分表测量，其准确度比影像法高。

2）用万能渐开线检查仪测量。在万能渐开线检查仪上测量齿轮的轴向齿距误差时，应选用分度值为 0.001mm、锥度 0.002 的心轴在仪器上检定两顶尖连线与测头移动的平行度误差。如果误差较大，应将仪器进行调整或加修正量使用。

将被测齿轮装在仪器上、下顶尖间，用带动器夹紧定位，在测量中不使齿轮发生转动。然后垂直移动测量架，使测头紧靠在被测齿轮分度圆附近的齿面上，指示表显示的最大变化量即为轴向齿距误差值，如图 6-39 所示。

（2）接触线偏差 ΔF_b　接触线偏差是指在基圆的切平面内，平行于公称接触线并包容实际接触线的两条直线间的法向距离（图 6-40）。

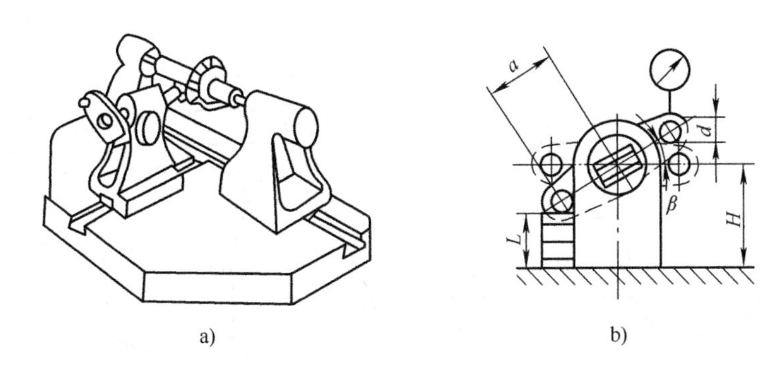

图 6-39　齿向检查仪测量轴向齿距偏差

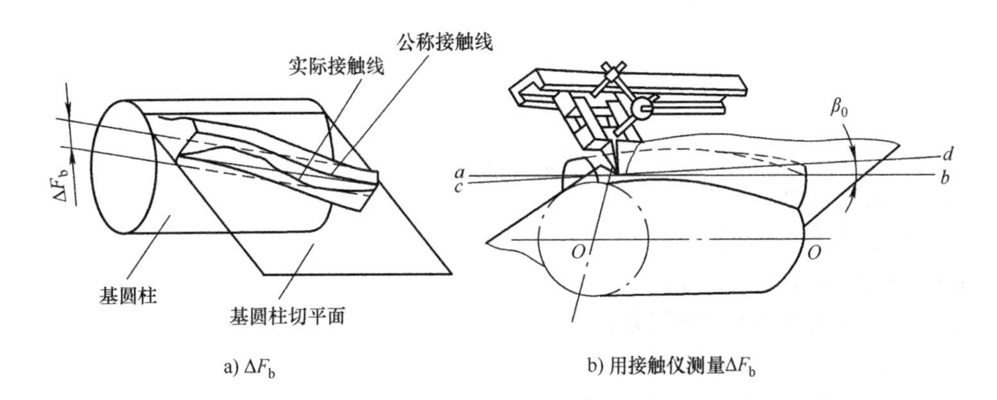

a) ΔF_b　　b) 用接触仪测量ΔF_b

图 6-40　接触线偏差 ΔF_b

该项目是用于评定斜齿轮的接触精度，它是窄斜齿轮接触长度和接触高度的综合项目，综合反映刀具制造与安装误差、机床进给链误差所造成的齿轮齿向与齿形误差。接触线误差用接触仪测量或在整体误差测量仪测得的全齿宽整体误差曲线上读取。

（四）影响齿轮侧隙的偏差及检测

侧隙是一对啮合齿轮轮齿的非工作齿面间留有的间隙，是齿轮传动正常工作的必要条件，加工齿轮时要适当地减薄齿厚。齿轮齿厚减薄量可以用齿厚偏差或公法线长度偏差来评定。

1. 齿厚偏差 E_{sn} 测量

在分度圆柱面上法向平面的“法向齿厚 s_n”是指齿厚的理论值，该齿厚与具有理论齿厚的相配齿轮在理论中心距之下的啮合是无间隙的。公称齿厚可按下式计算：

对外齿轮：$s_n = m_n\left(\dfrac{\pi}{2} + 2\tan\alpha_n x\right)$

对内齿轮：$s_n = m_n\left(\dfrac{\pi}{2} - 2\tan\alpha_n x\right)$

对于斜齿轮，s_n 值应在法向平面内测量，x 为变位系数。

齿厚的上极限尺寸 s_{ns}和齿厚的下极限尺寸 s_{ni}是齿厚的两个极限的允许尺寸。齿厚的实际尺寸应该位于这两个极限尺寸之间，如图 6-41 所示。

齿厚允许的上极限偏差 E_{sns}和下极限偏差 E_{sni}统称为齿厚允许的偏差。

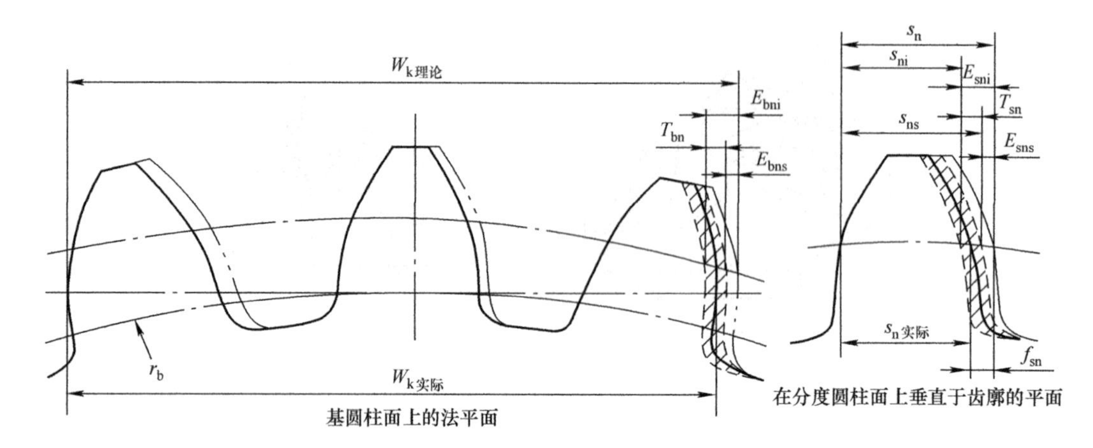

图 6-41　齿厚偏差

$$E_{sns} = s_{ns} - s_n$$

$$E_{sni} = s_{ni} - s_n$$

式中　s_n——法向齿厚；

s_{ns}——齿厚的上极限尺寸；

s_{ni}——齿厚的下极限尺寸；

E_{sns}——齿厚允许的上极限偏差；

E_{sni}——齿厚允许的下极限偏差。

齿厚公差 T_s 是指齿厚的上极限偏差减下极限偏差：$T_s = E_{sns} - E_{sni}$。

齿厚极限偏差的确定，要考虑齿轮的几何形状、轮齿的强度、安装和侧隙等问题。

按定义，齿厚是以分度圆弧长（弧齿厚）计值，而测量时往往根据仪器的使用，在弦齿高的位置测量齿厚。为此，要计算与之对应的公称弦齿厚。

对非变位的直齿，公称弦齿厚$\bar{s}$为

$$\bar{s} = mz\sin\frac{90°}{z}$$

公称弦齿高$\bar{h}_a$ 应为

$$\bar{h}_a = m + \frac{zm}{2}\left(1 - \cos\frac{90°}{z}\right)$$

为简便，齿轮的$\bar{s}$及$\bar{h}_a$ 均可由手册查取。

测量齿厚时，是以齿顶圆为基准，常用游标齿厚卡尺测量（图 6-42）。由于分度圆弧齿厚不易测量，一般测量分度圆弦齿厚。测量前，应先将垂直游标卡尺调整到被测齿轮的分度圆弦齿高$\bar{h}_a$ 处，然后用水平游标卡尺测量分度圆弦齿厚的实际值。将分度圆弦齿厚的实际值减去其公称值，即为分度圆弦齿厚的偏差值。

齿厚偏差是用齿厚极限偏差来加以限制的，其合格条件为

$$E_{sni} \leqslant \Delta E_s \leqslant E_{sns}$$

2. 公法线长度偏差 ΔW_k

公法线长度 W_k 是指齿轮上几个轮齿的两端异向齿廓间所包含的一段基圆圆弧，即该两端异向齿廓间基圆切线线段的长度，如图 6-41 所示。

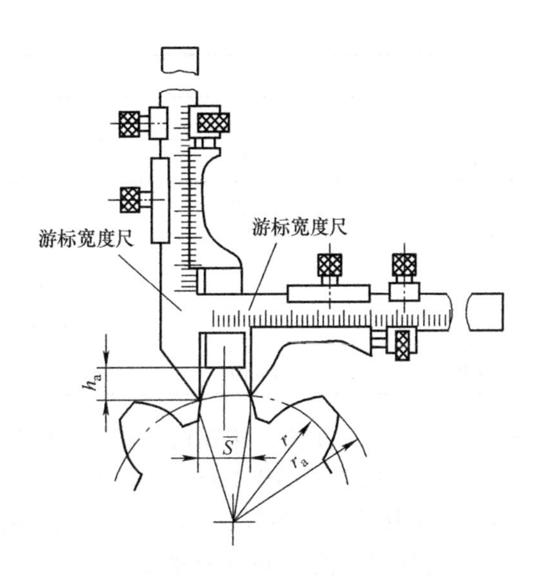

图 6-42 分度圆弦齿厚 ΔE_s 测量

测量公法线长度偏差 ΔW_k 时，跨齿数不能任意选定，因为跨齿过多时，其平行切线的切点将偏向齿顶，甚至无法相切。反之，其切点将偏向齿根。故合理的跨齿数应能使其测量切点位于分度圆上或其附近。直齿轮的公称公法线长度和测量时的跨齿数 k 可按下式计算：

$$W_k = m\cos\alpha[\pi(k-0.5)+z\cdot \mathrm{inv}\alpha]+2xm\sin\alpha \tag{6-10}$$

式中 m——齿轮模数；

z——齿轮齿数；

α——标准压力角；

x——齿轮的变位系数。

$$k=\frac{z}{9}+0.5\text{（标准齿轮）} \tag{6-11}$$

斜齿轮的公称公法线长度和测量时的跨齿数 k 可按下式计算：

$$W_{kn} = m_n\cos\alpha_n[\pi(k-0.5)+z\cdot \mathrm{inv}\alpha_t]+2x_n m_n\sin\alpha_n \tag{6-12}$$

式中 m_n——斜齿轮的法向模数；

α_n——斜齿轮的标准压力角；

z——齿轮齿数；

a_t——斜齿轮的端面压力角；

x_n——斜齿轮的法向变位系数。

$$k=\frac{z'}{9}+0.5\text{（标准斜齿轮）} \tag{6-13}$$

其中 $z'=z\cdot \mathrm{inv}\alpha_t/\mathrm{inv}\alpha_n$。

公法线长度偏差 ΔW_k 可用公法线千分尺、公法线指示规和万能测齿仪等进行测量。它们的测量范围、分度值及可测精度等级见表 6-18。

表 6-18 公法线千分尺、公法线指示规和万能测齿仪的部分参数

量具及仪器名称	分度值/mm	量仪测量范围		可测齿轮精度等级
		模数/mm	直径/mm	
公法线千分尺	0.01	>1	至 300	7 ~ 9
公法线指示规	0.005	1 ~ 10 2 ~ 20	至 45 至 1000	6 ~ 7
公法线指示千分尺	0.002	0.5 ~ 2	0 ~ 25 25 ~ 50	3 ~ 6
万能测齿仪	0.001	1 ~ 10	至 400	3 ~ 6

（1）公法线指示规测量 图 6-43 所示为公法线指示规的结构图。指示表 8 的分度值为 0.005mm，圆套 2 的内径按比圆柱 1 的直径小 0.1mm 配作，将专用扳手 9 取下插入圆套 2 的开口槽中并扭转，可使其沿圆柱 1 移动，以调节活动量爪 4 与固定量爪 3 之间的距离。测量公法线平均长度时，量爪 3、4 之间的距离 W 按其公称值用组合好的量块进行调整。当仪测量公法线长度变动量 ΔF_w 时，因不需测量 W 的绝对尺寸，可不用量块，只要使两量爪按跨齿数与两轮廓接触，同时将指示表压缩（1 ~ 2）圈并调零，然后逐齿测量一圈，取其中最大读数与最小读数之差即为公法线长度变动量。取全部测量值的算数平均值减去公称值，即为公法线平均长度偏差。

注意：在量爪离开量块或齿轮时，应按按钮 7，使活动量爪 4 后退，以避免磨损。

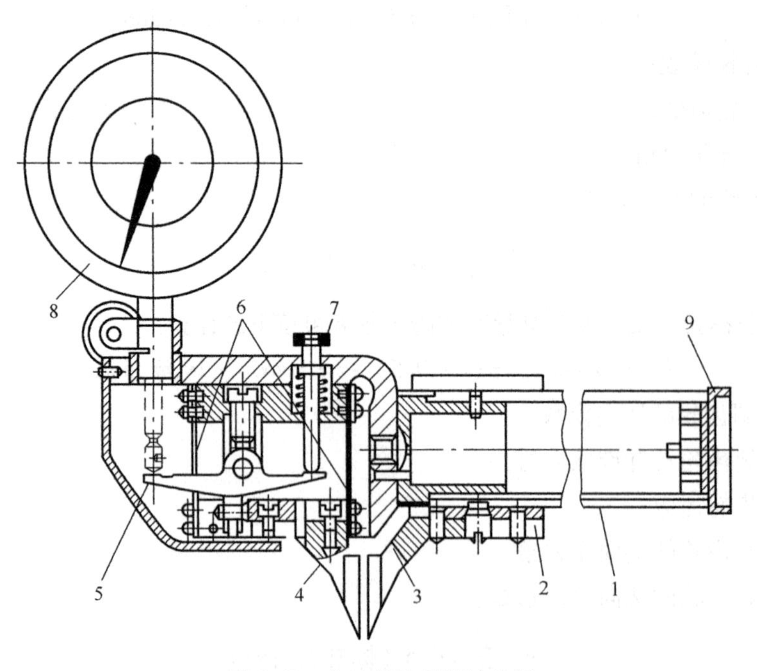

图 6-43 公法线指示规结构图

1—圆柱 2—圆套 3—固定量爪 4—活动量爪 5—斜块
6—弹簧 7—按钮 8—指示表 9—专用扳手

（2）公法线千分尺测量　图6-44所示为用公法线千分尺测量的示意图。它是在普通的千分尺上安装两个平面测头，能测量公法线长度的绝对值，操作简便，但测量准确度不高。

（3）万能测齿仪上测量　在万能测齿仪上测量公法线长度时（图6-45），应注意将量爪的拉力（利用滑轮重锤）方向安装成图示的方向（与测齿距时相反）。当调整量爪时，应注意以下几点：

1）当托架（在压住起动钩以后）移至终点并固定齿轮的位置后，量爪应处于被卡轮齿的对称位置。

2）两量爪间的距离用尺寸为理论公法线长度 W 的量块组及专用夹具来调整。

3）对于斜齿轮，应在轮齿法向上测量，为此应按齿轮分度圆螺旋角 β 转动仪器的弓形支架。

4）在齿轮的任一位置上测量一周，并取测量的平均值与公法线公称值之差为公法线平均长度偏差。测完后仍用量块组重新校核仪器的零位，偏差应不超过1μm。

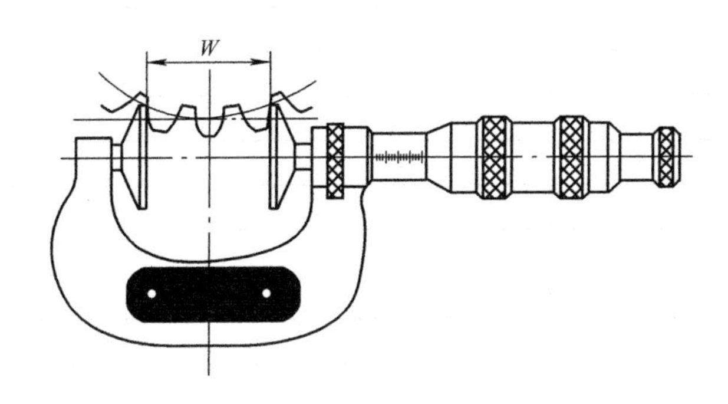

图6-44　公法线千分尺

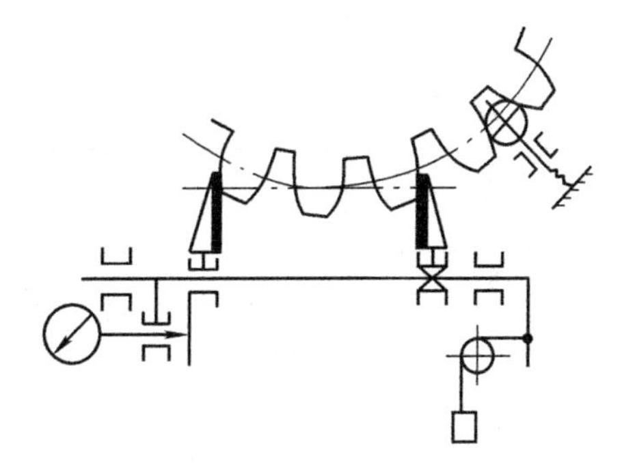

图6-45　万能测齿仪上测量公法线长度

5）为测量公法线长度的变动量 ΔF_w，应在整个齿圈上进行，并取测量值的最大读数与最小读数之差作为测得结果，如图6-46所示。

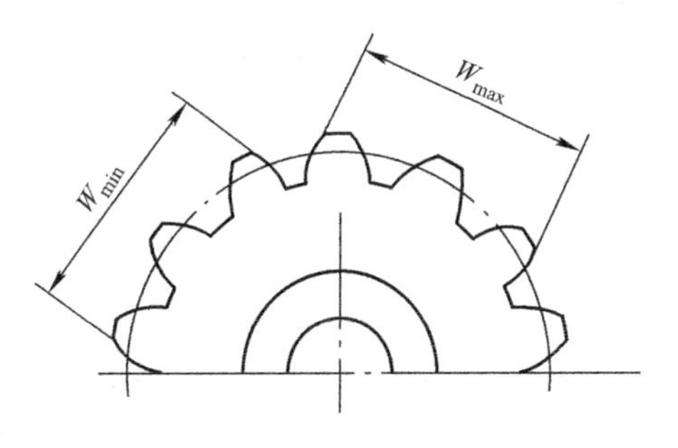

图6-46　公法线长度测量

（4）万能工具显微镜上测量　对于小模数齿轮，可以在万能工具显微镜上用影像法测量齿轮的公法线。测量时，将被测齿轮平放在玻璃工作台上，调整焦距使齿形影像清晰，然后分别使相隔 k 个齿的两异名齿廓先后与显微镜目镜分划板的中心线相切，记下两次读数，则此两次读数之差即为齿轮公法线的实际尺寸，测量结果处理同上。

公法线长度的测量比较简单，不需按齿顶定位，故无需对齿顶圆提出较高的技术要求。但是，压力角的偏差对测量是有影响的，对变位系数较大而齿侧间隙要求较严的齿轮，应注意进行修正计算。另外，公法线长度同时反映左、右两齿廓的误差，与齿轮工作时的单面啮合状态不符合。由于测量结果受切向误差的影响，当用测量公法线长度偏差来控制齿厚时，必须在齿轮若干个等分位置上测量，取平均值作为测量结果。

五、检测结果的处理

<table>
<tr><th colspan="6">检 测 报 告（一）</th></tr>
<tr><td>课程名称</td><td colspan="2">工业产品几何量检测</td><td>项目名称</td><td colspan="2">齿轮误差检测</td></tr>
<tr><td>班级/组别</td><td colspan="2"></td><td>任务名称</td><td colspan="2">齿轮误差检测</td></tr>
<tr><td rowspan="2">被测齿轮</td><td>模数 m</td><td>齿数 z</td><td>压力角 α</td><td>编号</td><td>公差标注</td></tr>
<tr><td></td><td></td><td></td><td></td><td></td></tr>
<tr><td>齿距极限偏差/μm</td><td></td><td colspan="2">齿距累积公差/μm</td><td colspan="2"></td></tr>
<tr><td>计量器具</td><td></td><td colspan="2"></td><td colspan="2"></td></tr>
</table>

<table>
<tr><th colspan="5">齿距偏差检测记录/μm</th></tr>
<tr><td>齿距序号</td><td>读数值</td><td>读数累积值</td><td>齿距偏差 Δf_{pt}</td><td>齿距累积误差 ΔF_p</td></tr>
<tr><td>1</td><td></td><td></td><td></td><td></td></tr>
<tr><td>2</td><td></td><td></td><td></td><td></td></tr>
<tr><td>3</td><td></td><td></td><td></td><td></td></tr>
<tr><td>4</td><td></td><td></td><td></td><td></td></tr>
<tr><td>5</td><td></td><td></td><td></td><td></td></tr>
<tr><td>6</td><td></td><td></td><td></td><td></td></tr>
<tr><td>7</td><td></td><td></td><td></td><td></td></tr>
<tr><td>8</td><td></td><td></td><td></td><td></td></tr>
<tr><td>9</td><td></td><td></td><td></td><td></td></tr>
<tr><td>10</td><td></td><td></td><td></td><td></td></tr>
<tr><td>11</td><td></td><td></td><td></td><td></td></tr>
<tr><td>12</td><td></td><td></td><td></td><td></td></tr>
<tr><td>13</td><td></td><td></td><td></td><td></td></tr>
<tr><td>14</td><td></td><td></td><td></td><td></td></tr>
<tr><td>15</td><td></td><td></td><td></td><td></td></tr>
<tr><td>16</td><td></td><td></td><td></td><td></td></tr>
<tr><td>17</td><td></td><td></td><td></td><td></td></tr>
<tr><td>18</td><td></td><td></td><td></td><td></td></tr>
<tr><td>19</td><td></td><td></td><td></td><td></td></tr>
<tr><td>20</td><td></td><td></td><td></td><td></td></tr>
<tr><td>21</td><td></td><td></td><td></td><td></td></tr>
<tr><td>22</td><td></td><td></td><td></td><td></td></tr>
<tr><td>23</td><td></td><td></td><td></td><td></td></tr>
<tr><td>备注</td><td></td><td>$p_m = \frac{\sum_{i=1}^{z} \Delta_i}{z}$</td><td>$\Delta f_{pt} =$</td><td>$\Delta F_p =$</td></tr>
<tr><td colspan="5">实际齿距偏差 Δf_{pt}:</td></tr>
<tr><td colspan="5">实际齿距累积误差 ΔF_p:</td></tr>
<tr><td>合格性判断</td><td colspan="4"></td></tr>
<tr><td>姓 名</td><td>班 级</td><td>学 号</td><td>审 核</td><td>成 绩</td></tr>
<tr><td></td><td></td><td></td><td></td><td></td></tr>
</table>

<table>
<tr><td colspan="6">检　测　报　告（二）</td></tr>
<tr><td>课程名称</td><td colspan="2">工业产品几何量检测</td><td>项目名称</td><td colspan="2">齿轮误差检测</td></tr>
<tr><td>班级/组别</td><td colspan="2"></td><td>任务名称</td><td colspan="2">齿轮误差检测</td></tr>
<tr><td rowspan="3">被测齿轮</td><td>模数 m</td><td>齿数 z</td><td>齿形角 α</td><td>编号</td><td>公差标注</td></tr>
<tr><td></td><td></td><td></td><td></td><td></td></tr>
<tr><td>齿圈径向跳动公差</td><td colspan="4"></td></tr>
<tr><td rowspan="2">计量器具</td><td colspan="2">名称</td><td colspan="2">测量范围</td><td>分度值</td></tr>
<tr><td colspan="2"></td><td colspan="2"></td><td></td></tr>
</table>

齿圈径向跳动检测记录/μm

序号	读数	序号	读数	序号	读数
1		13		25	
2		14		26	
3		15		27	
4		16		28	
5		17		29	
6		18		30	
7		19		31	
8		20		32	
9		21		33	
10		22		34	
11		23		35	
12		24		36	

实测齿圈径向跳动 ΔF_r：

<table>
<tr><td>合格性判断</td><td colspan="4"></td></tr>
<tr><td>姓　名</td><td>班　级</td><td>学　号</td><td>审　核</td><td>成　绩</td></tr>
<tr><td></td><td></td><td></td><td></td><td></td></tr>
</table>

检　测　报　告（三）				
课程名称	工业产品几何量检测	项目名称		齿轮误差检测
班级/组别		任务名称		齿轮误差检测
被测齿轮		计量器具		
模数 m	齿数 z	齿形角 α	编号	公差标注
齿顶公称直径 d_a	齿顶实际直径 d'_a		齿顶实际偏差	
实际分度圆弦齿高 h_f				
公称弦齿厚 s_n				
齿厚上极限偏差 E_{sns}				
齿厚下极限偏差 E_{sni}				
测量记录				
序号（分布测量）	1	2	3	4
齿厚实际值				
齿厚偏差 ΔE_s				
合格性判断				
姓　名	班　级	学　号	审　核	成　绩

检　测　报　告（四）						
课程名称	工业产品几何量检测			项目名称		齿轮误差检测
班级/组别				任务名称		齿轮误差检测
被测齿轮	模数 m	齿数 z	压力角 α	编号	公差标注	跨齿数 n
	公法线长度变动公差 F_w：					
	公法线平均长度的上极限偏差 ΔE_{ws}：					
	公法线平均长度的下极限偏差 ΔE_{wi}：					
计量器具	名称		测量范围		分度值	

测量记录							
齿序	实测读数	齿序	实测读数	齿序	实测读数	齿序	实测读数
1		9		17		25	
2		10		18		26	
3		11		19		27	
4		12		20		28	
5		13		21		29	
6		14		22		30	
7		15		23		31	
8		16		24		32	
公法线平均长度：							
公法线平均长度偏差 ΔE_w：							
公法线长度变动量 ΔF_w：							
合格性判断							

姓　名	班　级	学　号	审　核	成　绩

六、任务检查与评价

（一）小组互评表

课程名称	工业产品几何量检测	项目	齿轮误差检测				
班级/组别		工作任务	齿轮误差检测				
评价人签名（组长）：		评价时间：					
评价项目	评价指标	分值	组员成绩评价				
敬业精神（20分）	不迟到、不早退、不旷课	5					
	工作认真，责任心强	8					
	积极参与任务的完成	7					
专业能力（50分）	基础知识储备	10					
	对检测步骤的理解	7					
	检测工具的使用熟练程度	8					
	检测步骤的规范性	10					
	检测数据处理	6					
	检测报告的撰写	9					
方法能力（15分）	语言表达能力	4					
	资料的收集整理能力	3					
	提出有效工作方法的能力	4					
	组织实施能力	4					
社会能力（15分）	团队沟通	5					
	团队协作	6					
	安全、环保意识	4					
总分		100					

（二）教师对学生评价表

班　级		课程名称	工业产品几何量检测				
评价人签字：		学习项目	齿轮误差检测				
工作任务	齿轮误差检测		组别				
评价项目	评价指标	分数	成　员				
目标认知程度	工作目标明确，工作计划具体、结合实际，具有可操作性	10					
思想态度	工作态度端正，注意力集中，能使用各种资源进行相关资料收集	10					
团队协作	积极与团队成员合作，共同完成小组任务	10					
专业能力	正确理解检测原理 检测工具使用方法正确，检测过程规范	40					
	检测报告完成情况	30					
总分		100					

（三）教师对小组评价表

班级/组别		课程名称	工业产品几何量检测
学习项目	齿轮误差检测	工作任务	齿轮误差检测
评价项目	评价指标	评分	教师评语
资讯（15分）	工作任务分析 查阅相关仪器结构图和检测原理		
计划（10分）	小组讨论，达成共识，制订初步检测计划		
决策（15分）	检测工具的选择 确定检测方案，分工协作		
实施（25分）	对齿轮误差检测，提交检测报告		
检查（15分）	对检测过程进行检查，分析可能存在的问题		
评价（20分）	小组成员轮流发言，提出优点和值得改进的地方		

课后练习

一、思考题

1. 齿轮传动的使用要求主要有________________，________________，________________，______________。

2. 影响齿轮传递运动准确性的强制性检测精度指标有______________。

3. 齿距累积总偏差 ΔF_p 的检测方法有______________，______________。

4. 影响齿轮传动平稳性的强制性检测精度指标有______________，______________。

5. 影响轮齿载荷分布均匀性的强制性检测精度指标有______________。

6. 基节偏差 Δf_{pb} 是指______________与______________之差。

7. 测量公法线长度偏差最常用的量具是______________。

8. 按国家标准的规定，圆柱齿轮的精度等级分为_________个等级，其中_________级的精度最高，_________级精度最低，_________属中等精度级。

9. 齿圈径向跳动只反映_________误差，采用_________仪器测量。

10. 测量齿轮公法线长度可以使用的仪器有_________、_________、_________。

11. 齿轮齿圈径向跳动是由_________偏心引起的，齿轮公法线长度偏差是由_________偏心引起的。

12. 用公法线指示规和量块测量公法线长度属于_________测量法，用齿轮双啮仪测量齿轮的精度指标属于_________测量法。

13. 齿轮测量方法可分为_________、_________、_________三种。

14. 齿圈径向跳动测头的形式有_________、_________、_________三种。

15. 齿距偏差的测量方法有_________、_________、_________、_________。

16. 万能测齿仪可以用来测量_________、_________、_________、_________。

二、综合题

1. 影响齿轮载荷分布均匀性的公差项目有哪些？

2. 影响齿轮传递运动准确性的公差项目有哪些？

3. 影响齿轮传递平稳性的公差项目有哪些？

4. 齿轮的测量方法分为哪几类？

5. 影响齿轮副侧隙大小的因素有哪些？

6. 齿距累积总偏差的测量方法有哪几种？用直接比较法测量齿距误差时，影响测量误差大小的主要因素是什么？

7. 什么是基节偏差？有哪些测量方法？

8. 何为齿圈径向跳动？怎样使用齿圈径向跳动仪进行测量？最佳测头直径是多少？

9. 什么是公法线长度偏差？怎样测量？

成语里的计量文化——失之毫厘，谬以千里

成语出自《礼记·经解》：“《易》曰：‘君子慎始，差若毫厘，谬以千里’”。意思是开始稍微有一点差错，结果会造成很大的错误。这是一个包含着计量哲学理念的成语，有两方面的启示：一是不能犯方向性的错误，否则越走离目标越远；二是小错误的累加，最终可能会形成致命的大错误。

项目七　零件的综合检测

任务十二　复杂零件的三坐标检测

❖ 教学目标

1）了解三坐标测量机的工作原理。
2）掌握元素的收集与坐标系的建立方法。
3）掌握环体工件中的孔径测量、圆度检测以及同轴度的检测方法。
4）掌握检验报告的输出方法。
5）坚定文化自信，发扬与传承传统文化。

一、知识准备

（一）三坐标测量机简介

三坐标测量机是20世纪60年代后期发展起来的一种高效率的精密测量仪器。1956年，英国Ferranti公司制造了第一台坐标测量机；1963年，DEA推出第一台龙门式测量机ALPHA；1972年，Renishaw推出接触式触发测头，精度能达到0.01mm以内；1973年，ZEISS、Leitz推出扫描测头；1974年，Brown & Sharpe推出CNC数控测量机；1989年，Brown & Sharpe推出基于CAD系统的测量软件；2001年，Wilcox推出DCI（Digital Cinema Initiatives）、DCT（Discrete Cosine Transform）技术；2003年，Hexagon推出EMS概念及面向任务的测量解决方案；2005年，Hexagon推出多尺寸测量范畴（大、中、微尺寸）概念。

三坐标测量机的出现，一方面是由于生产发展的需要，即高效率加工机床的出现，产品质量要求进一步提高，复杂立体形状加工技术的发展等都要求有快速、可靠的测量设备与之配合；另一方面也由于电子技术、计算机技术及精密加工技术的发展，为三坐标测量机的出现提供了技术基础。三坐标测量机目前广泛应用于机械制造、仪器制造、电子工业、航空和国防工业各部门，特别适用于测量箱体类零件的孔距和面距、模具、精密铸件、印制电路板、汽车外壳、发动机零件、凸轮以及飞机型体等带有空间曲面的工件。

坐标测量法是几何量测量最基本、最常用的测量方法，通过测量被测几何要素上若干个点的位置坐标继而求得被测参量，包括采样读数和数据处理两个步骤。实现测量的关键是建立被测参量和采样点在测量机坐标系中的坐标关系模型。基于坐标测量原理，将被测物体置于坐标测量机的测量空间，获得被测物体上各测点的坐标位置，根据这些点的空间坐标值，经过数学运算，求出被测的几何尺寸、形状和位置。图7-1所示为典型坐标测量机，图7-2所示为三坐标测量的原理图。

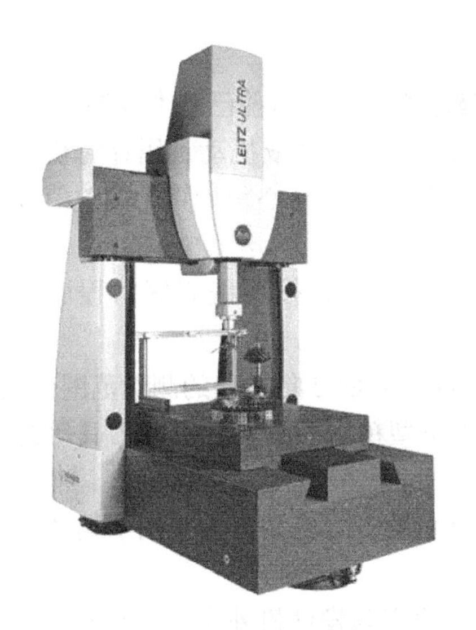

图 7-1　典型坐标测量机

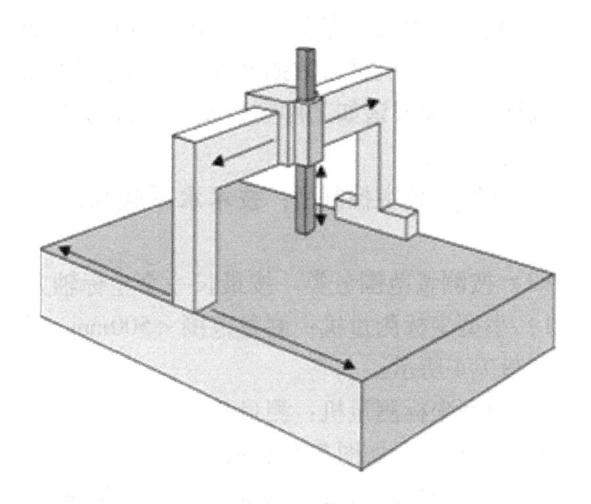

图 7-2　三坐标测量的原理图

（二）三坐标测量机的组成

三坐标测量机是典型的机电一体化设备，由机械系统和电子系统两大部分组成，如图 7-3所示。三坐标测量机的组成包括工作台、移动桥架、中央滑架、Z 轴、测头、电子系统等。

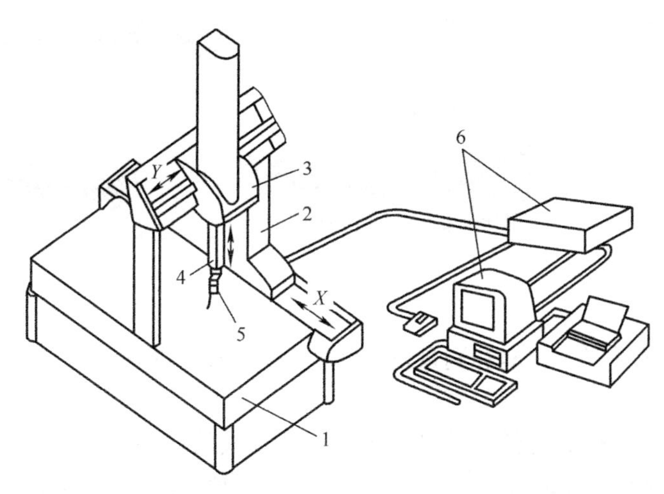

图 7-3　三坐标测量机的组成

1—工作台　2—移动桥架　3—中央滑架　4—Z 轴　5—测头　6—电子系统

1）机械系统一般由三个正交的直线运动轴构成。其中 X 向导轨在工作台上，Y 向导轨为桥架横梁，Z 向导轨在中央滑架内，测头在 Z 轴端部，且三轴上均装有光栅尺。人工驱动的手轮及机动、数控驱动的电动机一般在各轴附近。

2）电子系统一般由光栅计数系统、测头信号接口和计算机等组成，用于获得被测坐标点数据，并对数据进行处理。

（三）三坐标测量机的分类

（1）按技术水平分类

1）数字显示及打印型：主要用于几何尺寸测量，技术水平低，目前已基本被淘汰。

2）带有计算机进行数据处理型：目前应用较多。测量仍为手动或机动，用计算机处理测量数据，可完成诸如工件安装倾斜的自动校正计算、坐标变换、孔心距计算、偏差值计算等数据处理工作。

3）计算机数字控制型：技术水平较高，可像数控机床一样，按照编制好的程序自动测量。

（2）按测量范围分类　按最长一个坐标轴方向（一般为 Y 轴方向）上的测量范围分类。

1）小型坐标测量机：测量范围 <500mm，主要用于小型精密模具、工具和刀具等的测量，如图 7-4 所示。

2）中型坐标测量机：测量范围为 500～2000mm，应用最多的机型，主要用于箱体、模具类零件的测量，如图 7-5 所示。

3）大型坐标测量机：测量范围 >2000mm，主要用于汽车与发动机外壳、航空发动机叶片等大型零件的测量，如图 7-6 所示。

图 7-4　小型坐标测量机　　图 7-5　中型坐标测量机　　图 7-6　大型坐标测量机

（3）按结构形式分类　三坐标测量机的结构形式如图 7-7 所示。

（四）三坐标测量机的测量原理

测量工件上一圆柱孔的直径，可以在垂直于孔轴线的截面 I 内，触测孔壁上的三个点（点 1、2、3），根据这三点的坐标值即可计算出孔的直径及圆心 O_{I} 坐标，如图 7-8 所示。

三坐标测量机是由单坐标测量机和两坐标测量机发展而来的。例如测长机，它用于测量单方向的长度，实际上是单坐标测量机；万能工具显微镜具有 X 和 Y 两个方向移动的工作台，用于测量平面上各点的坐标位置，即两坐标测量机。

三坐标测量机是由三个相互垂直的运动轴 X、Y、Z 建立起一个直角坐标系，测头的一切运动都在这个坐标系中进行，测头的运动轨迹由测球中心点来表示。测量时，把被测零件放在工作台上，测头与零件表面接触，三坐标测量机的检测系统可以随时给出测球中心点在坐标系中的精确位置。当测球沿着工作的几何型面移动时，就可以得出被测几何型面上各点的坐标值。将这些数据送入计算机，通过相应的软件进行处理，就可以精确地计算出被测工件的几何尺寸和几何公差等。

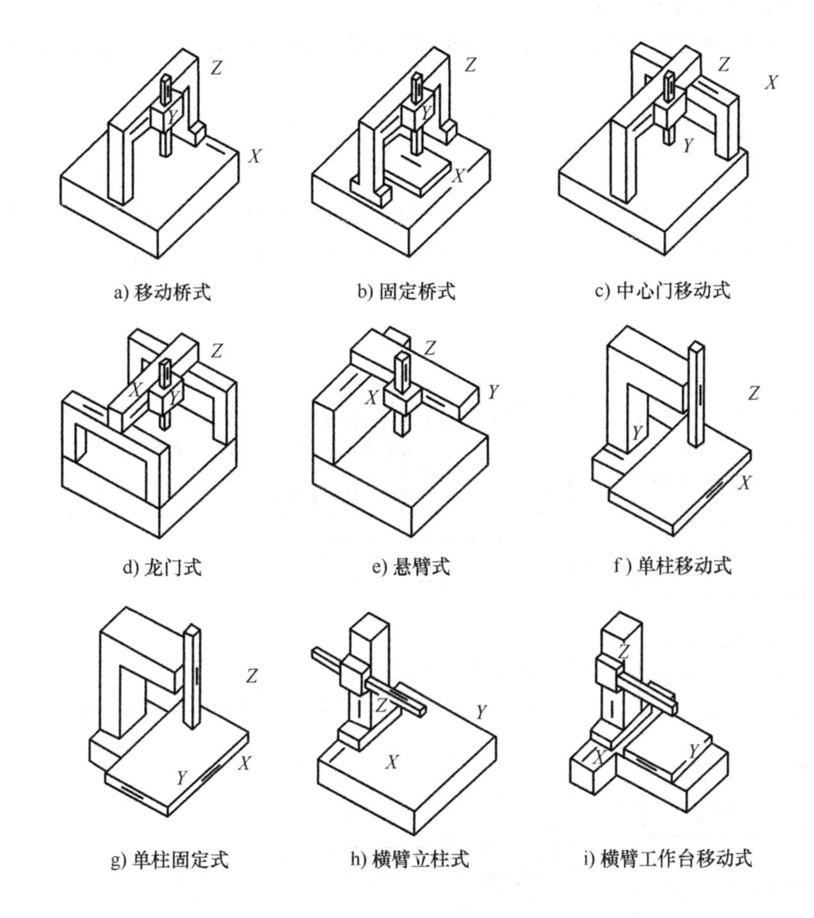

图 7-7　三坐标测量机的结构形式

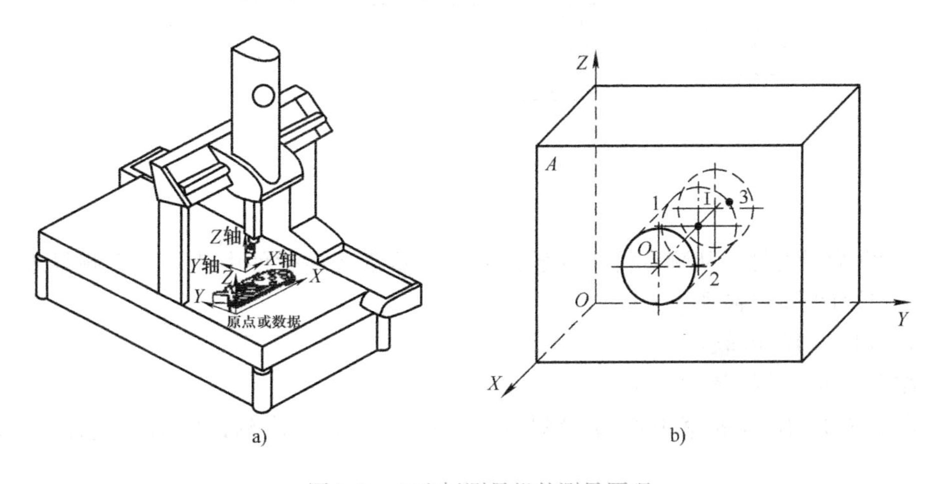

图 7-8　三坐标测量机的测量原理

（五）检测规划与工件检测流程

1）明确工件的设计基准、工艺基准，建立零件坐标系时，应测量哪些元素来建立基准，并采用何种建立坐标系方法。

2）确定需要检测的项目，应该测量哪些元素，以及测量这些元素时，大致的先后顺序。

3）根据要测量的特征元素，确定工件合理的摆放方位，采用合适的夹具，并保证尽可能一次装夹，完成所有元素的测量，避免二次装夹。

4）根据工件的摆放方位及检测元素，选择合适的测头组件，并确定需要的测头角度。

5）工件图样的分析过程是工件检测的基础。分析完图样后，应出具一份详细的检测要求，如图 7-9 所示。

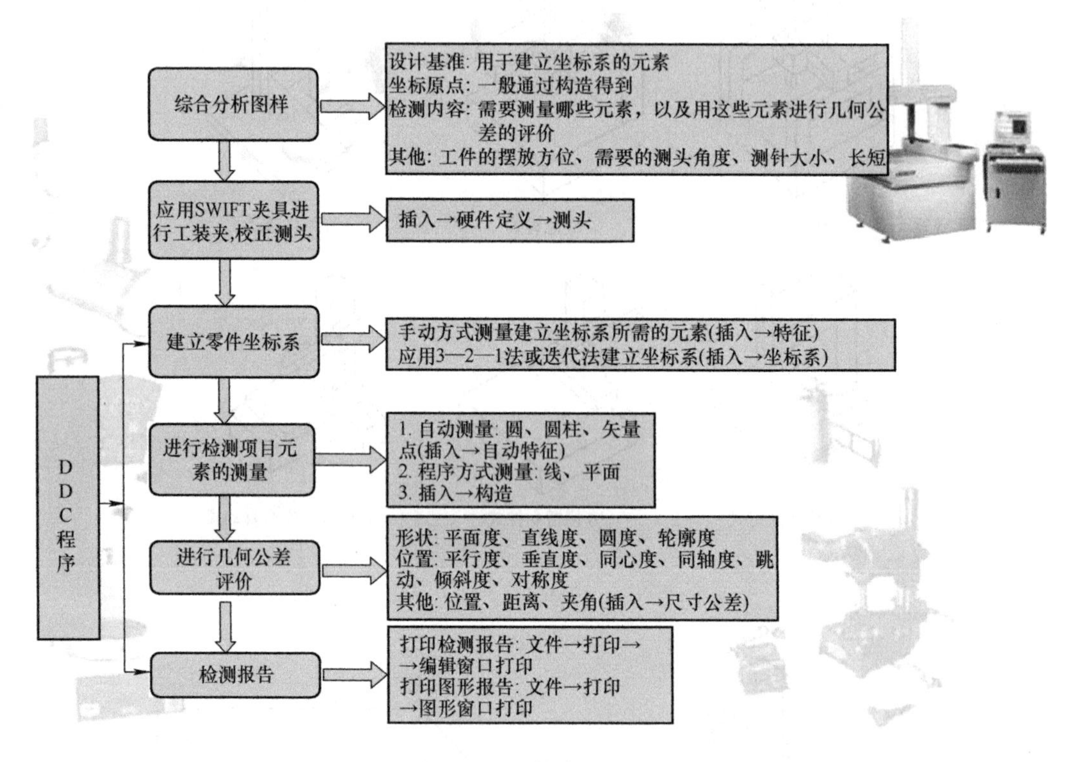

图 7-9　工件检测流程

（六）三坐标测量机测量步骤

（1）建立测量文件　从测头校正开始，所有测量都要在软件中建立一个测量程序来实现，因此按下列步骤实施测量：

1）启动 PC－DMIS 软件。

2）在主菜单中选择新建文件。

3）在图 7-10 所示的菜单中设置测量程序。零件名：检测；接口：机器 1；单位：毫米。

（2）硬件定义，测头校验　测头校正是三坐标测量机进行测量时不可缺少的一个重要步骤，目的是正确得到被测零件的测量参数。因此检测零件时首先要校正所使用的测头系

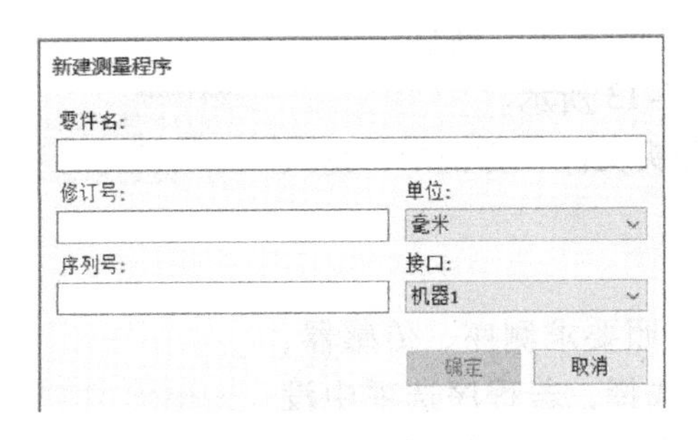

图 7-10　新建零件程序图

统，如图 7-11 所示。

校验测头的目的是计算出测杆上的球心与 CMM 零点的关系，求出红宝石测头的有效直径。若不进行校验则有可能会产生余弦误差，测头的余弦误差分析如图 7-12 所示。

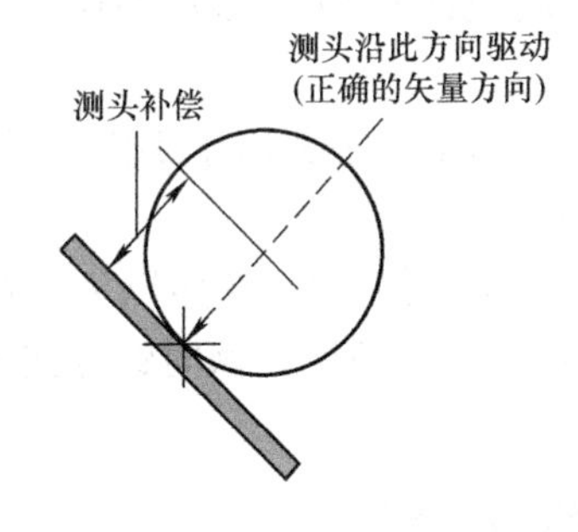

图 7-11　测头校验

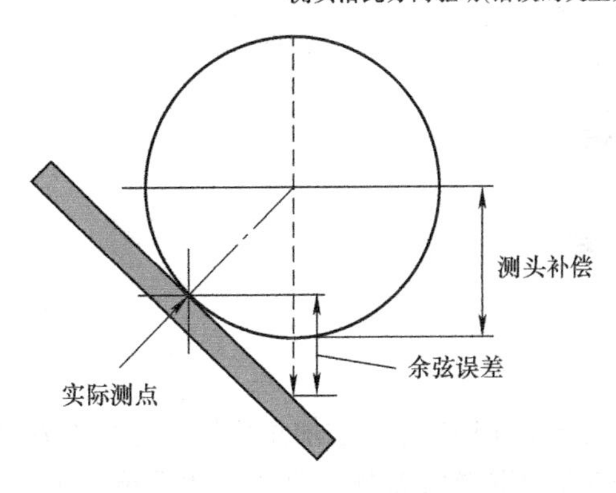

图 7-12　测头的余弦误差分析

(3) 定义测头系统参数

1) 从“插入”下拉菜单中选“硬件定义”，进入“测头”选项，如图7-13所示。

2) 在当前加亮的“测头文件”方框中，键入新的文件名。

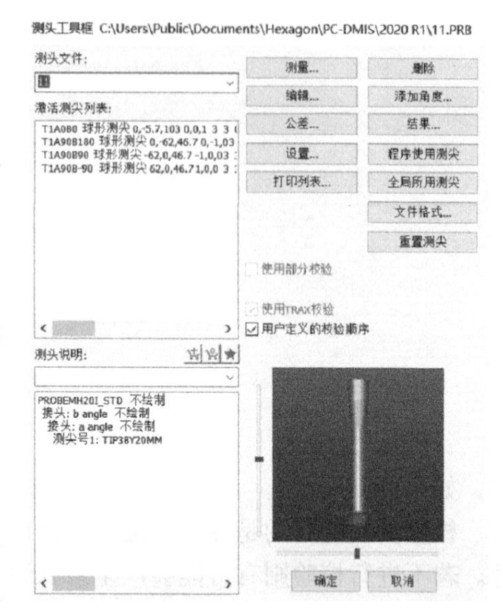

图7-13 配置测头文件

(4) 配置测头文件

1) 配置测头文件应按照要求测座、传感器、加长杆、测针的顺序进行选择，若程序选项中没有要使用的加长杆长度，可采用叠加长度的方法。如exten 50、exten 70，可采用“exten 30” + “exten 20”和“exten 30” + “exten 40”解决。

2) 常见的测头有以下几类：

① 激光扫描测头（非接触式）：主要应用于逆向工程中，可以实现大量点的采集，在数据采集完后可以送到造型软件中进行造型。该测头速度较快，精度比触发测头低。

② SP600连续扫描测头（接触式连续）：该测头可以实现贴着工件表面的连续扫描，主要用于曲线曲面零件的检测，精度高，速度快。

③ 触发测头（接触式）：该测头采用的是单点触发式测量，主要用于零件的常规检测，该测头用于扫描时，并非始终贴着工件表面，而是单点的方式。

(5) 定义测头角度　测座的A角以7.5°的分度从0°旋转到105°，B角以7.5°的分度从−180°旋转到180°，如图7-14所示。其中A角为绕X轴转动的角度，顺时针方向为负，逆时针方向为正。B角为绕Z轴转动的角度。

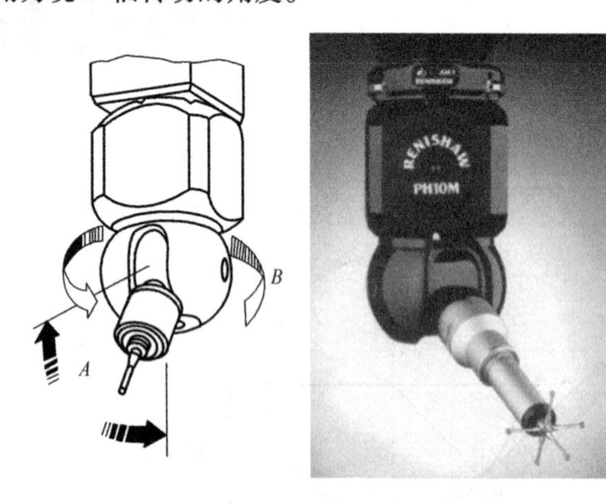

图7-14 定义测头角度

(6) 添加测头角度　单击图7-13中的“添加角度”，进入图7-15所示页面，在相应栏框内输入所需测头角度或在图表中选择所需测头角度，然后单击确定。以上步骤全部完成后即可进行三坐标测量机的自动校验。

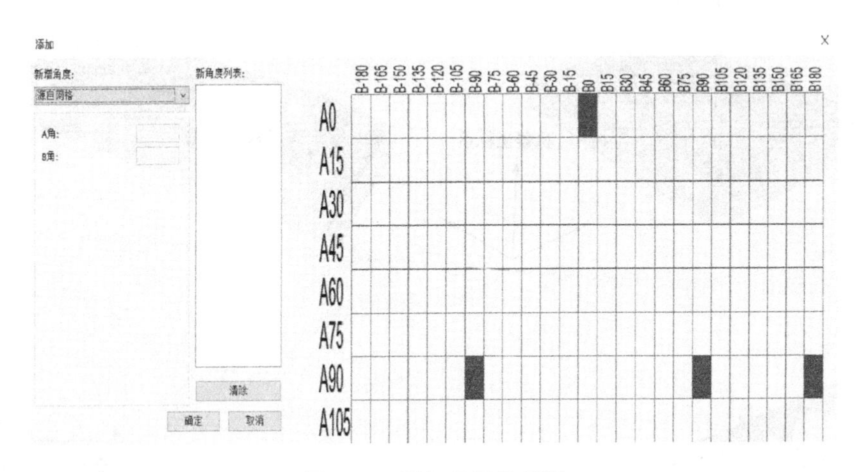

图 7-15　添加角度示意图

(7) 建立坐标系　在精确的测量工作中，正确地建立坐标系与具有精确的测量机、校验好的测头一样重要。其中很重要的是不要搞乱它的顺序。建立坐标系时应了解工作平面与矢量的概念。其示意图如图 7-16 所示。

在 PC－DMIS 中，当测量二维元素、计算 2D 距离时，和其他软件一样，工作平面的定义和选择是非常重要的。工作平面方向的定义为在 Z＋平面，0°在 X＋向，90°在 Y＋向；在 X＋平面，0°在 Y＋向，90°在 Z＋向；在 Y＋平面，0°在 X－向，90°在 Z＋方向。

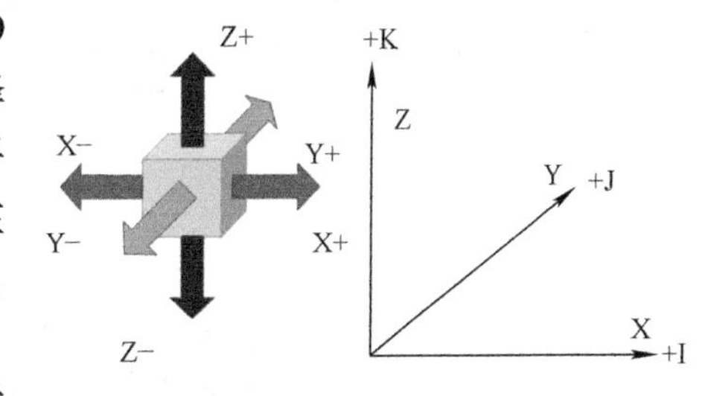

图 7-16　工作平面与矢量示意图

在判断工作平面时也可依照我们当前所看的方向。例如：当测量工件的上平面时，工作平面是 Z＋，如果测量元素在前平面时，工作平面为 Y－。这一选择对于极坐标系非常重要，PC－DMIS将决定当前工作平面的 0°。

矢量的定义为特征元素的方向和测头的逼近方向，体现了测量点的方向矢量。矢量可以看作一个单位长的直线，并指向矢量方向。在 PC－DMIS 中单位矢量在三维坐标系中与 X 轴夹角的余弦值称为 I；与 Y 轴夹角的余弦值称为 J；与 Z 轴夹角的余弦值称为 K。

1）零件的找正。所有建立坐标系的第一步是在零件上测量一个平面来把零件找正。其目的是保证测量时测头总是垂直于零件表面而不是垂直于机器坐标轴，如图 7-17 所示。图样会指出哪一个是基准平面，不然可以选一个精加工的表面，而且把测量点尽量分开。注意测一个平面最少点数是 3 点。

2）旋转到轴线。有了一个参考平面，即进入第二步旋转到轴线，目的是锁定零件的旋转自由度。如图 7-18所示。

3）设置原点。确定第三个基准位置，此基准把所有的建坐标元素集合在一起，如图 7-19所示。为了便于记住轴的名称及方向，采用右手定则，如图 7-20 所示。

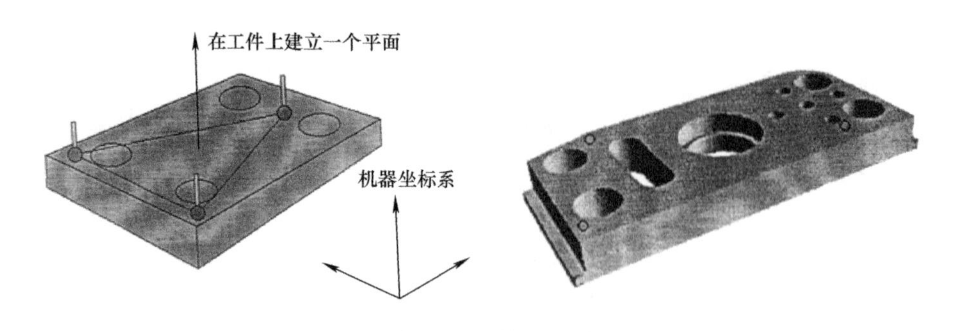

图 7-17　零件找正

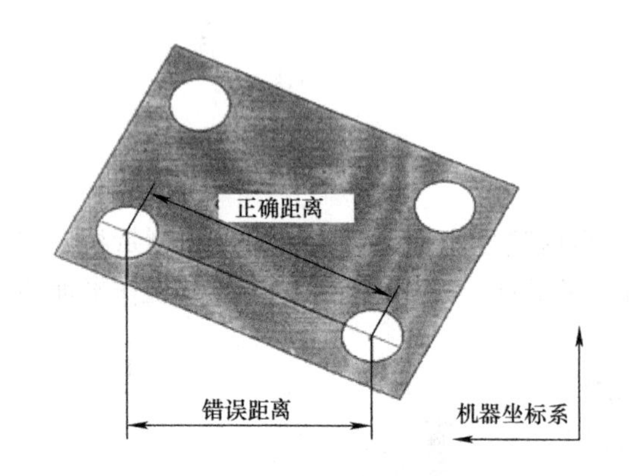

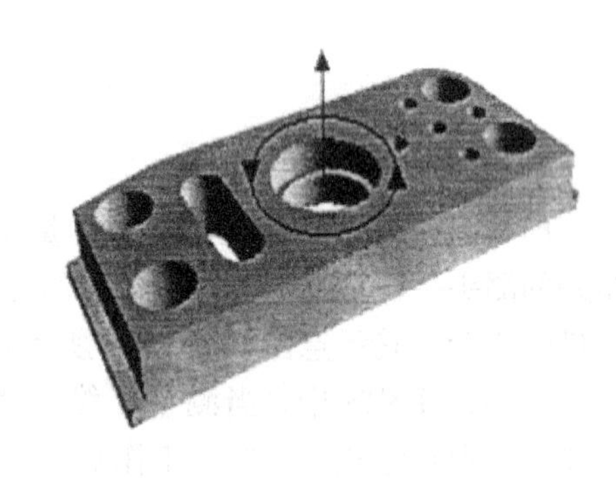

图 7-18　旋转到轴线

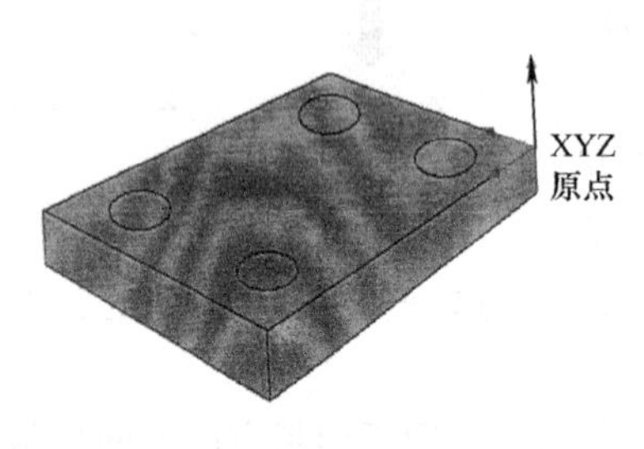

图 7-19　原点设置

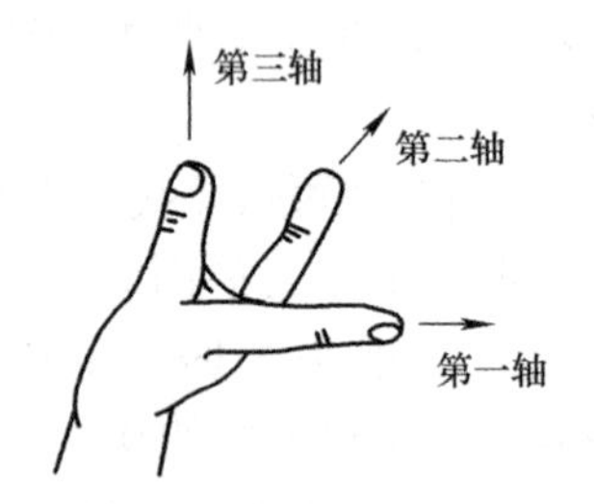

图 7-20　右手定则

（七）各种元素的测量

（1）手动测量点　将测头接近欲测点附近，使测头与表面接触，应确认采点方向基本与工件表面垂直，如图 7-21 所示。

在右下角的状态栏中有计数器显示为 1，在操纵盒上按“DONE”键，则此采点进入到零件程序。若要取消此点，然后重新采集，则在操纵盒上按“DELETE”键。

（2）测量平面　确定一个平面的最少点数为 3 点。重复上述操作，如有坏点，则删去重测。当采点完成，则在操纵盒上按“DONE”键。若 PC - DMIS 误认平面为圆，那么在构造选项中选“替代推测”，然后定义为平面。也可用“CTRL + D”删去此元素，重新采点，如图 7-22 所示。

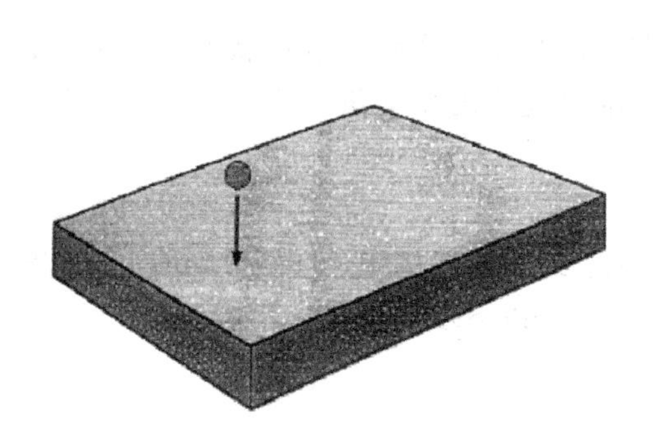

图 7-21　手动测量点

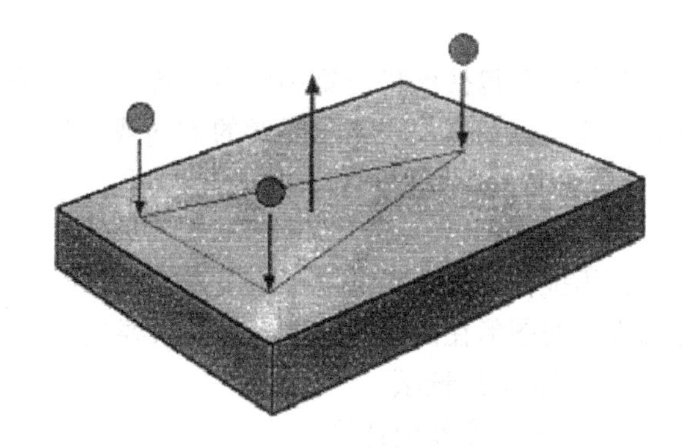

图 7-22　平面的测量

（3）测量圆　测圆的点最少为 3 点，尽可能把测量点分布开来，如图 7-23 所示。

（4）测量圆柱　圆柱的测量类似于圆的测量，不过应该测两个圆。应注意测完第一个圆后再测第二个圆。测圆柱的最少点数是 6 点（每个圆 3 点）。当所有点采集完后，在操纵盒上按“DONE”键，如图 7-24 所示。

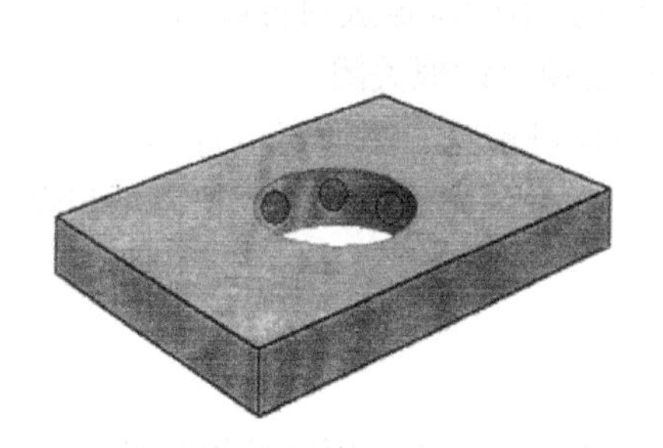

图 7-23　圆的测量

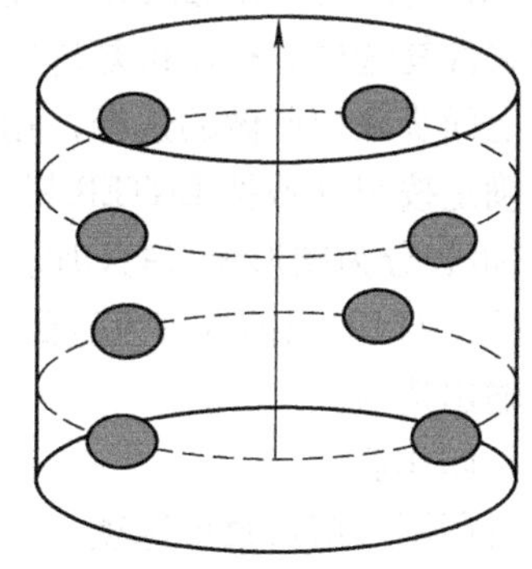

图 7-24　圆柱的测量

（5）测量圆锥　测量圆锥类似测量圆柱，由于各截面直径不同，PC－DMIS 会自动进行判断。为计算一个圆锥，PC－DMIS 要求测量至少 6 点（每个圆 3 点），请注意测同一圆时高度方向应变化不大，如图 7-25 所示。

（6）测量球　测量球类似于测量圆，但需在顶部测一点，这样 PC－DMIS 会做球的计算而不是圆的计算，如图 7-26 所示。

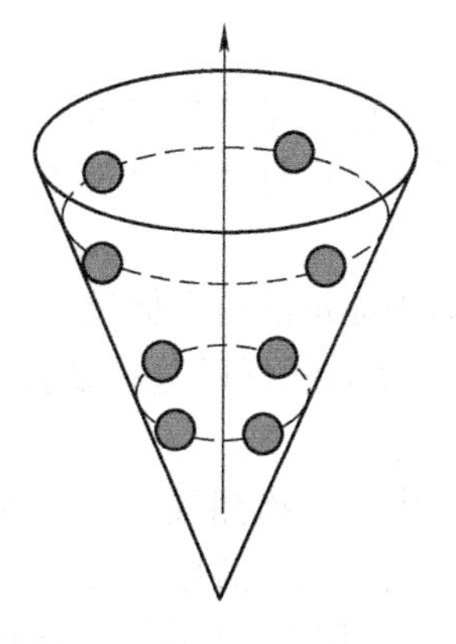

图 7-25　圆锥的测量

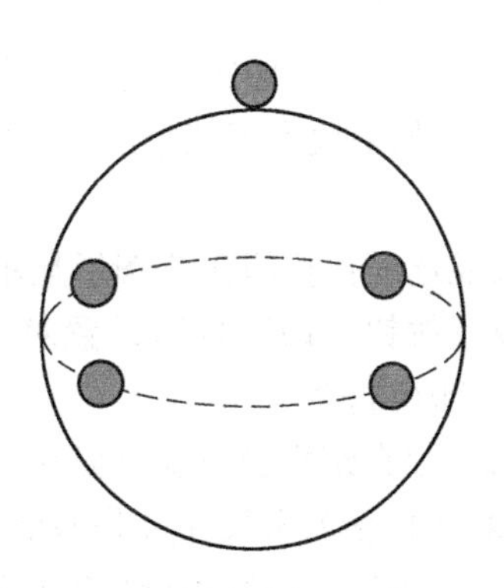

图 7-26　球的测量

（八）进行公差比对

几何公差包括形状公差和位置公差。形状公差指的是单一实际要素形状所允许的变动量；位置公差是指关联实际要素的方向或位置对基准所允许的变动量。路径为“插入”→“尺寸”→选择所要得到的几何公差即可。

（九）打印输出报告

打印报告分为编辑窗口打印设置、编辑窗口预览、编辑窗口打印。使用该功能可以打印包括零件的图形在内的检验报告。如果要完成该任务，按以下步骤执行：

1）设置输出选项。

2）预览打印作业选择。

3）选择打印编辑窗口菜单选项。

下面介绍如何进行输出选项设置。编辑窗口设置，使用该对话框通知 PC - DMIS，将“编辑”内容发送到指定位置。可以将其发送到文件（生成 RTF 文件，此文件可通过 Word 打开；生成 PDF 文件，此文件可通过 Adobe Reader 打开）、打印机或作为 DMIS 文件输出，或三种方式任意组合。要实现此目的，请执行以下步骤：

1）选中文件复选框、打印机复选框、DMIS 输出复选框或三个复选框的任意组合。

2）根据上面步骤中所做的选择，相应复选框旁边的特定选项将可用。

3）单击确定按钮（或按 ENTER 键），打印选项对话框关闭。

打印图形报告分为图形窗口打印设置、图形窗口预览、图形窗口打印。PC - DMIS 可以将“图形显示”窗口的当前内容发送到打印机。如果要完成该任务，按以下步骤执行：

1）设置输出选项。

2）预览打印作业。

3）选择打印图形窗口菜单选项。

该对话框用于设置打印机和确定各种显示选项。打印机选项区域提供的选项用于确定打印图形的视图类型。其中包括：

1）缩放到适合单页：即将屏幕图形缩放到适合单页纸。

2）打印可见的屏幕区域：该选项仅打印当前可见的屏幕区域。如果放大了某个特征，该特征仅会打印屏幕上显示的部分而非整个特征。

3）打印完整视图：该选项用于打印在“试图设置对话框”里视图布局区域定义的每个视图。例如，如果在“图形显示”窗口中显示零件的 Z + 视图和 Y - 视图，PC - DMIS 将分别在两页上打印，一页打印 Z + 视图，一页打印 Y - 视图。

4）使用当前缩放比例打印完整视图：该选项类似打印完整视图选项，只是该选项使用当前缩放比例打印。如果放大了某个图像，PC - DMIS 仍将打印整个视图，但是会将该图像分多页打印。

5）绘图标尺复选框：打印在“图形显示”窗口中显示的所有标尺。

6）打印机设置按钮：访问打印设置对话框。该对话框可以选择纸张大小、纸张方向，并可以访问其他打印机属性。

PC - DMIS 既可以在编辑窗口也可以在检测报告中显示检测程序。检测报告包含所有检测运行的尺寸结果（包括名义尺寸及公差信息），还包括测头信息及给报告加的注释。

确认欲打印的报告后，最好进行打印预览。若需打印则在工具栏上选择“打印”按钮。

二、任务导入

图7-27所示为九江中船仪表有限公司生产的环体工件和液压马达壳体，在装配使用前需要对其孔径、圆度以及同轴度进行检测，确定其是否满足精度要求。请选择合适的测量方法根据工作任务单完成检测任务。

图7-27 环体工件和液压马达壳体

工作任务单							
姓名		学号		班级		指导老师	
组别		所属学习项目		零件的综合检测			
任务编号		12	工作任务	复杂零件的三坐标检测			
工作地点				工作时间			
待检对象	环体工件和液压马达壳体（图7-27）						
检测项目	孔径、圆度以及同轴度等						
使用工具	三坐标测量机			任务要求	1. 熟悉检测方法 2. 正确使用检测工具 3. 检测结果处理 4. 提交检测报告		

三、任务分析

本任务是对九江中船仪表有限公司生产的环体工件和液压马达壳体内部油槽进行测量，按照图样（图7-28）要求进行孔径检测、圆度检测以及同轴度检测。孔径测量与圆度测量

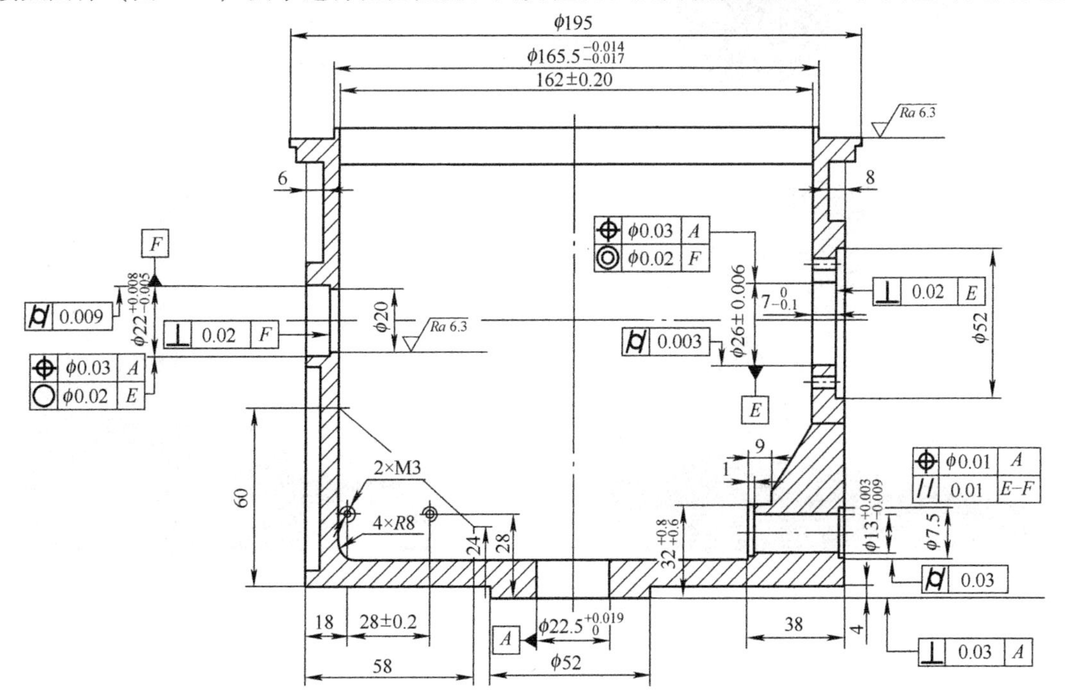

图7-28 环体工件图样

直接测量相关元素并进行评价即可。而对于同轴度测量有多种方式方法，实践证明，同轴度测量结果的好坏，不仅取决于机器的精度，而且与图样标注和测量方法有着直接的关系，根据图样要求与工件形状，本任务拟采用直线度法进行测量。同时考虑到在今后的工作中，各企业使用 PC－DMIS 软件的语言不同，因此环体工件测量任务使用中文版，液压马达壳体内部油槽测量任务使用英文版。

四、任务实施

（一）环体工件综合参数检测

1. 配置测头系统并进行校验

本任务中要测量的工件需要用到角度 A0B0、A90B90、A90B－90，依次进行添加并进行校验（图 7-29）。

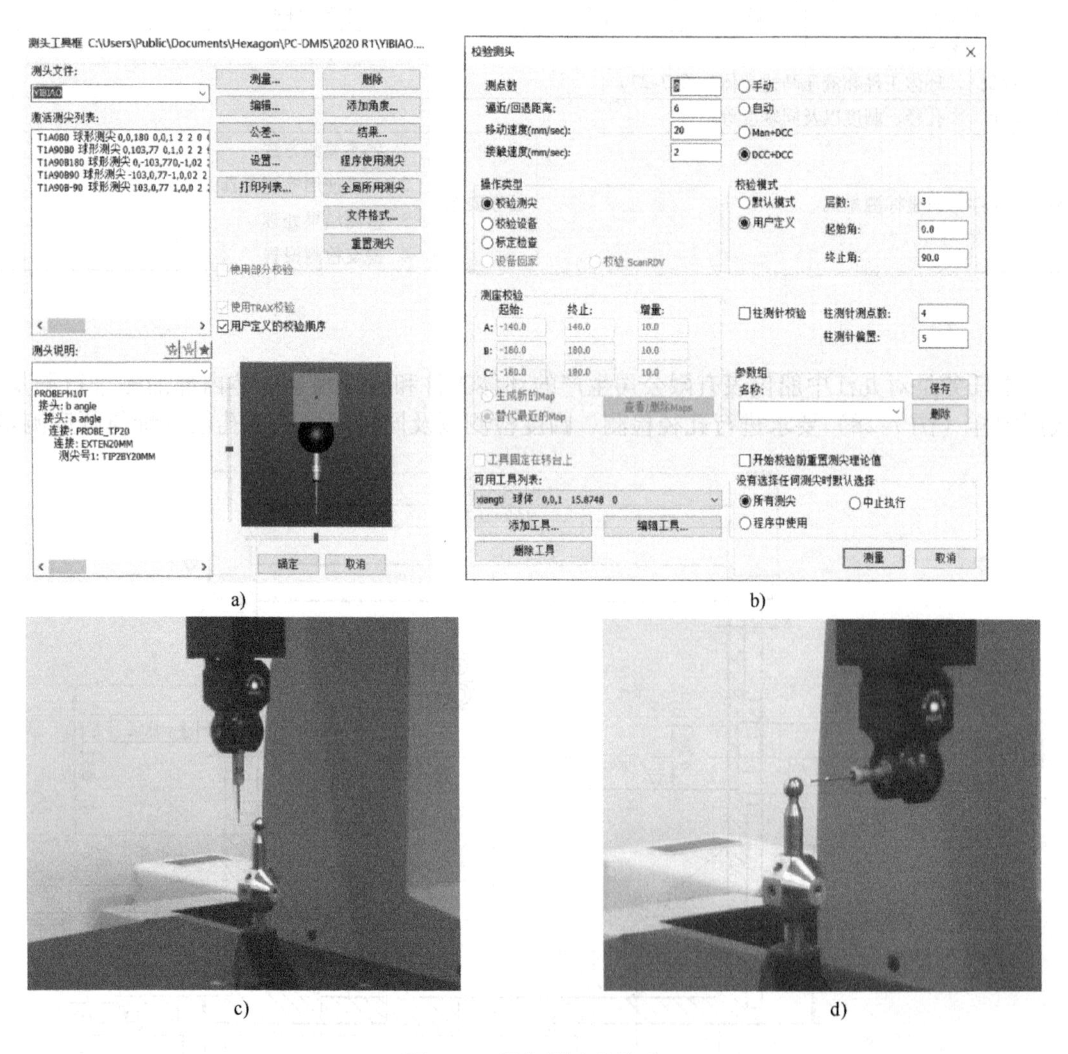

图 7-29　添加测头并校验

2. 手动进行工件测量并建立工件坐标系

根据分析，对拟建立工件坐标系的元素进行测量，如图 7-30 所示，利用已测量的元素建立工件坐标系，如图 7-31 所示。在建立工件坐标系和测量平面与孔时，请注意工作平面的更改。

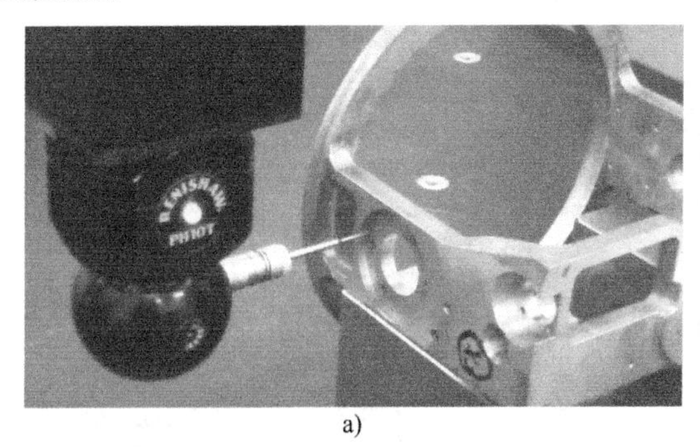

a)

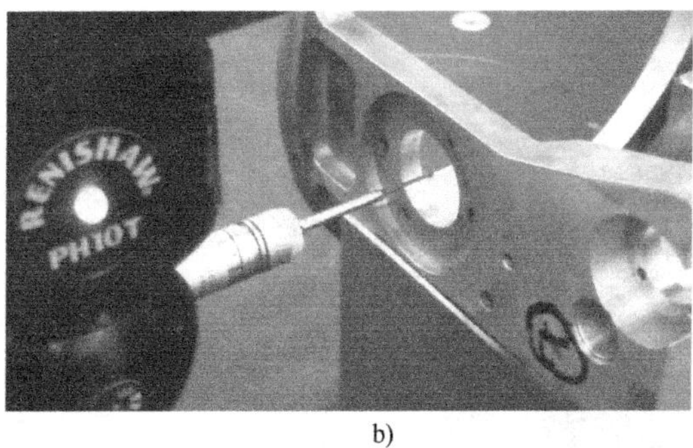

b)

图 7-30　手动测量平面和孔

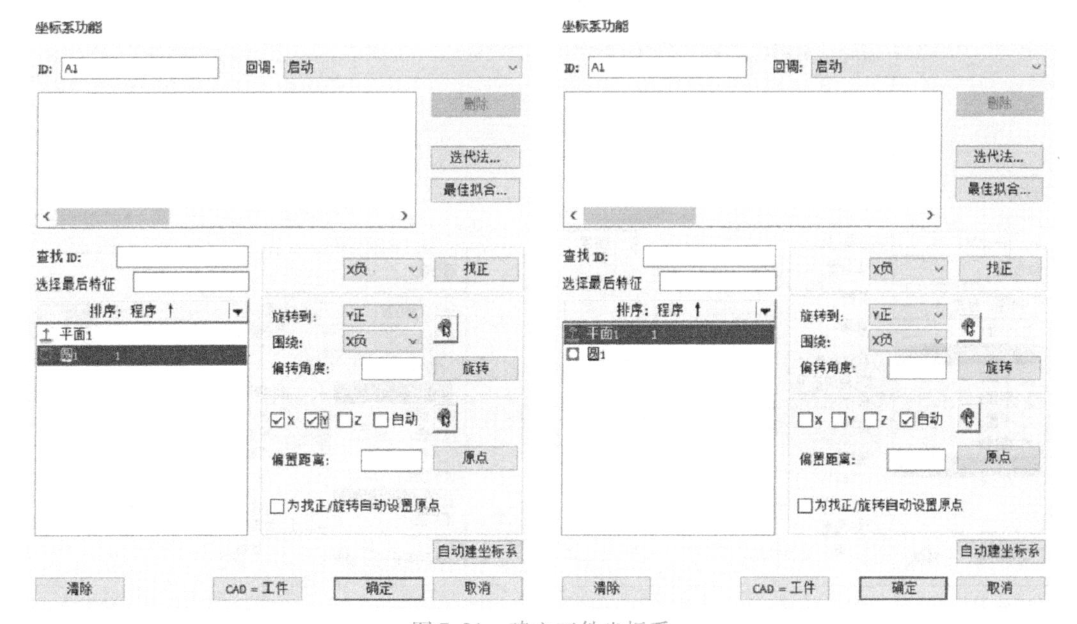

图 7-31　建立工件坐标系

3. 进行其他元素的测量

根据评价要求，对所要测量的元素进行测量，如图 7-32、图 7-33 所示。

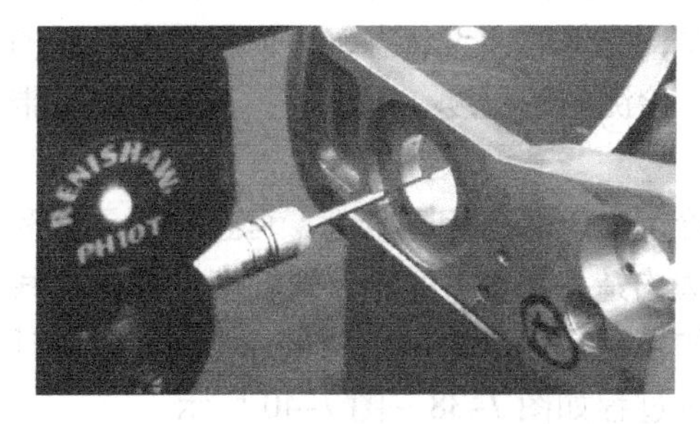

图 7-32　在 X－工作平面进行多孔测量

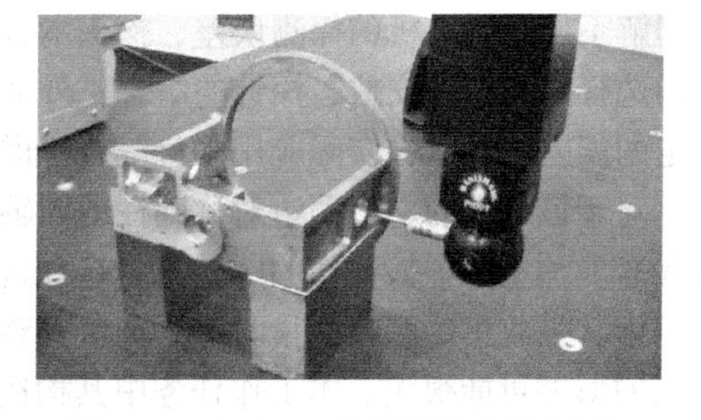

图 7-33　在 X＋工作平面进行多孔测量

4. 按照任务单要求进行评价

测量完毕所有元素后，评价中形状公差和部分位置公差可以直接利用软件进行评价，如图 7-34 ~ 图 7-37 所示。

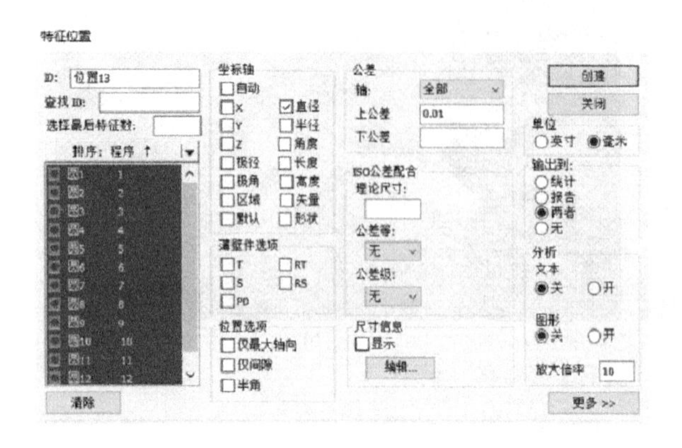

图 7-34　评价孔径

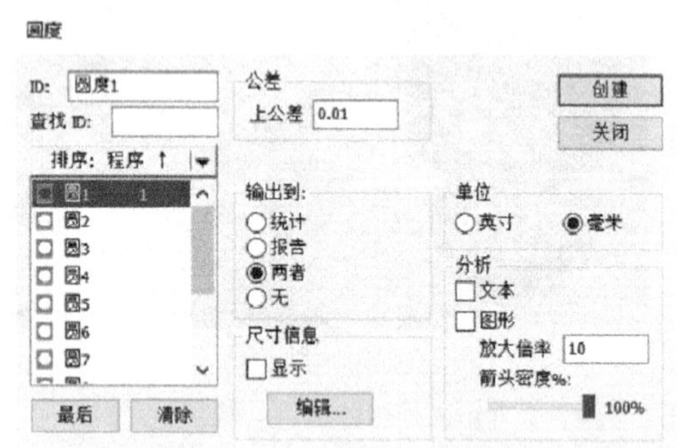

图 7-35　评价圆度

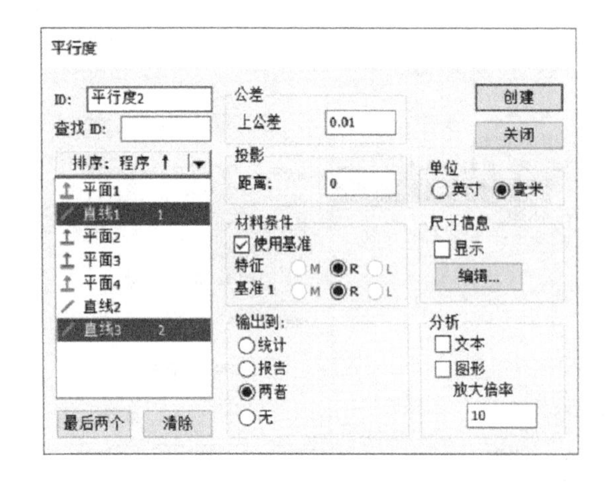

图 7-36　评价平行度

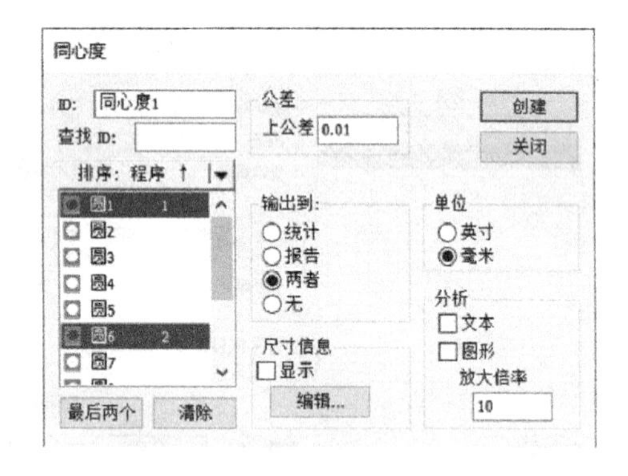

图 7-37　评价同心度

在实际测量中，同轴度的测量受到多方面的影响。操作者的自身素质和对图样工艺要求的理解不同；测量机的探测误差、探头本身的误差；工件的加工状态、表面粗糙度；检测方法的选择，工件的安放、探针的组合；外部环境，检测间的温度、湿度等，都会给测量带来一定的误差。所以在实际应用中应综合考虑。

对于该工件的左右两边对称圆柱的同轴度评价，由于两孔相隔较远，可在被测元素和基准元素上测量多个横截面的圆，然后选择这几个圆构造一条 3D 直线，同轴度近似为直线度的两倍。被收集的圆在测量时最好测量其整圆，如果是在一个扇形上测量，则测量软件计算出来的偏差可能很大。本工作任务中其构造与评价过程如图 7-38 ~ 图 7-40 所示。

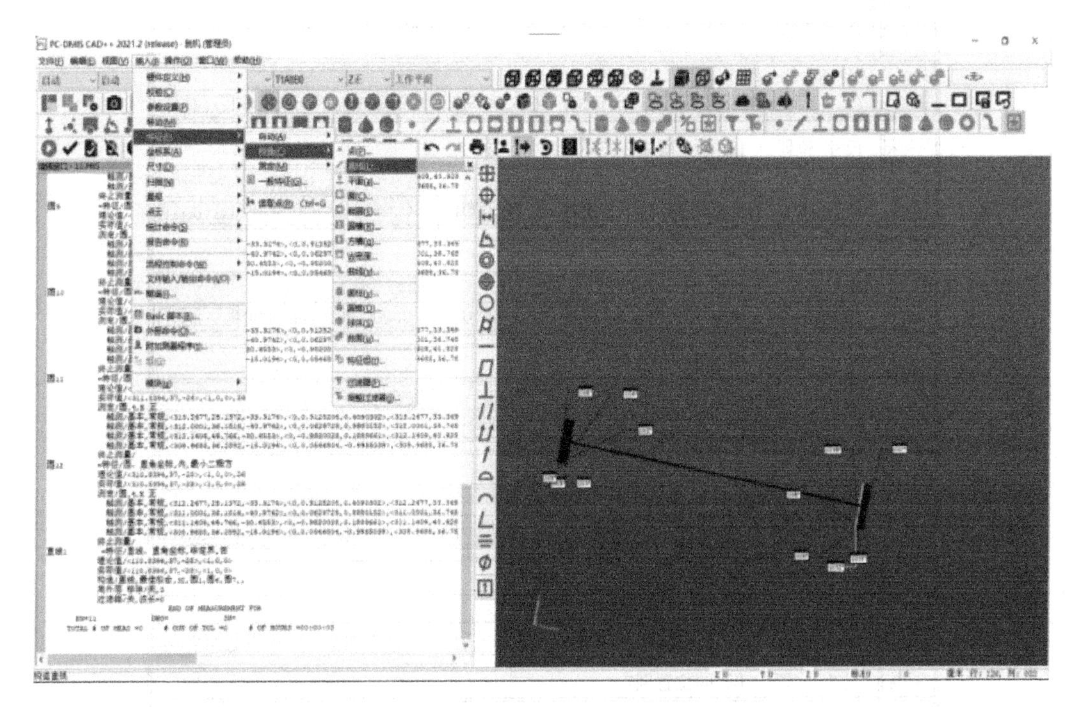

图 7-38　构造直线 1

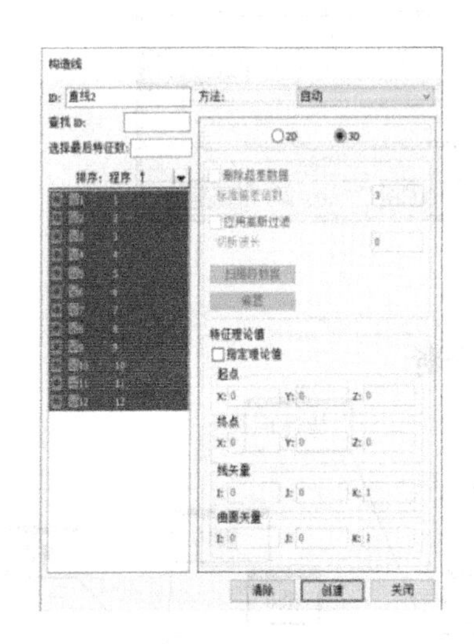

图 7-39　构造直线 2

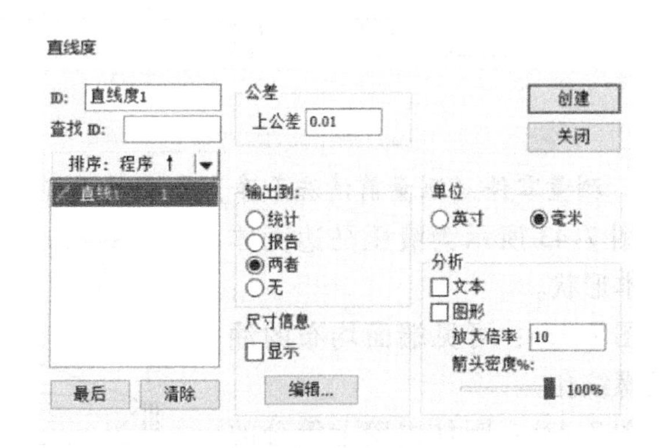

图 7-40　直线度评价

5. 出具检验报告

报告样例如图 7-41 所示，报告特征分布样例如图 7-42 所示。

DATE=2021-12-1TIME=9:35:39
零件名：yibiao8
修订号：
序号：
统计计数：1

毫米 尺寸 位置1= 圆 的位置圆1

轴	标称值	测定	正公差	负公差	偏差	超差
D	26.0075	26.0075	0.0000	0.0000	0.0000	0.0000

毫米 尺寸 位置2= 圆 的位置圆2

轴	标称值	测定	正公差	负公差	偏差	超差
D	26.0086	26.0086	0.0000	0.0000	0.0000	0.0000

毫米 尺寸 位置3= 圆 的位置圆3

轴	标称值	测定	正公差	负公差	偏差	超差
D	26.0071	26.0071	0.0000	0.0000	0.0000	0.0000

毫米 尺寸 位置4= 圆 的位置圆4

轴	标称值	测定	正公差	负公差	偏差	超差
D	26.0103	26.0103	0.0000	0.0000	0.0000	0.0000

毫米 尺寸 位置5= 圆 的位置圆5

轴	标称值	测定	正公差	负公差	偏差	超差
D	26.0080	26.0080	0.0000	0.0000	0.0000	0.0000

毫米 尺寸 位置6= 圆 的位置圆6

轴	标称值	测定	正公差	负公差	偏差	超差
D	22.0072	22.0072	0.0000	0.0000	0.0000	0.0000

毫米 尺寸 位置7= 圆 的位置圆7

轴	标称值	测定	正公差	负公差	偏差	超差
D	22.0076	22.0076	0.0000	0.0000	0.0000	0.0000

毫米 尺寸 位置8= 圆 的位置圆8

轴	标称值	测定	正公差	负公差	偏差	超差
D	22.0086	22.0086	0.0000	0.0000	0.0000	0.0000

毫米 尺寸 直度1= 直线 的直线度直线1

轴	标称值	测定	正公差	负公差	偏差	超差
M	0.0000	0.0086	0.0100	0.0000	0.0086	0.0000

图 7-41　报告样例

（二）液压马达壳体内部油槽的测量

1. 测量零件（测量前清洗干净）与测量图样准备及分析

图 7-43 所示为液压马达壳体的基本形状。

图 7-43a：可见端面均布的油孔及螺纹孔。

图 7-43b：圆柱内壁七等分的三个半圆构成与端面油孔相通的油槽。

图 7-43c：为了清晰观察里面油槽的形状及准确分析测量思路，将工件切开。

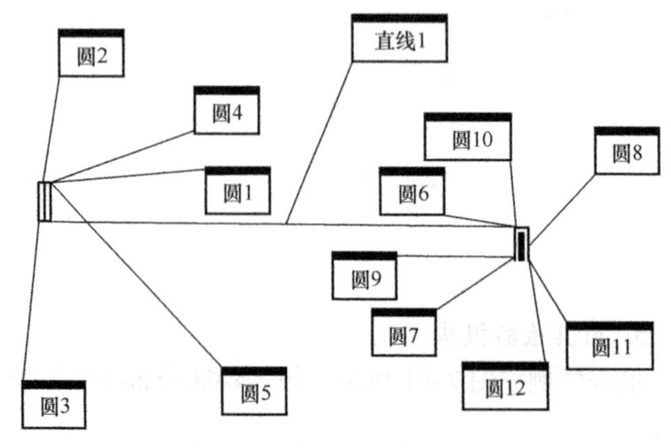

图 7-42　报告特征分布样例

a)

b)

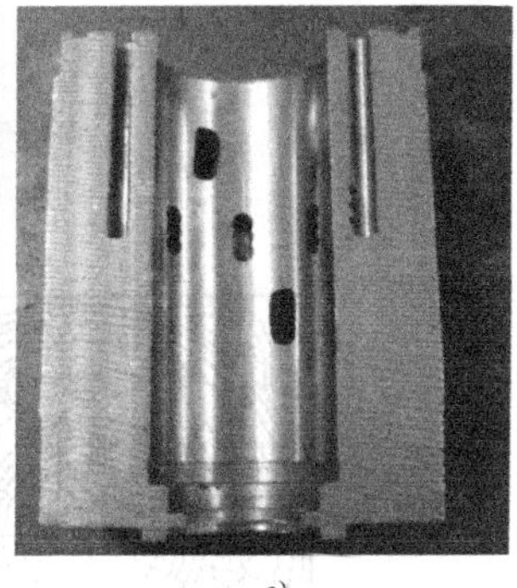
c)

图 7-43　液压马达壳体的基本形状

2. 分析图样，根据零件的形状及图样要求选择合适的夹具等

测量前根据零件选择合适的夹具装置，特别是批量测量时需采用专用夹具以提高测量效率，如图 7-44 所示。

图 7-44　工件的装夹图

3. 根据图样要求，理清测量思路与方法

根据图样要求，分析可知液压马达壳体内部的油槽之间的相互位置及油槽中心到端面的距离才是零件的核心部位。依据测量目的理清测量思路，并配置所需要的测头及测针，图 7-45 所示为图样要求。

4. 测量步骤

（1）配置测头系统

1）定义测座 Tesastar_M_M8（图 7-46）。

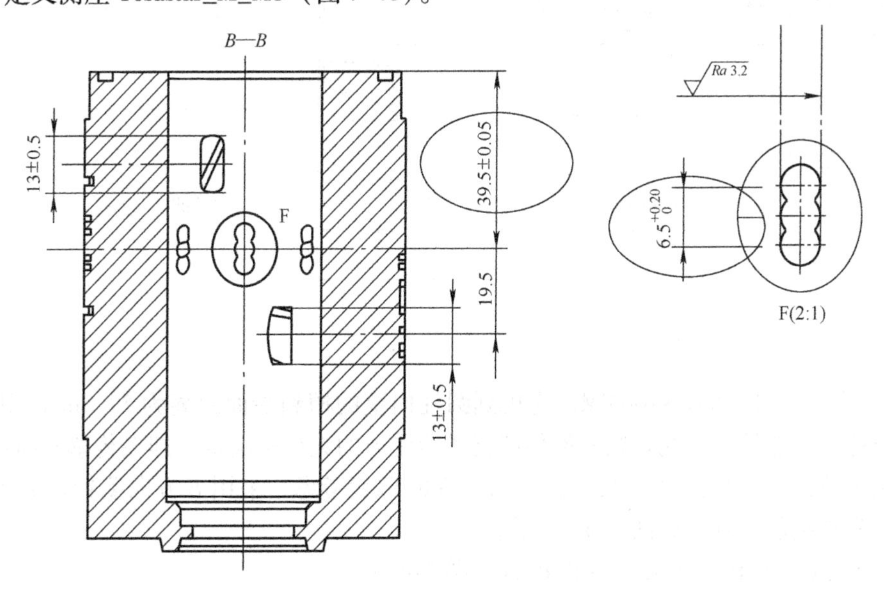

图 7-45　液压马达壳体的图样要求

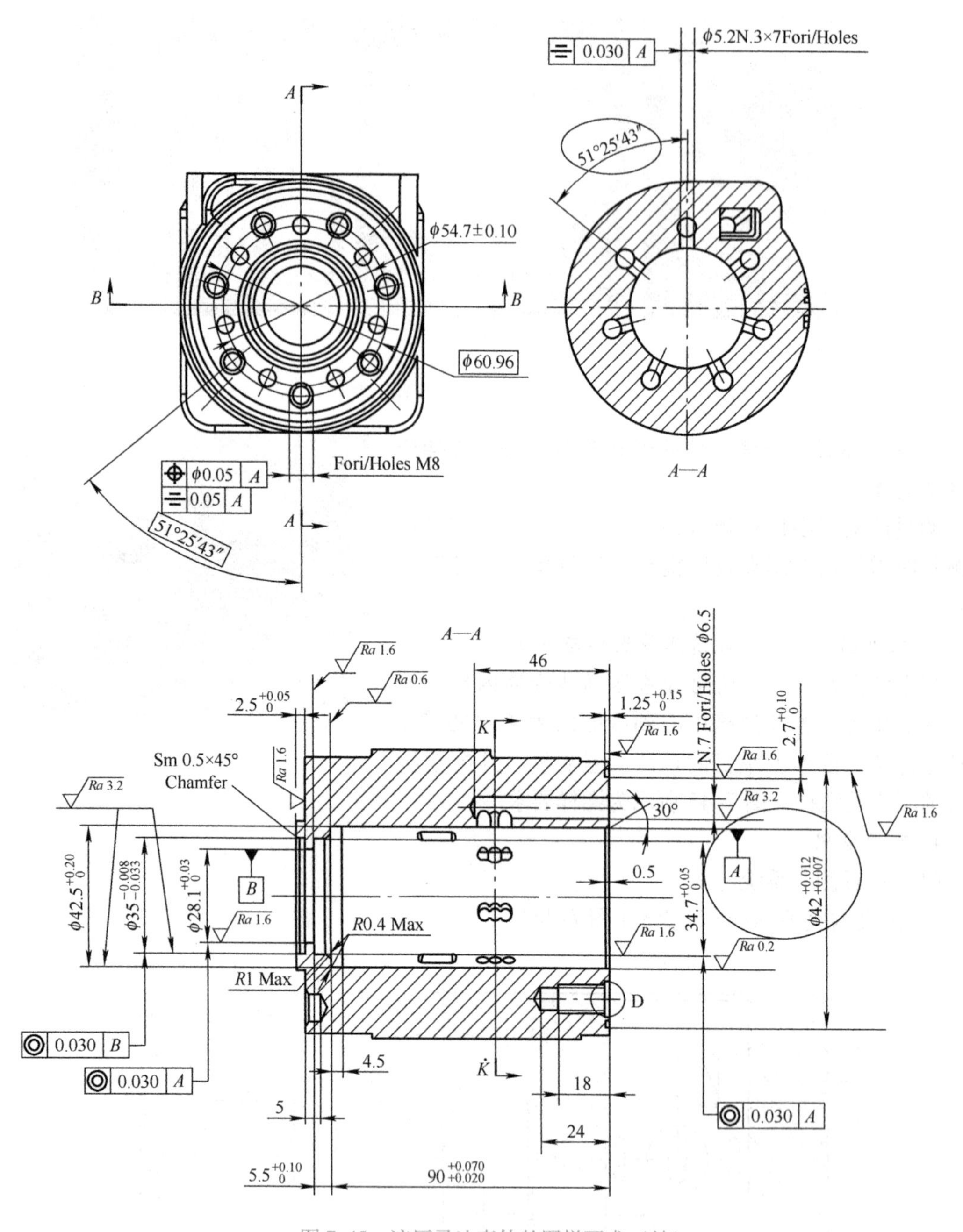

图 7-45　液压马达壳体的图样要求（续）

2）定义加长杆 EXTEN100MM。考虑到圆柱内壁的槽到端面距离为 39.5mm，因此必须使用加长杆，而加长杆的配置则根据传感器所承受力的大小来决定，即在传感器前连接加长杆或先接传感器再连接组合加长杆，根据零件的形状考虑，采用五方向测针。而考虑到重量，建议先连接加长杆，如图 7-47 所示。

3）定义测头转接座 TesastarMP_Body（图 7-48）。

4）定义传感器 TesastarMP_module_SF（图 7-49）。

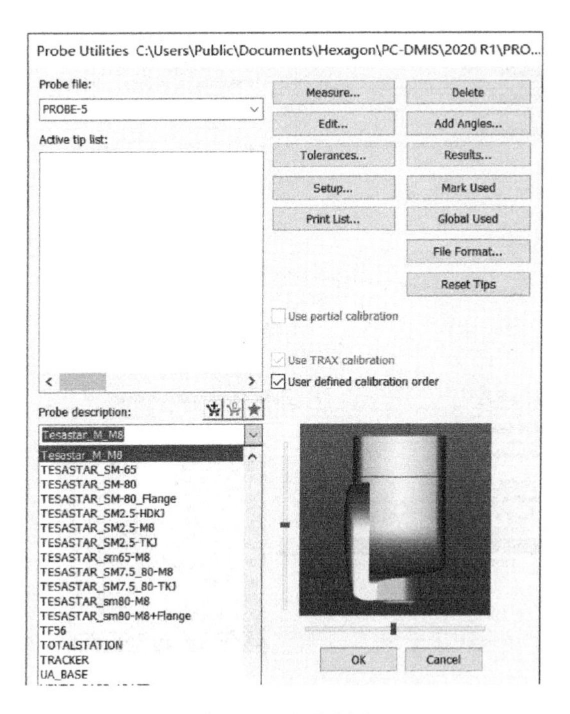

图 7-46　定义测座

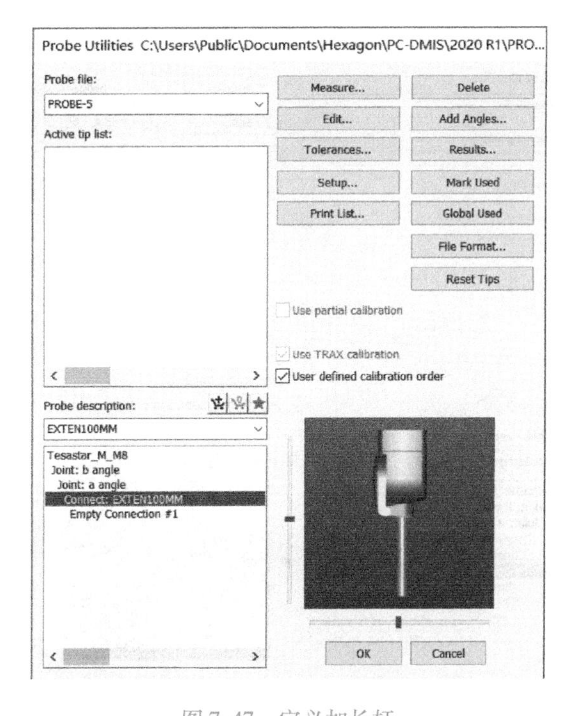

图 7-47　定义加长杆

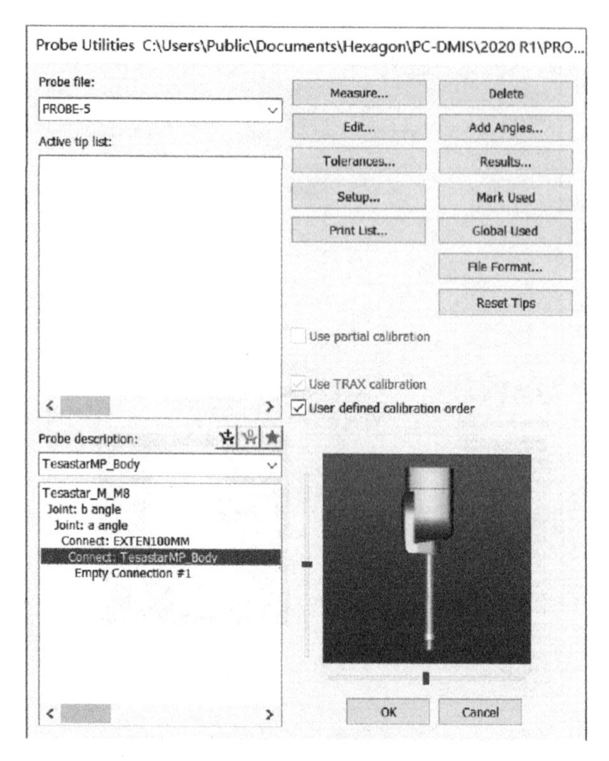

图 7-48 定义测头转接座

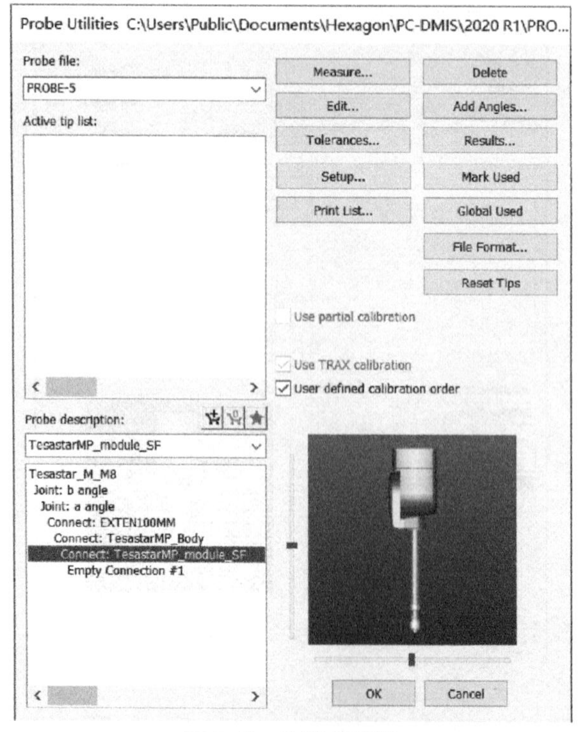

图 7-49 定义传感器

5）加载五方向测针。五方向测针的定义中，以下的指向分别指机床坐标系方向。即测针号1：方向向下；测针号2：指向X+；测针号3：指向Y+；测针号4：指向X-；测针号5：指向Y-，如图7-50所示。

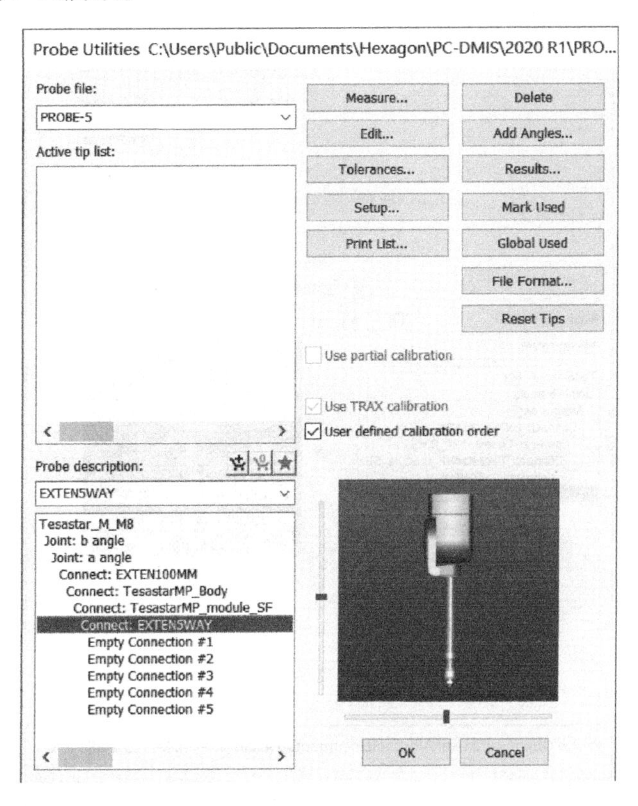

图7-50　加载五方向测针

给第一方向加载测针如下：

测针号1：方向向下；Tip#1：TIP2BY10MM，如图7-51所示。

给第三方向加载测针如下：

测针号3：指向Y+；Tip#2：TIP2BY10MM。

加载时应注意：

根据孔油槽大小及深度来选择测针直径及长度。

加载方向可以选择其他三方向，但需根据工件的摆放来决定，尽量能使油槽任意一排孔的矢量方向与三号测针方向平行，方便测量且减少测量时的矢量误差，如图7-52所示。

第二、四、五方向测针空连接，如图7-53所示。

考虑孔的大小旋转角度次数较多，其他三方向只需悬着空连接即可，同时减少测量所带来的麻烦。

6）添加需使用的测量角度A角、B角。由于内圆柱等分的内孔槽是七等分，根据三坐标的最小分度，无法校准相等的测头角度。所以只有采取角度的接近原则来添加相应的角度。本次测量需要添加的角度分别是：A0B0、A0B50、A0B-50、A0B105、A0B-105、A0B155、A0B-155，如图7-54所示。

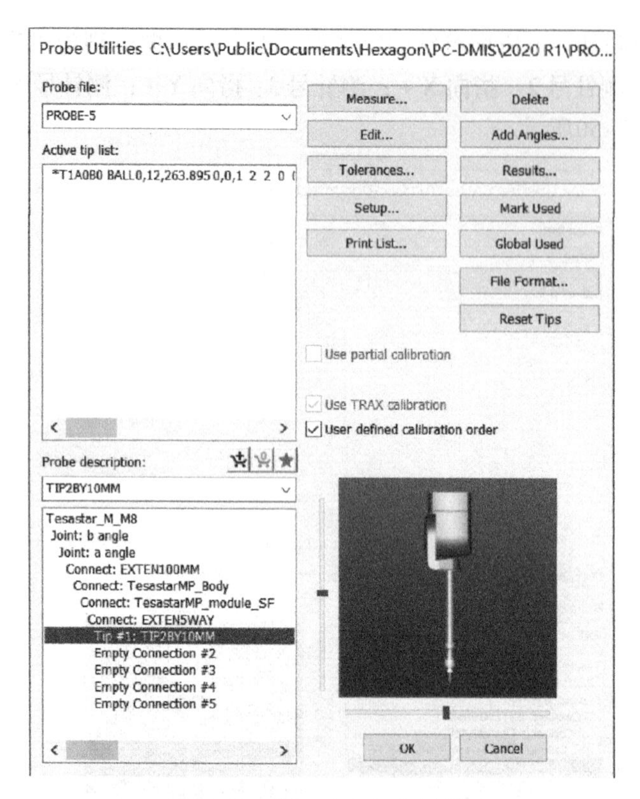

图 7-51　第一方向加载测针

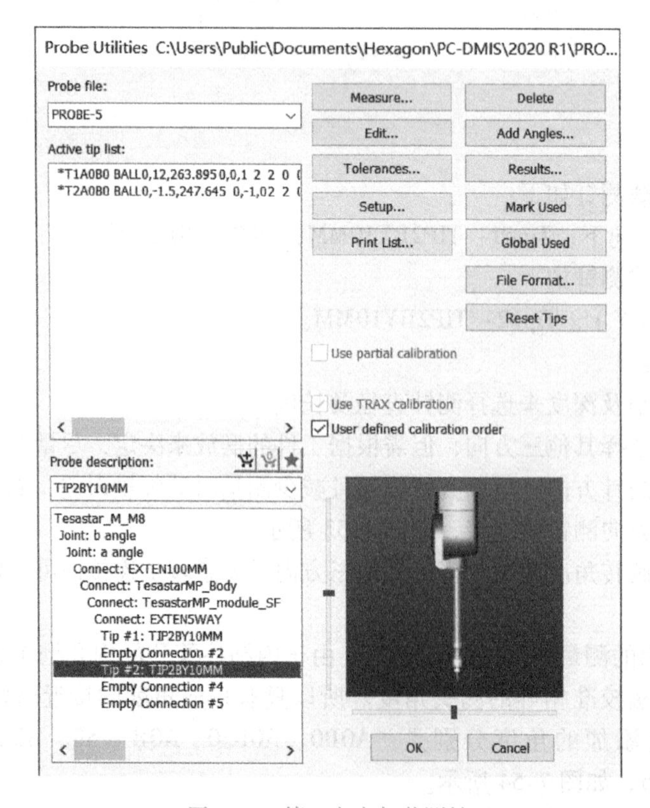

图 7-52　第三方向加载测针

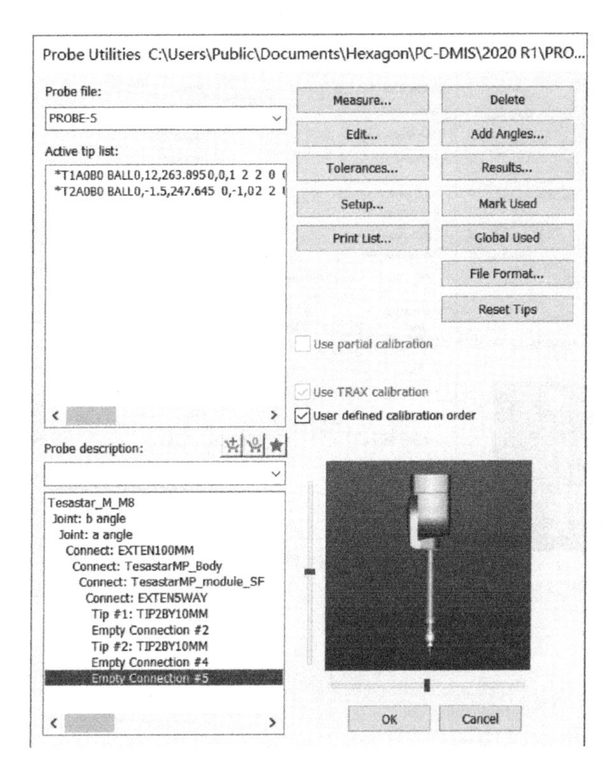

图 7-53　第二、四、五方向测针空连接

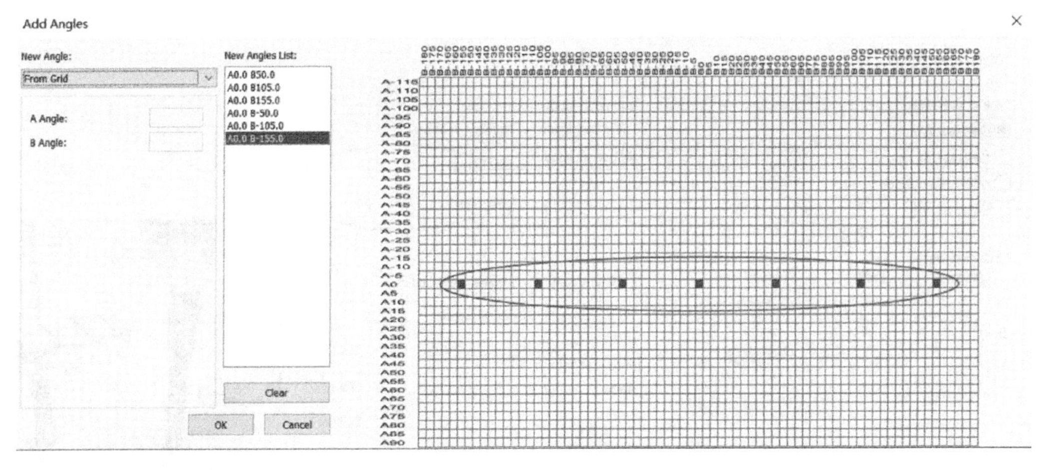

图 7-54　添加测量角度

（2）校验测头　校验所需要用到的测头与 T1A0B0（A0B0 必须校验，因为需要靠它来补偿），如图 7-55 所示。

校验时注意，由于三号测针配置的测头长度较短，所以需要把起始角设置大点，以免碰撞，如图 7-56 所示。

（3）根据图样编写测量程序

1）校验完毕，开始进行测量，图 7-57 所示为测量的部分场景。

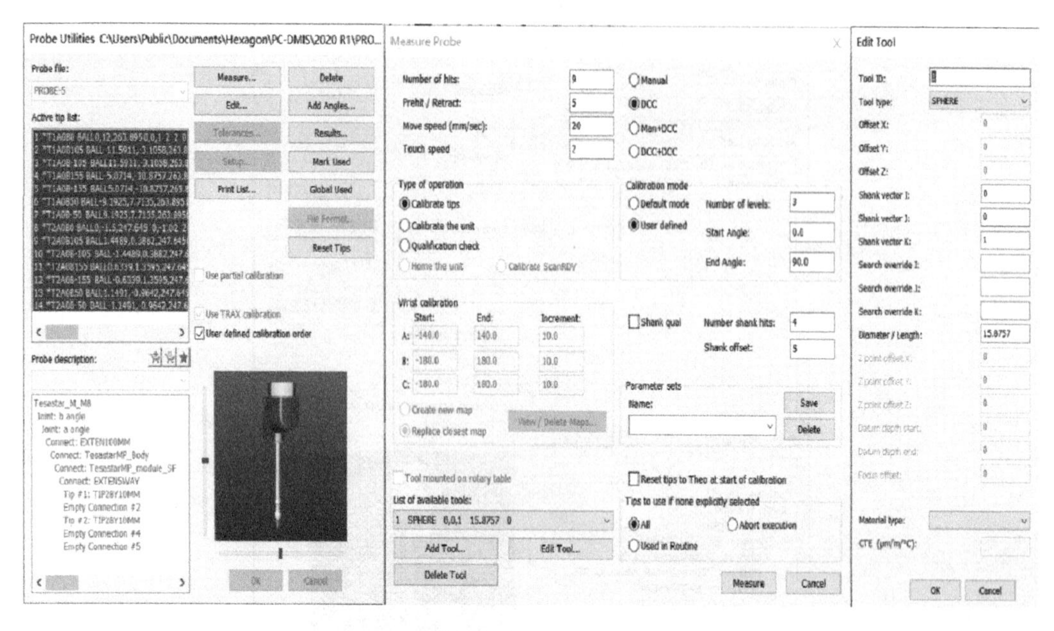

图 7-55　校验测头

Measure Probe

Number of hits: 9
Prehit / Retract: 5
Move speed (mm/sec): 20
Touch speed 2

Manual
DCC
Man+DCC
DCC+DCC

Type of operation
Calibrate tips
Calibrate the unit
Qualification check
Home the unit
Calibrate ScanRDV

Calibration mode
Default mode
User defined
Number of levels: 3
Start Angle: 10
End Angle: 90.0

Wrist calibration

	Start:	End:	Increment:
A:	-140.0	140.0	10.0
B:	-180.0	180.0	10.0
C:	-180.0	180.0	10.0

Create new map
Replace closest map
View / Delete Maps...

Shank qual
Number shank hits: 4
Shank offset: 5

Parameter sets
Name:
Save
Delete

Tool mounted on rotary table
List of available tools:
1 SPHERE 0,0,1 15.8757 0
Add Tool...
Edit Tool...
Delete Tool

Reset tips to Theo at start of calibration
Tips to use if none explicitly selected
All
Abort execution
Used in Routine

Measure
Cancel

a)　　b)

图 7-56　校验时的设置

2）测量基本元素，并根据测量的元素按照 3－2－1 法建立坐标系，如图 7-58 所示。测量两圆建立第二轴，再以 CIR1 为 X、Y 的原点，手动坐标系完成建立。

3）精建坐标系：在编辑栏将手动模式换成自动模式，如图 7-59所示，自动测量平面、圆来重新建立坐标系。

自动测量平面建立第一轴，确立 Z 方向的原点，如图 7-60所示。

根据图样的理论值，利用自动测量圆特征来编制自动测量程序。编写时应注意圆的投影方向、大小、内圆或外圆及探测的深度，如图 7-61 所示。

图 7-57　测量的部分场景

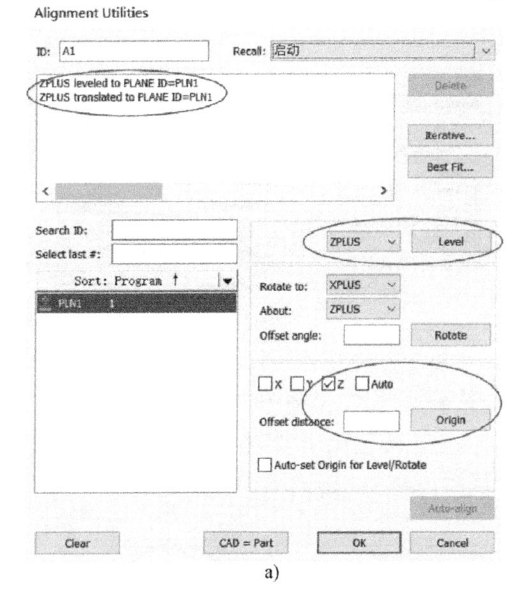

a)

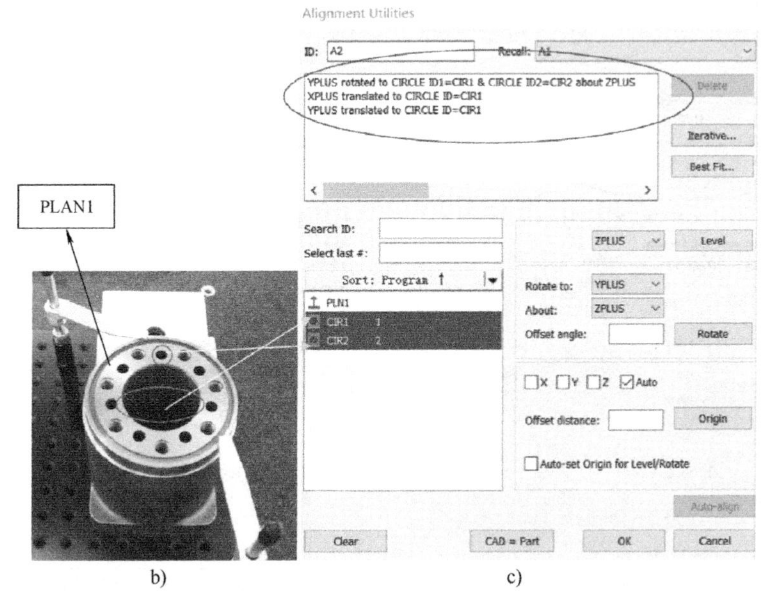

b)　　　　c)

图 7-58　建立坐标系

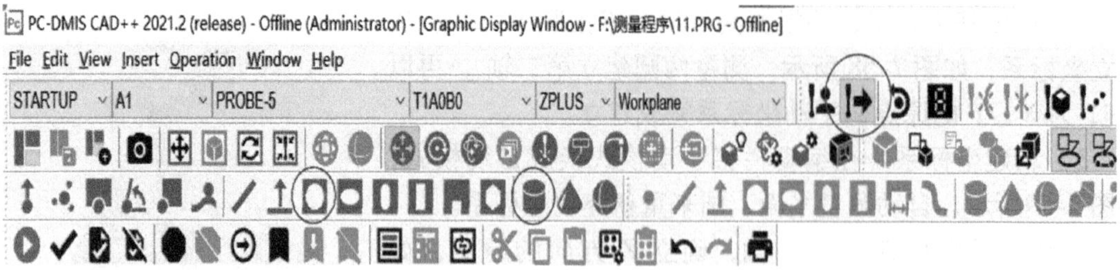

PC-DMIS CAD++ 2021.2 (release) - Offline (Administrator) - [Graphic Display Window - F:\测量程序\11.PRG - Offline]

File Edit View Insert Operation Window Help

STARTUP | A1 | PROBE-5 | T1A0B0 | ZPLUS | Workplane

图 7-59　模式更换

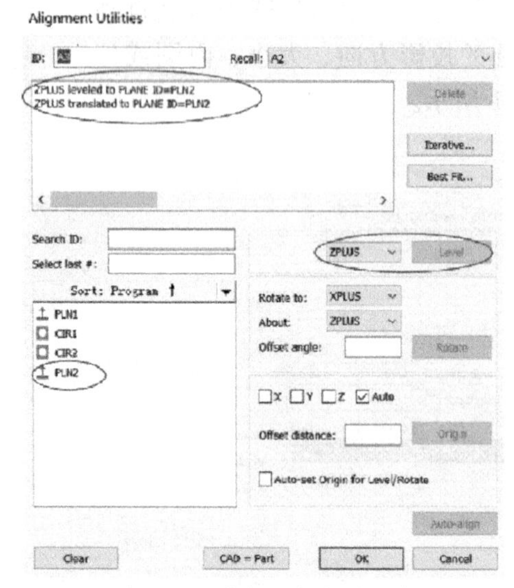

图 7-60　确定 Z 方向的原点

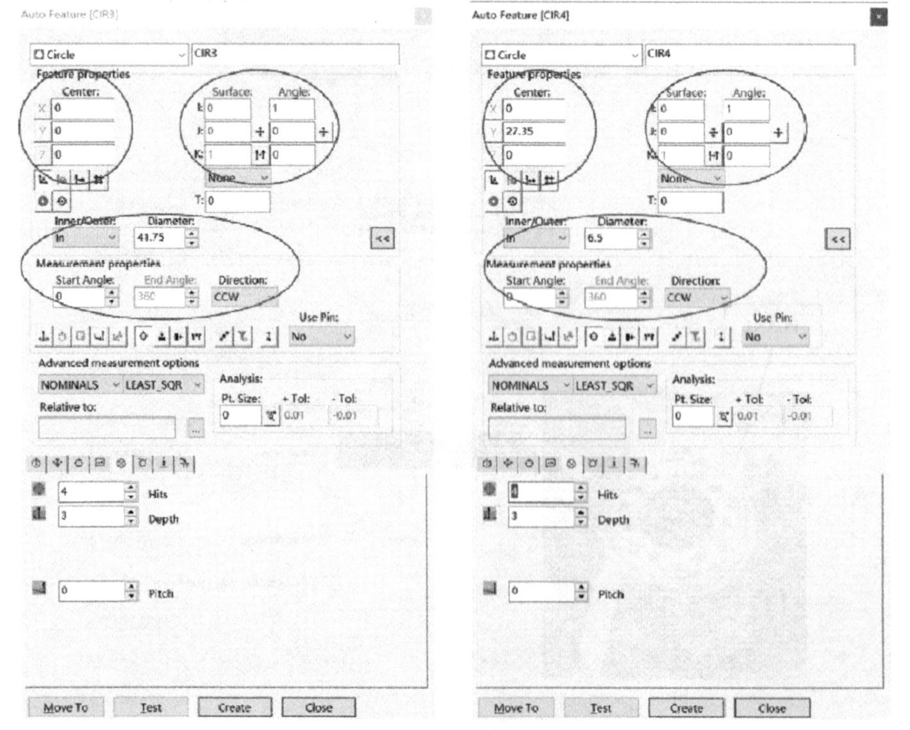

图 7-61　自动测量圆

根据自动测量的元素精建坐标系，提高测量精度，如图 7-62 所示。

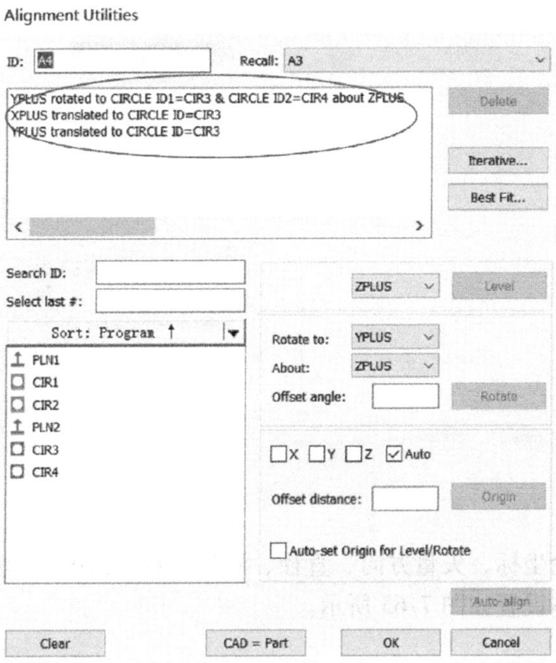

图 7-62　精建坐标系

4）编写测量程序。根据零件的形状，内油槽是不规则的划分，所以无法找到与之匹配的角度。而内油槽没有投影方向根本无法手动探测。所以只能先测量一排孔，然后使用阵列粘贴或循环语句来编写程序，以便于测量，根据零件尺寸的大小，设置合适的测头回退距离及定位点以免碰撞测头，如图 7-63 所示。

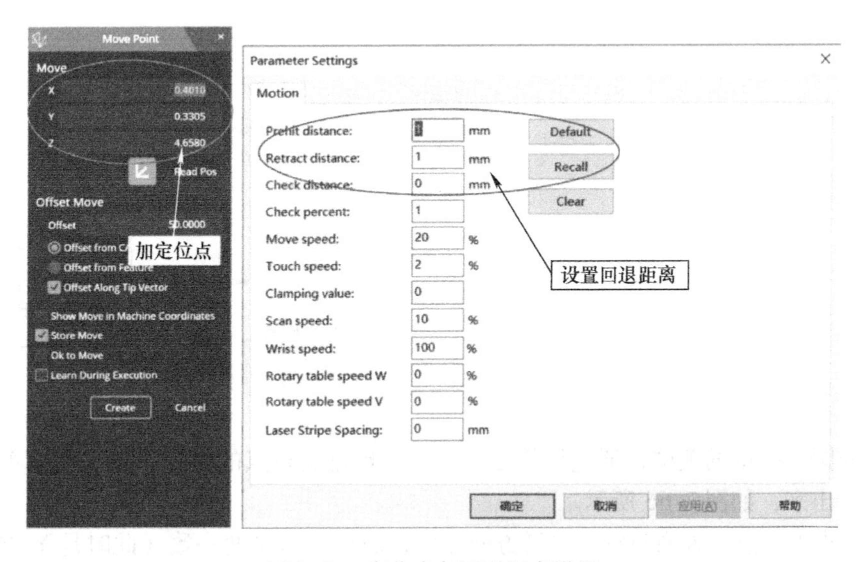

图 7-63　定位点与回退距离设置

完毕后按“确定”键，程序自动生成，开始测量第一排油槽，如图 7-64 所示。

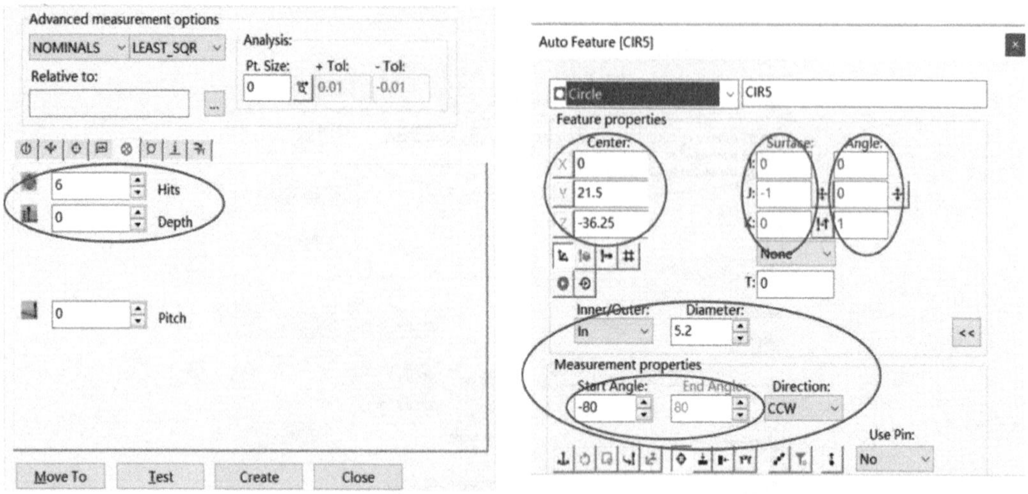

图 7-64　第一排油槽的测量

注意设置圆的理论坐标、矢量方向、直径、测量点数、深度、起始角与终止角，因为此圆不是完整的圆，具体设置如图 7-65 所示。

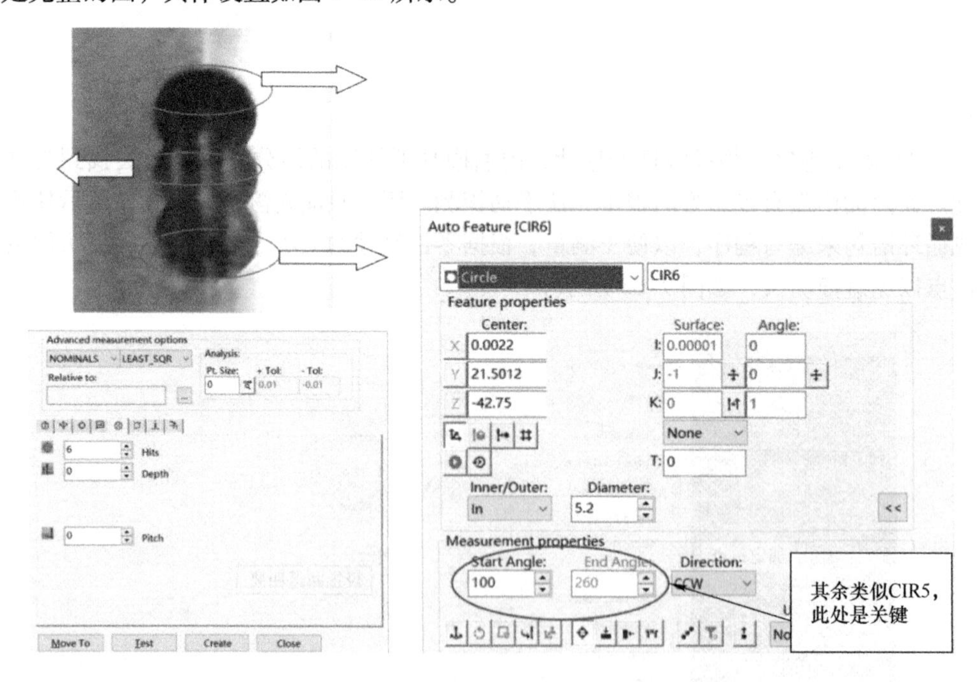

图 7-65　具体设置

中间的圆是测量的关键，通过计算中心点，两理论编辑点的坐标，依次测量 4 个点，最终把圆构造出来，如图 7-66 所示。

注意：点 1 与点 2 左右对称，矢量方向相反，而且探测深度一致（此时是 Y 方向的坐标值）。点 3 与点 4 左右对称，矢量方向相反，而且探测深度一致（此时是 Y 方向的坐标值）。

图 7-66　测量与构造示意图

最后由总共 4 点构造出油槽中间的分断圆，如图 7-67 所示。

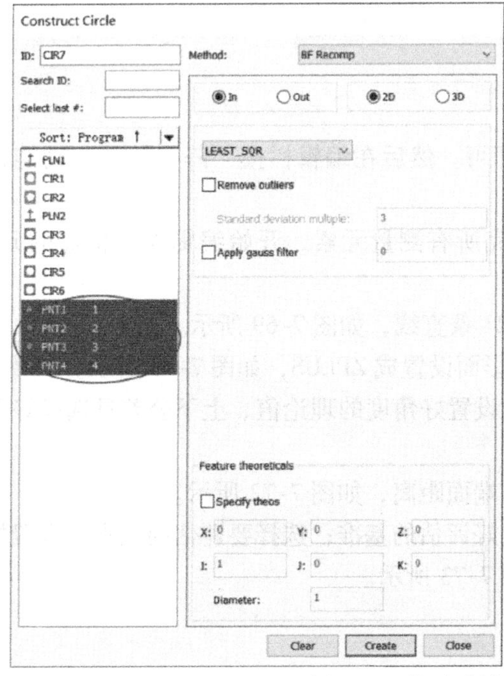

图 7-67　构造油槽中间分断圆示意图

至此第一排油槽测量完毕。因为需要旋转角度空间，所以将测头抬出基准孔内，加定位点。同时将换角度的程序通过定位点设置在工件的端面上方，使用阵列粘贴功能来测量其他六排油槽。首先复制测量第一排孔所有程序包括角度及定位点然后阵列粘贴即可，如图 7-68所示。

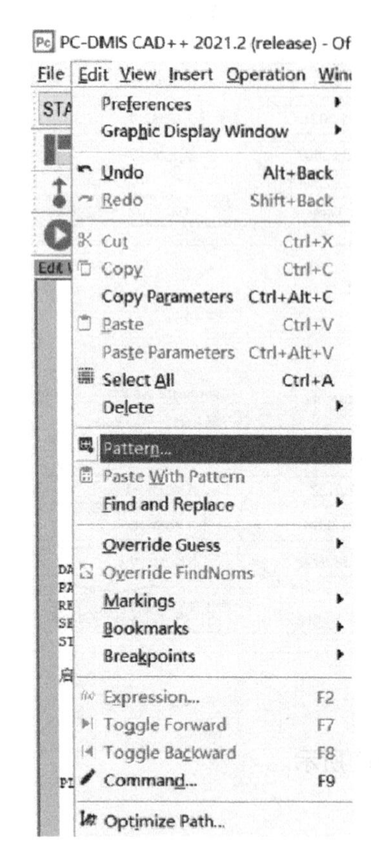

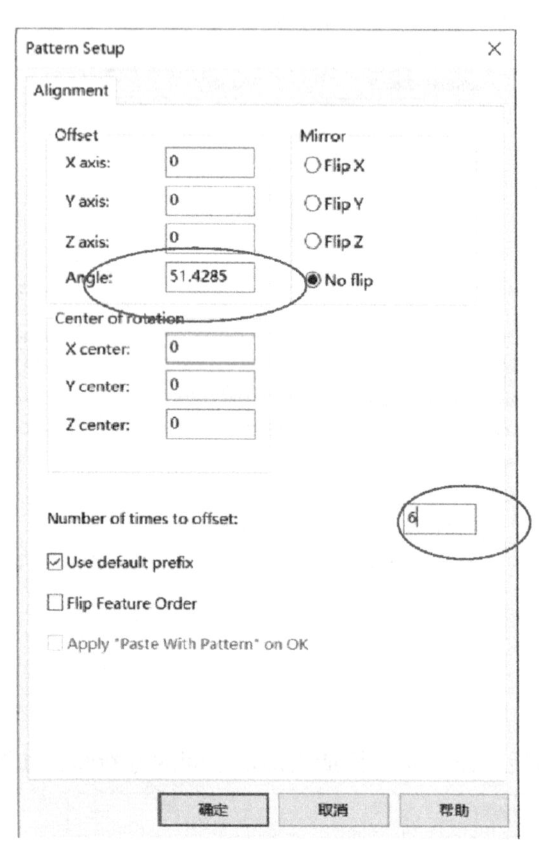

图 7-68 阵列示意图

设置好阵列的角度及数目，按“确定”即可。然后在编辑栏按“阵列粘贴”功能，就完成了程序的编写。

（4）构造需要的元素，进行评价 编辑完所有测量元素，开始编辑需要构造的元素、评估尺寸及几何公差程序。

用基准圆 3 与测量的 21 圆，两圆心构成 21 条直线，如图 7-69 所示。

在构造直线前，需要回调坐标系 A4 及投影面设置成 ZPLUS，如图 7-70 所示。

两圆之间的夹角，通过构造直线来评估。设置好角度的理论值、上下公差且选择好评估角度的类型，如图 7-71 所示。

评估两孔心距及孔径大小、油槽中心孔到端面距离，如图 7-72 所示。

评估孔的位置度。根据图样要求，先定义好评估的基准；选择要评估的元素，设置好评估位置的要求及基准，设置位置度公差，如图 7-73 所示。

程序编写完毕。

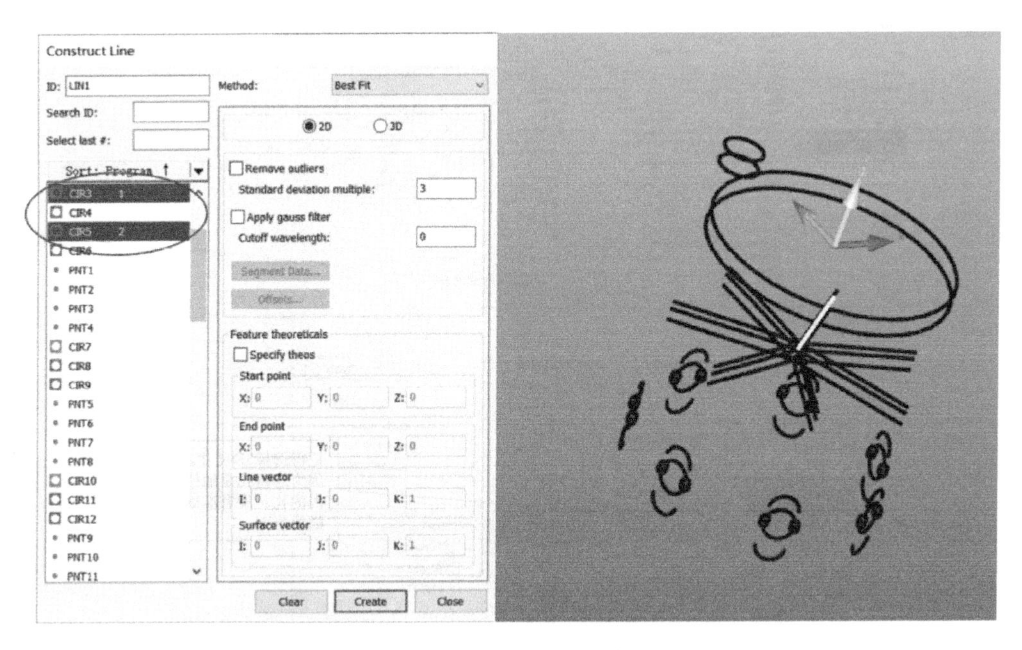

图 7-69　测量与构造示意图

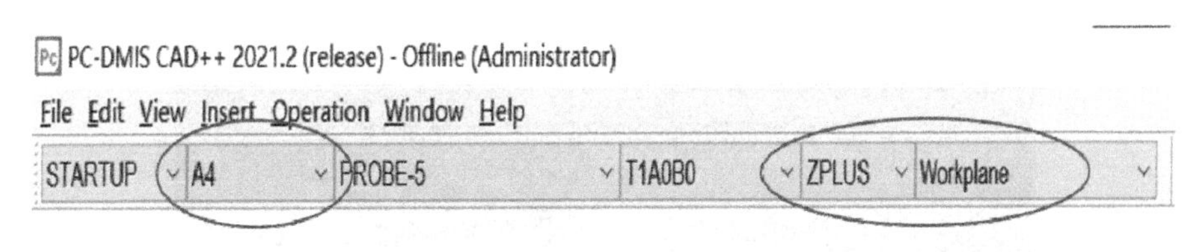

图 7-70　坐标系的回调

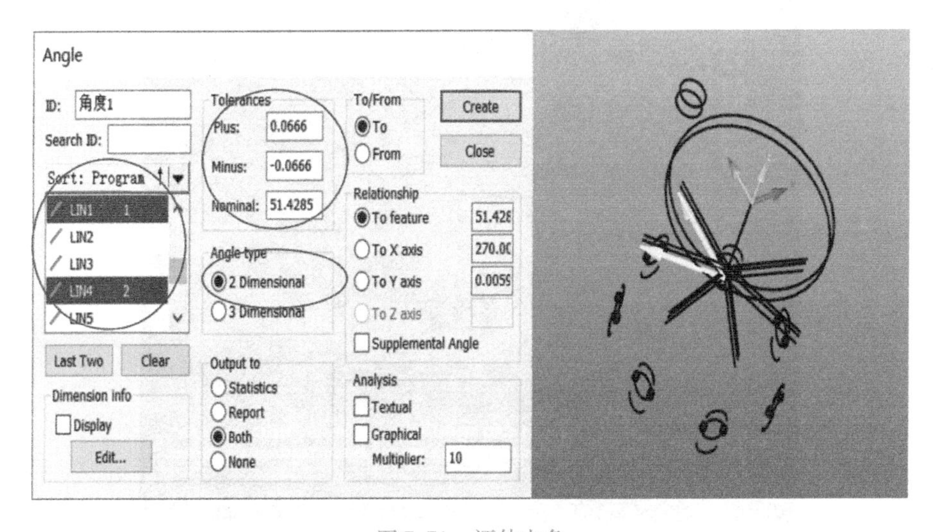

图 7-71　评估夹角

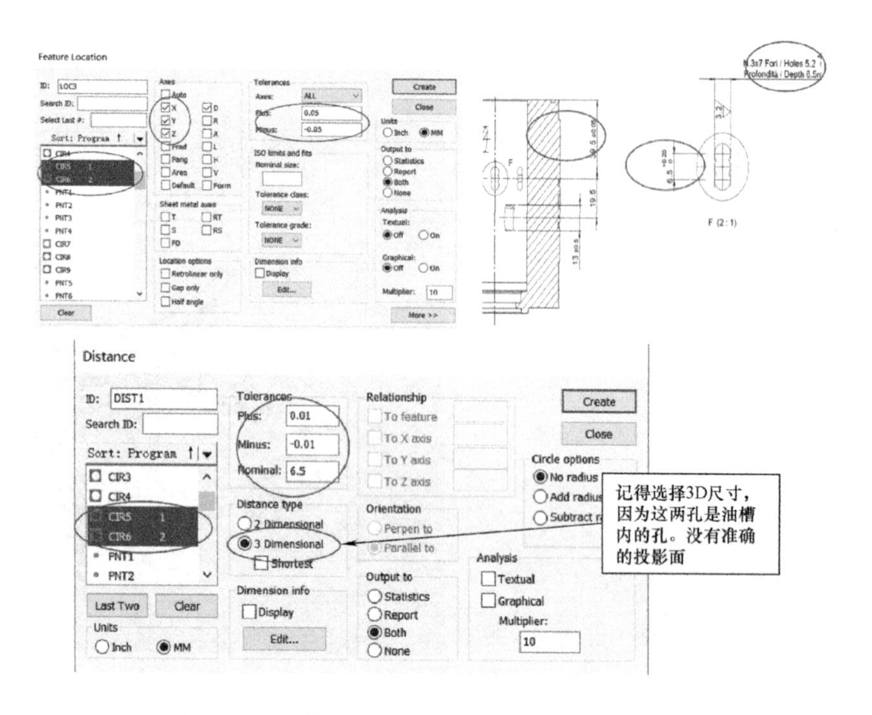

图 7-72　评估孔心距及油槽中心孔到端面的距离

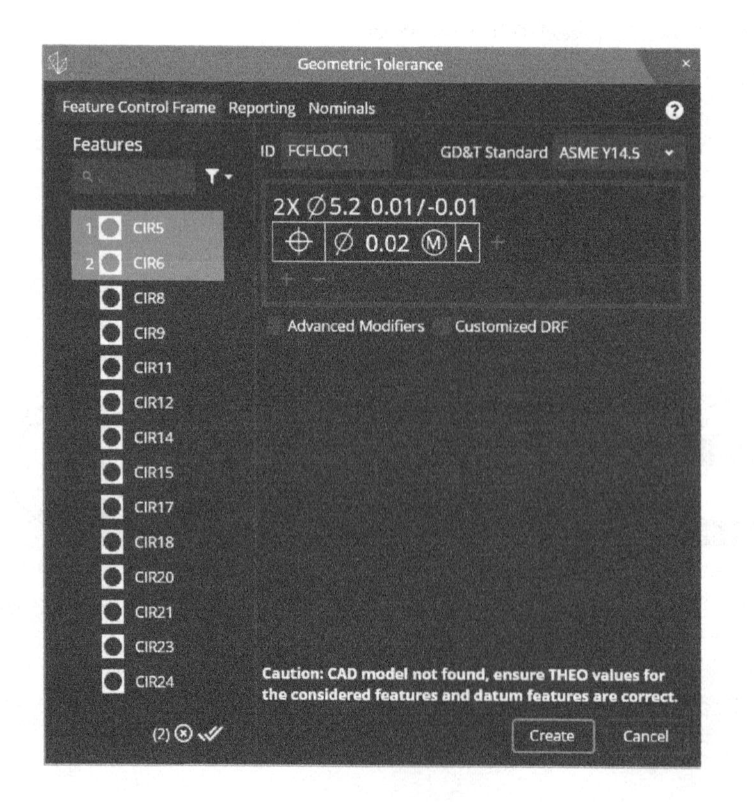

图 7-73　孔的位置度评估

（5）检查程序，准备运行程序，程序执行命令，如图 7-74 所示。

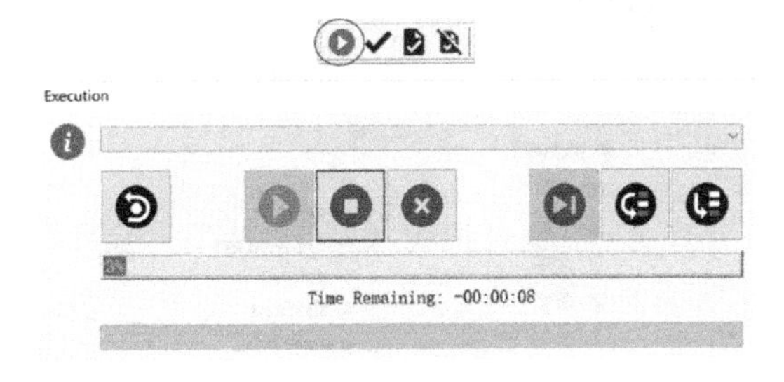

图 7-74　程序运行

（6）设置报告及报告输出

1）设置好保存目录、输出格式、是否直接打印等参数，如图 7-75 所示。

2）刷新后报告自动发送到保存目录下，如图 7-76 所示。

3）到指定目录下打印报告即可。

（7）查看机器错误状态指导文件　使用三坐标测量机遇到机器故障时，可以进入抓错文件（debug. txt）查看机器错误状态，下面为此操作的指导文件。

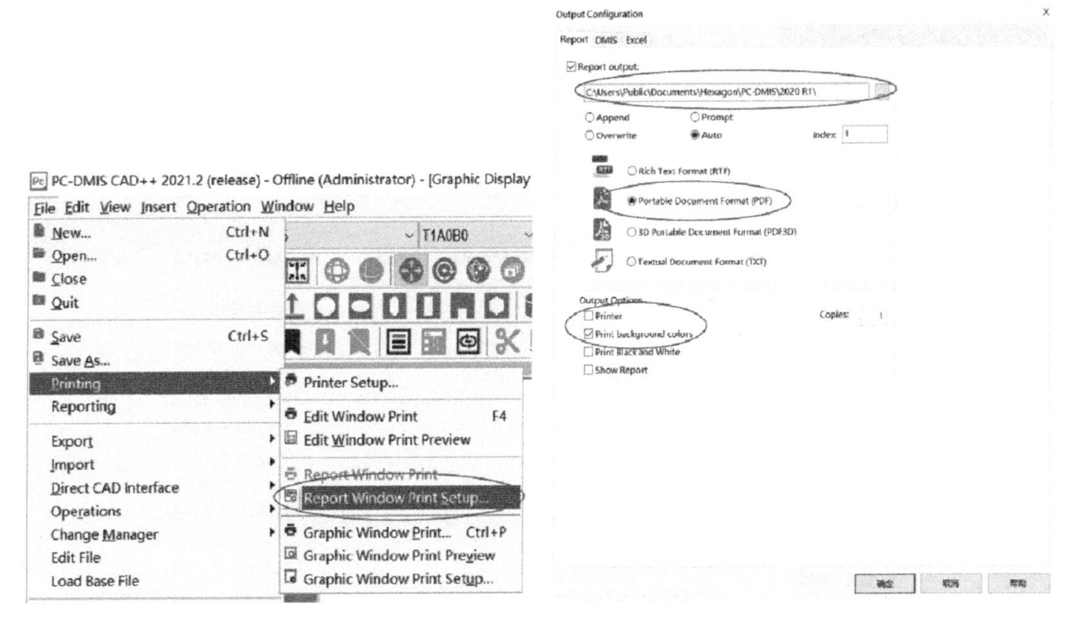

图 7-75　报告窗口打印

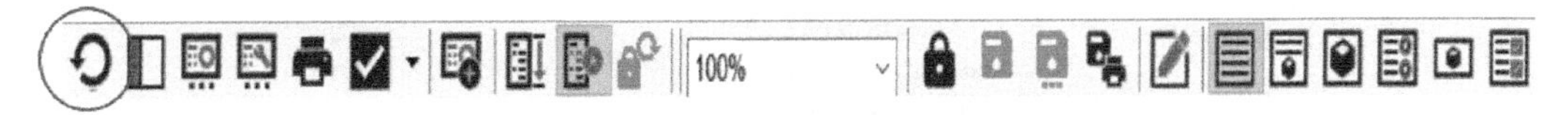

图 7-76　报告保存

1）打开“此电脑”，并打开如下路径<u>C：\ProgramData\Hexagon\PC－DMIS\2021.2</u>（下划线部分代表当前电脑安装的 PC－DMIS 路径），如图 7-77 所示。

2）将图 7-78 所示的 debug. txt 文件传给相关售后部门，以便解决问题和排除故障。

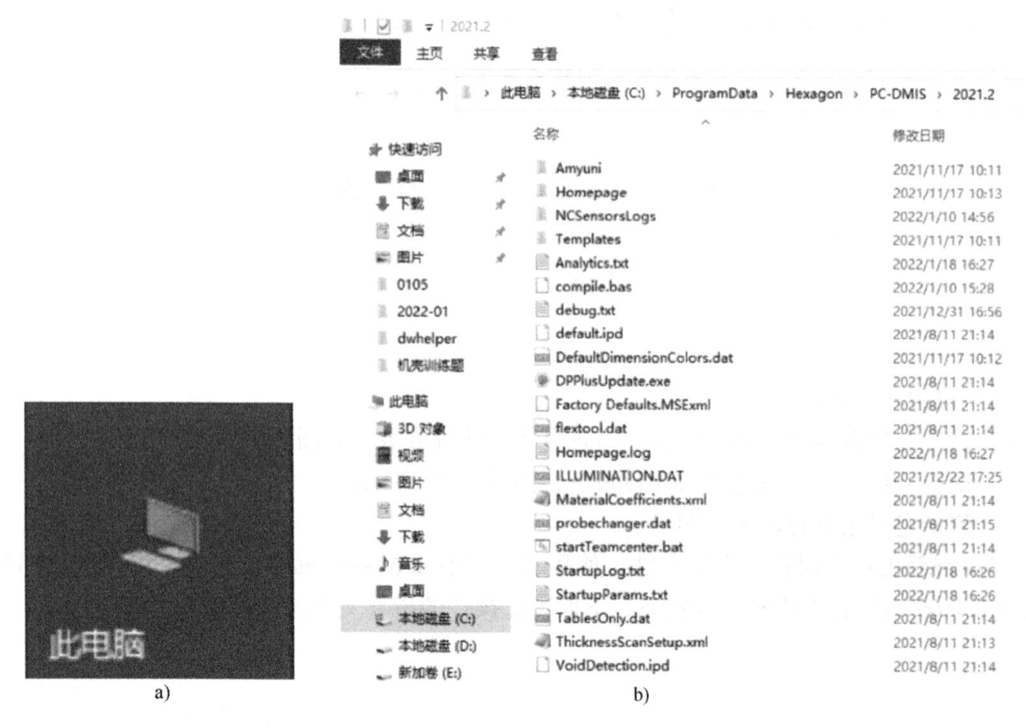

图 7-77 抓错文件所在的文件夹

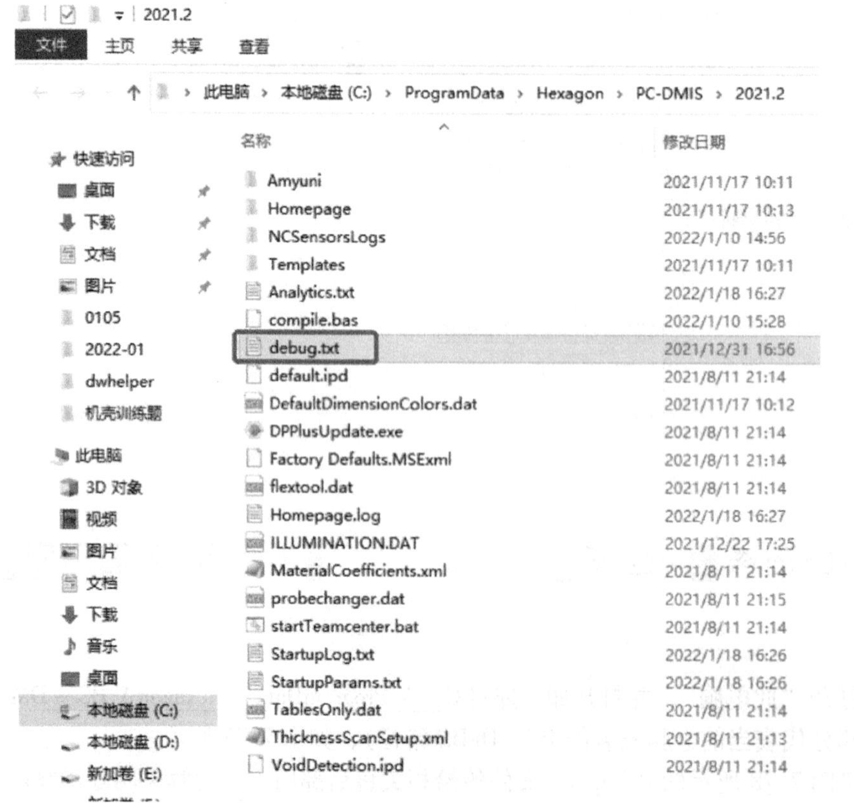

图 7-78 debug. txt 文件

五、检测结果的处理

<table>
<tr><td colspan="8">检　测　报　告（一）</td></tr>
<tr><td colspan="2">课程名称</td><td colspan="2">工业产品几何量检测</td><td colspan="2">项目名称</td><td colspan="2">零件的综合检测</td></tr>
<tr><td colspan="2">班级/组别</td><td colspan="2"></td><td colspan="2">任务名称</td><td colspan="2">复杂零件的三坐标检测（环体工件）</td></tr>
<tr><td colspan="2" rowspan="2">计量器具</td><td colspan="6">测头校验结果</td></tr>
<tr><td colspan="6"></td></tr>
<tr><td colspan="8">测量记录</td></tr>
<tr><td>孔号</td><td>实测直径</td><td>孔号</td><td>实测直径</td><td>孔号</td><td>实测直径</td><td>孔号</td><td>实测直径</td></tr>
<tr><td>1</td><td></td><td>3</td><td></td><td>5</td><td></td><td>7</td><td></td></tr>
<tr><td>2</td><td></td><td>4</td><td></td><td>6</td><td></td><td>8</td><td></td></tr>
<tr><td colspan="8">孔径测量结果</td></tr>
<tr><td colspan="8">圆度测量结果</td></tr>
<tr><td colspan="8">同轴度计算结果</td></tr>
<tr><td colspan="4">合格性判断</td><td colspan="4"></td></tr>
</table>

姓　名	班　级	学　号	审　核	成　绩

<table>
<tr><td colspan="10">检　测　报　告（二）</td></tr>
<tr><td colspan="2">课程名称</td><td colspan="3">工业产品几何量检测</td><td colspan="2">项目名称</td><td colspan="3">零件的综合检测</td></tr>
<tr><td colspan="2">班级/组别</td><td colspan="3"></td><td colspan="2">任务名称</td><td colspan="3">复杂零件的三坐标测量（液压马达壳体）</td></tr>
<tr><td colspan="2" rowspan="2">计量器具</td><td colspan="8">测头校验结果</td></tr>
<tr><td colspan="8"></td></tr>
<tr><td colspan="10">测量记录</td></tr>
<tr><td>孔号</td><td>两孔中心距</td><td colspan="2">孔径</td><td>油槽中心孔高</td><td colspan="2">两圆之间夹角</td><td colspan="3">孔位置度</td></tr>
<tr><td>1</td><td></td><td></td><td></td><td></td><td colspan="2"></td><td></td><td colspan="2"></td></tr>
<tr><td>2</td><td></td><td></td><td></td><td></td><td colspan="2"></td><td></td><td colspan="2"></td></tr>
<tr><td colspan="5">合格性判断</td><td colspan="5"></td></tr>
</table>

姓　名	班　级	学　号	审　核	成　绩

六、任务检查与评价

（一）小组互评表

课程名称	工业产品几何量检测	项目	零件的综合检测				
班级/组别		工作任务	复杂零件的三坐标检测				
评价人签名（组长）：		评价时间：					
评价项目	评价指标	分值	组员成绩评价				
敬业精神（20分）	不迟到、不早退、不旷课	5					
	工作认真，责任心强	8					
	积极参与任务的完成	7					
专业能力（50分）	基础知识储备	10					
	对检测步骤的理解	7					
	检测工具的使用熟练程度	8					
	检测步骤的规范性	10					
	检测数据处理	6					
	检测报告的撰写	9					
方法能力（15分）	语言表达能力	4					
	资料的收集整理能力	3					
	提出有效工作方法的能力	4					
	组织实施能力	4					
社会能力（15分）	团队沟通	5					
	团队协作	6					
	安全、环保意识	4					
总分		100					

（二）教师对学生评价表

班 级		课程名称	工业产品几何量检测				
评价人签字：		学习项目	零件的综合检测				
工作任务	复杂零件的三坐标检测		组别				
评价项目	评价指标	分数	成 员				
目标认知程度	工作目标明确，工作计划具体、结合实际，具有可操作性	10					
思想态度	工作态度端正，注意力集中，能使用各种资源进行相关资料收集	10					
团队协作	积极与团队成员合作，共同完成小组任务	10					
专业能力	正确理解检测原理。 检测工具使用方法正确，检测过程规范	40					
	检测报告完成情况	30					
总分		100					

（三）教师对小组评价表

班级/组别		课程名称	工业产品几何量检测
学习项目	零件的综合检测	工作任务	复杂零件的三坐标检测
评价项目	评价指标	评分	教师评语
资讯（15分）	工作任务分析 查阅相关机器结构图和检测原理		
计划（10分）	小组讨论，达成共识，制订初步检测计划		
决策（15分）	检测方法的选择 确定检测方案，分工协作		
实施（25分）	对工件孔径、圆度、同轴度、夹角、位置度进行检测，提交检测报告		
检查（15分）	对检测过程进行检查，分析可能存在的问题		
评价（20分）	小组成员轮流发言，提出优点和值得改进的地方		

课后练习

综合题

1. 测头校验的目的是什么？
2. 同轴度的三种检测方法中，测量时如何进行最佳选择？
3. 建立工件坐标系时，3-2-1分别代表什么意思？
4. 简述三坐标测量机的工作原理。
5. 在PC-DMIS中如何进行几何公差的评价？
6. 在出具报告时应该注意哪些事项？
7. 简述样板尺寸的测量方法。
8. 三坐标测量机能够测量哪些参数？
9. 简述三坐标测量机的分类及其各自优缺点。
10. 将直角坐标转换成圆柱坐标，设三坐标测量机在直角坐标系中测得 P 点的坐标为 $x=150.230$，$y=48.586$，$z=36.973$。求 P 点在圆柱坐标系中的坐标值 r，θ，z。
11. 在三坐标测量机的 xy 平面内测得某样板的两个斜边，每边各测两点，其坐标值为 $P1$（20.356，14.746），$P2$（56.873，9.478），$P3$（20.588，22.247），$P4$（54.684，48.672）。求两斜直线交点 P 的坐标值及其夹角 θ。
12. 工件在装夹时应该注意什么问题？箱体工件与薄壁工件在装夹时有什么区别？

度量衡新解

早期农耕社会的计量主要是度量衡，即长度、容量和重量，为人民日常生活所必需。古代中国长期处于农耕社会，特别是秦始皇统一度量衡的故事深入人心，人们对于计量的理解往往局限于度量衡。其实度量衡作为计量的基础内容在现代社会中也有新的理解和诠释，掌握好“度量衡”是科学发展的基本要求和保证。

度：即对测量误差的控制要在一定范围之内。

在哲学的质量互变理论中，度是界限，是一个重要概念，是物质由量变到质变的分界点，度是质和量的统一，是事物保持其质和量的界限、幅度和范围。而符合心理误差的评价体系是我们保证诚信的阈值。它可以将我们所把握对象的结果，限定在最佳范畴之内，有目标、有尺寸、有规矩地去做事。可见，只有认识事物的“度”，才能准确地把握事物的质，才能提出指导实践活动的正确准则，防止“过”或“不及”。通常所说的“掌握火候”“物极必反”等，其实也是这个道理。

量：量是评价一切事物的客观标准之一，没有比较就无法评价优劣好坏，要比较就必须有量的评价标准和合适的测量方式得到量的数值。

世间万物莫不以量相比较，定性定量是分析事物的不同方法，定性分析与定量分析应该是统一的，相互补充的；从研究的逻辑过程看，定量分析比较接近于假说演绎方法的研究，既保留重视观察实验、收集经验资料的特点，又保留重视逻辑思维演绎推理的特点，应用假说使得观察实验方法和数学演绎形式结合起来。因此，定量分析往往比较强调实物的客观性及可观察性，强调现象之间与各变量之间的相互关系和因果联系，同时要求研究者在研究中努力做到客观性和伦理中立。

衡：即天平，利用杠杆原理保持两端的平衡以称量物品。

平衡体现在社会中是公平正义，是社会主义核心价值的体现，是社会和谐发展的基础。科学发展的基础是公平正义，诚信为王。个人诚信、社会诚信、政府诚信是整个经济社会科学发展的保障。只有在平衡的状态下才能保证经济、社会高速发展。

附录 微课资源

资源名称	二维码	资源名称	二维码	资源名称	二维码
1-1 工件支承情况		1-9 验收极限与工件公差带关系		1-17 万能测长仪读数原理(一)	
1-2 量块中心长度的定义		1-10 千分尺工作及细分原理		1-18 万能测长仪读数原理(二)	
1-3 量块长度示意图		1-11 外径千分尺检测轴径		1-19 万能测长仪测量轴径	
1-4 量块的平面度测量		1-12 立式光学计结构介绍		1-20 万能工具显微镜影像法测量轴径	
1-5 接触式干涉仪		1-13 立式光学计测量系统		1-21 万能工具显微轴切法测量轴径	
1-6 接触式干涉仪检定量块		1-14 立式光学计工作台调整		1-22 内径量表测量孔径	
1-7 游标卡尺游标细分原理		1-15 立式光学计测量轴径		1-23 内径千分尺分类与结构原理	
1-8 游标卡尺检测轴径		1-16 万能测长仪测量原理		1-24 内径千分尺测量孔径	

（续）

资源名称	二维码	资源名称	二维码	资源名称	二维码
1-25　万能测长仪测钩法测量孔径		2-7　V 形块角度的测量（一）		2-16　圆锥公差项目	
1-26　万能测长仪电眼法测量孔径		2-8　V 形块角度的测量（二）		2-17　零件锥度的综合检测	
1-27　双像目镜测量孔径的中心距		2-9　V 形块角度的测量（三）		2-18　影像法测量外圆锥角度	
2-1　零件样板角度的检测		2-10　测高仪测 V 形块		2-19　轴切法测量外锥度角度	
2-2　光隙法检测直角偏差		2-11　外燕尾槽斜角的测量		2-20　正弦规检测锥度	
2-3　直角尺检查仪测角度		2-12　内燕尾槽斜角的测量		2-21　钢球法测量内锥度角度	
2-4　三尺互检法检测直角偏差		2-13　燕尾槽斜角测量（一）		2-22　圆分度误差的评定	
2-5　游标万能角度尺测量角度		2-14　燕尾槽斜角测量（二）		2-23　光电准直仪仪器简介	
2-6　光学角度仪测角度		2-15　圆锥配合的主要参数		2-24　多齿分度盘简介	

（续）

资源名称	二维码	资源名称	二维码	资源名称	二维码
2-25 多面棱体简介		3-8 三点悬臂法检测直线度		3-17 平面度测量（液面法）	
2-26 多面棱体圆分度的检测		3-9 截距法检测直线度		3-18 平面度测量（光束平面法）	
3-1 给定互相垂直的两个方向直线度		3-10 测量特征参数法直线度误差		3-19 平面度误差的评定和数据处理	
3-2 给定平面内的直线度		3-11 几何误差的评定准则——最小条件		3-20 转轴式圆度仪	
3-3 给定一个方向直线度		3-12 直线度误差的评定和数据处理		3-21 转台式圆度仪	
3-4 任意方向上直线度		3-13 合像水平仪测量直线度误差		3-22 圆度误差的测量	
3-5 轴线的理想位置		3-14 平面度测量（打表法）		3-23 圆度误差测量	
3-6 光隙法检测直线度		3-15 平板平面度测量		3-24 万能工具显微镜测量圆度误差	
3-7 打表法检测直线度		3-16 平面度测量（干涉法）		3-25 圆度误差的评定（最小区域法）	

（续）

资源名称	二维码	资源名称	二维码	资源名称	二维码
3-26　圆度误差的评定（最小二乘圆法）		3-35　任意方向平行度		3-44　平行度测量	
3-27　圆度误差的评定（最小外接圆法）		3-36　给定方向上的平行度（线对面）		3-45　平行度误差的评定	
3-28　圆度误差的评定（最大内切圆法）		3-37　给定方向上的平行度（面对线）		3-46　面对面垂直度误差的测量	
3-29　圆柱度公差		3-38　给定方向上的平行度（线对线）		3-47　面对线垂直度误差的测量	
3-30　圆柱度误差的评定		3-39　给定方向上的平行度（面对面）		3-48　线对面垂直度误差的测量	
3-31　线轮廓度公差		3-40　面对面平行度误差的测量		3-49　线对线垂直度误差的测量	
3-32　线轮廓误差的测量		3-41　线对面平行度误差的测量		3-50　线对线垂直度测量	
3-33　面轮廓度误差的测量		3-42　面对线平行度误差的测量		3-51　垂直度测量	
3-34　给定互相垂直的两个方向的平行度		3-43　线对线平行度误差的测量		3-52　垂直度误差的评定	

（续）

资源名称	二维码	资源名称	二维码	资源名称	二维码
3-53 面对面的倾斜度		3-62 孔类零件同轴度误差的测量		3-71 面对面对称度误差的测量	
3-54 面对线的倾斜度		3-63 同轴度误差的测量		3-72 对称度	
3-55 线对线的倾斜度		3-64 点的位置度		3-73 面对线对称度误差的测量	
3-56 线对面倾斜度误差测量		3-65 线的位置度（一）		3-74 线对面对称度误差的测量	
3-57 面对线倾斜度误差的测量		3-66 线的位置度（二）		3-75 径向圆跳动	
3-58 线对线倾斜度误差的测量		3-67 点的位置度误差的测量		3-76 轴向圆跳动	
3-59 倾斜度误差的测量		3-68 面的位置度误差的测量		3-77 斜向圆跳动	
3-60 倾斜度误差的评定		3-69 面的位置度误差的测量		3-78 径向圆跳动误差的测量	
3-61 线的同轴度公差带		3-70 位置度误差测量		3-79 轴向圆跳动误差的测量	

（续）

资源名称	二维码	资源名称	二维码	资源名称	二维码
3-80 斜向圆跳动误差的测量		4-2 比较法测量表面粗糙度		5-5 影像法测量中径	
3-81 圆跳动误差的评定		4-3 光切显微镜测量表面粗糙度		5-6 万能工具显微镜影像法测量螺纹中径	
3-82 径向全跳动		4-4 干涉显微镜简介		5-7 万能显微镜轴切法测螺纹中径	
3-83 轴向全跳动		4-5 干涉法测量表面粗糙度		5-8 万能显微镜影像法测螺纹螺距	
3-84 径向全跳动误差的测量		4-6 电动轮廓仪测量表面粗糙度误差		5-9 万能工具显微镜影像法测量螺纹螺距	
3-85 轴向全跳动误差的测量		5-1 普通螺纹的基本牙型和几何参数		5-10 轮廓目镜法测量螺距	
3-86 全跳动误差的评定		5-2 螺纹千分尺检测螺纹中径		5-11 轴切法测量螺距	
3-87 全跳动误差测量		5-3 万能测长仪三针法测外螺纹中径		5-12 万能工具显微镜轴切法测量螺纹螺距	
4-1 微观不平度高度特征参数		5-4 三针法测量外螺纹中径		5-13 影像法测量牙型半角	

（续）

资源名称	二维码	资源名称	二维码	资源名称	二维码
5-14 万能工具显微镜影像法测量螺纹牙型半角		6-5 切向综合总偏差的检测		6-14 齿厚偏差测量	
5-15 螺纹量规与校对量规		6-6 径向综合总偏差的检测		6-15 用公法线千分尺测量公法线	
5-16 光学灵敏杠杆工作原理		6-7 单个齿距偏差的检测		6-16 万能工具显微镜测量公法线	
5-17 万能显微镜灵敏杠杆测螺旋线误差		6-8 一齿切向综合误差的测量		7-1 三坐标测量机的测量过程	
5-18 灵敏杠杆检螺旋线误差		6-9 一齿径向综合误差的测量		7-2 三坐标测量机的结构组成	
6-1 渐开线齿轮的基本参数		6-10 基节偏差的检测		7-3 三坐标测量机的分类	
6-2 齿距累积总偏差		6-11 轴向齿距偏差的检测		7-4 三坐标测量机的工作原理	
6-3 齿圈径向跳动的检测		6-12 万能测齿仪测量齿距误差		7-5 测头校验	
6-4 齿轮跳动检查仪测量齿圈的跳动		6-13 接触线误差的检测		7-6 手动采面	

（续）

资源名称	二维码	资源名称	二维码	资源名称	二维码
7-7　手动采线		7-16　自动采集圆柱		7-25　评价圆度及报告	
7-8　手动测点		7-17　自动采集圆锥		7-26　评价直线度及报告	
7-9　手动测圆		7-18　自动采集球		7-27　评价平行度及报告	
7-10　手动测圆锥		7-19　构造特征——公共轴线		7-28　评价垂直度及报告	
7-11　手动测柱体		7-20　构造特征——中分面		7-29　评价倾斜度及报告	
7-12　测量球体		7-21　构造特征——集合		7-30　评价同轴度及报告	
7-13　建工件坐标系		7-22　评价距离及报告		7-31　评价位置度及报告	
7-14　自动采集平面		7-23　评价夹角及报告		7-32　评价对称度及报告	
7-15　自动采集直线		7-24　评价平面度及报告			

参考文献

[1] 朱红. 公差配合与几何测量检测技术 [M]. 北京: 机械工业出版社, 2015.
[2] 金嘉琦. 几何量精度设计与检测 [M]. 2版. 北京: 机械工业出版社, 2018.
[3] 张瑾, 周启芬, 巩芳. 公差配合与技术测量 [M]. 2版. 北京: 机械工业出版社, 2024.
[4] 杨建风, 徐红兵, 王春艳, 等. 几何量公差与检测实验教程 [M]. 镇江: 江苏大学出版社, 2016.
[5] 李琚陈, 徐剑锋, 翟振辉. 互换性与测量技术 [M]. 北京: 航空工业出版社, 2017.